无线光相干通信性能改善极限

柯熙政　柯程虎　著

科学出版社
北　京

内 容 简 介

本书主要围绕无线光相干通信性能改善极限，对相干检测灵敏度影响因素、光空间分布对混频效率的影响、自适应光学技术和部分相干光传输技术进行介绍，主要对无线光相干通信基本原理和影响无线光相干通信性能的因素进行阐述；建立涡旋光束相干检测模型，讨论光空间分布对相干检测性能的影响；分析自适应光学技术对信号光波前畸变的校正以及部分相干光传输对相干检测系统灵敏度的影响。

本书探索在学术性与科普性、理论性与实用性之间进行有机融合、合理折中和适当取舍。本书不仅对无线光通信的前沿理论进行叙述概括，而且对其中的一些关键技术进行分析及实验验证，具有较强的实践特色。

本书既可供应用光学及通信工程类研究生和高年级本科生参考阅读，也可供相关专业技术人员参考学习。

图书在版编目（CIP）数据

无线光相干通信性能改善极限 / 柯熙政，柯程虎著. -- 北京 : 科学出版社，2025. 3. -- ISBN 978-7-03-079325-6

Ⅰ. TN929.1

中国国家版本馆 CIP 数据核字第 20243PK298 号

责任编辑：姚庆爽　李　娜 / 责任校对：崔向琳

责任印制：吴兆东 / 封面设计：陈　敬

科学出版社出版

北京东黄城根北街 16 号

邮政编码：100717

http://www.sciencep.com

北京中石油彩色印刷有限责任公司印刷

科学出版社发行　各地新华书店经销

*

2025 年 3 月第　一　版　开本：720×1000　1/16

2025 年10月第二次印刷　印张：20

字数：403 000

定价：168.00 元

（如有印装质量问题，我社负责调换）

前　　言

大气湍流及天气条件的变化会使光信号产生衰减、光强闪烁、光斑漂移等，直接影响到无线光通信系统的性能。即使在晴朗天气下，大气湍流也会引起光信号的衰减以及光强闪烁，造成信噪比降低，光斑漂移会造成通信中断。与强度调制/直接检测的无线光通信体制相比，无线光相干通信具有 20～23dB 的增益。无线光相干检测包括零差检测、外差检测及内差检测。无线光相干检测是抑制大气湍流及环境变化的最有效的方法，本书重点分析无线光相干通信若干关键技术的最新进展。

本书通过对无线光相干通信系统的分析，重点研究影响无线光相干通信检测灵敏度、混频效率及相干检测的极限，并分析涡旋光束相干检测的性能。第 1 章介绍无线光相干通信国内外研究进展。第 2 章介绍无线光相干通信系统。第 3 章介绍影响无线光相干检测性能的因素。第 4 章介绍影响相干检测灵敏度的机制。第 5 章介绍光空间分布对混频效率的影响。第 6 章介绍波前畸变对混频效率的影响。第 7 章介绍不同波长光信号波前畸变特性分析，第 8 章介绍多校正器波前畸变校正解耦控制。第 9 章介绍部分相干光外差检测系统。本书第 1～5 章由柯熙政院士负责，第 6～9 章由柯程虎博士负责。

本书是作者长期从事无线光相干通信研究的总结，是作者在相关领域积极探索的组成部分。博士研究生韩麦苗，硕士研究生惠玉泽、李梦茹、刑甜、亢维龙、王海容参与了本书的撰写工作，特此致谢，感谢他们为科学研究所付出的青春与热情。

本书是柯熙政院士在受聘西安文理学院荣誉教授期间的部分工作，也是西安文理学院西安市无线光通信及其组网技术院士工作站的研究成果，感谢西安文理学院为本书的顺利出版所提供的便利与支持。

本书的研究工作得到了国家自然科学基金项目(61377080)、陕西省重点产业创新项目(2017 ZDCXL-GY-06-01)、陕西省自然科学基础研究计划项目(2024 JC-YBMS-562)、陕西数理基础科学研究项目(23JSQ024)的支持，谨致谢意。

感谢该领域研究的同行，本书工作是在他们前期研究工作的基础上完成的。感谢没有列入参考文献目录的研究者所做贡献，他们的工作同样给予作者知识领域的启迪。

由于作者学识有限，书中难免存在不妥之处，恳请各位读者批评指正。

作　者

2024 年 8 月

目　录

第 1 章　无线光相干通信国内外研究进展

1.1　无线光相干通信发展现状

1.1.1　无线光相干通信技术国外发展现状

1880 年，贝尔发明了“光电话”，将声音信号加载到振动镜上进行传输，被誉为当代无线光通信的开端[1]。1960 年，美国物理学家 Maiman 发明了世界上第一台红宝石激光器，开启了无线光通信新阶段[2]。高锟在 1966 年提出了将光导纤维作为光信号传输介质，当时的相干光通信在光纤领域比自由空间领域的发展更令人瞩目[2]。随着光通信技术的发展，特别是星地、星间等无法架设光纤链路的场合，无线光通信再次进入人们的视野，并得到了长足发展。

起初，各国计划将零差相干检测技术应用于无线光通信中继系统中，然而该相干检测技术对各项指标要求苛刻、设备复杂、造价成本高，因此在 20 世纪 80 年代，强度调制/直接检测技术得到了更为充分的发展和广泛应用。随着各项技术的完善和成熟，无线光相干通信得到了逐步发展。

20 世纪 60 年代，美国率先开展了无线光通信领域的研究与应用工作[3]。美国林肯实验室计划采用频移键控调制方式、220Mbit/s 码速率相干检测技术来实现星间激光通信演示，但受到当时的科技发展水平和技术的限制，实际上仅在地面完成了演示实验。美国林肯实验室研制的星间激光通信实验装置如图 1.1 所示。

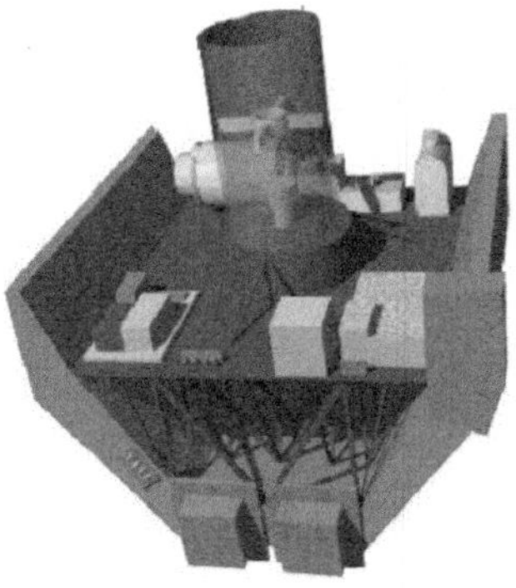

图 1.1　美国林肯实验室研制的星间激光通信实验装置[3]

20 世纪 90 年代初期，美国喷气推进实验室计划发展相干光通信，随后将研究重点转向强度调制/直接检测通信方式；20 世纪 90 年代末期，其研究重点再次转向相干光通信，探索不同调制方式下的检测灵敏度，以扩展星间传输的信道容量。1998 年，美国喷气推进实验室利用激光通信终端测定站对光通信演示设备进行了性能测试[4]。用于演示实验的地面终端是光通信望远镜实验室，于 2000 年建造完成[5]。

2008 年，美国国家航空航天局部署并计划实施深空光通信计划。图 1.2 为月球激光通信演示计划示意图。月球激光通信演示计划采用波前检测自适应校正技术和多颤振自适应光学校正技术，计划使用便捷的设备实现月球到地球之间的激光通信[6-8]。

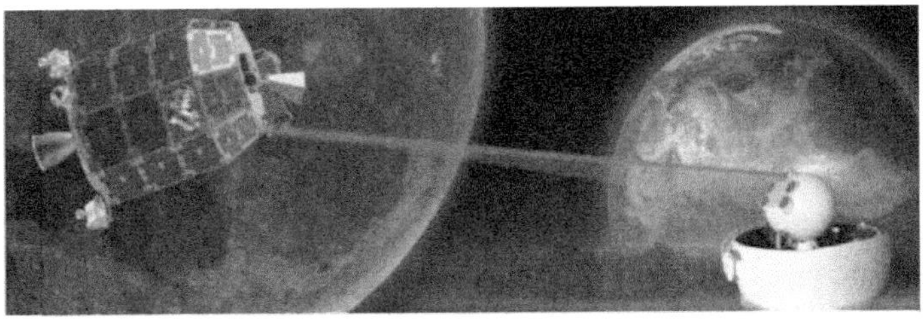

图 1.2　月球激光通信演示计划示意图[6]

2013 年 9 月，美国国家航空航天局采用米诺陶五号运载火箭搭载月球大气与粉尘环境检测器升空，并于 2013 年 10 月首次实现下行链路的传输速率 622Mbit/s、上行链路的传输速率 20Mbit/s 由地球到月球的双向通信链路的建立[9-11]。月球激光通信演示系统和月球激光通信地面终端分别如图 1.3 和图 1.4 所示。

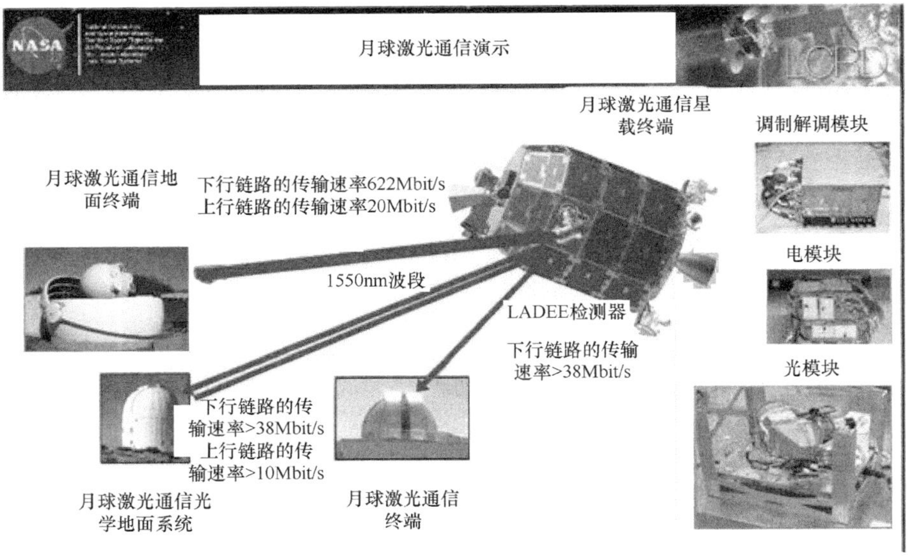

图 1.3　月球激光通信演示系统

(a) 月球激光通信演示的接收机结构模型　　(b) 望远镜外景结构模型

图 1.4　月球激光通信地面终端

2014 年 6 月 5 日，美国喷气推进实验室光通信望远镜实验室的光学地面实现了与国际空间站的激光通信，将 175MB 名为“Hello,World!”的高清视频以 50Mbit/s 的速度进行了数据传输[12,13]。月球激光通信演示项目如图 1.5 所示。

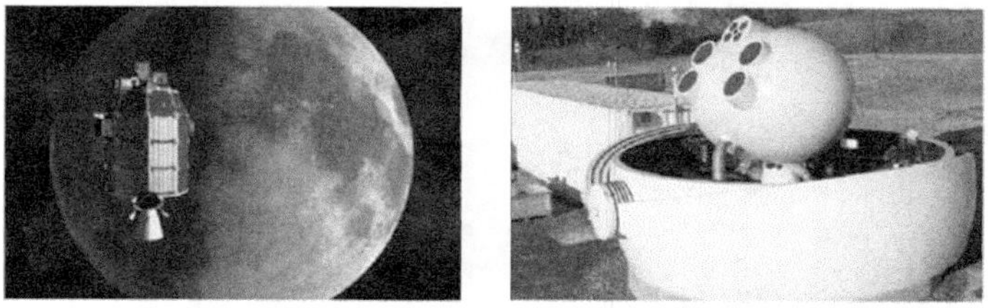

(a) 月球通信接收端　　(b) 地球通信发射端

图 1.5　月球激光通信演示项目

2018 年 8 月，美国国家航空航天局利用立方体卫星实现了在轨到地面链路的双向数据传输，其中，下行链路的传输速率可达到 200Mbit/s，上行链路的传输速率可达到 10kbit/s[14]。

2017 年，美国国家航空航天局的深空光通信项目将数据以 250Mbit/s 的速率从火星上进行了回传，并在 2023 年对位于火星和木星公转轨道的 Psyche 小行星进行了探索[15]。

自 1985 年开始，欧洲航天局的半导体激光星间链路实验项目利用 Artemis 卫星以及如图 1.6 所示的光学地面站，实现由地面到星间双向链路的激光通信，通信链路建立成功率高达 91%，通信总时长达 78h[16]。

2002 年，德国航空航天中心以 TerraSAR-Xsatellite 通信终端计划为背景，开展了一系列实验。2005 年，在西班牙拉帕尔马岛与特内里费岛之间建立了通信链路，142km 海岛之间零差相干检测系统通信示意图如图 1.7 所示，采用二进制相移键控/零差相干检测系统，选用波长为 1064nm 的 Nd:YGA 固体激光器，频率稳定度为每天漂移量不超过 50MHz[17]。实验证明，零差相干光通信能在恶劣的大气条件下工作，即光学锁相环在高信号动态范围(>20dB)下也能够保持稳定，且链路不受强背景光的影响。

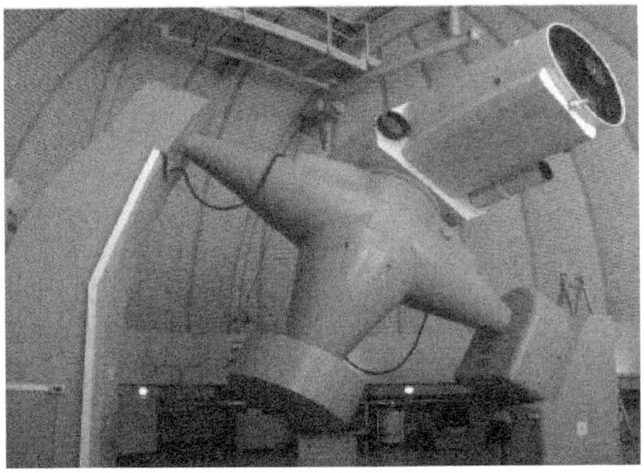

图 1.6　欧洲激光通信实验光学地面站[16]

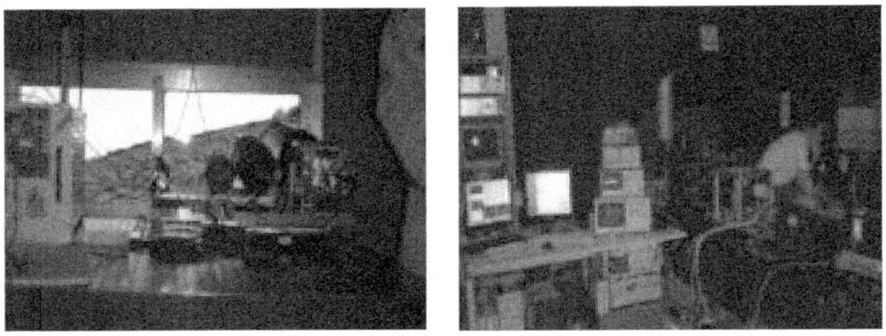

(a) 拉帕尔马岛的通信终端　　(b) 特内里费岛的通信终端

图 1.7　142km 海岛之间零差相干检测系统通信示意图

在上述实验的基础上，德国航空航天中心于 2009 年在哈莱阿卡拉火山进行了卫星与地面站之间通信距离约为 1000km 的相干光通信实验[18]，如图 1.8 所示。该实验并未采用自适应光学技术进行波前校正，同时发现由卫星到地面的下行链路相比于上行链路误码率较高。

(a) 激光通信系统地面站　　(b) 系统终端

图 1.8　哈莱阿卡拉火山进行的相干光通信实验[18]

2008 年底，欧洲航天局开始实施欧洲数据中继系统(European data relay system，EDRS)计划，旨在通过两颗同步轨道中继卫星(EDRS-A 和 EDRS-C)在低轨道卫星和地面数据中心之间建立 1.8Gbit/s 的空间高速数据链路。2016 年 1 月，机载光通信终端 EDRS-A 在欧洲通信卫星 Eutelsat 9B 上成功发射到预定轨道，并于 2019 年 8 月发射了 EDRS-C。在此之前，同步轨道卫星 Alphasat 和低轨道卫星 Sentinel 1A 和 Sentinel 2A 作为 EDRS 计划的先驱，已于 2013～2015 年推出[19]。

2016 年 3～4 月，欧洲通信卫星组织 9B 卫星成功与欧洲航天局光学地面站进行了卫星地面激光通信，并于 2016 年 11 月投入商业使用。截至 2018 年 5 月 18 日，EDRS-A 卫星已完成 10000 次激光连接，可靠性达 99.8%，传输数据达 500TB[19]。

欧洲航天局计划发射另一颗同步轨道中继卫星以扩展 EDRS 计划，使其在 2020 年成为覆盖全球的数据中继通信系统[20]。

欧洲航天局计划采用深空激光通信技术发射飞行器到太阳与地球之间的拉格朗日 L5 点，以对太阳活动进行长期监测，太阳与地球之间的拉格朗日点如图 1.9 所示，使用深空激光通信技术将采集到的太阳图像信息回传至地球[21]。

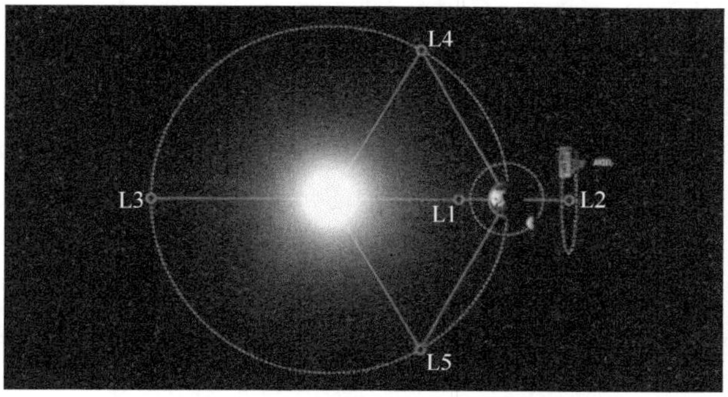

图 1.9　太阳与地球之间的拉格朗日点[21]

日本于 1994 年提出了工程试验卫星(engineering test satellite，ETS)-VI 计划，并成功实现了地面站与一颗搭载了该计划所研制的激光通信系统的卫星之间的通信[22]。2000 年，日本研制出对地双向超高速激光通信终端[23]。2006 年，日本国家信息通信技术研究所利用该卫星与德国航空航天中心下属的地面站进行了双向通信实验[24]。日本国家信息通信技术研究所自主设计的星载相干光通信接收机于 2008 年研制成功[25]，2021 年实现了传输速率为 10Gbit/s、地面站与同步轨道卫星之间的双向激光通信，并逐步将相关技术应用到太空测距、卫星组网等其他领域[26]。

美国、德国等国家在信号调制方面，由最初的光强度调制逐步发展至副载波调制及相位幅度调制；在解调方面，由最初的直接检测发展至相干检测；在通信双方终端方面，也由一对一传输朝一对多传输、多对多传输、动点对动点传输方向发展，并且设备向低功耗、小型化以及高集成化等方向发展。

1.1.2 无线光相干通信技术国内发展现状

长春理工大学在船舶与船舶间、飞艇与船舶间、双直升机间等领域均开展并成功演示了双向激光通信实验。2015 年，长春理工大学设计并研制出低轨道-同步轨道间激光通信光端机。2016 年，长春理工大学又研制出同步轨道对地的激光通信光端机[27]。

哈尔滨工业大学主要从事卫星激光通信的研究工作，2011 年，“海洋二号”卫星完成了星地激光双向通信实验，2017 年，“实践十三号”卫星在西昌卫星发射中心成功发射，并与地面基站间建立了激光链路，实现了稳定的通信[28]。

电子科技大学在星间、星地激光通信等领域开展了研究工作，包括星间光通信捕获跟踪技术、微弱信标光信号处理技术、星地相干光通信技术、高精度对准信息获取方法等[29]。

中国科学院上海光学精密机械研究所在星间与星地激光通信相干检测装置的研制、光学锁相技术以及水下光通信等方面开展了一系列的研究[30]。

复旦大学主要从事可见光通信领域技术的研究探索，在室内可见光通信与定位以及水下可见光通信等领域，对调制速率、工艺器件设计等方面进行了有益的探索[31]。

武汉大学在 2013 年实现了船舶与岸边建筑之间的激光通信，2015 年实现了船舶与岸边建筑之间 2.5Gbit/s 高速且稳定的激光通信[32]。

空军工程大学在空间激光通信、星地激光通信、无人机空中激光通信以及可见光通信领域开展了仿真研究[33]。

2016 年底至 2017 年初，中国科学院上海技术物理研究所开发的高速星地光通信终端成功搭载“墨子号”卫星完成在轨双向链路通信，上行链路采用脉冲位置调制，通信速率为 20Mbit/s；下行链路采用二进制相移键控调制，通信速率为 5.12Gbit/s[34]。

自 2014 年起，中国科学院光电技术研究所研制出用于远距离星地自由空间的无线光相干通信系统，分析了采用自适应光学校正后其误码率改善的情况[35]。2018 年，其与中国空间技术研究院联合完成同步轨道卫星与地面间相干激光通信实验，激光通信终端搭载“实践二十号”卫星平台于 2019 年下半年发射升空[36]。

近些年，西安理工大学在大气湍流中的激光传输特性[37]、无线激光通信系统的编解码、无线光副载波调制、信道估计和均衡[38]、对准跟踪捕获技术[39]、相干检测技术及光学收发系统的设计[40]、光正交频分复用调制和光多输入多输出体制研究、复杂环境中无线光传输理论与技术进行了深入的理论探索和实验验证。2016 年，西安理工大学成功研制出强度调制/直接检测方式的空间激光通信系统终端，该终端具有标准以太网数据接入能力，能完成双工数据、语音和图像的可靠传输[41]。自 2017 年开始，西安理工大学成功实现了近地面 100km 链路的无线光相干通信实验，实现了视频信号的实时传输，采用差分二进制调制/外差检测技术，通信速率最高可达 10Gbit/s[42]，如图 1.10 所示。2021 年，西安理工大学团队研制出强度调制/直接检测方式的近红外波段空间激光通信系统，最大传输速率可达 10Gbit/s，发射端采用图像跟踪，接收端采用二维反射镜控制，以抑制大气湍流(发射端、接收端采用非共视轴工作体制)，实现光束快速对准[43]。

(a) 发射端　(b) 接收端

图 1.10　西安理工大学研制的无线光相干通信系统

空间激光通信系统发展的趋势是：向大宽带、高可靠性、无信标光方向发展，由一对一传输向一对多传输发展，应用场景由最初的空间激光通信发展到地面激光通信，甚至 6G 也有应用空间激光通信的考虑。大气湍流中的空间激光通信，也在由传统的发射端与接收端配合集中控制的共视轴对准跟踪捕获技术，向发射端与接收端独立控制的非共视轴技术发展，逐步减小动基座场景对稳定平台的依赖。

1.2　无线光相干检测技术发展现状

1.2.1　无线光相干检测技术国外发展现状

随着无线光相干检测研究热潮的兴起，国外学者在相干检测技术方面展开了深入研究。1975 年，Fink[44]推导了外差检测信噪比的一般表达式，指出最佳本振光分布应与检测器表面上的信号场分布相同，得出了圆形检测器上信号光为艾里分布本振光，为均匀分布时的最佳检测器半径。

2007 年，Lee 等[45]通过实验对比分析了平衡零差接收机的相干检测和多信道相干检测性能。实验结果得出两种检测方式都超过直接检测的信噪比 5dB，并且多信道相干检测较相干检测灵敏度提高了 2～3dB。

2009 年，Painchaud 等[46]引入单端口抑制比参数来量化平衡检测系统的性能。研究结果表明，平衡检测系统的性能在很大程度上取决于平衡检测器前端，即系统输入端口处使用的光学器件特性。

2010 年，Salem 等[47]推导了不同相干状态下系统外差检测效率的数学模型，并进行了仿真分析。结果表明，信号光与本振光之间的角位移对外差检测效率退化的影响最为明显，其中部分相干光束较相干光束受角位移的影响更小，并且只需要保证信号光和本振光的相干宽度相等，相干检测系统可用于检测部分相干光束。

2012 年，Huynh 等[48]提出了一种使用相位调制检测方法的新型相干接收机方案。实验结果表明，其所提出的方案可以成功解调出 10Gbit/s 链路的调制信号，进一步简化了相干接收机的前端。

2022 年，Kakarla 等[49]分析了 M 进制脉冲位置调制(M-ary pulse position modulation，M-PPM)、M-PPM+正交相移键控(quadrature phase shift keying，QPSK)相结合的相干检测系统灵敏度。研究得到使用 M-PPM+QPSK 调制的系统灵敏度最佳，并且系统灵敏度随着进制数 M 的增大而提高，其中，使用 64-PPM+QPSK 调制获得的系统灵敏度高于 QPSK 调制的系统灵敏度 0.6dB。

无线光相干检测技术在大气湍流方面进行的研究：2000 年，Belmonte 等[50]研究了大气湍流对相干外差接收机光功率和系统效率的影响。研究发现，当大气折射率结构常数 $C_n^2=10^{-14}\mathrm{m}^{-2/3}$、传输距离为 5km 时，系统相干接收光功率严重下降，系统效率下降了约 5dB。

2003 年，Belmonte[51]研究了大气湍流条件下，接收天线孔径参数对外差检测性能的影响。数值仿真表明，大气湍流会破坏光束的初始相位，从而降低了发射光束在目标平面的聚焦能力，当选用较短波长光束传输时，接收天线小孔径与大孔径所获得的外差检测性能一致。

2017 年，Huang 等[52]研究了大气湍流和接收机振动情况下，到达角起伏对无线光相干检测系统的影响。仿真结果表明，在存在到达角起伏时，相干检测获得的增益优于直接检测，并且相干检测对到达角起伏更敏感；当满足中断概率为 10^{-7} 数量级时，相干检测获得了 31.3dB 的增益。

2018 年，Sahota 等[53]提出了一种用于克服光强闪烁损失的新型零差检测系统，并以误码率为评价指标，与直接检测进行了对比。研究结果表明，在中等光强闪烁中，直接检测的误码率为 10^{-1} 数量级，而新型零差检测系统的误码率可以有效降低到 10^{-5} 数量级。

1.2.2 无线光相干检测技术国内发展现状

为进一步推动无线光相干通信的实际应用，国内学者对提高接收端无线光相干检测系统的性能展开了探索。使用不同调制方式、检测方式的无线光相干检测技术领域的研究如下。

2007 年，徐静等[54]分析了大气湍流对 1550nm 激光外差检测系统性能的影响，并进行了理论分析和实验研究，通过对测量结果的对比分析，可以清楚地了解到大气湍流对外差检测系统的影响，这对外差检测技术有一定的指导作用。

2011 年，王春晖等[55]推导了采用平衡和一般相干检测系统的信噪比模型，并进行了仿真和实验对比。研究结果表明，当分束比为 0.5 时，平衡检测器输出信噪比大于一般相干检测系统 19dB。

2013 年，Niu 等[56]对比了 Gamma-Gamma 湍流信道中，采用副载波强度调制的无线光通信和无线光相干通信系统性能。研究结果表明，相较于副载波强度调制的无线光通信系统，无线光相干通信系统灵敏度有所提高。

2016 年，Liu 等[57]给出了零差检测效率的表达式，并分析了零差检测效率与残余波前均方根值之间的关系。研究结果表明，在特定大气格林伍德频率和闭环控制带宽条件下，大气相干长度对零差检测效率有影响，当大气相干长度为 9cm 时，自适应光学系统校正后的零差检测效率提高了约 25%。

2007 年，田海亭等[58]提出了一种使用模糊逻辑的算法，用于抑制调制频率偏移抖动对相干检测过程的影响。实验结果表明，该算法在保证相干检测精度不受影响的前提下，使得调制频率抖动偏移范围扩大了±6.2%。

2017 年，Chang 等[59]推导了 Costas 环路相干检测系统的相位误差方差和误码率解析式，并分析了激光器线宽、入射信号光功率、相位误差和光电二极管响应度对系统误码率的影响。研究发现，当相位误差增加、光电二极管响应度或入射信号光功率降低时，采用 Costas 环路相干检测系统的误码率逐渐增大。

2018 年，Zhou 等[60]设计了无线光相干通信系统中的 90° Costas 零差相干接收机。在最佳信号功率分割比为 0.05 时，接收机灵敏度可以提高近 2.65dB，接近无线光相干通信系统中的散粒噪声极限。

2019 年，Liu 等[61]为了解决外差检测中的散斑效应问题，提出了一种阵列检测器，仿真并评估阵列检测器在提高相干光学系统信噪比时的性能。从仿真结果来看，该检测器可以有效提高外差系统的信噪比。

2020 年，任建迎等[62]提出了双频相干激光的差频信号检测方法，并分析了激光线宽、振幅比等参数对差频信号的影响。实验得出，激光器、移频器等的噪声对差频信号振幅有一定的影响，差频信号的中心频率存在微小变化，线宽受激光器瞬时变化的影响而存在起伏。

2022 年，艾则孜姑丽 · 阿不都克热木等[63]定义了描述接收光场起伏速度的大气相干时间，并分析了相干检测系统参数对大气相干时间的影响趋势。研究结果表明，大气相干时间与大气相干长度、激光波长、接收孔径呈正比关系，并随束腰半径的增大出现先增大后减小的趋势，可以作为衡量大气湍流对相干检测影响的重要参数。

在无线光相干检测领域，西安理工大学柯熙政教授团队进行了系统的研究。2015 年，孔英秀等[64]分析了大气湍流中不同光场分布对外差检测系统性能的影响，研究表明，不同的光场分布对相干检测效率的影响差异较大，在实验中应合理选择光束分布。2016 年，陈锦妮[65]研究了用于副载波调制的非光域外差检测(non-optical heterodyne detection，NOHD)方法，并通过数值仿真和外场实验，证明了该系统对比直接检测可获得约高 20dB 的检测增益。2018 年，陈牧[66]考虑了信道噪声对无线光相干检测性能的影响，建立了含有共模抑制比的信噪比模型，并搭建了新的双平衡检测系统。2018 年，毛燕子[67]完成了 1km 无线光相干通信实验，并分析了光束传输以及偏振特性对接收端检测灵敏度的影响。2019 年，吴加丽等[68]设计出一种使用 Costas 锁相环的数字式差分相移键控解调器，并进行了实验验证。2019 年，谭振坤[69]研制出一套无线光外差检测系统，并进行了 1.3km 外场实验。同年，马兵斌[70]设计了一种单粒子优化算法用于无线光相干通信系统中的偏振控制，600m 外场实验表明，该方案可使接收端系统混频效率有效提升 64%。2021 年，白佳俊[71]提出了一种松尾环载波恢复用于 QPSK 调制的无线光相干通信系统接收端解调，实验得到系统输出信噪比为 20dB。2023 年，Yang 等[72]基于相干检测理论，建立了波前畸变与混频效率、混频增益之间的数学模型，并分析了在不同大气湍流强度下波前校正对混频效率和混频增益的改善极限。

1.3　双波长波前畸变校正系统国内外发展现状

波长不同的信号光和信标光合束之后经由发射天线发送，光束经过大气信道之后由接收端接收。光束入射到变形镜之后反射，经过二色分光镜将信号光和信标光分离开来，信标光经由光束整形之后进入波前传感器，信号光经由光束整形之后耦合进接收光纤之中。波前传感器测量信标光获得波前相位畸变信息，计算系统控制变形镜产生相应的共轭相位面形，对信号光进行实时校正，畸变信息在整个控制程序中的传递过程如图 1.11 所示，整个系统处于实时的闭环状态。

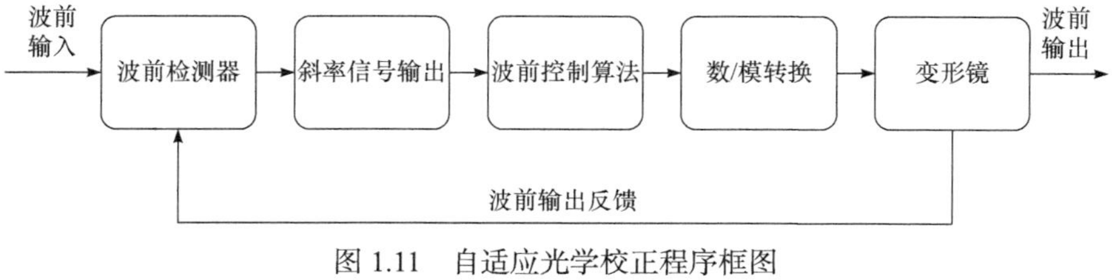

图 1.11　自适应光学校正程序框图

大气湍流对空间激光通信质量的影响最大，它可以使激光通信的误码率升高，甚至使发生的通信中断，最终无法建立稳定的激光通信链路[73]。因此，人们将自适应光学技术[74]引入激光通信系统中，以抑制大气湍流对激光通信系统通信质量的影响[75-77]。

人们对自适应光学系统自身的控制带宽、控制算法、空间补偿能力(包括变形镜、波前传感器等器件)进行了大量研究，以提高校正精度[78]。美国学者 Tyson[75]于 1996 年首次通过数值和理论模拟仿真的方式证明了自适应传输概念在实际中的作用，在空地激光通信链路中对信号衰减和波前起伏具有一定的补偿能力，可以明显降低光强闪烁效应，降低误码率。日本通信实验室尝试使用无波前传感技术在国际空间站和地面之间的激光链路通信[76]；2002 年，劳伦斯实验室在斜程传输通信链路的下行链路中使用自适应光学技术将接收信号的光纤耦合效率从 20%提升到 55%[77]。

双波长自适应光学系统的双波长工作机制导致其存在一定的校正残差，因为大气色散导致不同波长光束的波前畸变存在差异，波前传感器测量信标光得到的波前相位与信号光的波前相位之间存在误差，误差随着闭环系统传递最终造成校正残差。为了提升系统的校正精度，人们对不同波长之间的畸变差异及其对自适应光学系统校正精度的影响进行了大量研究和实验。

1972 年，Ishimaru[79]对不同波长光束振幅之间的互相关功率谱、不同波长光束相位之间的互相关功率谱进行计算，并根据计算结果对其中的相干性进行了分析。在弱湍流和 Rytov 湍流假设学说基础之上得到结果，并根据互相关系数关系间接测量大气折射率结构常数，测量结果与直接测量吻合，证明了结论的正确性。

1975 年，Fante[80]研究了对数振幅波动色差和相位补偿色差对通过大气湍流传输的相位补偿光链路特性的影响。

1978 年，Ishimaru[81]给出了弱湍流条件下平面波、球面波以及高斯光束的闪烁频谱，说明了大气湍流对不同波长光束的调制作用以及调制程度是不同的。

1982 年，Hogge 等[82]对使用信标光波前畸变数据对信号光波前畸变进行校正的自适应光学系统的系统误差进行了分析，从几何光学角度和光束衍射角度对信号光和信标光在大气传输过程中产生的波前相位畸变之间的差异性进行了描述。结果说明：波长不同的平面波在经过相同大气信道之后的波前畸变之间存在差异，并且波长较短的光束更容易受到湍流的影响，而且影响程度更大。

1983 年，Winocur[83]提出了将自适应光学系统中不同波长信号光和信标光之间由大气湍流引起的相位畸变误差用 Zernike 多项式进行分解。利用该方法分析了地面通信链路和星地通信链路。分析结果表明：不同波长光束之间的相位畸变误差在第一阶(倾斜)Zernike 模式下引起的系统校正残差较小；但随着 Zernike 多项式阶数的增加，相位差显著增加，并且严重影响了自适应光学系统的校正精度。不同波长光束之间的畸变相位差还与接收孔径、传播路径长度和湍流强度等因素有关。

1986 年，Ben-Yosef 等[84]测量了相同大气信道中共光路发射的两个不同波长光束的光强闪烁相关系数。结果表明，在弱湍流条件下，如果使用 Kolmogorov 谱，不同波长光束光强闪烁之间的相关性比预测的要高，随着湍流强度的增加，大气湍流中小尺度湍涡的相对比重增加，导致两束光之间的互相关系数开始下降；两者之间的互相关系数还会受到湍流内外尺度的影响。最后对不同波长光束光强闪烁之间的数值关系进行了分析：不同波长光束光强闪烁之间的比值与对应波数比值的 7/12 次方成正比。

2008 年，Devaney 等[85]对不同波长光束穿过大气湍流产生色差效应的原因进行了详细解释，讨论中说明了大气色散导致的色差对高阶自适应光学系统校正精度的影响。色差产生的影响主要包括两方面：一方面会使得两个波长在波前传感器上的偏移测量位置不同；另一方面色差会在传输距离、大气湍流强度、湍流外部尺度相对于接收孔径等因素的影响下不断累加。最后在实验中证明色差校正对提升自适应光学系统的校正精度效果显著，但是矫枉过正也会产生相反的效果。

2013 年，Rong 等[86]发现，自适应光学系统性能受到大气湍流影响的同时，还与波长及数值孔径有关，并且建立了平面波模型和球面波模型下的到达角闪烁模型，通过数值仿真展现了孔径和波长对系统校正性能的影响。

2015 年，Gorelaya 等[87]在室内大气湍流模拟实验箱中建立起信号光与信标光共光路发射的室内空间激光通信实验链路，链路通信距离为 700m，信号光波长为 1064nm，信标光波长为 530nm。在接收端使用夏克-哈特曼波前传感器对两个波长光信号的波前相位畸变进行测量，测量结果如图 1.12 所示。

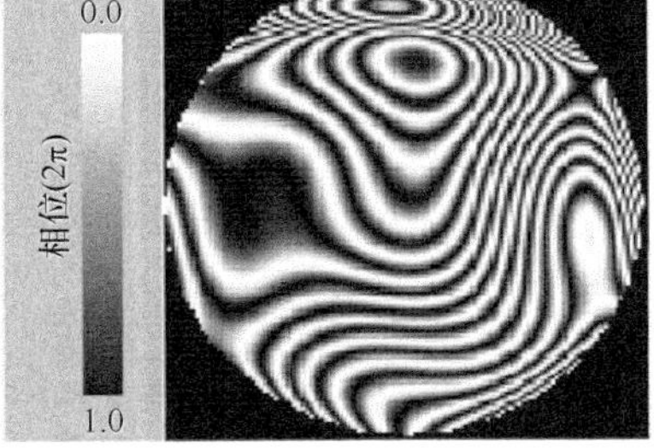

(a) 信标光相位畸变

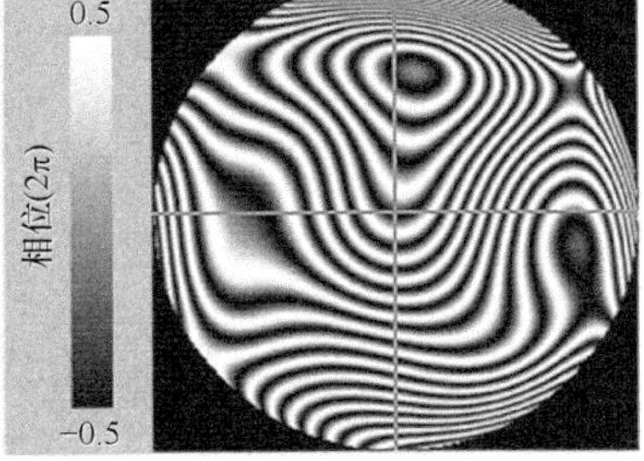

(b) 信号光相位畸变

图 1.12　信号光和信标光在接收端的波前相位畸变

根据 Zernike 多项式和干涉测量分析得出结论：在传输距离为 700m 的弱湍流通信链路中，530nm 的信号光波前相位畸变要比 1064nm 信号光的波前相位畸变剧烈，且高出信号光约 35%。

2020 年，徐百威[88]根据琼斯矩阵将光瞳分解，得到接收波前相位，对系统产生的偏振像差进行分析，提出了自适应光学系统中偏振像差的整体分析方法。根据提出的方法对卡塞格林光学天线中光学元件表面镀膜在 1300nm 和 589nm 光束之间产生的偏振色差进行分析。分解结果表明，此部分偏振色差是由离焦像差和少量球差组成的，离焦像差可达 1.14rad，且偏振色差使 1300nm 光信号的远场光斑斯特列尔比从 0.8 下降到 0.6。

2020 年，Ke 等[89]推导了不同波长光束的波前整体起伏方差公式，根据公式说明了在相同传输条件下不同波长光束的波前整体起伏方差存在差异，并根据大气相干长度，对波前整体起伏方差在压强、大气湍流强度和波长等条件影响下的变化趋势进行了数值仿真，说明湍流内尺度对两个光束之间的相关程度影响较大，对湍流外尺度影响较小。

光相干通信包括光纤相干通信和无线光相干通信，无论是零差检测、内差检测还是外差检测，发展的趋势都是将相干光通信的优点在实际中表现出来，并抑制信道特性对相干通信的影响。

参 考 文 献

[1] 陈智浩. 现代光通信史上的里程碑光电话的发明[J]. 光通信技术, 1993, 17(5): 288-289.

[2] 王狮凌, 房丰洲. 大功率激光器及其发展[J]. 激光与光电子学进展, 2017, 54(9): 51-64.

[3] Marshalek R G, Koepf G A. Comparison of optical technologies for intersatellite links in a global telecommunications network [J]. Optical Engineering, 1988, 27(8): 663-676.

[4] Jeganathan M, Portillo A, Racho C S, et al. Lessons learned from the optical communications demonstrator (OCD) [C]. Free-Space Laser Communication Technologies XI, San Jose, 1999: 23-30.

[5] Wright M W, Valley G C. Yb-doped fiber amplifier for deep-space optical communications [J]. Journal of Lightwave Technology, 2005, 23(3): 1369-1374.

[6] 潘文, 胡渝. 美国空间激光通信研究发展概况及现状[J]. 电子科技大学学报, 1998, 27(5): 541-545.

[7] Kim I I, Stieger R, Koontz J A, et al. Wireless optical transmission of fast Ethernet, FDDI, ATM, and ESCON protocol data using the TerraLink laser communication system [J]. Optical Engineering, 1998, 37(12): 3143-3155.

[8] Khatri F I, Robinson B S, Semprucci M D, et al. Lunar laser communication demonstration operations architecture [J]. Acta Astronautica, 2015, 111: 77-83.

[9] Beyer A D, Shaw M D, Marsili F, et al. Tungsten silicide superconducting nanowire single-photon test structures fabricated using optical lithography [J]. IEEE Transactions on Applied Superconductivity, 2015, 25(3): 2200805.

[10] Čierny O, Kerri L, Cahoy K L. On-orbit beam pointing calibration for nanosatellite laser

communications [J]. Optical Engineering, 2018, 58(4): 041605.
[11] Boroson D M, Robinson B S. The lunar laser communication demonstration: NASA's first step toward very high data rate support of science and exploration missions [J]. Space Science Reviews, 2014, 185(1): 115-128.
[12] Stevens M L, Boroson D M. A simple delay-line 4-PPM demodulator with near-optimum performance [J]. Optics Express, 2012, 20(5): 5270-5280.
[13] Oaida B V, Wu W, Erkmen B I, et al. Optical link design and validation testing of the Optical Payload for Lasercomm Science (OPALS) system [C]. Free-Space Laser Communication and Atmospheric Propagation XXVI, San Francisco, 2014: 235-249.
[14] Rose T S, Rowen D W, LaLumondiere S D, et al. Optical communications downlink from a low-earth orbiting 1.5U CubeSat [J]. Optics Express, 2019, 27(17): 24382-24392.
[15] Laurent B, Camus J P, Sein E. SILEX: The first European optical space communications system [J]. Acta Astronautica, 1990, 22: 299-303.
[16] Loscher A. Atmospheric influence on a laser beam observed on the OICETS-ARTEMIS communication demonstration link [J]. Atmospheric Measurement Techniques, 2010, 3(5): 1233-1239.
[17] Knopp M T, Spoerl A, Gnat M, et al. Towards the utilization of optical ground-to-space links for low earth orbiting spacecraft [J]. Acta Astronautica, 2020, 166(4): 147-155.
[18] Gregory M, Heine F, Kämpfner H, et al. Commercial optical inter-satellite communication at high data rates [J]. Optical Engineering, 2012, 51(3): 031202.
[19] Sterr U, Dallmann D, Heine F, et al. Planning constraints of low grazing altitude GEO-LEO laser links based on in-orbit data [J]. Optical Engineering, 2016, 55(11): 111608.
[20] Calzolaio D, Curreli F, Duncan J, et al. EDRS-C - The second node of the European data relay system is in orbit [J]. Acta Astronautica, 2020, 177(1): 537-544.
[21] Sodnik Z, Heese C, Arapoglou P D, et al. European deep-space optical communication program [C]. Free-Space Laser Communication and Atmospheric Propagation XXX, San Francisco, 2018: 214-222.
[22] Chida Y, Soga H, Yamaguchi Y, et al. On-orbit attitude control experiments using ETS-VI by H_∞ control and two-degree-of-freedom control [J]. Control Engineering Practice, 1998, 6(9): 1109-1116.
[23] Samejima S, Tanaka M, Ohtomo I. Overview of satellite on-board multibeam communications system for ETS-VI [J]. Acta Astronautica, 1992, 28: 293-300.
[24] 野田艳子, 邵毅. 在空间站进行光通信实验研究[J]. 激光与光电子学进展, 2002, 39(1): 15-19.
[25] Henniger H, Ludwig A, Horwath J. Performance bounds of DPSK and OOK for low elevation optical LEO downlinks [J]. Radio Engineering, 2010, 19(4): 589-595.
[26] Fujiwara Y, Mokuno M, Jono T, et al. Optical inter-orbit communications engineering test satellite (OICETS) [J]. Acta Astronautica, 2007, 61(1): 163-175.
[27] 滕云杰, 宋延嵩, 佟首峰, 等. 基于飞艇平台激光通信系统的捕获性能研究[J]. 光学学报, 2018, 38(6): 0606005.

[28] 武凤, 于思源, 马仲甜, 等. 星地激光通信链路瞄准角度偏差修正及在轨验证[J]. 中国激光, 2014, 41(6): 154-159.
[29] 黄健, 邓科. 大气相干激光通信研究中的几个理论问题[J]. 量子电子学报, 2020, 37(5): 556-565.
[30] 许楠, 刘立人, 刘德安, 等. 星间相干光通信中的光学锁相环[J]. 激光与光电子学进展, 2008, 45(4): 25-33.
[31] Wang Y G, Huang X X, Tao L, et al. 4.5-Gb/s RGB-LED based WDM visible light communication system employing CAP modulation and RLS based adaptive equalization [J]. Optics Express, 2015, 23(10): 13626-13633.
[32] Lin Y X, Ai Y, Shan X. Identification of electro-optical tracking systems using genetic algorithms and nonlinear resistance torque [J]. Optical Engineering, 2017, 56(3): 033105.
[33] 郝少伟, 李勇军, 赵尚弘, 等. 基于非正交多址接入的星间可见光通信最优功率分配研究[J]. 中国激光, 2021, 48(7): 125-134.
[34] 司纪宗, 朱韧, 赵思伟, 等. 基于压电陶瓷与光纤光栅的快速激光波长锁定系统[J]. 中国激光, 2020, 47(12): 16-21.
[35] 郭友明, 马晓燠, 饶长辉. 自适应光学系统倾斜校正回路的最优闭环带宽[J]. 物理学报, 2014, 63(6): 429-433.
[36] Chen M, Liu C, Rui D M, et al. Experimental results of 5-Gbps free-space coherent optical communications with adaptive optics [J]. Optics Communications, 2018, 418(2): 115-119.
[37] 王姣, 柯熙政. 部分相干光束在大气湍流中传输的散斑特性[J]. 红外与激光工程, 2017, 46(7): 135-142.
[38] Chen D, Hui J X. Parameter estimation of Gamma-Gamma fading channel in free space optical communication [J]. Optics Communications, 2021, 488(3): 126830.
[39] Ke X Z, Zhang P. Automatic focusing control in beaconless APT system [J]. Journal of Russian Laser Research, 2020, 41(1): 61-71.
[40] Ke X Z, Lei S C. Spatial light coupled into a single-mode fiber by a Maksutov-Cassegrain antenna through atmospheric turbulence [J]. Applied Optics, 2016, 55(15): 3897-3902.
[41] 吴鹏飞, 柯熙政, 袁泉. 一种 10Mbit/s～1Gbit/s 速率自适应无线光通信机的研制[J]. 西安理工大学学报, 2014, 30(4): 443-447.
[42] Wu J L, Ke X Z. Development of adaptive optical correction and polarization control modules for 10km free-space coherent optical communications [J]. Journal of Modern Optics, 2020, 67(3): 189-195.
[43] 杨尚君, 柯熙政, 吴加丽, 等. 利用二维反射镜实现无线光通信快速对准[J]. 中国激光, 2022, 49(11): 101-114.
[44] Fink D. Coherent detection signal-to-noise[J]. Applied Optics, 1975, 14(3):689-690.
[45] Lee W, Izadpanah H, Delfyett P J, et al. Coherent pulse detection and multi-channel coherent detection based on a single balanced homodyne receiver[J]. Optics Express, 2007, 15(5): 2098-2105.
[46] Painchaud Y, Poulin M, Morin M, et al. Performance of balanced detection in a coherent receiver[J]. Optics Express, 2009, 17(5): 3659-3672.

[47] Salem M, Rolland J P. Heterodyne efficiency of a detection system for partially coherent beams[J]. Journal of the Optical Society of America A, 2010, 27(5): 1111-1119.

[48] Huynh T N, Nguyen L, Barry L P. Novel coherent self-heterodyne receiver based on phase modulation detection[J]. Optics Express, 2012, 20(6): 6610-6615.

[49] Kakarla R, Mazur M, Schroder J, et al. Power efficient communications employing phase sensitive pre-amplified receiver[J]. IEEE Photonics Technology Letters, 2022, 34(1): 3-6.

[50] Belmonte A, Rye B J. Heterodyne lidar returns in the turbulent atmosphere: Performance evaluation of simulated systems[J]. Applied Optics, 2000, 39(15): 2401-2411.

[51] Belmonte A. Analyzing the efficiency of a practical heterodyne lidar in the turbulent atmosphere: Telescope parameters[J]. Optics Express, 2003, 11(17): 2041-2046.

[52] Huang S J, Safari M. Free-space optical communication impaired by angular fluctuations[J]. IEEE Transactions on Wireless Communications, 2017, 16(11): 7475-7487.

[53] Sahota J K, Dhawan D. Reducing the effect of scintillation in FSO system using coherent based homodyne detection[J]. Optik, 2018, 171(1): 20-26.

[54] 徐静, 毛红敏, 甄胜来, 等. 大气湍流引起激光外差检测空间相干性退化研究[J]. 激光与红外, 2007, 37(12): 1245-1249.

[55] 王春晖, 高龙, 庞亚军, 等. 光束分束比对 2μm 平衡式相干检测系统信噪比影响的实验研究[J]. 光学学报, 2011, 31(11): 1104002.

[56] Niu M B, Cheng J L, Holzman J F. Error rate performance comparison of coherent and subcarrier intensity modulated optical wireless communications[J]. Journal of Optical Communications and Networking, 2013, 5(6): 554-564.

[57] Liu W, Wang L, Yao K N, et al. Efficiency analysis of homodyne detection for a coherent lidar with adaptive optics[J]. Journal of the Korean Physical Society, 2016, 69(12): 1750-1754.

[58] 田海亭, 张春熹, 金靖, 等. 调制频率抖动对相干检测的影响及消除算法[J]. 光学精密工程, 2007, 15(4): 604-610.

[59] Chang S, Song Y S, Liu Y, et al. The performance analysis of coherent detection based on the optical Costas loop[J]. Optik, 2017, 130(2): 1333-1338.

[60] Zhou H J, Zhu Z Z, Xie W L, et al. Investigation of signal power splitting ratio for BPSK homodyne receiver with an optical Costas loop[J]. Optical Engineering, 2018, 57(8): 086111.

[61] Liu Y T, Zeng X D, Cao C Q, et al. Modeling the heterodyne efficiency of array detector systems in the presence of target speckle[J]. IEEE Photonics Journal, 2019, 11(4): 4801509.

[62] 任建迎, 孙华燕, 赵延仲, 等. 双频激光相干检测差频信号影响因素分析[J]. 激光与红外, 2020, 50(4): 407-412.

[63] 艾则孜姑丽 · 阿不都克热木, 陶志炜, 刘世韦,等. 大气湍流对接收光场时间相干特性的影响[J]. 物理学报, 2022, 71(23): 216-223.

[64] 孔英秀, 柯熙政, 杨媛. 大气湍流对空间相干光通信的影响研究[J]. 激光与光电子学进展, 2015, 52(8): 95-101.

[65] 陈锦妮. 副载波调制非光域外差检测无线光通信关键技术及其实验研究[D]. 西安: 西安理工大学, 2016.

[66] 陈牧. 无线光相干通信中的信道噪声及其对相干检测性能影响研究[D]. 西安: 西安理工大

学, 2018.
[67] 毛燕子. 相干光通信中的模式退变及偏振特性研究[D]. 西安: 西安理工大学, 2018.
[68] 吴加丽, 杨雅淇, 王义. 相干光通信中全数字 DPSK 解调技术的研究[J]. 湖南科技学院学报, 2019, 40(10): 12-17.
[69] 谭振坤. 无线光通信中外差检测性能影响因素及实验研究[D]. 西安: 西安理工大学, 2019.
[70] 马兵斌. 无线光相干通信系统中偏振控制实验研究[D]. 西安: 西安理工大学, 2019.
[71] 白佳俊. 无线光相干通信系统中 QPSK 调制解调研究与实现[D]. 西安: 西安理工大学, 2021.
[72] Yang S J, Xing T, Ke C H, et al. Effect of wavefront distortion on the performance of coherent detection systems: Theoretical analysis and experimental research[J]. Photonics, 2023, 10(5): 493.
[73] Tyson R K. Principles of Adaptive Optics[M]. Boston: Academic Press, 1991.
[74] Kudielka K H, Hayano Y, Klaus W, et al. Low-order adaptive optics system for free-space lasedcom: Design and performance analysis[C]. Adaptive Optics for Industry and Medicine, Murcia, 1999: 364-369.
[75] Tyson R K. Adaptive optics and ground-to-space laser communications[J]. Applied Optics, 1996, 35(19): 3640-3646.
[76] Lukin V P, Fortes B V. Phase-correction of turbulent distortions of an optical wave propagating under conditions of strong intensity fluctuations[J]. Applited Optics, 2002, 41(27): 5616-5624.
[77] 杨慧珍, 李新阳, 姜文汉. 自适应光学技术在大气光通信系统中的应用进展[J]. 激光与光电子学进展, 2007, 44(10): 61-68.
[78] Wilks S C, Morris J R, Brase J M, et al. Modeling of adaptive optics-based free-space communications systems[C]. International Symposium on Optical Science and Technology, Seattle, 2002: 121-128.
[79] Ishimaru A. Temporal frequency spectra of multifrequency waves in turbulent atmosphere[J]. IEEE Transactions on Antennas and Propagation, 1972, 20(1): 10-19.
[80] Fante R L. Electromagnetic beam propagation in turbulent media[J]. Proceedings of the IEEE, 1975, 63(12): 1669-1692.
[81] Ishimaru A. Wave Propagation and Scattering in Random Media[M]. New York: Academic Press, 1978.
[82] Hogge C B, Butts R R. Effects of using different wavelengths in wave-front sensing and correction[J]. Journal of the Optical Society of America, 1982, 72(5): 606-609.
[83] Winocur J. Dual-wavelength adaptive optical systems[J]. Applied optics, 1983, 22(23): 3711-3715.
[84] Ben-Yosef N, Goldner E, Weitz A. Two-color correlation of scintillations[J]. Applied Optics, 1986, 25(19): 3486-3489.
[85] Devaney N, Goncharov A V, Dainty J C. Chromatic effects of the atmosphere on astronomical adaptive optics[J]. Applied Optics, 2008, 47(8): 1072-1081.
[86] Rong J H, Tang Z L, Xie Y M, et al. Topological optimization design of structures under random excitations using SQP method[J]. Engineering Structures, 2013, 56(13): 2098-2106.

[87] Gorelaya A V, Shubenkova E V, Dmitriev D I, et al. Investigation of dual-wavelength laser beam propagation along the in-door atmospheric path[C]. Conference on Optics in Atmospheric Propagation and Adaptive Systems, Toulouse, 2015: 96410C.

[88] 徐百威. 波前旋转和偏振色差对自适应光学系统校正能力的影响[D]. 成都：中国科学院大学(中国科学院光电技术研究所), 2020.

[89] Ke X Z, Chen X Z. Correcting wavefront distortion of dual-wavelength beams due to atmospheric turbulence with a correction coefficient[J]. Optics and Photonics Journal, 2020, 10(4): 64-77.

第 2 章　无线光相干通信系统

无线光相干通信系统由发射端和接收端组成。无线光相干通信需要满足信号光与本振光的偏振态匹配、波前相位匹配、频率差值恒定等一系列条件。本章针对无线光相干通信系统的基本原理进行详细分析，分别对发射端的信号调制系统、接收端的空间光-光纤耦合系统、光混频系统、双平衡检测系统、偏振控制系统、光源频率控制系统、信号解调系统的工作原理进行描述，同时介绍各子系统的关键技术对相干光通信性能的影响机理，并通过实验对各子系统的性能进行验证。

2.1　概　　述

相干是指波在传播时，在不同地点或不同时间物理量的相关特性。光束的相干性是两列或多列光波在空间相遇时重叠或抵消的现象，从而形成新的光波。无线光相干通信系统调制可采用强度、频率、相位、偏振态等多种调制技术，相干检测就是依据光的干涉叠加相消性，在接收端使用本振光对接收到的信号光进行放大，使得干涉输出的中频信号携带信源信息[1, 2]。

与强度调制/直接检测的光通信系统相比，无线光相干通信系统的检测灵敏度可以有约 20dB(零差检测可以达到约 23dB)的增益，在相同的发射功率下容许传输更远距离，更利于抑制大气信道衰落，更适合于微弱信号的检测[3]。

2.2　无线光相干通信系统组成

采用相位调制/相干检测的无线光相干通信系统原理图如图 2.1 所示。发射端的信源信息经驱动放大电路放大后，以外调制的方式加载至相位电光调制器完成电光转换，由发射光学天线经准直后在自由空间进行传输；接收光学天线将光束汇聚并准直输出，经光纤耦合进入单模光纤与 90°光混频器相连接，信号光和本振光进行混频处理，双平衡检测器将光信号转换为电信号，跨阻抗放大器完成电信号放大，偏振控制系统通过校正信号光的偏振态使得信号光的偏振态与混频器信号光输入端口的偏振态保持一致，频率控制系统通过校正本振光的波长使得中频信号的频率达到稳定状态，解调系统对中频信号进行解调和解码后，最终实现信源到信宿的传输。

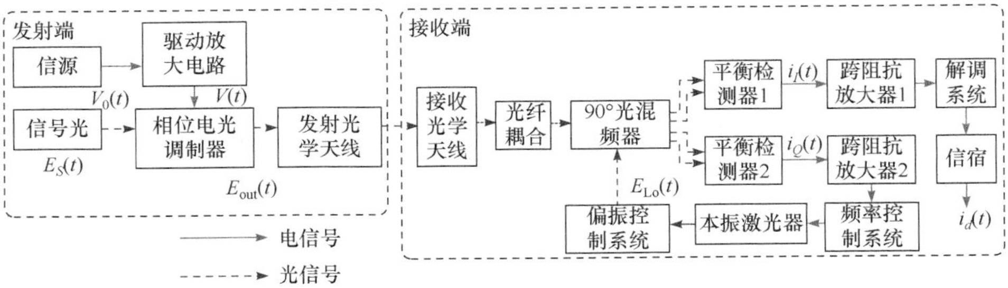

图 2.1　采用相位调制/相干检测的无线光相干通信系统原理图

设输入相位电光调制器的信号光光场 $E_S(t)$ 可表示为

$$E_S(t) = A_S \cdot e^{i(\omega_S t+\varphi_S)} \tag{2.1}$$

其中，A_S、ω_S、φ_S 分别为信号光光场的振幅、角频率、初相位。

信源 $V_0(t)$ 经驱动放大电路放大后作用于相位电光调制器，相位电光调制器输出光信号 $E_{out}(t)$ 的光场表达式为

$$E_{out}(t) = E_S \cdot e^{i\Delta\varphi} = A_S \cdot e^{i\left(\omega_S t+\varphi_S+\frac{\pi \cdot V_0(t)\cdot k_f}{V_\pi}\right)} \tag{2.2}$$

其中，k_f 为驱动放大电路的放大倍数；$V_\pi = \lambda G/n_0^3\gamma_{33}\Gamma L$ 为半波电压，λ 为波长，G 为电极间距，n_0^3 为晶体有效折射率，γ_{33} 为晶体光电系数，Γ 为光电重叠场积分，L 为电极长度[4]。

本振光光场 $E_{Lo}(t)$ 的表达式为

$$E_{Lo}(t) = A_{Lo} \cdot e^{i(\omega_{Lo} t+\varphi_{Lo})} \tag{2.3}$$

其中，A_{Lo}、ω_{Lo}、φ_{Lo} 分别为本振光的振幅、角频率、初相位。

90°光混频器为 2 光纤端口输入、4 光纤端口输出的无源器件，因此输出的 4 路光信号相位分别相差 90°[5]，即

$$E_{0^\circ}(t) = A_S \cdot e^{i(\omega_S t+\varphi_S+\Delta\varphi)} + A_{Lo} \cdot e^{i(\omega_{Lo} t+\varphi_{Lo})} \tag{2.4}$$

$$E_{180^\circ}(t) = A_S \cdot e^{i(\omega_S t+\varphi_S+\Delta\varphi)} - A_{Lo} \cdot e^{i(\omega_{Lo} t+\varphi_{Lo})} \tag{2.5}$$

$$E_{90^\circ}(t) = A_S \cdot e^{i(\omega_S t+\varphi_S+\Delta\varphi)} + i \cdot A_{Lo} \cdot e^{i(\omega_{Lo} t+\varphi_{Lo})} \tag{2.6}$$

$$E_{270^\circ}(t) = A_S \cdot e^{i(\omega_S t+\varphi_S+\Delta\varphi)} - i \cdot A_{Lo} \cdot e^{i(\omega_{Lo} t+\varphi_{Lo})} \tag{2.7}$$

其中，$\Delta\varphi$ 为已调制的相位；任意两路相位相差 180°的光信号 E_{0° 和 E_{180°、E_{90° 和 E_{270° 两两作用于平衡检测器。

平衡检测器内部的两个光电二极管分别检测后将输出信号做差处理，利用积化和差，和频项 $\omega_S+\omega_{Lo}$ 远超出平衡检测器带宽，无法实施检测，差频项 $\omega_S-\omega_{Lo}$ 再经跨阻抗放大器放大后，得到输出相位相差 90°的两路中频电信号 $i_I(t)$和 $i_Q(t)$，分别为

$$i_I(t)=2\cdot\beta\cdot\alpha\cdot A_S\cdot A_{Lo}\cdot\cos\left[(\omega_S-\omega_{Lo})t+\varphi_S+\pi\frac{k_f\cdot V_0(t)}{V_\pi}+\varphi_{Lo}\right] \tag{2.8}$$

$$i_Q(t)=2\cdot\beta\cdot\alpha\cdot A_S\cdot A_{Lo}\cdot\sin\left[(\omega_S-\omega_{Lo})t+\varphi_S+\pi\frac{k_f\cdot V_0(t)}{V_\pi}+\varphi_{Lo}\right] \tag{2.9}$$

其中，α为平衡检测器的光电转换系数；β为跨阻抗放大器的放大倍数。

采用数字信号处理技术对其中任一信号 $i_I(t)$或 $i_Q(t)$进行解调处理，得到经解调后的基带信号 $i_d(t)$为

$$i_d(t)=2\cdot\beta\cdot\alpha\cdot A_S\cdot A_{Lo}\cdot\cos\left(\frac{k_f\cdot V_0(t)\cdot\pi}{V_\pi}+\varphi_S+\varphi_{Lo}\right) \tag{2.10}$$

从而完成了信源信息 $V_0(t)$到信宿信息 $i_d(t)$的传输。

2.2.1　信号调制

铌酸锂($LiNbO_3$)晶体具有优良的压电、电光、非线性光学和声表面波等性能[6]，已广泛应用于光调制器、光波导基片、光隔离器、窄带滤波器等领域，并在光子海量存储器、光学集成等方面具有广阔的应用前景[7]。$LiNbO_3$ 晶体具有良好的透光性，波导制作工艺较为成熟，且无自然双折射的影响。在外电场作用下，晶体的折射率会发生变化，$LiNbO_3$ 晶体相比于其他聚合物传输损耗最低，能够最大限度地降低啁啾信号的影响。同时，由于 $LiNbO_3$ 晶体内部结构采用的是行波电极的形式，较为成熟的调制速率已经能够达到 40Gbit/s[8]，能够满足日益迫切的大带宽领域的应用。

图 2.2 为采用 $LiNbO_3$ 晶体的相位调制器、马赫-曾德尔调制器和同相正交(in-phase quadrature，IQ)调制器的内部光波导结构。相位调制器的内部光波导结构如图 2.2(a)所示，依据一次普朗克效应和二次克尔效应，外加电场的变化引起晶体折射率的变化，使得输出光场的相位产生 0～π 的跳变[9]。相位调制器内部传输结构示意图如图 2.3(a)所示，位于调制器输入端的偏振片作为起偏器，光束在入射进入晶体前仅存在垂直振动分量，振动方向平行于晶体主感应轴，因此外加电压仅改变相位，不改变偏振态。

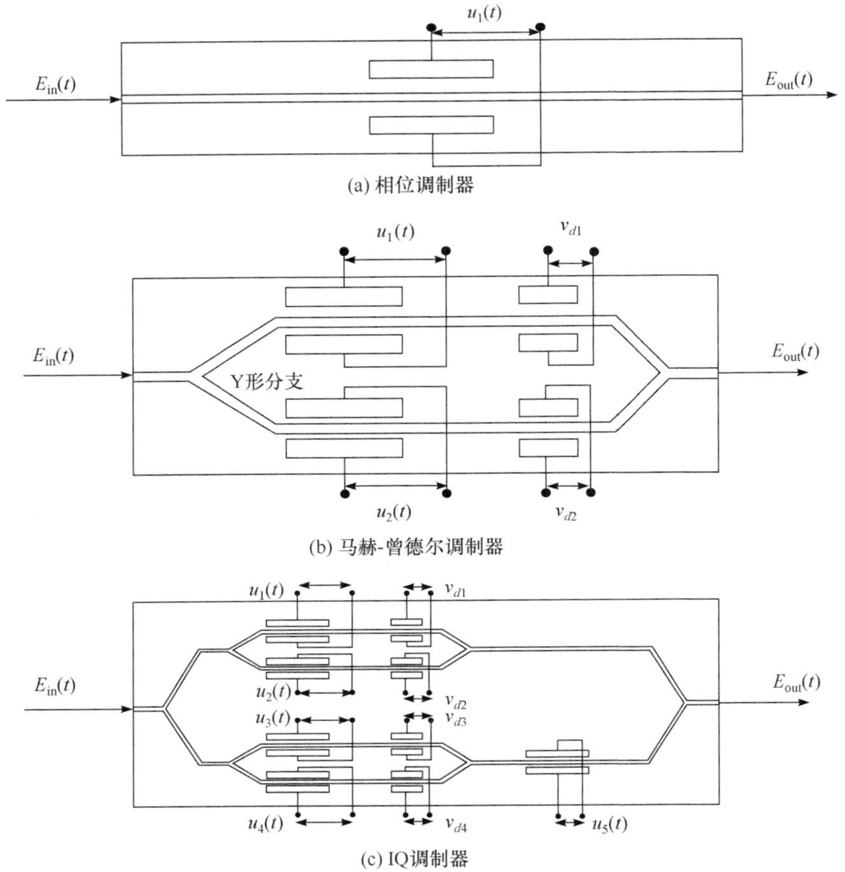

图 2.2　采用 $LiNbO_3$ 晶体的相位调制器、马赫-曾德尔调制器和 IQ 调制器的内部光波导结构

马赫-曾德尔调制器的内部光波导结构如图 2.2(b)所示，由两个平行放置的相位调制器构成马赫-曾德尔干涉结构，驱动由射频驱动和直流偏置驱动同时构成，通过稳定直流偏置点可实现强度调制或相位调制。马赫-曾德尔调制器传输结构示意图如图 2.3(b)所示，通过对位于起偏器和检偏器之间的晶体施加电压，

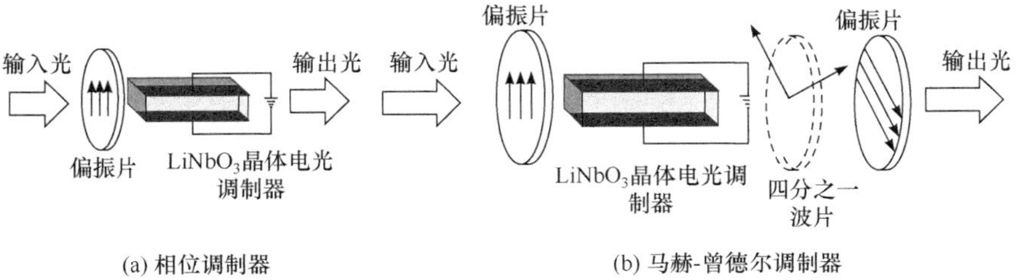

图 2.3　$LiNbO_3$ 晶体调制器传输结构示意图

同时依据马吕斯定律，调制器输出光功率与起偏器和检偏器之间的夹角余弦平方成正比，通过调整波片产生相移，从而使得强度调制器的输出功率最大化。

IQ 调制器由两个并联的马赫-曾德尔调制器和与其中一个串联的相位调制器组成，内部光波导结构如图 2.2(c)所示。当 IQ 调制器固定为推挽结构时，IQ 调制器需要两个射频驱动信号和三个直流偏置信号来实现高阶信号调制。其中，射频驱动用于实现相位的跳变，而直流偏置电压用于实现输出信号功率的稳定。通过设置不同组合的射频驱动电压和直流偏置电压，可实现高阶幅度相位正交调制和单边带抑制载波传输。

对于图 2.2(b)采用马赫-曾德尔调制器的内部光波导结构的电光调制器，对两臂之间施加电压，使得两臂之间的光信号产生干涉，输出的调制信号可以表示为[10]

$$
\begin{aligned}
E_{\text{out}}(t) &= \frac{E_{\text{in}}}{2}\left[\mathrm{e}^{\mathrm{i}\pi\left(\frac{u_1(t)}{V_{\pi\text{RF1}}}+\frac{v_{d1}}{V_{\pi\text{DC1}}}\right)}+\mathrm{e}^{\mathrm{i}\pi\left(\frac{u_2(t)}{V_{\pi\text{RF2}}}+\frac{v_{d2}}{V_{\pi\text{DC2}}}\right)}\right] \\
&= E_{\text{in}}\cos\left[\frac{\pi\left(\frac{u_1(t)}{V_{\pi1}}+\frac{v_{d1}}{V_{\pi\text{DC1}}}\right)-\pi\left(\frac{u_2(t)}{V_{\pi2}}+\frac{v_{d2}}{V_{\pi\text{DC2}}}\right)}{2}\right]\mathrm{e}^{\mathrm{i}\frac{\pi\left(\frac{u_1(t)}{V_{\pi1}}+\frac{v_{d1}}{V_{\pi\text{DC1}}}\right)-\pi\left(\frac{u_2(t)}{V_{\pi2}}+\frac{v_{d2}}{V_{\pi\text{DC2}}}\right)}{2}}
\end{aligned}
\tag{2.11}
$$

其中，两臂的输入射频信号电压为 $u_1(t)$和 $u_2(t)$；直流电压信号为 v_{d1} 和 v_{d2}。

各施加电压产生的相移分别为

$$
\varphi_1=\frac{\pi u_1(t)}{V_{\pi1}},\quad \varphi_2=\frac{\pi u_2(t)}{V_{\pi2}},\quad \varphi_{d1}(t)=\frac{\pi v_{d1}}{V_{\pi\text{DC1}}},\quad \varphi_{d2}(t)=\frac{\pi v_{d2}}{V_{\pi\text{DC2}}}
\tag{2.12}
$$

其中，$V_{\pi1}$、$V_{\pi\text{DC1}}$ 和 $V_{\pi2}$、$V_{\pi\text{DC2}}$ 分别为图 2.2(b)中使上下两臂波导上的光信号相移 180°所需的电压。

为分析方便，可认为一般情况下[11]，有

$$
V_\pi = V_{\pi1} = V_{\pi2} = V_{\pi\text{DC1}} = V_{\pi\text{DC2}}
\tag{2.13}
$$

此时输出光信号 $E_{\text{out}}(t)$可以表示为

$$
\begin{aligned}
E_{\text{out}}(t) &= \frac{E_{\text{in}}}{2}\left[\mathrm{e}^{\mathrm{i}\pi\left(\frac{u_1(t)}{V_\pi}+\frac{v_{d1}}{V_\pi}\right)}+\mathrm{e}^{\mathrm{i}\pi\left(\frac{u_2(t)}{V_\pi}+\frac{v_{d2}}{V_\pi}\right)}\right] \\
&= E_{\text{in}}\cos\left[\frac{\pi\left(u_1(t)-u_2(t)\right)+\pi\left(v_{d1}-v_{d2}\right)}{2V_\pi}\right]\mathrm{e}^{\mathrm{i}\frac{\pi\left(u_1(t)+u_2(t)\right)+\pi\left(v_{d1}-v_{d2}\right)}{2V_\pi}}
\end{aligned}
\tag{2.14}
$$

对于图 2.2(b)所示推挽工作方式的马赫-曾德尔调制器，调制器上仅有一个射

频驱动输入端口，设输入调制器的射频驱动信号为 $V_{in}(t)$，经内部分压得到 $u_1(t)$ 和 $u_2(t)$，此时 $V_{in}(t) = 2u_1(t) = -2u_2(t)$。直流电压用来设置调制器两臂之间的偏置电压 V_{bias}，设 $V_{bias} = v_{d2} - v_{d1}$，则调制器输出信号为

$$E_{out}(t) = E_{in}\cos\left[\frac{\pi}{2V_\pi}\left(V_m(t) - V_{bias}\right)\right]e^{i\frac{\pi V_{bias}}{2V_\pi}} \tag{2.15}$$

输出光信号的功率为

$$P_{out}(t) = \left|E_{out}(t)\right|^2 = \frac{1}{2}P_m\left\{1 + \cos\left[\frac{\pi}{V_\pi}\left(V_m(t) - V_{bias}\right)\right]\right\} \tag{2.16}$$

当射频驱动信号 $V_m(t) = 0$ 时，通过改变两臂之间的偏置电压 V_{bias}，依据式 (2.16)可以得到马赫-曾德尔调制器的直流偏置曲线和对应的直流偏置点[12]，如图 2.4 所示。对于不同的调制格式，马赫-曾德尔调制器应设置不同的最佳偏置点。例如，当进行强度调制时，应通过设置直流偏置控制在 Quad+点，而此处直流偏置电压和光功率之间具有最优的线性对应关系。当进行相位调制时，马赫-曾德尔调制器的最佳工作偏置点为 Null 点。

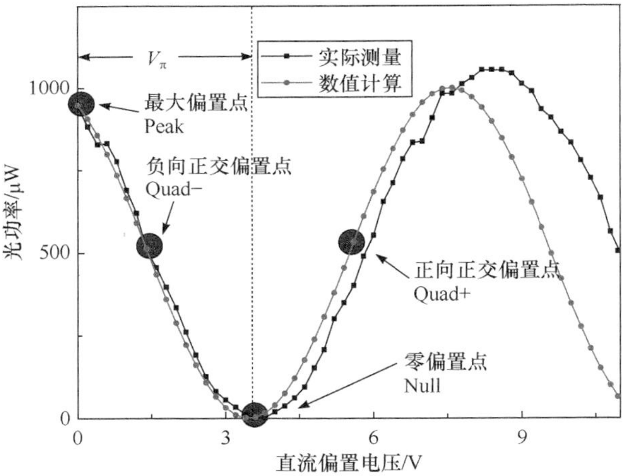

图 2.4　马赫-曾德尔调制器的直流偏置曲线和对应的直流偏置点

在马赫-曾德尔调制器内部晶体的切割工艺、材料温漂特性、加工工艺精度、受力不均匀、外加电场作用、温度变化等外部条件的影响下，工作状态下调制器的偏置点将发生漂移，进而造成调制信号质量下降。实际中，应对马赫-曾德尔调制器的偏置点采用相应的控制技术。一般来说，可采用对调制器输出光功率的测量来监测偏置点的变化，在偏置点发生漂移时，通过反馈控制调整偏置电压，从而有效地将调制器稳定在最佳工作偏置点。采用质子交换技术制作的 X

切 Y 传 $LiNbO_3$ 光波导相比于 Z 切 Y 传 $LiNbO_3$ 光波导直流偏置点漂移缓慢，通常无须自动控制即可实现短时间内的稳定工作。

2.2.2　空间光-光纤耦合

信号光经自由空间传输后，在接收端需采用光纤耦合技术将空间光耦合进入单模光纤，以满足后续所使用的光混频器以及平衡检测器的光纤传输方式。耦合效率是衡量空间光-光纤耦合的重要参数指标，耦合效率越高，接收端光纤输出功率越大，对于无线光相干通信系统校正增益的提升越明显。

图 2.5 为空间光-光纤耦合原理图。耦合效率定义为光纤传输的光功率与位于光纤端面的空间光功率之比。计算耦合效率通常可采用几何光学的方法或者模场分析法，而模场分析法考虑光的波动性质，可以得到更完备的解。

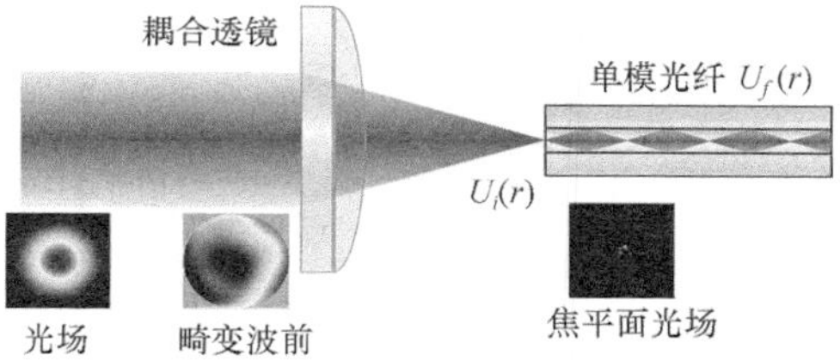

图 2.5　空间光-光纤耦合原理图

在采用极坐标下的模场分析法时，耦合效率η定义为[13]

$$\eta = \frac{\left|\iint U_i^*(r)U_f(r)r\mathrm{d}r\mathrm{d}\theta\right|^2}{\iint U_i^*(r)U_i(r)r\mathrm{d}r\mathrm{d}\theta \cdot \iint U_f^*(r)U_f(r)r\mathrm{d}r\mathrm{d}\theta} \tag{2.17}$$

其中，$U_i(r)$为光束经耦合透镜汇聚后位于焦平面的光场分布；$U_f(r)$为单模光纤电磁场在光纤截面上的分布；上标“*”表示共轭运算。

考虑到耦合光纤的模场与光混频器的光纤模场匹配问题，需要将空间光直接耦合进入单模光纤。$U_f(r)$可表示为[14]

$$U_f(r) = \sqrt{\frac{2}{\pi}}\frac{1}{W_m}\exp\left[-\left(\frac{r}{W_m}\right)^2\right] \tag{2.18}$$

其中，r 为光纤横截面径向距离；W_m 为单模光纤模场半径，对于波长λ =1550nm 的常用康宁 SMF-28e+光纤，W_m 的典型值为 5.25μm。

考虑到接收透镜的孔径直径 D_A 的限制，利用菲涅耳衍射公式，平面波位于透镜焦平面的光场分布可表示为[15]

$$U_i(r)=\frac{1}{\mathrm{i}\lambda f}\exp(\mathrm{i}kf)\exp\left(\frac{\mathrm{i}kr^2}{2f}\right)\pi\left(\frac{D_A}{2}\right)\left[\frac{2\mathrm{J}_1\left(\frac{\pi D_A r}{\lambda f}\right)}{\frac{\pi D_A r}{\lambda f}}\right] \tag{2.19}$$

其中，f 为耦合透镜焦距；$\mathrm{J}_1(\cdot)$为第一类一阶贝塞尔函数；$k=2\pi/\lambda$为波数。

将式(2.18)和式(2.19)代入式(2.17)，经化简，耦合效率可表示为[16]

$$\eta=\frac{4\left|\int_0^{\infty}\exp(-\mathrm{i}kf)\exp\left(\frac{-\mathrm{i}kr^2}{2f}\right)\mathrm{J}_1\left(\frac{\pi D_A r}{\lambda f}\right)\exp\left[-\left(\frac{r}{W_m}\right)^2\right]\mathrm{d}r\right|^2}{W_m^2\int_0^{\infty}\frac{\left[\mathrm{J}_1\left(\frac{\pi D_A r}{\lambda f}\right)\right]^2}{r}\mathrm{d}r} \tag{2.20}$$

取λ =1550nm，W_m=5.25μm，D_A=25.4mm，依据式(2.20)进行数值仿真，耦合效率随相对孔径 D_A/f 的变化曲线如图 2.6 所示。当相对孔径 D_A/f =0.21 时，耦合效率存在最大极值η = 81.45%。在实际工程应用中，对于直径 1in(25.4mm)的透镜，可选择 f=125mm 的非球面平凸透镜进行耦合。

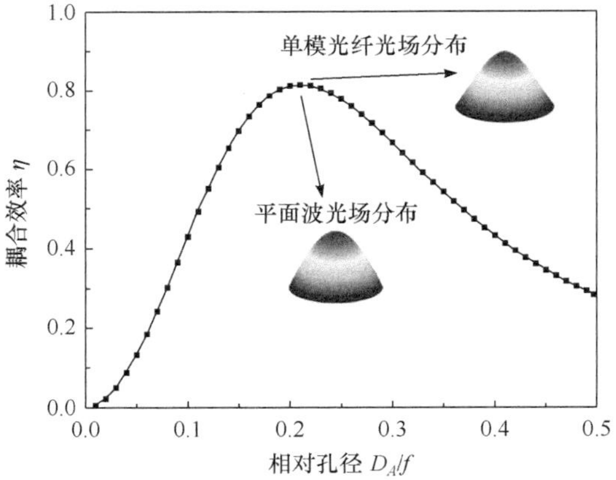

图 2.6　耦合效率随相对孔径 D_A/f 的变化曲线

2.2.3　光混频

光混频器是一种将信号光和本振光进行混合处理的无源器件，每路输出信号之间具有固定的相位差且同时包含了信号光分量和本振光分量[17]。依据混频器输出信号之间的固定相位差不同，光混频器可分为 90°光混频器、180°光混频器；依据光混频器输入输出信号的耦合方式不同，光混频器可分为空间式光混频器和光纤式光混频器。90°光混频器由于其外部结构精简、集成度高、工艺成熟，无论是在无线光相干通信领域还是在光纤光相干通信领域都起着至关重要的作用[18,19]。而具有偏振分集复用功能的 90°光混频器在整个系统中完成信号光与本振光偏振态的转换以及信号光和本振光的混频处理，拓展了信道容量[20]。

设信号光是光矢量与 x 轴夹角为 θ 的线偏振光，Jones 矢量表示为 $S=[S_1,\ S_2]^{\mathrm{T}}$；本振光是光矢量与 x 轴夹角为 0°的线偏振光，Jones 矢量表示为 $\mathrm{Lo}=[\mathrm{Lo}_1,\ 0]^{\mathrm{T}}$，其中，上标“T”表示矩阵转置。信号光经过偏振分光棱镜后，分得的两束光分别为

$$\left\{\begin{bmatrix} S_1 \\ S_2 \end{bmatrix}\right\}^2=\left\{\begin{bmatrix} S_1 \\ 0 \end{bmatrix}\right\}^2+\left\{\begin{bmatrix} 0 \\ S_2 \end{bmatrix}\right\}^2 \tag{2.21}$$

本振光经过分光棱镜后，分得的两束光分别为

$$\left\{\begin{bmatrix} \mathrm{Lo}_1 \\ 0 \end{bmatrix}\right\}^2=\left\{\begin{bmatrix} \dfrac{1}{\sqrt{2}}\mathrm{Lo}_1 \\ 0 \end{bmatrix}\right\}^2+\left\{\begin{bmatrix} \dfrac{1}{\sqrt{2}}\mathrm{Lo}_1 \\ 0 \end{bmatrix}\right\}^2 \tag{2.22}$$

进入 x 轴极化方向混频的 Jones 矩阵分别为式(2.21)和式(2.22)平方和的第一项；进入 y 轴极化方向混频的 Jones 矩阵分别为式(2.21)和式(2.22)平方和的第二项。

波片由相互垂直的两个透光轴(快轴和慢轴)组成，快轴与慢轴的相位差记为 δ，不同类型的波片与相位差关系如表 2.1 所示。

表 2.1　不同类型的波片与相位差关系

波片类型	四分之一波片	二分之一波片	全波片
相位差 δ	$\pi/2$	π	2π

对于 x 极化方向混频，信号光经过四分之一波片后的 Jones 矩阵可表示为

$$\cos\frac{\delta}{2}\begin{bmatrix} 1-\mathrm{i}\tan\dfrac{\delta}{2}\cos(2\theta) & -\mathrm{i}\tan\dfrac{\delta}{2}\sin(2\theta) \\ -\mathrm{i}\tan\dfrac{\delta}{2}\sin(2\theta) & 1+\mathrm{i}\tan\dfrac{\delta}{2}\cos(2\theta) \end{bmatrix}\Bigg|_{\substack{\delta=\frac{\pi}{2} \\ \theta=\frac{\pi}{4}}}\cdot\begin{bmatrix} S_1 \\ 0 \end{bmatrix}=\begin{bmatrix} \dfrac{1}{\sqrt{2}}S_1 \\ \dfrac{1}{\sqrt{2}}S_1\cdot\mathrm{e}^{-\mathrm{i}\frac{\pi}{2}} \end{bmatrix} \tag{2.23}$$

本振光经过二分之一波片后的 Jones 矩阵可表示为

$$\begin{bmatrix} \cos^2\theta+\sin^2\theta\cdot\mathrm{e}^{\mathrm{i}\delta} & \sin\theta\cos\theta-\sin\theta\cos\theta\cdot\mathrm{e}^{\mathrm{i}\delta} \\ \sin\theta\cos\theta-\sin\theta\cos\theta\cdot\mathrm{e}^{\mathrm{i}\delta} & \sin^2\theta+\cos^2\theta\cdot\mathrm{e}^{\mathrm{i}\delta} \end{bmatrix}\Bigg|_{\substack{\delta=\pi \\ \theta=\frac{\pi}{8}}}\cdot\begin{bmatrix} \dfrac{1}{\sqrt{2}}\mathrm{Lo} \\ 0 \end{bmatrix}=\begin{bmatrix} \dfrac{1}{\sqrt{2}}\mathrm{Lo} \\ \dfrac{1}{\sqrt{2}}\mathrm{Lo} \end{bmatrix} \tag{2.24}$$

具有偏振复用的光混频器内部结构示意图如图 2.7 所示，依据图 2.7 的光路图，信号光经过分光棱镜后，可分解为两项，即

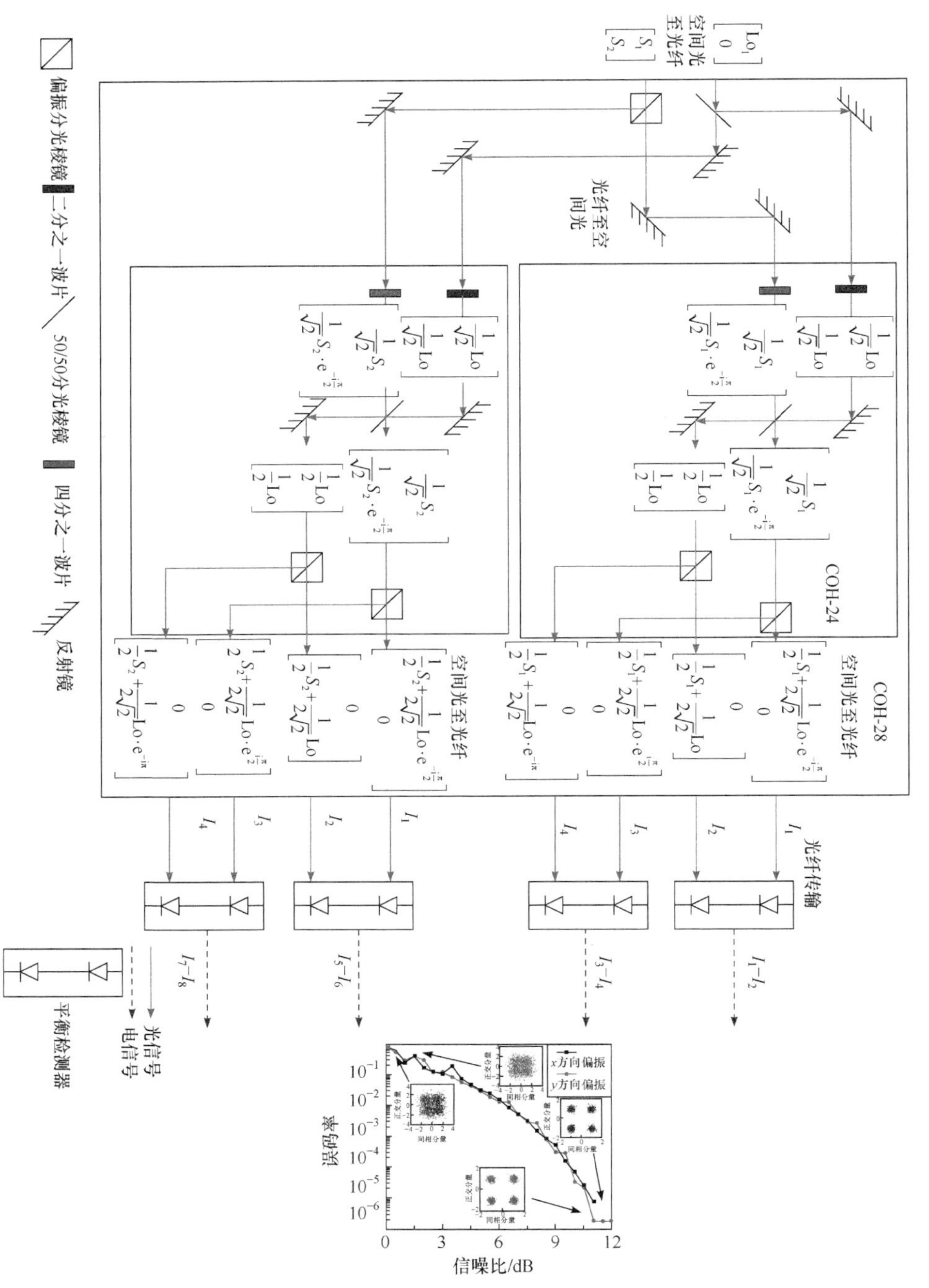

图 2.7 具有偏振复用的光混频器内部结构示意图(COH 表示型号)

星座图代表平衡检测器输出的电信号分别在信噪比为 1dB 和信噪比为 10dB 条件下 x 方向偏振和 y 方向偏振数据星座点分布

$$\begin{bmatrix}\frac{1}{\sqrt{2}}S_1\\\frac{1}{\sqrt{2}}S_1\cdot e^{-i\frac{\pi}{2}}\end{bmatrix}^2=\left\{\begin{bmatrix}1&0\\0&1\end{bmatrix}_{\text{project}}\cdot\begin{bmatrix}\frac{1}{2}S_1\\\frac{1}{2}S_1\cdot e^{-i\frac{\pi}{2}}\end{bmatrix}\right\}^2$$
$$+\left\{\begin{bmatrix}e^{-i\frac{\pi}{2}}&0\\0&e^{-i\frac{\pi}{2}}\end{bmatrix}_{\text{reflect}}\cdot\begin{bmatrix}\frac{1}{2}S_1\\\frac{1}{2}S_1\cdot e^{-i\frac{\pi}{2}}\end{bmatrix}\right\}^2=\begin{bmatrix}\frac{1}{2}S_1\\\frac{1}{2}S_1\cdot e^{-i\frac{\pi}{2}}\end{bmatrix}^2+\begin{bmatrix}\frac{1}{2}S_1\cdot e^{-i\frac{\pi}{2}}\\\frac{1}{2}S_1\cdot e^{-i\pi}\end{bmatrix}^2 \tag{2.25}$$

本振光经过分光棱镜后，也可分解为两项，即

$$\begin{bmatrix}\frac{1}{2}\text{Lo}\\\frac{1}{2}\text{Lo}\end{bmatrix}^2=\left\{\begin{bmatrix}1&0\\0&1\end{bmatrix}_{\text{project}}\cdot\begin{bmatrix}\frac{1}{2\sqrt{2}}\text{Lo}\\\frac{1}{2\sqrt{2}}\text{Lo}\end{bmatrix}\right\}^2+\left\{\begin{bmatrix}e^{-i\frac{\pi}{2}}&0\\0&e^{-i\frac{\pi}{2}}\end{bmatrix}_{\text{reflect}}\cdot\begin{bmatrix}\frac{1}{2\sqrt{2}}\text{Lo}\\\frac{1}{2\sqrt{2}}\text{Lo}\end{bmatrix}\right\}^2$$
$$=\begin{bmatrix}\frac{1}{2\sqrt{2}}\text{Lo}\\\frac{1}{2\sqrt{2}}\text{Lo}\end{bmatrix}^2+\begin{bmatrix}\frac{1}{2\sqrt{2}}\text{Lo}\cdot e^{-i\frac{\pi}{2}}\\\frac{1}{2\sqrt{2}}\text{Lo}\cdot e^{-i\frac{\pi}{2}}\end{bmatrix}^2 \tag{2.26}$$

经过相位延时片，x 极化方向的四路输出分别为

$$E_1=\begin{bmatrix}\frac{1}{2}S_1+\frac{1}{2\sqrt{2}}\text{Lo}\cdot e^{-i\frac{\pi}{2}}\\0\end{bmatrix} \tag{2.27}$$

$$E_2=\begin{bmatrix}0\\\frac{1}{2}S_1+\frac{1}{2\sqrt{2}}\text{Lo}\end{bmatrix}=\begin{bmatrix}e^{-i\frac{\pi}{2}}&0\\0&e^{-i\frac{\pi}{2}}\end{bmatrix}\begin{bmatrix}0\\\frac{1}{2}S_1\cdot e^{-i\frac{\pi}{2}}+\frac{1}{2\sqrt{2}}\text{Lo}\cdot e^{-i\frac{\pi}{2}}\end{bmatrix} \tag{2.28}$$

$$E_3=\begin{bmatrix}\frac{1}{2}S_1+\frac{1}{2\sqrt{2}}\text{Lo}\cdot e^{i\frac{\pi}{2}}\\0\end{bmatrix}=\begin{bmatrix}e^{i\frac{\pi}{2}}&0\\0&e^{i\frac{\pi}{2}}\end{bmatrix}\begin{bmatrix}\frac{1}{2}S_1\cdot e^{-i\frac{\pi}{2}}+\frac{1}{2\sqrt{2}}\text{Lo}\\0\end{bmatrix} \tag{2.29}$$

$$E_4=\begin{bmatrix}0\\\frac{1}{2}S_1+\frac{1}{2\sqrt{2}}\text{Lo}\cdot e^{-i\pi}\end{bmatrix}=\begin{bmatrix}e^{-i\pi}&0\\0&e^{-i\pi}\end{bmatrix}\begin{bmatrix}0\\\frac{1}{2}S_1\cdot e^{i\pi}+\frac{1}{2\sqrt{2}}\text{Lo}\end{bmatrix} \tag{2.30}$$

设光电转换系数为α，则位于 x 轴极化方向的四路光电检测器输出信号可以表示为

$$I_1=\left|E_1\right|^2=\alpha\left\{\frac{1}{4}\left|S_1\right|^2+\frac{1}{8}\left|\mathrm{Lo}\right|^2+\frac{1}{2\sqrt{2}}S_1\cdot\mathrm{Lo}\cdot\cos\left[\left(\omega_{S_1}-\omega_{\mathrm{Lo}}\right)t+\Delta\varphi(t)-\frac{\pi}{2}\right]\right\} \tag{2.31}$$

$$I_2=\left|E_2\right|^2=\alpha\left\{\frac{1}{4}\left|S_1\right|^2+\frac{1}{8}\left|\mathrm{Lo}\right|^2-\frac{1}{2\sqrt{2}}S_1\cdot\mathrm{Lo}\cdot\cos\left[\left(\omega_{S_1}-\omega_{\mathrm{Lo}}\right)t+\Delta\varphi(t)-\frac{\pi}{2}\right]\right\} \tag{2.32}$$

$$I_3=\left|E_3\right|^2=\alpha\left\{\frac{1}{4}\left|S_1\right|^2+\frac{1}{8}\left|\mathrm{Lo}\right|^2+\frac{1}{2\sqrt{2}}S_1\cdot\mathrm{Lo}\cdot\cos\left[\left(\omega_{S_1}-\omega_{\mathrm{Lo}}\right)t+\Delta\varphi(t)\right]\right\} \tag{2.33}$$

$$I_4=\left|E_4\right|^2=\alpha\left\{\frac{1}{4}\left|S_1\right|^2+\frac{1}{8}\left|\mathrm{Lo}\right|^2-\frac{1}{2\sqrt{2}}S_1\cdot\mathrm{Lo}\cdot\cos\left[\left(\omega_{S_1}-\omega_{\mathrm{Lo}}\right)t+\Delta\varphi(t)\right]\right\} \tag{2.34}$$

两个完全相同的光电检测器构成一个平衡检测器，平衡检测器中的两个光电检测器输出的电流分别做差，得到 x 轴极化方向的双平衡检测系统的输出电流分别为

$$\mathrm{BPD}_1=I_1-I_2=\frac{1}{\sqrt{2}}S_1\cdot\alpha\cdot\mathrm{Lo}\cdot\sin\left[\left(\omega_{S_1}-\omega_{\mathrm{Lo}}\right)t+\Delta\varphi(t)\right] \tag{2.35}$$

$$\mathrm{BPD}_2=I_3-I_4=\frac{1}{\sqrt{2}}S_1\cdot\alpha\cdot\mathrm{Lo}\cdot\cos\left[\left(\omega_{S_1}-\omega_{\mathrm{Lo}}\right)t+\Delta\varphi(t)\right] \tag{2.36}$$

依据上述计算方法，对 y 轴极化方向的光束进行推导计算(注意：S 偏振光能够产生半波损耗，而 P 偏振光不会产生半波损耗)，得到 y 轴极化方向的双平衡检测系统的输出电流分别为

$$\mathrm{BPD}_3=I_5-I_6=\frac{1}{\sqrt{2}}S_2\cdot\alpha\cdot\mathrm{Lo}\cdot\sin\left[\left(\omega_{S_2}-\omega_{\mathrm{Lo}}\right)t+\Delta\varphi(t)\right] \tag{2.37}$$

$$\mathrm{BPD}_4=I_7-I_8=\frac{1}{\sqrt{2}}S_2\cdot\alpha\cdot\mathrm{Lo}\cdot\cos\left[\left(\omega_{S_2}-\omega_{\mathrm{Lo}}\right)t+\Delta\varphi(t)\right] \tag{2.38}$$

图 2.8 为无线光相干通信系统相干检测示意图。经混频后的信号光与本振光在检测器表面形成干涉，从而完成信号的传输。混频效率是衡量相干光通信的重要指标，确保波长、偏振、相位、光斑尺寸、光场分布等一系列条件匹配，才能得到较高的混频效率。

相干光通信依据信号光和本振光之间的频率差值可分为零差检测和外差检测[21]。当信号光的频率等于本振光的频率($\omega_S=\omega_{\mathrm{Lo}}$)时，称为零差检测，混频效率 η_{homodyne} 可表示为[22]

$$\eta_{\mathrm{homodyne}}=\frac{\left[\int_0^{2\pi}\int_0^{R_m}A_S A_{\mathrm{Lo}}\cos\left(\varphi_S-\varphi_{\mathrm{Lo}}\right)r\mathrm{d}r\mathrm{d}\varphi\right]^2}{\int_0^{2\pi}\int_0^{R_m}\left|E_S\right|^2 r\mathrm{d}r\mathrm{d}\varphi\cdot\int_0^{2\pi}\int_0^{R_m}\left|E_{\mathrm{Lo}}\right|^2 r\mathrm{d}r\mathrm{d}\varphi} \tag{2.39}$$

其中，R_m 为信号光和本振光的光束有效混频半径。

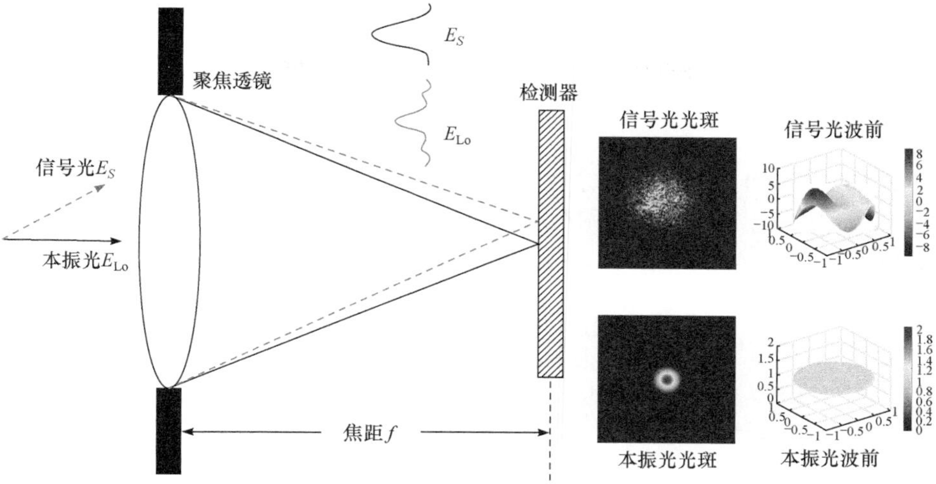

图 2.8　无线光相干通信系统相干检测示意图

当信号光的频率与本振光的频率不相等，即$\omega_S \neq \omega_{Lo}$时，称为外差检测，混频效率$\eta_{heterodyne}$表示为[23]

$$\eta_{heterodyne} = \frac{\left[\int_0^{2\pi}\int_0^{R_m} A_S A_{Lo}\cos(\varphi_S - \varphi_{Lo}) r\mathrm{d}r\mathrm{d}\varphi\right]^2 + \left[\int_0^{2\pi}\int_0^{R_m} A_S A_{Lo}\sin(\varphi_S - \varphi_{Lo}) r\mathrm{d}r\mathrm{d}\varphi\right]^2}{\int_0^{2\pi}\int_0^{R_m}|E_S|^2 r\mathrm{d}r\mathrm{d}\varphi \cdot \int_0^{2\pi}\int_0^{R_m}|E_{Lo}|^2 r\mathrm{d}r\mathrm{d}\varphi} \tag{2.40}$$

2.2.4　双平衡检测

无线光相干通信系统中两个完全相同的平衡检测器构成了双平衡检测系统。图 2.9 为采用两个平衡检测器构成的双平衡检测系统内部结构示意图。光电检测器 D_1 和光电检测器 D_2 采用串联结构，位于光电检测器 D_1 的上拉电阻 R_2 和下拉电容 C_2 使得光电检测器 D_1 所产生的光电流形成压差，同时光电检测器 D_1 和 D_2 产生的信号再经差分运算放大，从而输出电信号。

考虑到平衡检测器内部的光电检测器自身所引入的噪声，式(2.31)、式(2.32)可分别写为

$$I_1 = \alpha\left\{\frac{1}{4}|S_1|^2 + \frac{1}{8}|\mathrm{Lo}|^2 + \frac{1}{2\sqrt{2}}S_1\cdot\mathrm{Lo}\cdot\cos\left[\left(\omega_{S_1} - \omega_{Lo}\right)t + \Delta\varphi(t) - \frac{\pi}{2}\right]\right\} + n_1(t) \tag{2.41}$$

$$I_2 = \alpha\left\{\frac{1}{4}|S_1|^2 + \frac{1}{8}|\mathrm{Lo}|^2 - \frac{1}{2\sqrt{2}}S_1\cdot\mathrm{Lo}\cdot\cos\left[\left(\omega_{S_1} - \omega_{Lo}\right)t + \Delta\varphi(t) - \frac{\pi}{2}\right]\right\} + n_2(t) \tag{2.42}$$

其中，前两项分别为信号光和本振光的直流成分，第三项为差频项，第四项为本

振光引入的相对强度噪声。

对式(2.41)和式(2.42)做差，平衡检测器输出电流可表示为

$$\mathrm{BPD}_1 = I_1 - I_2 = \frac{1}{\sqrt{2}} S_1 \cdot \alpha \cdot \mathrm{Lo} \cdot \sin\left[\left(\omega_{S_1} - \omega_{\mathrm{Lo}}\right)t + \Delta\varphi(t)\right] + \Delta n(t) \tag{2.43}$$

其中，$\Delta n(t)= n_1(t)-n_2(t)$，即剩余相对强度噪声。

理想情况下，差分运算可有效抑制相对强度噪声，且式(2.43)中频信号相较于式(2.41)和式(2.42)的交流分量将具备双倍幅值，可显著提升信噪比。

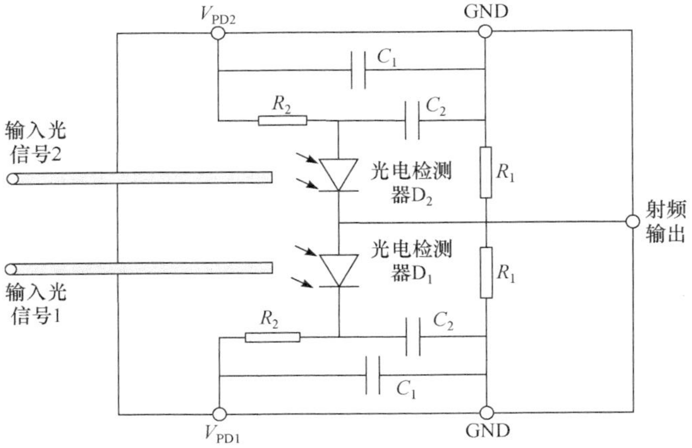

图 2.9　双平衡检测系统内部结构示意图

考虑到本振光所引入光电检测器的散粒噪声(由电子发射不均匀性引起)、相对强度噪声(在激光器的光功率涨落中归一化平均功率噪声)、热噪声(无源器件中的电子布朗运动)的影响，光电检测方式分别为直接检测(直接检测是指平衡检测器中的一个光电二极管直接检测混频输出后的光信号)、外差检测和零差检测，信噪比 SNR_S、SNR_B 和 SNR_H 分别为[24]

$$\mathrm{SNR}_S = \frac{\frac{1}{8}\alpha \cdot \beta^2 \cdot R \cdot P_S \cdot P_{\mathrm{Lo}}}{2\beta^2 \cdot e\left[\alpha\left(P_S + P_{\mathrm{Lo}}\right) + I_d\right] R \cdot B + R_{\mathrm{IN}} \cdot B\left(\alpha \cdot P_{\mathrm{Lo}}\right)^2 + \frac{4k_{\mathrm{B}}TB}{R}} \tag{2.44}$$

$$\mathrm{SNR}_B = \frac{\frac{1}{4}\alpha \cdot \beta^2 \cdot R \cdot P_S \cdot P_{\mathrm{Lo}}}{2\beta^2 \cdot e\left[\alpha\left(P_S + P_{\mathrm{Lo}}\right) + I_d\right] R \cdot B + R_{\mathrm{IN}} \cdot B\left[\left(1-k_d\right)\alpha P_{\mathrm{Lo}}\right]^2 + \frac{4k_{\mathrm{B}}TB}{R}} \tag{2.45}$$

$$\mathrm{SNR}_H = \frac{\frac{1}{2}\alpha \cdot \beta^2 \cdot R \cdot P_S \cdot P_{\mathrm{Lo}}}{2\beta^2 \cdot e\left[\alpha\left(P_S + P_{\mathrm{Lo}}\right) + I_d\right] R \cdot B + R_{\mathrm{IN}} \cdot B\left[\left(1-k_d\right)\alpha P_{\mathrm{Lo}}\right]^2 + \frac{4k_{\mathrm{B}}TB}{R}} \tag{2.46}$$

其中，信噪比分母的三项求和项分别为散粒噪声、相对强度噪声、热噪声；$\alpha=\eta e/(hv)$为检测器响应度，η为检测器量子效率，e 为电荷电量常数，h 为普朗克常量，v 为载波频率，$c=\lambda v$ 为光速，λ为波长；β为放大电路增益系数；R 为输出负载阻抗；P_S 为信号光功率；P_{Lo} 为本振光功率；I_d 为检测器暗电流；B 为检测器有效带宽；k_d 为检测器响应一致度；R_{IN} 为激光器相对强度噪声系数；k_{B} 为玻尔兹曼常量；T 为热力学温度。

当 SNR = 0dB，即信号的功率与噪声的功率相等时，检测器所检测到的功率值即为噪声等效功率，信号光所需要的最小功率称为无线光相干通信系统的检测灵敏度(即相干检测极限)。当采用不同方式时，系统误码率分别为[25]

$$\text{BER}_S=\frac{1}{2}\text{erfc}\left(\frac{\text{SNR}_S}{4}\right) \tag{2.47}$$

$$\text{BER}_B=\frac{1}{2}\text{erfc}\left(\text{SNR}_B\right) \tag{2.48}$$

$$\text{BER}_H=\frac{1}{2}\text{erfc}\left(\text{SNR}_H\right) \tag{2.49}$$

2.2.5　偏振控制

光波的偏振是指电矢量的振动方向相对于传输方向的垂直轴向位置偏移，光波属于电磁波，光的偏振可类比于电磁波的极化。对于信号光的偏振态和光混频器入射端口的偏振态，两者保持一致才能相互匹配。激光经大气传输后偏振态产生随机变化，无法与混频器输入端口的偏振态进行有效匹配，需要对进入混频器前的光信号的偏振态进行调整控制[26,27]。

保偏光纤挤压型偏振控制器的工作原理如图 2.10 所示，存在于垂直光纤方向的两个光轴称为快轴和慢轴，对慢轴方向施加大小为 F 的力，使得两者之间存在相位时延，从而改变了偏振态，施加在保偏光纤截面的挤压力 F 与双折射相位差γ的关系为[28]

$$\gamma=\frac{KF}{d_{\text{o}}} \tag{2.50}$$

其中，d_{o} 为纤芯直径；$K=9.5\times10^{-5}$ rad/m 为常数。

当光纤受到与 x 轴方向成夹角θ的压力 F 时，相对应采用的 Jones 矩阵可表示为[29]

$$J(\theta,\gamma)=\begin{bmatrix}\cos\left(\frac{\gamma}{2}\right)+\text{i}\cos(2\theta)\sin\left(\frac{\gamma}{2}\right) & \text{i}\sin(2\theta)\sin\left(\frac{\gamma}{2}\right)\\ \text{i}\sin(2\theta)\sin\left(\frac{\gamma}{2}\right) & \cos\left(\frac{\gamma}{2}\right)-\text{i}\cos(2\theta)\sin\left(\frac{\gamma}{2}\right)\end{bmatrix} \tag{2.51}$$

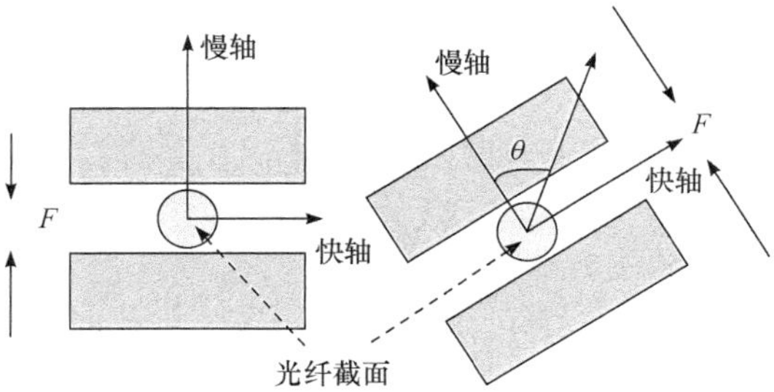

图 2.10　保偏光纤挤压型偏振控制器的工作原理

图 2.11 为偏振控制器的内部结构示意图，内部结构由三个相互独立且各快轴互成 45°的光纤挤压器组成，通过施加不同的电压产生不同的力 F_1、F_2、F_3，通过力之间的相应组合实现偏振态的改变。

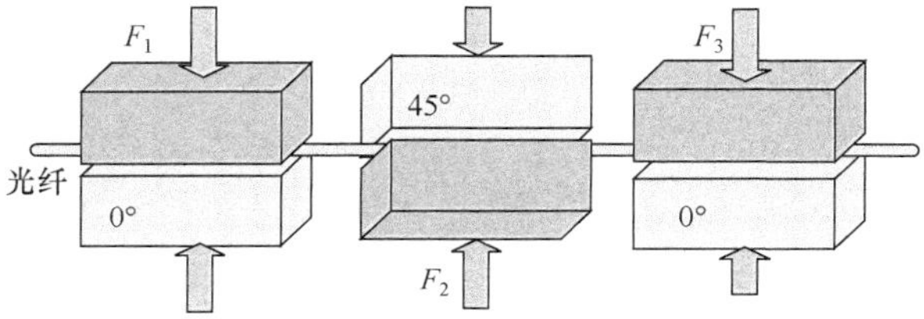

图 2.11　偏振控制器的内部结构示意图

偏振态在 Poincare 球上的变化情况如图 2.12 所示，通过增加第一个光纤挤压器的压力 F_1 或第三个光纤挤压器的压力 F_3，偏振态会在 YOZ 平面和 Poincare 球的相交线进行顺时针旋转；当增大第二个光纤挤压器的压力 F_2 时，偏振态会在 XOZ 平面和 Poincare 球的相交线进行顺时针旋转。因此，分别设置 F_1、F_2、F_3 的基准值并进行任意组合，即可实现任意偏振态的改变，从而遍布整个 Poincare 球[30]。

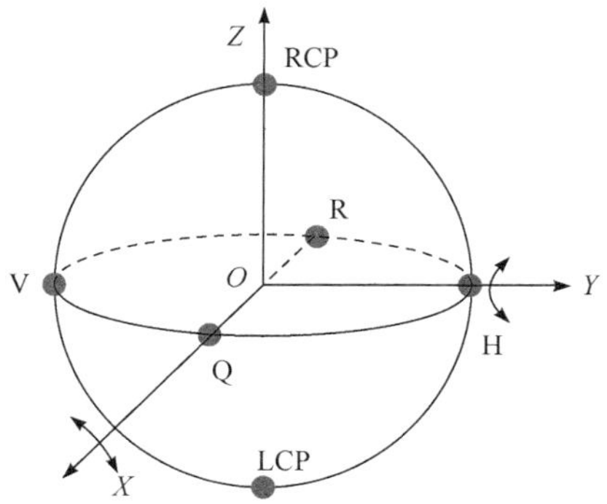

H：水平线偏振光　Q：π/4线偏振光　LCP：左旋圆偏振光
V：垂直线偏振光　R：−π/4线偏振光　RCP：右旋圆偏振光

图 2.12　偏振态在 Poincare 球上的变化情况

设偏振控制器的输入和输出偏振态 Jones 矢量分别为 E_{in}、E_{out}，则信号光场通过偏振控制器的模型可以表示为

$$E_{out}=J(0,\gamma_3)J\left(\frac{\pi}{4},\gamma_2\right)J(0,\gamma_1)E_{in} \tag{2.52}$$

采用 Mueller 矩阵可将式(2.52)中偏振控制器的挤压原理表示为[31]

$$M=\begin{bmatrix}\cos^2\left(\frac{\gamma}{2}\right)+\sin^2\left(\frac{\gamma}{2}\right)\cos(4\theta) & \sin^2\left(\frac{\gamma}{2}\right)\sin(4\theta) & -\sin\gamma\sin(2\theta)\\ \sin^2\left(\frac{\gamma}{2}\right)\sin(4\theta) & \cos^2\left(\frac{\gamma}{2}\right)-\sin^2\left(\frac{\gamma}{2}\right)\cos(4\theta) & \sin\gamma\cos(2\theta)\\ \sin\gamma\sin(2\theta) & -\sin\gamma\cos(2\theta) & \cos\gamma\end{bmatrix} \tag{2.53}$$

其中，γ 为光纤挤压受力所形成的双折射相位差；θ 为光纤受力与 x 轴方向的夹角。

0°和 45°光纤挤压器的 Mueller 矩阵分别为

$$M(0,\gamma)=\begin{bmatrix}1 & 0 & 0\\ 0 & \cos\gamma & \sin\gamma\\ 0 & -\sin\gamma & \cos\gamma\end{bmatrix},\quad M\left(\frac{\pi}{4},\gamma\right)=\begin{bmatrix}\cos\gamma & 0 & -\sin\gamma\\ 0 & 1 & 0\\ \sin\gamma & 0 & \cos\gamma\end{bmatrix} \tag{2.54}$$

输入信号光的 Stokes 矢量 S_{in} 和输出信号光的 Stokes 矢量 S_{out} 存在如下关系：

$$S_{out}=M(0,\gamma_3)M\left(\frac{\pi}{4},\gamma_2\right)M(0,\gamma_1)S_{in} \tag{2.55}$$

在无线光相干通信系统中，本振光为一束稳定的偏振光，仅需手动调节偏振态使得与 90° 光混频器的本振光入射端口保持一致即可。信号光偏振态的变化能够直接影响平衡检测器输出的中频信号特征，以中频信号为反馈的偏振控制方案如图 2.13 所示[32]。

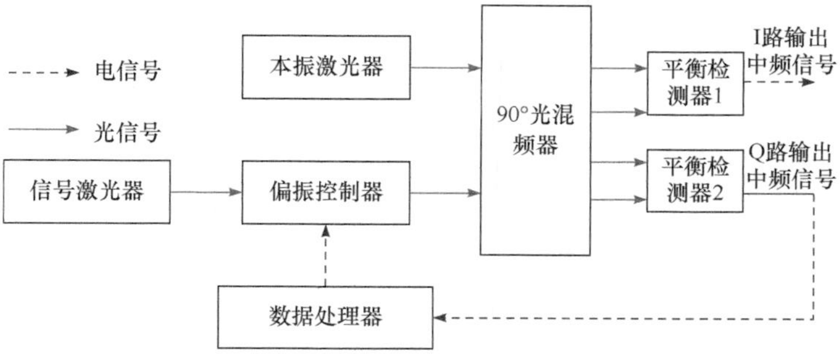

图 2.13　以中频信号为反馈的偏振控制方案

如图 2.13 所示，信号光的偏振态改变能够体现在平衡检测器 2 输出的 Q 路中频信号幅值量，数据处理器以信号幅值或峰峰值为评价函数，通过提取、采集并采用智能优化算法进行迭代运算来控制偏振控制器，以粒子群算法为例，速度和位置的迭代表达式分别为[32]

$$v_i^d(t+1)=w\cdot v_i^d(t)+c_1\cdot r_1\left[p_{\text{best}}(t)-x_i^d(t)\right]+c_2\cdot r_2\left[g_{\text{best}}(t)-x_i^d(t)\right] \quad (2.56)$$

$$x_i^d(t+1)=x_i^d(t)+v_i^d(t+1) \quad (2.57)$$

其中，t 为算法的迭代次数；d 为解空间的维数；i 为粒子数，i=1, 2, …, N；v_i^d 为第 i 个粒子第 d 维的速度；x_i^d 为相应的位置；w 为惯性权重；c_1、c_2 分别为认知参数和社会参数；p_{best} 为第 i 个粒子在遍历过程中得到的个体最优所对应的粒子位置；g_{best} 为所有粒子在遍历过程中得到的全局最优位置；r_1、r_2 为两个相互独立且服从(0,1)均匀分布的随机数。

将粒子等效为偏振控制器的施加电压，从而实现了信号光偏振态控制。此方法相较于采用扰偏器以及偏振分束器等方案，可有效减少各器件之间的耦合损耗[32]。

2.2.6 光源频率控制

无线光相干通信对于中频信号进行解调处理，需要使得中频信号的频率相对稳定。而信号光激光器与本振光激光器自身受外部振动、温度变化、散热条件等因素的影响，两者同时产生随机变化，使得频率差值呈现随机变化。激光器频率的平均值 f_{mea} 与时间 τ 内频率变化量 $\Delta f(\tau)$ 之比的倒数 $S_v^{-1}(\tau)$ 称为激光器的频率稳定度，即

$$S_v^{-1}(\tau)=\frac{\Delta f(\tau)}{f_{\text{mea}}} \quad (2.58)$$

考虑到中频信号的频率随时间变化，两路中频信号 i_I 和 i_Q 分别表示为[33]

$$i_I(t)=2\cdot\beta\cdot\alpha\cdot A_S\cdot A_{\text{Lo}}\cdot\cos\left\{\left[\omega_S-\omega_{\text{Lo}}\pm\left(\Delta\omega_S(t)+\Delta\omega_{\text{Lo}}(t)\right)\right]t+\varphi_0+\pi\frac{V(t)}{V_\pi}+\varphi_{\text{Lo}}\right\} \quad (2.59)$$

$$i_Q(t)=2\cdot\beta\cdot\alpha\cdot A_S\cdot A_{\text{Lo}}\cdot\sin\left\{\left[\omega_S-\omega_{\text{Lo}}\pm\left(\Delta\omega_S(t)+\Delta\omega_{\text{Lo}}(t)\right)\right]t+\varphi_0+\pi\frac{V(t)}{V_\pi}+\varphi_{\text{Lo}}\right\} \quad (2.60)$$

其中，$\Delta\omega_S(t)$和$\Delta\omega_{\text{Lo}}(t)$分别为信号光和本振光的光源频率随时间产生的随机变化。

信号光与本振光的固有差频项 $\omega_S-\omega_{\text{Lo}}$，以及信号光与本振光所产生的频率漂移误差项$\Delta\omega_S(t)+\Delta\omega_{\text{Lo}}(t)$在同一数量级，$\Delta\omega_S(t)+\Delta\omega_{\text{Lo}}(t)$会随着时间的变化在一定范围内进行随机漂移，导致载波频率值$\omega_S-\omega_{\text{Lo}}\pm[\Delta\omega_S(t)+\Delta\omega_{\text{Lo}}(t)]$随时间变化。中频信号的频率随机漂移，会增大后续解调处理的难度，需要对频率实现自动控

制，以便于后续的解调处理。

激光器频率调节通常采用温度补偿和压电控制的方法实现。温度补偿在激光器频率调节中属于粗调节，调节范围大、响应速率慢、调节灵敏度低，对于实际的无线光相干通信系统并不适用；压电控制在激光器频率调节系统中属于精调节，压电陶瓷是一种能够将机械能与电能互相转化的装置。根据逆压电效应，外加电场通过压电阀作用于压电陶瓷，位于激光器腔体的压电陶瓷由于受外部电压变化的影响而改变其形状，从而改变激光器内的腔体长度，进一步改变了输出波长。由于压电控制具有响应速率快、调节灵敏度高的特点，所以无线光相干通信系统中采用压电控制方式实现频率调节。

图 2.14 为相干光通信采用外接鉴频鉴相器方式的频率控制系统，以中频信号的频率值为反馈，鉴频鉴相器将频率信息提取转化为电信号，并采用嵌入式系统进行模数转换，经判决并数模转换放大后来驱动本振激光器内部的压电陶瓷[34]，以基准电压进行上下调节来改变腔长，从而改变输出波长，完成光频率控制[35]。

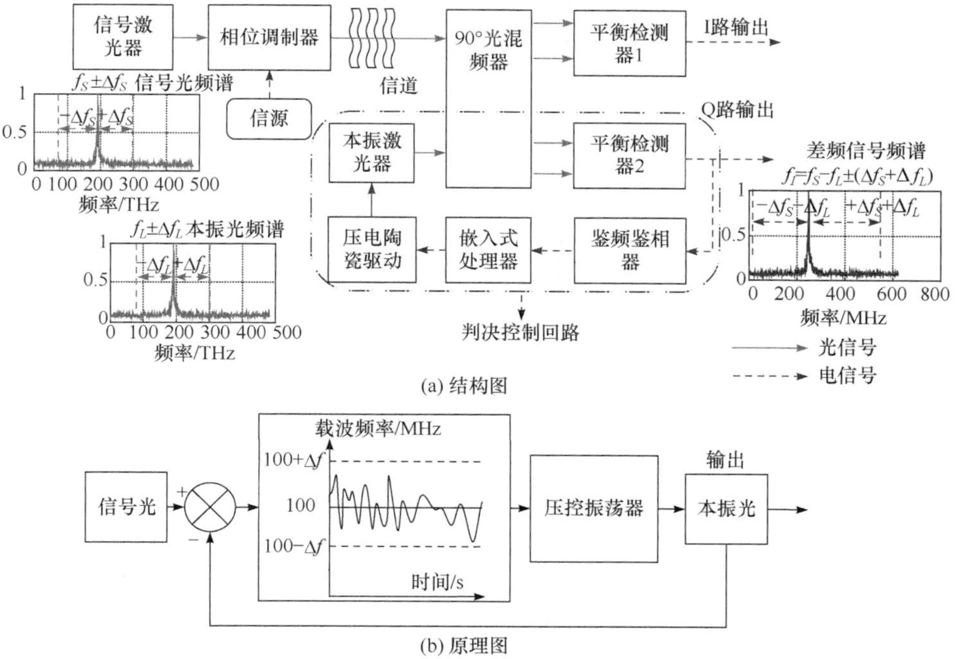

图 2.14　相干光通信采用外接鉴频鉴相器方式的频率控制系统

在实际中，信号激光器和本振激光器均选取线宽为千赫兹的窄线宽激光器，以满足能够产生拍频干涉的条件[36]，本振激光器同时具有压控可调谐功能。为了保持信号光与本振光的频率差值恒定(平衡接收机的带宽为 200MHz，假设所需要的中频信号频率值稳定在 100MHz，对应波长差值为 0.007nm)，施加在本振激光器压控振荡器的电压为 V_{base}。

$$f_{\text{Lo}} - f_S = V_{\text{base}} \cdot \rho = 0.007\text{nm} \tag{2.61}$$

其中，f_S 为信号光频率；f_{Lo} 为本振光频率；ρ 为压控振荡系数。

经调节稳定后中频信号的频率值 f_{IF} 可表示为

$$\begin{aligned} f_{\text{IF}} &= f_S - \left[f_{\text{Lo}} + \rho\left(V_{\text{base}} + \Delta V\right)\right] \pm \left(\Delta f_S + \Delta f_{\text{Lo}}\right) \\ &= f_S - \left[f_{\text{Lo}} + \rho \cdot k_a \cdot \left(\frac{V_{\text{base}}}{k_a} + \Delta V_{\text{STM32}}\right)\right] \pm \left(\Delta f_S + \Delta f_{\text{Lo}}\right) \end{aligned} \tag{2.62}$$

其中，k_a 为压电陶瓷驱动电压放大器的放大倍数，决定了频率补偿可调节范围；ΔV 为输出电压变化值；ΔV_{STM32} 为嵌入式处理器输出电压变化值；Δf_S 为信号光频率漂移量；Δf_{Lo} 为本振光频率漂移量，通过改变 ΔV_{STM32}，补偿 $\Delta f_S + \Delta f_{\text{Lo}}$，使本振激光器对信号激光器的频率进行跟踪，即可使 f_{IF} 的值相对恒定。

2.2.7 信号解调

在相干光通信解调系统中，只有当本地产生的载波频率、相位与接收到中频信号的频率、相位保持同步时，才能对接收到的信号进行相干解调。图 2.15 为采用基于傅里叶变换的载波频率估计算法实现对中频信号的频率估计[37]。

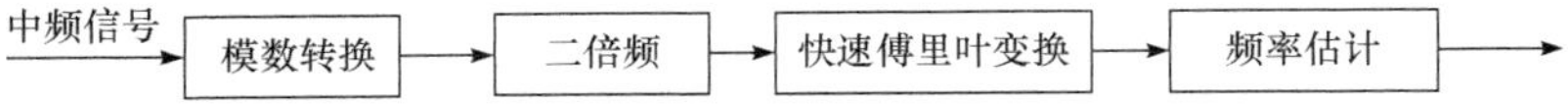

图 2.15 采用基于傅里叶变换的载波频率估计算法实现对中频信号的频率估计

对式(2.8)中 $i_I(t)$进行平方变换，可得到

$$i_I^2(t) = 2\left(\beta \cdot \eta \cdot A_S \cdot A_{\text{Lo}}\right)^2 \cdot \cos\left[2\left(\omega_S - \omega_{\text{Lo}}\right)t + 2\varphi_0 + 2\pi\frac{V(t)}{V_\pi} + 2\varphi_{\text{Lo}} + 1\right] \tag{2.63}$$

通过对 $i_I^2(t)$进行傅里叶变换，即可得到二倍频 $2(\omega_S - \omega_{\text{Lo}})$信息。

在得到载频的二倍频信号后，可以通过锁相环提取出信号的相干载波。锁相环是一个反馈控制系统，可以实现对输入信号的相位跟踪，进而实现输入信号与输出信号的同步。锁相环主要由三部分组成：鉴相器、环路滤波器和压控振荡器。对差分二进制相移键控的中频信号采用 Costas 锁相环相干解调法来恢复载波信号的频率和相位信息，Costas 锁相环原理图如图 2.16 所示。设输入的已调信号为抑制载波的双边带信号，即

$$u(t) = m(t)\cos\left(\omega_c t + \varphi\right) \tag{2.64}$$

其中，$\omega_c = \omega_S - \omega_{\text{Lo}}$；$\varphi = \varphi_0 + \pi \cdot V(t)/V_\pi + \varphi_{\text{Lo}}$；$m(t)$为 $V(t)$所引起的相位跳变，即 $m(t)$为信源信号且 $m(t) = \pm 1$。

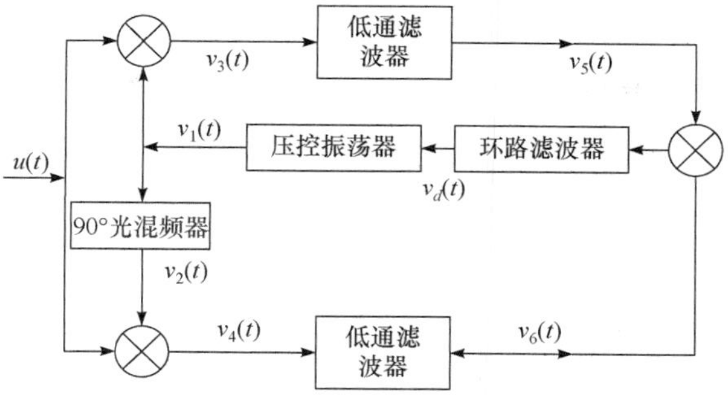

图 2.16　Costas 锁相环原理图

压控振荡器的输出为

$$v_1(t)=\cos(\omega_c t+\varphi') \tag{2.65}$$

$$v_2(t)=\sin(\omega_c t+\varphi') \tag{2.66}$$

则本地载波和输入载波的相位差为

$$\Delta\varphi=\varphi'-\varphi \tag{2.67}$$

经过乘法器后的输出为

$$v_3(t)=0.5m(t)\big(\cos\Delta\varphi+\cos(2\omega_c t+\varphi+\varphi')\big) \tag{2.68}$$

$$v_4(t)=0.5m(t)\big(\sin\Delta\varphi+\sin(2\omega_c t+\varphi+\varphi')\big) \tag{2.69}$$

经过低通滤波器后，有

$$v_5(t)=0.5m(t)\cos\Delta\varphi \tag{2.70}$$

$$v_6(t)=0.5m(t)\sin\Delta\varphi \tag{2.71}$$

最后经过环路滤波器得到误差信号 $v_d(t)$为

$$v_d(t)=0.125\sin(2\Delta\varphi) \tag{2.72}$$

当环路达到稳定时，即$\Delta\varphi=0$，代入式(2.70)可以得到 $v_5(t)=0.5m(t)$，不难发现同相支路输出即为相干解调的基带信号。

2.3　影响相干光通信性能的主要因素

2.3.1　调制驱动特性对星座图和误码率的影响

采用 Monte-Carlo 模拟，依据式(2.2)和图 2.1，当调制方式采用二进制相移键控时，分别采用幅值不同的电压值 $V(t)$ =2.5V，3.5V，4.5V 驱动调制器，得到中频电信号的星座图，如图 2.17 所示。

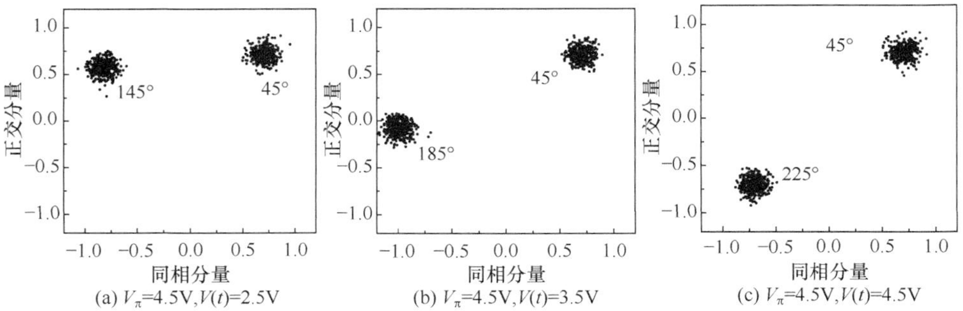

图 2.17　不同幅值电压信号驱动相位调制器信号星座图

随着驱动信号电压值的增大，图 2.17 的星座点产生了与驱动电压值成正比的圆周向漂移，即当驱动电压为 $V(t)$ = 4.5V 时，两相位点在星座图上产生了180°角度差，且随着驱动电压的减小，两相位点的角度差也等比例减小。

采用 Monte-Carlo 模拟，依据式(2.2)和式(2.10)，计算二进制相移键控在不同信噪比情形下，无线光相干通信系统的误码率随调制器驱动电压大小的变化趋势，如图 2.18 所示。当驱动电压 $V(t)$等于半波电压 V_π 时，系统的误码率存在一个极小值，随着驱动电压的增大或者减小，系统误码率均会增大。当驱动电压远高于半波电压时，调制器内部的 $LiNbO_3$ 晶体会产生永久性损伤。这表明，当调制器驱动电路所输出的电压值等于调制器的半波电压值时，才能够实现最优的调制效果，幅值过大或者过小的驱动电压均会影响系统的通信性能。

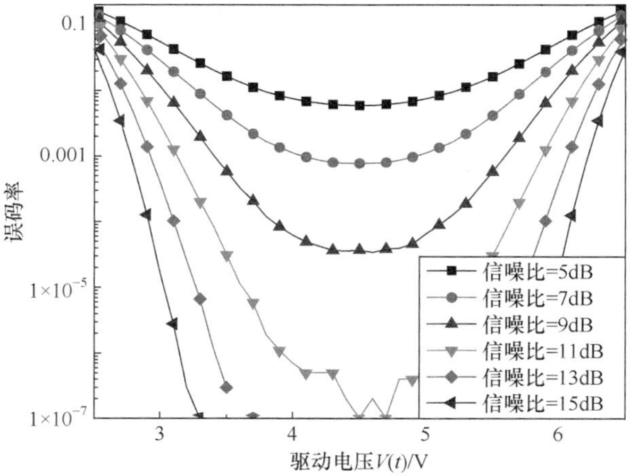

图 2.18　不同幅值驱动电压对系统误码率的影响

在考虑调制驱动电路幅度响应的同时，也应考虑频率响应，选择合适的通频带才能够对信号进行无失真放大。设图 2.1 中的调制驱动电路单位冲击响应为 $h(t)$，以一阶 RC 滤波器为例，其等效电路如图 2.19 所示，当滤波器为低通等效电路时，连续型和离散型的时域表达式可分别写为

$$V(t)=V_0(t)-RC\frac{\mathrm{d}V(t)}{\mathrm{d}t} \tag{2.73}$$

$$V(n)=\frac{V_0(n)+\dfrac{RC}{T_s}V(n-1)}{1+\dfrac{RC}{T_s}} \tag{2.74}$$

其中，R、C、T_s 分别为一阶低通滤波器的电阻、电容以及采样间隔。

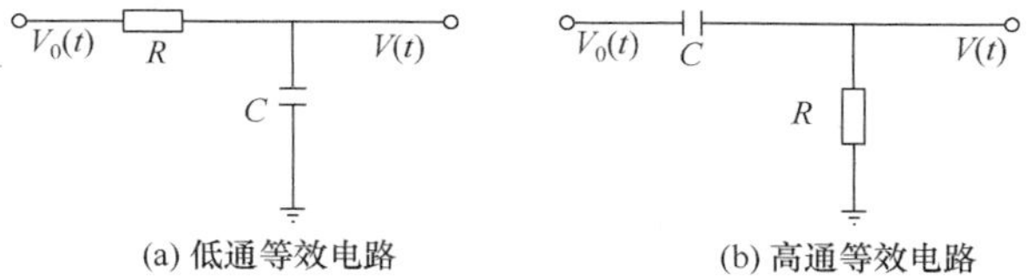

图 2.19　一阶 RC 滤波器等效电路

以图 2.19(a)的低通等效电路为例，分别取 R = 100Ω、C = 7.5nF、T_s = 50ns 以及 R = 100Ω、C = 12.5nF、T_s = 50ns，依据式(2.73)得到驱动信号经低通滤波和特性放大后的输出波形，如图 2.20 所示。从图 2.20 中可以看出，方波信号高低电平处在一个码元周期内，无法持续保持，方波波形明显失真。

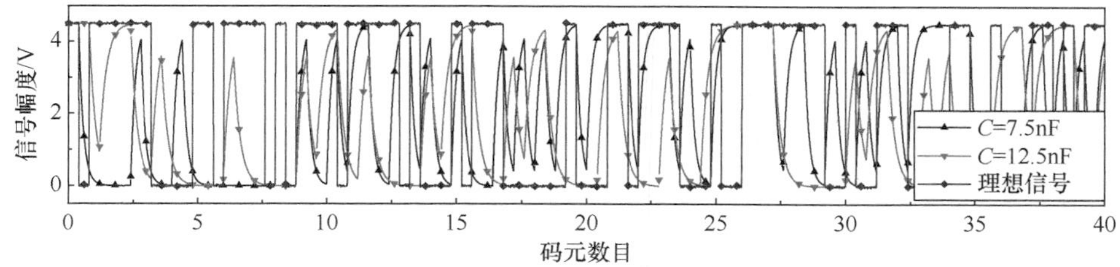

图 2.20　经低通滤波和特性放大后的输出波形

以图 2.19(b)的高通等效电路为例，当高通滤波器的响应频率大于输入信号频率时，其连续型和离散型的时域表达式分别为

$$V(t)=C\frac{\mathrm{d}\left[V_0(t)-V(t)\right]}{\mathrm{d}t}\cdot R \tag{2.75}$$

$$V(n)=\left[V_0(n)-V_0(n-1)+V(n-1)\right]\cdot\frac{RC}{RC+T_s} \tag{2.76}$$

分别取 $R = 100\Omega$、$C = 50\text{nF}$、$T_s = 50\text{ns}$ 以及 $R = 100\Omega$、$C = 100\text{nF}$、$T_s = 50\text{ns}$，得到驱动信号经高通滤波和特性放大后的输出波形，如图 2.21 所示。此时，输出波形无法在一个码元周期内保持完整的电平值，并且随着码元中连零连一的个数增多，电平下降趋势更为明显，经特性放大后的信号产生了明显的直流漂移特性。

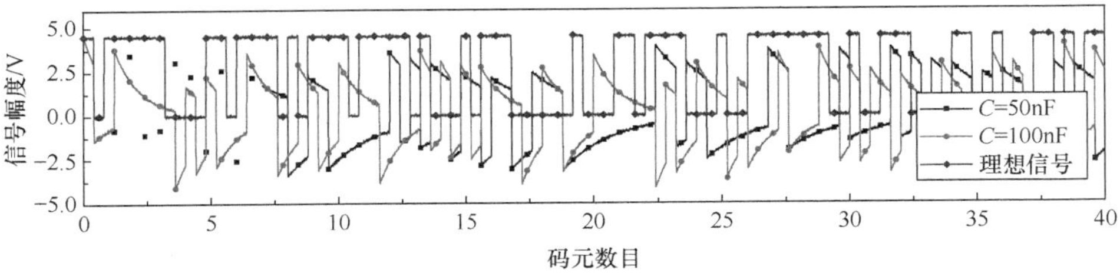

图 2.21　经高通滤波和特性放大后的输出波形

采用 Monte-Carlo 模拟，分别计算在驱动电路的响应频率低于和高于实际输入信号情况下，输出驱动信号波形的星座图变化，不同滤波条件下电压驱动相位调制器信号星座图如图 2.22 所示。

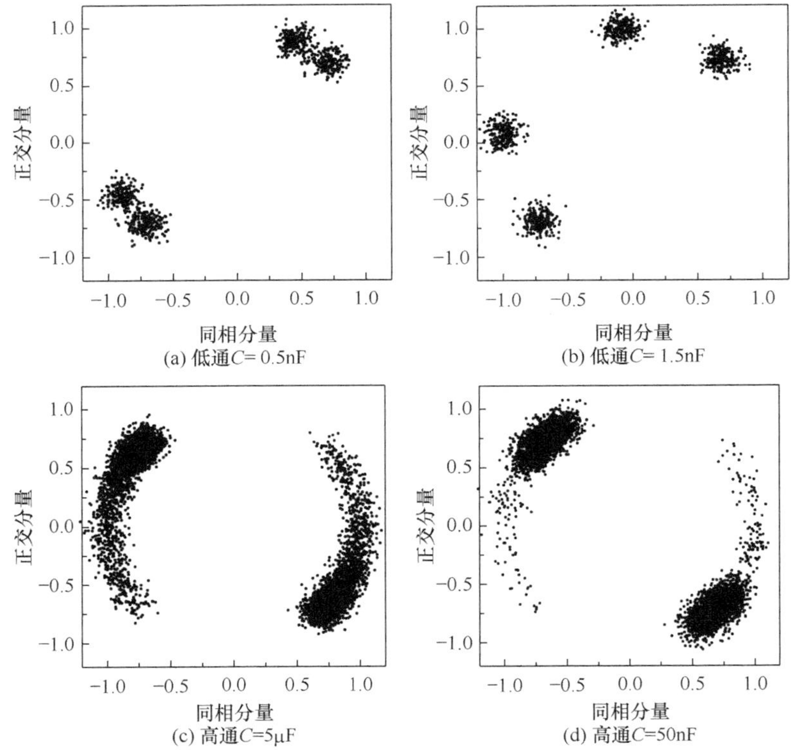

图 2.22　不同滤波条件下电压驱动相位调制器信号星座图

当信号频率大于驱动电路的响应频率时，信号的星座点呈现出以调制位置进行圆周向复制扩散的现象，且随着低通电路的通带截止频率降低，圆周向复制扩散的旋转角度更为明显。这是因为驱动波形位于上升沿和下降沿的非规整导致星座图的复制扩散，从而在接收端产生码元误判。当信号频率小于驱动电路的响应频率时，信号星座图呈现出以调制点的位置周向“甩尾”的情形，且大多数调制点位于“甩尾”的尾端。随着高通电路通带截止频率的升高，“甩尾”现象更为明显。经高通电路后的驱动信号产生了直流分量漂移，导致星座图旋转，相对驱动电压不足导致“甩尾”的星座点呈现非均匀分布。

采用 Monte-Carlo 模拟，依据式(2.10)，分别计算两种不同通带特性驱动电路情况下，系统的误码率随电容 C 的变化情况，如图 2.23 所示。由图 2.23 可知，减小低通电路中的电容值或者增大高通电路中的电容值，使得驱动电路具有与输入信号相匹配的通频带，且驱动电压等于半波电压，输出的驱动信号质量才能够达到最佳状态。

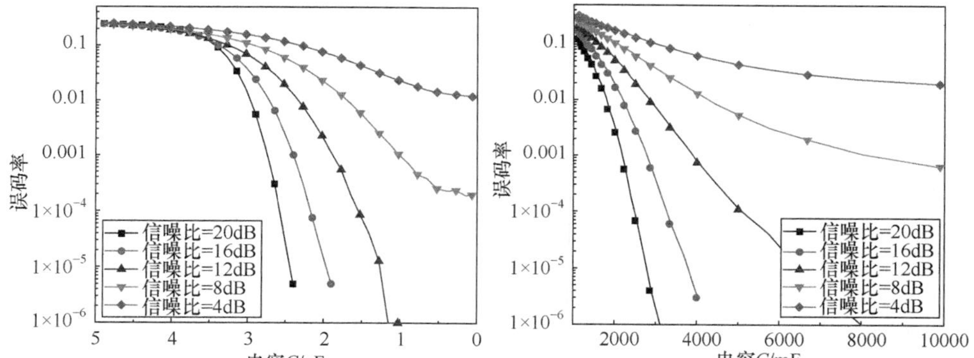

(a) 低通特性　(b) 高通特性

图 2.23　驱动电路通带特性对系统误码率的影响

2.3.2　信号光偏振态的改变对中频信号幅值的影响

假设输入信号光的偏振态为(0.5，−0.49，0.71)，图 2.24(a)为图 2.11 中第一个光纤挤压器和第二个光纤挤压器挤压所产生的相位变化与中频信号幅值之间的关系，图 2.24(b)为第二个光纤挤压器和第三个光纤挤压器施加电压时所产生的相位变化与中频信号幅值的关系。

由图 2.24 可以看出，中频信号的幅值存在多个局部最优解，因此三个波片相位变化 γ_1、γ_2、γ_3 和中频信号归一化幅值 A_{IF} 可采用多输入代价函数表示，即

$$\max A_{\mathrm{IF}} = f\left(\gamma_1, \gamma_2, \gamma_3\right) \tag{2.77}$$

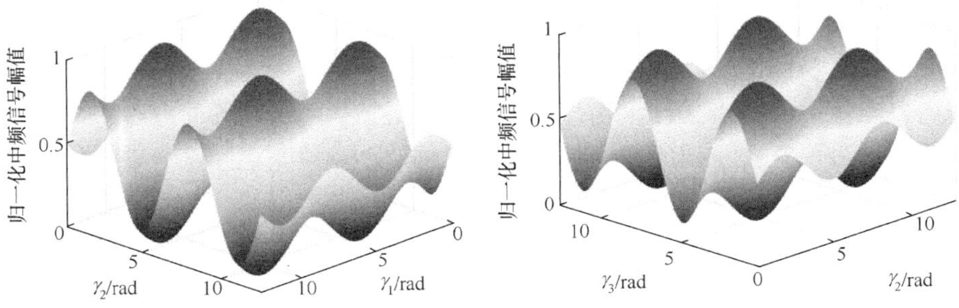

(a) 第一个光纤挤压器和第二个光纤挤压器 (b) 第二个光纤挤压器和第三个光纤挤压器

图 2.24 偏振控制器波片相位变化对中频信号幅值的影响

2.3.3 信号光与本振光的波前不匹配对混频效率的影响

由混频效率的定义式(2.39)、式(2.40)可知，当信号光的相位与本振光的相位不匹配(即$\varphi_S \neq \varphi_{Lo}$)时，无线光相干通信系统的混频效率会受到显著影响。波前相位通常可采用一组正交的 Zernike 基底函数进行展开，因此依据式(2.39)、式 (2.40)，电子电荷 e=1.6×10^{-19}C，检测器量子效率η=0.6，普朗克常量h=6.63×10^{-34}J · s，信号光波长λ=1550nm，检测器带宽 B=40GHz，Zernike 系数取值范围为 0～10μm，检测器响应度α = 0.6A/W，载波频率 ν=1.94×10^{14}Hz，本振光振幅 A_{Lo} =10^3A_S，波前相位以 Zernike 模式分别取第 1、3、5、7、9 阶的条件下，计算 Zernike 系数值与系统混频效率、信噪比的关系。得到 Zernike 系数值变化对系统混频效率的影响，如图 2.25 所示。

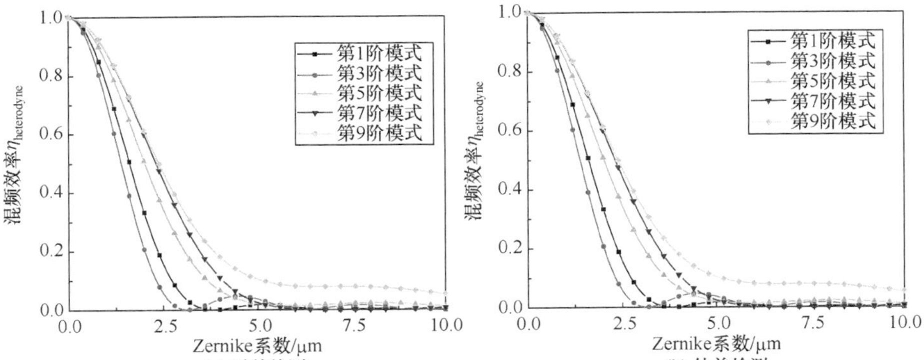

(a) 零差检测 (b) 外差检测

图 2.25 Zernike 系数值变化对系统混频效率的影响

由图 2.25 可知，随着各阶次 Zernike 系数值的增大，无论是采用零差检测还是外差检测，混频效率随 Zernike 系数值的变化趋势并无明显差异。这是因为信号光与本振光的波前相位差值的余弦项积分值要远大于正弦项积分值，在波前畸变量相

对较小时，式(2.40)中分子的第二项即可忽略不计，并且在 Zernike 基底函数阶次确定的情况下，混频效率随畸变程度的加深而减小。第 3 阶离焦项相较于其他阶次的影响最为明显，同时同等量高阶次畸变对于混频效率的影响要小于低阶次畸变。

2.3.4 中频信号频率随机漂移对星座图和误码率的影响

对于受频率漂移影响的式(2.59)中频信号进行解调，得到基带信号为

$$i_d(t)=\beta\cdot\alpha\cdot A_S\cdot A_{\text{Lo}}\cdot\cos\left[\left(\Delta\omega_S(t)+\Delta\omega_{\text{Lo}}(t)\right)t+\varphi_0+\pi\frac{V(t)}{V_\pi}+\varphi_{\text{Lo}}\right] \tag{2.78}$$

采用 Monte-Carlo 模拟，假设码元速率等于载波频率(即中频信号的频率)，频率基准值为 100MHz，频率漂移值呈均匀分布，分布区间分别为 2MHz、10MHz、20MHz。图 2.26 为二进制相移键控系统信噪比为 20dB 星座图，可以看出，载波频率的漂移在星座图上呈现出以调制点位置的圆周向“弥散”，频率漂移范围越大，星座图的“弥散”现象越明显。

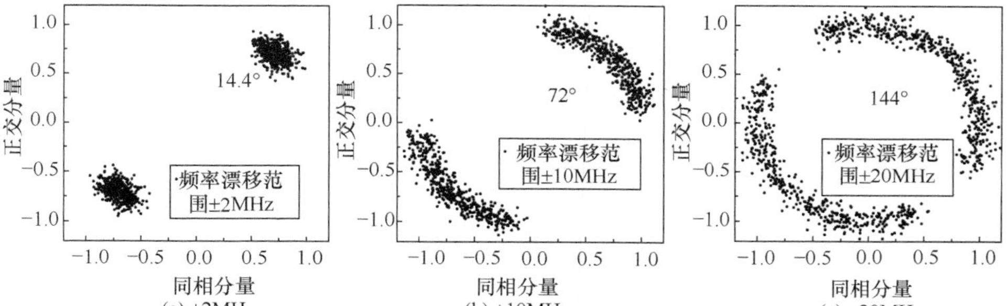

(a) ±2MHz　(b) ±10MHz　(c) ±20MHz

图 2.26　二进制相移键控系统信噪比为 20dB 星座图

对于采用四进制相移键控的无线光相干通信系统，分别取不同的频率漂移值，得到接收端信号星座图，如图 2.27 所示。由图可知，四进制相移键控系统的中频信号频率随机漂移也会使星座图以调制点为中心进行周向“弥散”。

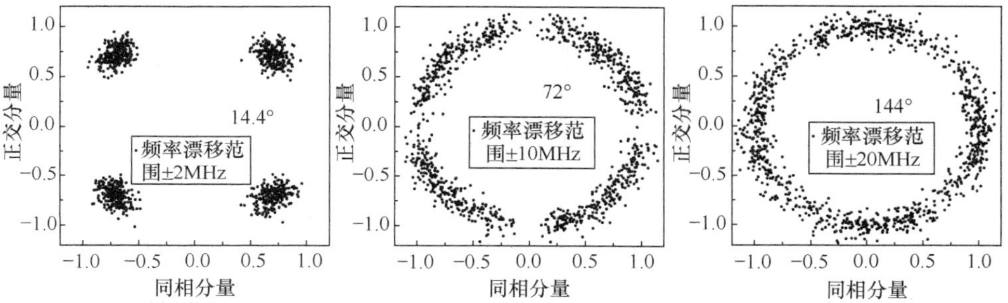

(a) ±2MHz　(b) ±10MHz　(c) ±20MHz

图 2.27　四进制相移键控系统信噪比为 20dB 星座图

分别取不同的载波频率漂移值$\Delta\omega_S(t)+\Delta\omega_{Lo}(t)$，计算二进制相移键控系统和四进制相移键控系统的误码率，结果如图 2.28 所示。在相同的信噪比下，频率漂移引起了系统的误码，误码率随着频率漂移值的增加而增大。四进制相移键控系统各调制点之间的相位差要小于二进制相移键控系统，同等量的频率漂移误差对四进制相移键控系统的影响更大。

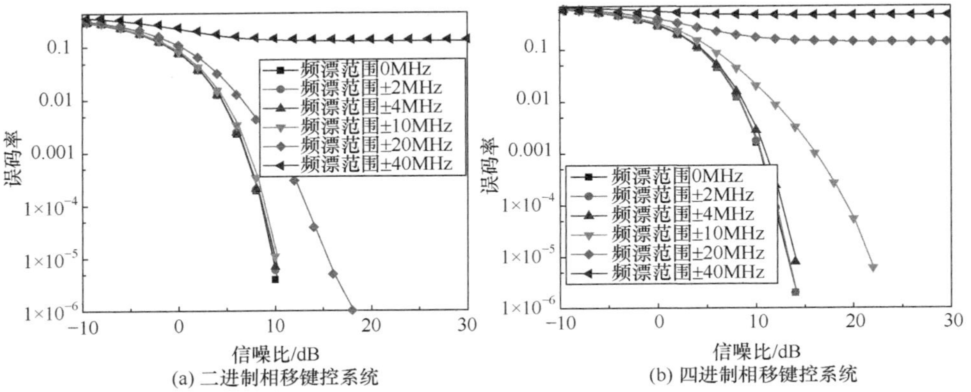

图 2.28　载波频率漂移引起的误码率曲线

2.3.5　信号传输带宽与信号光功率对检测灵敏度和误码率的影响

依据式(2.44)～式(2.49)，取光电检测器量子效率$\eta=0.8$，电子电荷$e=1.6\times10^{-19}$C，普朗克常量$h=6.63\times10^{-34}$J · s，载波频率$\nu=193.4$THz，波长$\lambda=1550$nm，检测器响应度$\alpha=0.9982$A/W。放大电路内部增益系数$\beta=0.4$，输出负载阻抗$R=50\Omega$，信号光功率$P_S=10$nW，本振光功率$P_{Lo}=5$mW，检测器暗电流$I_d=5$nA，检测器有效带宽$B=50$GHz，检测器响应一致度$k_d=0.975$，激光器相对强度噪声系数$R_{IN}=-135$dB/Hz，玻尔兹曼常量$k_B=1.38\times10^{-23}$J/K，热力学温度$T=290$K，得到在不同调制和检测方式下检测器带宽对检测灵敏度的影响以及信号光功率对误码率的影响，如图 2.29 所示。

由图 2.29 的计算结果可知，随着检测器带宽的增加，系统的检测灵敏度呈递减趋势，而外差检测的检测灵敏度相比于直接检测具有 20.71dB 的增益，零差检测的检测灵敏度相比于直接检测具有 23.72dB 的增益。当通信系统的误码率为10^{-9}时，采用直接检测的方式，信号光功率需要约 600μW(−2.39dBm)；而采用相干检测的方式，信号光功率仅需要约 1μW(−32.14dBm)。这表明，在相同数量级的误码率容许条件下，采用相干检测方式所需要接收到的信号光功率更小，且零差检测相比于外差检测的优势更为明显。

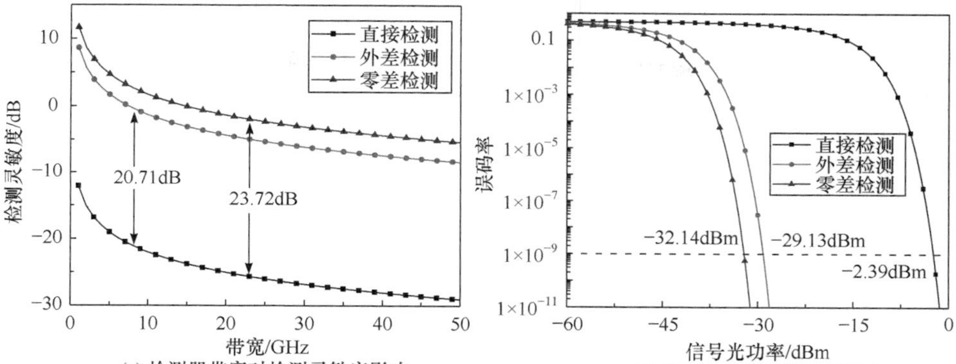

(a) 检测器带宽对检测灵敏度影响　(b) 信号光功率对误码率影响

图 2.29　不同调制和检测方式的影响

参 考 文 献

[1] Kaushal H, Kaddoum G. Optical communication in space: Challenges and mitigation techniques [J]. IEEE Communications Surveys & Tutorials, 2017, 19(1): 57-96.

[2] Faruk M S, Savory S J. Digital signal processing for coherent transceivers employing multilevel formats [J]. Journal of Lightwave Technology, 2017, 35(5): 1125-1141.

[3] Ghassemlooy Z, Arnon S, Uysal M, et al. Emerging optical wireless communications-advances and challenges [J]. IEEE Journal on Selected Areas in Communications, 2015, 33(9): 1738-1749.

[4] Hui K W, Chiang K S, Wu B Y, et al. Electrode optimization for high-speed traveling-wave integratedoptic modulators [J]. Journal of Lightwave Technology, 1998, 16(2): 232-238.

[5] Wan L Y, Zhou Y, Liu L R, et al. Realization of a free-space 2×4 90 degrees optical hybrid based on the birefringence and electro-optic effects of crystals [J]. Journal of Optics, 2013, 15(3): 035402.

[6] Peterson G E, Ballman A A, Lenzo P V, et al. Electro-optic properties of $LiNbO_3$ [J]. Applied Physics Letters, 1964, 5(3): 62-64.

[7] Burns W K, Howerton M M, Moeller R P, et al. Broad-band reflection traveling-wave $LiNbO_3$ modulator [J]. IEEE Photonics Technology Letters, 1998, 10(6): 805-806.

[8] Kondo J, Kondo A, Aoki K, et al. 40-Gb/s X-Cut $LiNbO_3$ optical modulator with two-step back-slot structure [J]. Journal of Lightwave Technology, 2002, 20(12): 2110-2114.

[9] 梁静远，赵锦，杨恒. 铌酸锂相位调制器特性对无线光相干通信系统性能影响研究[J]. 湖南科技学院学报, 2019, 40(10): 18-22.

[10] Li Y P, Zhang Y G, Huang Y Q. Any bias point control technique for mach-zehnder modulator [J]. IEEE Photonics Technology Letters, 2013, 25(24): 2412-2415.

[11] 郝崇正，李洪祚，孙权，等. 马赫-曾德尔调制器任意偏置点稳定控制技术[J]. 光子学报, 2017, 46(10): 71-79.

[12] Leeb W R, Winzer P J, Kudielka K H. Aperture dependence of the mixing efficiency, the signal-to-noise ratio, and the speckle number in coherent lidar receivers [J]. Applied Optics, 1998,

37(15): 3143-3148.
[13] 邵晓风, 张翔, 吴锦发, 等. 单模光纤模场半径的研究[J]. 通信学报, 1986, 7(3): 49-54.
[14] 柯熙政, 罗静, 雷思琛. 空间光耦合自动对准方法与实现[J]. 红外与激光工程, 2018, 47(1): 0103009.
[15] 邓科, 王秉中, 王旭, 等. 空间光-单模光纤耦合效率因素分析[J]. 电子科技大学学报, 2007, 36(5): 889-891.
[16] Noé R. PLL-free synchronous QPSK polarization multiplex/diversity receiver concept with digital I&Q baseband processing [J]. IEEE Photonics Technology Letters, 2005, 17(4): 887-889.
[17] Han Y, Li G F. Coherent optical communication using polarization multiple-input-multiple-output [J]. Optics Express, 2005, 13(19): 7527-7534.
[18] Kikuchi K. Performance analyses of polarization demultiplexing based on constant-modulus algorithm in digital coherent optical Receivers [J]. Optics Express, 2011, 19(10): 9868-9880.
[19] 林志颖, 杨彦甫, 向前, 等. 相干光通信中概率整形信号的偏振解复用算法[J]. 光学学报, 2021, 41(6): 48-52.
[20] Tan Z K, Ke X Z. Analysis of a heterodyne detection system affected by irradiance and phase fluctuations in slant atmospheric turbulence [J]. Applied Optics, 2018, 57(32): 9596-9603.
[21] 武云云, 陈二虎, 张宇, 等. 自适应光学技术提高 FSO 性能的实验验证[J]. 光通信技术, 2012, 36(4): 15-18.
[22] Ke X Z, Tan Z K. Effect of angle-of-arrival fluctuation on heterodyne detection in slant atmospheric turbulence [J]. Applied Optics, 2018, 57(5): 1083-1090.
[23] 刘宏阳, 张燕革, 艾勇, 等. 用于相干光通信的平衡检测器的设计与实现[J]. 激光与光电子学进展, 2014, 51(7): 27-33.
[24] Yuen H P, Chan V W S. Noise in homodyne and heterodyne detection [J]. Optics Letters, 1983, 8(3): 177-179.
[25] Shen B, Wang P, Polson R, et al. Ultra-high-efficiency metamaterial Polarizer [J]. Optica, 2014, 1(5): 356-360.
[26] 马婷婷, 佟首峰, 南航, 等. 信号光偏振特性对空间相干检测混频效率的影响[J]. 激光与光电子学进展, 2017, 54(2): 110-116.
[27] 李铁, 柯熙政, 谌娟, 等. 相干光检测系统中的偏振控制[J]. 红外与激光工程, 2012, 41(11): 3069-3074.
[28] 柯熙政, 王姣. 大气湍流中部分相干光束上行和下行传输偏振特性的比较[J]. 物理学报, 2015, 64(22): 148-155.
[29] Zhang J K, Ding S L, Zhai H L, et al. Theoretical and experimental studies of polarization fluctuations over atmospheric turbulent channels for wireless optical communication systems [J]. Optics Express, 2014, 22(26): 32482-32488.
[30] 刘杰, 李建欣, 柏财勋, 等. 傅里叶变换高光谱 Mueller 矩阵成像理论与方法[J]. 光学学报, 2020, 40(7): 88-97.
[31] 马兵斌, 柯熙政, 张颖. 无线光相干通信系统中光束的偏振控制及控制算法研究[J]. 中国激光, 2019, 46(1): 247-254.
[32] 谭振坤, 柯熙政. 相干检测系统中的混频效率[J]. 激光与光电子学进展, 2017, 54(10): 126-134.

[33] 李国玉, 杨康, 贾素梅, 等. 基于压电陶瓷闭环控制的线性可调谐环形腔光纤激光器[J]. 光学学报, 2015, 36(6): 0614003.

[34] 杨尚君, 柯熙政. 相干光通信中载波频率稳定控制[J]. 激光与光电子学进展, 2018, 55(4): 60-66.

[35] 孔英秀, 柯熙政, 杨媛. 激光器线宽对空间无线光相干通信系统性能的影响[J]. 仪器仪表学报, 2017, 38(7): 1668-1674.

[36] 吴加丽, 杨雅淇, 王义. 相干光通信中全数字 DPSK 解调技术的研究[J]. 湖南科技学院学报, 2019, 40(10): 12-17.

[37] 陈海涛, 杨华军, 李拓辉, 等. 光纤偏移对空间光-单模光纤耦合效率的影响[J]. 激光与红外, 2011, 41(1): 75-78.

第 3 章　影响无线光相干检测性能的因素

1955 年，Forrester 等[1]使用了两束波长不相同的光束干涉后产生了一个新的中频信号，从此相干检测进入了人们的视野。按检测方式不同，相干检测可以分为外差检测、零差检测和内差检测。当信号光中心角频率与本振光中心角频率相同时，称为零差检测；当信号光与本振光的中心角频率不相同时，称为外差检测；将信号光与本振光经 90°光混频器干涉混频后得到两路正交相位的信号，之后对两路信号进行检测，称为内差检测[2]。

相干检测的灵敏度是指在一定信噪比或误码率的情况下检测器所能检测到的极限，从理论上分析，检测极限可以到达一个光子，但在实际情况中，大气湍流、检测器的热噪声、混频效率低、检测器的灵敏度低等因素使得无法达到检测极限。无线光相干通信系统的检测灵敏度相较于直接检测系统可以有 20dB 左右的增益[3]，并且有调制方式多[4]、选择性优良[5]、信道容量大[6]等特点，能够在很大程度上提高无线光相干通信系统的各种性能。在之后的研究中，国内外学者分别从相干检测系统产生的热噪声、散粒噪声、波前畸变、偏振失配角、光斑尺寸偏差和光轴偏转、耦合效率、检测器性能、前置光放大器等方面对相干检测极限的影响进行了分析，并且经过多年的研究，已经可以通过波前校正系统、光束偏振控制技术、光纤耦合及光束控制、减小噪声干扰、提高检测器的性能、增加前置放大器等一系列方法来提高检测系统的灵敏度。

相干检测极限直接影响了无线光相干通信系统的性能，随着通信距离的增加，接收端能检测到的信号光强越来越微弱，对相干检测的灵敏度要求也就越来越高。因此，需要对影响相干检测极限的因素进行详细分析，这对提升相干检测系统的性能是十分必要的，本章介绍相干检测的国内外研究进展与国内外学者对检测极限的研究，对影响检测极限的因素进行分析，并总结国内外学者抑制这些影响的因素，最后对相干检测极限的发展方向进行总结。

3.1　直接检测与相干检测

3.1.1　直接检测

直接检测是指将信号光直接入射到光敏面上，光电检测器根据信号光的强度输出对应的电流。直接检测系统图模型如图 3.1 所示，当信号光到达接收端时，孔径光阑和汇聚透镜可以将光信号汇聚到光电检测器的表面上，光电检测器能够将光强信号转换为电压信号或电流信号。直接检测可靠性高、易于实现、成本低，但是其检测灵敏度太低，不适用于远距离无线光通信高灵敏度检测[7]。

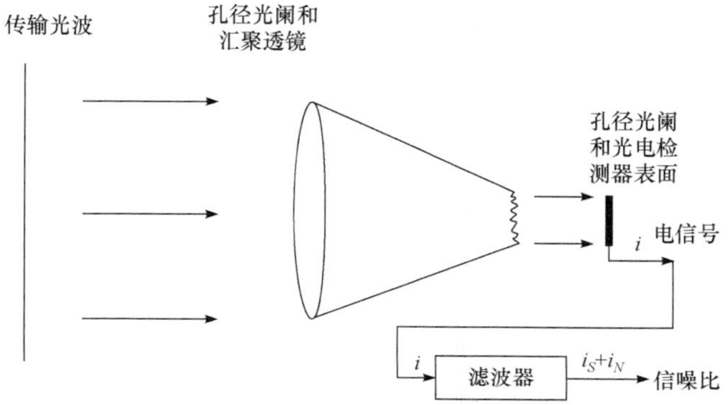

图 3.1　直接检测系统图模型[7]

3.1.2　相干检测

1. 相干检测的原理

相干检测是将本振光和信号光进行干涉，利用干涉产生的明暗条纹的变化以及干涉条纹的强度和位移等信息来判断两束相干光的相干度和相位差。相干检测系统原理框图[3]如图 3.2 所示，信号光 $E_S(r)$与本振光 $E_{Lo}(r)$在光混频器上发生干涉，干涉后的光波入射到平衡检测器，平衡检测器能够检测到干涉条纹，根据该干涉条纹可以形成差频信号，相干检测可以分为零差检测、外差检测与内差检测。

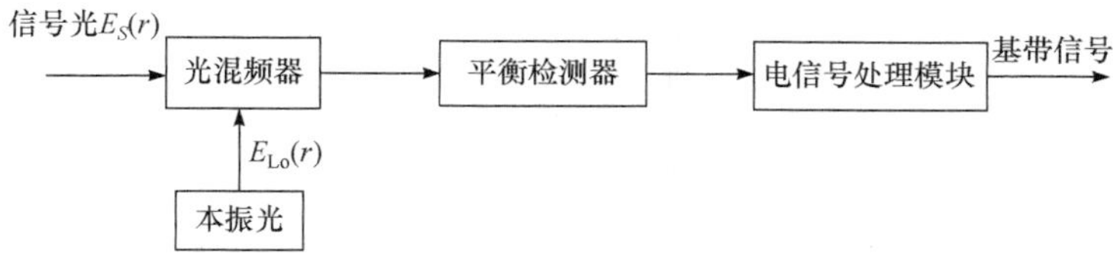

图 3.2　相干检测系统原理框图[3]

光混频器一般由光纤耦合器和非线性光学晶体组成；平衡检测器是一种能够将光信号转换为电信号的器件，作用是检测微弱的光信号，并将其转换为电信号；电信号处理模块可以将电信号进行一系列处理之后恢复出基带信号。

1) 零差检测

当本振光频率和信号光频率相同时，称为零差检测。零差检测系统原理框图如图 3.3 所示，信号光和本振光在经过光锁相环相干解调之后成为电信号，电信号在经过低通滤波器之后可以得到基带信号，之后再经过抽样判决输出便可以得到原始信号。其中，光锁相环相干解调可以实现本振光和信号光频率与相位的稳定[8,9]，但会增大接收机的复杂度，其优点是使零差检测具有很高的灵敏度。

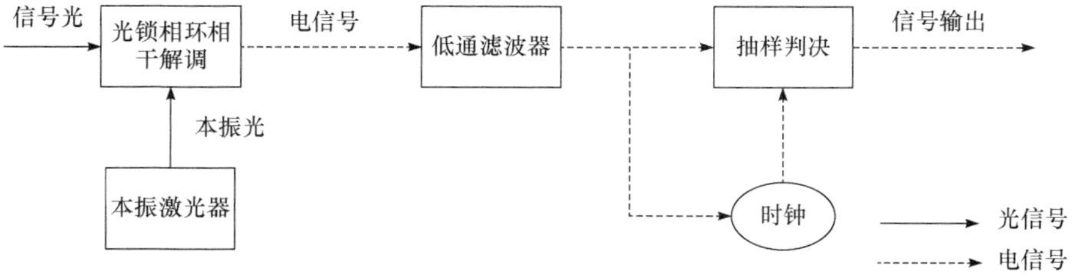

图 3.3　零差检测系统原理框图

2) 外差检测

当本振光和信号光的频率不相等时，相干检测方式称为外差检测，根据接收端的解调方式可以分为同步解调与异步解调[7]。同步解调的原理图如图 3.4(a)所示，信号光和本振光在经过光混频器之后形成中频信号，该信号经过光电检测器后成为电信号，再经过载频恢复后与中频信号相乘，之后将乘法器输出的信号通过低通滤波器便可以得到基带信号；而异步解调的原理图如图 3.4(b)所示，信号光和本振光在经过光混频器和光电检测器之后直接经过带通滤波器，之后再经过包络检波器等便可直接得到基带信号，这种方法较为简单，但对本振光和信号光的相位和频率要求较为严格。

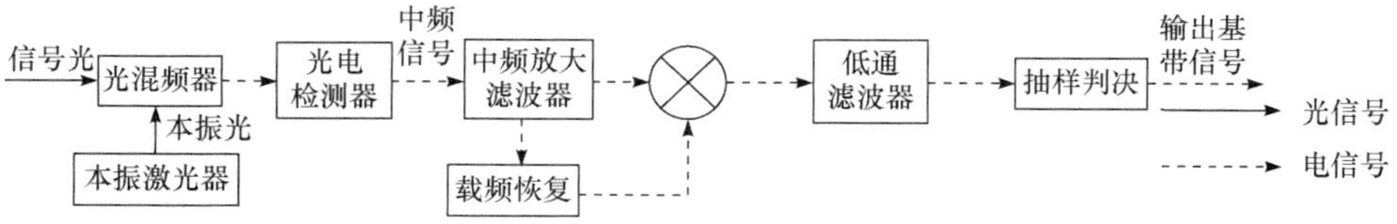

(a) 同步解调

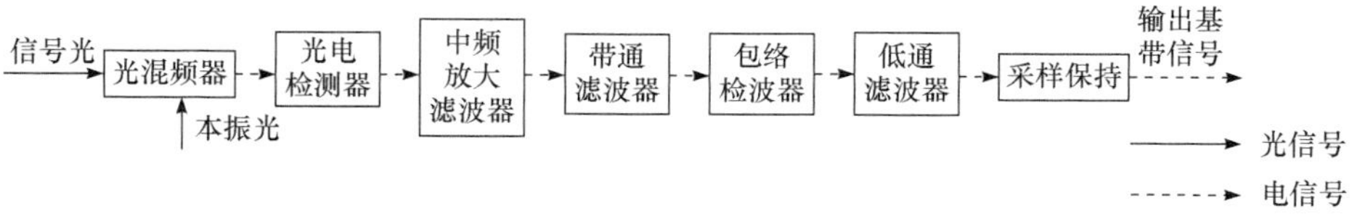

(b) 异步解调

图 3.4　外差检测原理图

3) 内差检测

内差检测系统基本结构框图如图 3.5 所示，其发射端主要由信号发生器、窄线宽激光器与强度调制器等部分组成，在接收端信号光与本振光在经过光混频器之后得到一个中频信号，该中频信号经过平衡检测器后便可以得到电信号，之后将电信号交由计算端进行处理便可得到原始信号。

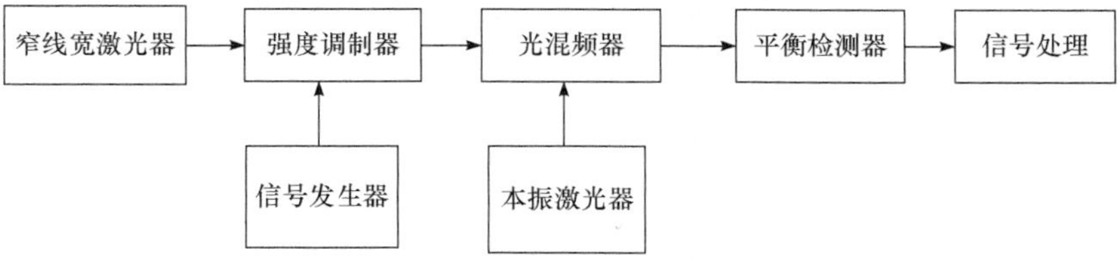

图 3.5　内差检测系统基本结构框图

2. 相干检测系统的信噪比及灵敏度

在相干检测系统中，检测灵敏度指的是在一定信噪比或误码率的情况下检测器所能检测到的极限，从理论上分析，检测器的检测极限可以达到一个光子，但在实际情况中，大气湍流、检测器的热噪声、混频器的混频效率低、检测器的灵敏度低等导致检测器无法达到检测极限，本节分析相干检测系统的灵敏度和信噪比之间的关系。

根据信噪比的定义，光电检测器的信噪比可以表示为[3]

$$\mathrm{SNR}_{\mathrm{IF}}=\frac{\langle i_{\mathrm{IF}}^2\rangle}{\langle i_N^2\rangle}=\frac{\eta\left|\int_S E_{\mathrm{Lo}}\cdot E_S^*\mathrm{d}s\right|^2}{h\nu\Delta f_{\mathrm{IF}}\cdot\int_S A_{\mathrm{Lo}}^2\mathrm{d}s}=\frac{\eta\left|\int_S E_{\mathrm{Lo}}\cdot E_S^*\mathrm{d}s\right|^2}{h\nu\Delta f_{\mathrm{IF}}\cdot\int_S E_{\mathrm{Lo}}\cdot E_{\mathrm{Lo}}^*\mathrm{d}s} \tag{3.1}$$

其中，$\langle\cdot\rangle$ 表示取时间平均；i_{IF} 为中频电流；i_N 为噪声电流；η 为理想光敏面的量子效率；A_{Lo} 为本振光振幅；E_{Lo} 为本振光电场；E_S 为信号光电场；Δf_{IF} 为有效噪声带宽。

当混频效率达到理想值时，信噪比可以表示为[3]

$$\mathrm{SNR}_{\mathrm{IF}}=\mathrm{SNR}_0=\frac{\eta P_S}{h\nu\Delta f}=\frac{2\eta P_S}{h\nu B} \tag{3.2}$$

其中，η 为量子效率；h 为普朗克常量；P_S 为信号光功率；B 为有效噪声带宽的 2 倍；v 为载波频率。

由式(3.2)可以看出，当信噪比 SNR 为 1dB 时，$\mathrm{NEP}=P_S=h\nu\Delta f/\eta$，该变量称为相干检测的灵敏度，当混频器的量子效率达到 1 时，Δf=1Hz，可以得到相干检测的极限灵敏度为一个光子。但是在实际的相干检测中无法达到如此高的灵敏度，经过多年研究，灵敏度的检测极限已经可以达到纳瓦量级[3]。

3.2　无线光相干检测国外研究进展

相比于直接检测，相干检测的灵敏度可以得到很大程度的提升，同时提升了相干通信系统的性能，使得大量国外科学家投入该研究中。他们分别从波前畸变、检测器灵敏度、本振光引起的强度噪声、光斑尺寸和光轴偏转、耦合效率、偏振失配等方面对相干检测极限的影响进行了分析，并设计了波前校正、偏振控制、高灵敏度检测器、寻找最佳本振光功率等来不断提高检测灵敏度，从而逼近相干检测极限。

1966 年，Teich 等[10]测量了 10.6μm 散射辐射外差检测的信噪比和最小可检测功率。以光导 Ge:Cu 为检测器，在频率为 70kHz、带宽为 270kHz 的条件下，观测到的最小检测功率为 3.5×10^{-14}W。这对应于在 1MHz 带宽下 1.3×10^{-19}W 的最小可检测功率，其范围在理论光子计数器的 10 倍以内。

1975 年，Cohen[11]深入研究了空间角失配、光斑尺寸、检测器的性能等一系列因素对混频器混频效率的影响。研究结果表明，当信号光为艾里分布时，空间角失配对混频效率的影响较小。

1983 年，Abbas 等[12]对两个检测器的零差/外差接收机的信噪比进行了计算。计算结果表明，本地振荡器中的过量强度噪声可以被消除，且不需要降低接收机的性能。之后通过实验证明，使用两个匹配的检测器可以实现接近量子的极限性能。

1987 年，Tanaka 等[13]针对信号光的矢量倾斜角和偏移误差量对混频效率的影响进行了分析，结果表明，矢量倾斜角小于 $10^{-4\circ}$，当偏移量达到入射孔径的 1/5 时，混频效率才能够达到 60%以上。

1988 年，Calvani 等[14]研制出一种具有偏振调制和(双通道)差分外差检测的原始相干传输技术，在初步实验中，灵敏度检测极限可以达到 4dB，并且对激光相位噪声有较高的抗扰度。

1992 年，Tanaka 等[15]研究了本振光和信号光为部分相干高斯光束时检测系统的混频效率。结果表明，信号光最小 $1/e$ 半径与本振光的最小 $1/e$ 半径确定时，令接收无线半径与检测器半径的比值为 A，检测器半径与本振光最小 $1/e$ 半径的比值为 B，A 与 B 之间呈反比例关系。

1998 年，Bar-David 等[16]使用数学理论证明了相干双光检测优于单二极管检测的性能，并建立了本振强度的基本原理，提出了调制和检测格式，可以用相位噪声的影响来减小附加噪声。

1999 年，Wang 等[17]提出了一种单片集成四段相干收发器的新型反接收外差检测方案。新型反接收外差检测方案可以进一步简化集成相干收发器的设计，并促进使用单个终端设备进行双工传输。

2000 年，Sato 等[18]研究设计了一种相位漂移抑制方法(phase drift suppression method，PDSM)，可以抑制相位漂移的影响，以提高外差拍频信号的稳定性，并展示了该方法的应用。

2001 年，Gol’tsman 等[19]研制了一种新型的高带宽激光检测器。实验结果表明，该检测器可以实现远距离的光耦合传输，且其耦合效率可以达到 38%，测量带宽能够达到 17.5MHz，检测灵敏度可以达到 0.52μW。

2002 年，Ricklin[20]研究了光纤耦合技术，采用集成电路来控制波前校正的变形镜。研究结果表明，采用新型耦合技术得到的光纤耦合效率可以达到 75%。

2003 年，Sobolewski 等[21]提出了一类新的超快单光子检测器，该器件由 3.5nm 和 10nm 厚的 NbN 膜制成，对于 1550nm 的光子，检测到的概率为 3.5%。检测器的响应时间和抖动分别为 100ps 和 35ps，并且受到采集系统的限制，在最佳偏压下，暗计数低于每秒 0.01。在计数率、抖动和暗计数方面，NbN 单光子检测器明显优于半导体检测器。

2004 年，Fernandez 等[22]利用 1064nm 波长的激光器进行无线光相干通信系统的实验，在实验中本振光和信号光的激光器功率分别为 50mW 和 23mW，采用外差检测的方法得到混频器输出的差频信号为 6MHz。

2005 年，Yang 等[23]研究了一种具有空间相位调制的径向剪切干涉系统，其可以用于检测波前畸变和控制光束质量。该干涉系统用于测试 1064nm 近红外波和 10ns 脉冲时间宽度的激光脉冲的波前畸变，并且通过软件可以显示脉冲波前质量和能量分布的结果，被测光束直径可达 150mm，均方根的测试精度优于 1/15 波长。

2007 年，Dauler 等[24]提出了一种多元超导纳米线单光子检测器，它由多个独立偏置的超导纳米线单光子检测器元件组成，并形成一个连续的有源区。实验制作并测试了两个元件的超导纳米线单光子检测器，器件之间没有可测量的串扰，且相对时序抖动小于 50ps，是具有相同有源面积的单个超导纳米线单光子检测器最大计数速率的 4 倍。与单元超导纳米线单光子检测器相比，多元超导纳米线单光子检测器具有更大的有效面积和更快的速度。

2007 年，Park 等[25]研制了一种波导光电检测器，该检测器由硅波导上的 AlGaInAs 量子阱组成混合波导结构，混合波导中的光在反向偏压下被 AlGaInAs 量子阱吸收。该光电检测器具有 0.31A/W 的光纤耦合响应率，当波长为 1.5μm 时，内部量子效率高达 90%。

2008 年，Popoola 等[26]研制了一套能够实时补偿湍流影响的实验设备，实验结果表明，该设备可以对 300m 水平链路大气湍流所引起的波前畸变进行较好的补偿。

2009 年，Xu 等[27]研制了一种新型的零差检测结构，对接收到的信号光进行正交与同相测量。实验结果表明，当量子态越弱时，检测极限就越逼近标准的量子极限。

2010 年，Gregory 等[28]针对波前畸变对检测灵敏度的影响，在地面安装了一个相干激光通信终端，利用该终端与卫星建立了 5.635Gbit/s 的通信链路。实验结果表明，在该链路中采用的自适应光学技术可以很好地抑制信号光的波前畸变。

2010 年，Salem 等[29]推导了在光电检测器表面相干混合两个部分相干高斯-谢尔模型(Gaussian-Schell model，GSM)光束时外差效率的解析表达式，并且给出了外差效率随失调角、检测器半径和重叠光束参数变化的数值示例。实验结果表明，部分相干光束较相干光束更容易受到外差效率降低的影响。

2013 年，Gan 等[30]研制了一种新型的石墨烯光电检测器，该检测器表现出高响应度、高速和宽光谱带宽等优点。使用与波导渐逝耦合的金属掺杂石墨烯结，检测器实现了超过 0.1A/W 的光响应以及 1450～1590nm 的均匀响应，在零偏置操作下，展示出超过 20GHz 的响应速率和 12Gbit/s 光学数据链路。

2014 年，Boroson 等[31]实现了地面与月球之间的通信链路，该链路的信息传送速率可以达到 622Mbit/s，并且该项目将地面终端阵列收发技术与超导纳米线单光子检测器相结合，解决了光强闪烁与接收功率低等问题，提高了检测灵敏度。

2015 年，Li 等[32]引入大气湍流的功率谱来研究大气对外差系统的影响。基于所获得的结果，显示了不同湍流条件下外差效率与检测器直径、失准角和光束参数的关系。

2016 年，Wang 等[33]基于 Tatarskii 谱模型，研究了外差效率随失调角、检测器直径、湍流条件和重叠光束参数变化的情况。研究结果表明，外差效率的变化取决于光束的初始偏振，并且对于较大的检测器直径，湍流大气会显著降低外差效率。

2017 年，Yang 等[34]基于 Polar 和 Pauli-Zernike 分解算法，分析并图示了偏振像差对输出偏振态的影响。根据校正的外差效率，建立了带潜望镜扫描仪的离轴光学系统的模型，用于讨论外差效率的变化。结果表明，改进的外差效率不仅可以用来全面描述相干检测系统，而且可以用来评估和最小化光学系统的偏振像差。

2019 年，Chen 等[35]研发了一种适用于远距离通信的光纤耦合装备，其作用是补偿随机角误差和残余像差。实验结果表明，使用该装备后，耦合效率可以达到 73%，均方误差可以达到 1.1%，相干检测系统的灵敏度较直接检测系统有 20dB 左右的增益。

2020 年，Maiti 等[36]研究了一种基于 MoTe 的光电检测器，该检测器在 1550nm 波段具有较强的光响应，其响应度可以达到 0.5A/W，非平面化波导结构的带隙调制为 0.2eV。与依赖无带隙结构的石墨烯光电检测器不同，该光电检测器的暗电流大约减少为原来的 1%，噪声等效功率达到 $90\text{pW/Hz}^{-0.5}$。

2022 年，Ji 等[37]提出并论证了一种基于互补偏振检测的方案，该方案使用三个 90°光混频器进行自相干零差检测。所提出的互补极化分集相干接收机可以在没有光偏振控制的情况下利用远程传送的本振信号，并且对接收器远程本振信号的任何输入极化状态具有基本的稳定性。

上述研究表明，在相干检测中，本振光引起的强度噪声[15,16,32]、大气湍流[10]、偏振失配角[34]、光斑尺寸和光轴偏转[11]、耦合效率[19]、检测器孔径大小[13,29]都会对检测灵敏度有一定的影响。但是经过不懈的努力，国外学者通过波前校正[18,20,23,26,28]可以减小波前畸变的影响，通过偏振控制[33,37]可以减小偏振失配角的影响，通过提高耦合效率[21]、提高光电检测器的性能[21,22,24,25,27,30,31,36]等方法均可以提高检测灵敏度，从而逼近相干检测的极限。

3.3　无线光相干检测国内研究进展

在 20 世纪 80 年代，人们逐渐意识到相干检测在通信系统中的重要地位，并对相干检测进行了深入研究，其主要研究了耦合效率、系统热噪声、波前畸变、偏振失配角、大气湍流等一系列因素对检测灵敏度的影响。

1990 年，南京达等[38]研制了一种外差大气激光通信系统，该系统以 CO_2 激光器为激光光源，并且为之后无线光相干通信系统的研究奠定了坚实基础。

2002 年，黄辉等[39]针对布拉格反射镜反射率低的问题研制了一种新型的光电检测器，该检测器具有高灵敏度与高速的特点，其吸收层厚度为 0.2μm，当波长为 1583nm 时，峰值量子效率可以达到 80%。

2003 年，王琪等[40]对影响外差效率的因素进行了研究，结果发现，空间角失配是影响外差效率的主要因素之一，同时本振光相面弯曲和非准直效应等也会影响外差效率。

2007 年，金韬等[41]研究了零差检测系统中高斯白噪声和激光器相位噪声的统计学特性，并导出了二维随机变量函数的概率分布，该函数以两类噪声为自变量。在此基础上，对噪声导致的检测误差进行了计算分析。结果表明，为了确保跟踪系统的检测准确性，必须维持激光器的相位噪声水平较低，确保对光锁相环相位控制和跟踪的准确性提出高要求。

2007 年，赵长政[42]提出了一种新型的接收机方案，该方案集成了外差检测和光功率跟踪功能，建立了一种检测器表面光场的分布模型，并研究了本振光和信号光最佳匹配情况下的外差效率，同时还分析了不完全匹配时的外差效率。

2008 年，李欢等[43]研究了一种新型的大气湍流自适应补偿方法。该方法的补偿效果在相对孔径较大时不显著，例如，当 $D/r_0=6$(D 为接收孔径直径，r_0 为大气相干长度)时，补偿后接收端的光波质量能够达到衍射极限的 50%左右；然而当 $D/r_0=2$ 时，补偿效果能够达到 90%。实验结果表明，当接收端孔径直径相同时，随着湍流强度的增加，自适应光学对接收端光束的补偿难度也会增大。

2008 年，程淑等[44]研究了一种光微波副载波相干检测系统，并对该系统的性能进行了仿真与分析，结果表明，系统受大气噪声和大气衰减的影响比较小，接收端灵敏度高，信息传输质量高，并且平均误码率为 4.98×10^{-9}。

2010 年，赵春英[45]对外差异步解调方法进行了研究。研究结果表明，混频效率和失配角呈反比例关系，并且当本振光存在薄面弯曲时，混频效率和曲率半径之间呈正比例关系。

2010 年，韩立强等[46]在 Gamma-Gamma 分布大气湍流的基础上研究了自适应光学技术对空间光通信系统的补偿能力。实验结果表明，自适应光学误差补偿技术可以较大幅度地提升检测的灵敏度，并且即使采用低阶的自适应光学误差补偿技术也能够达到很好的补偿效果。

2011 年，刘宏展等[47]深入研究了信号光和本振光不同振幅分布时对混频效率的影响，实验结果表明，艾里分布和高斯分布能够达到最大的外差效率，而高斯平面波所能达到的外差效率为 82%。

2012 年，陈龙超等[48]提出了一种高灵敏度的检测器，该检测器可以减小检测器光强波动所引起的测量误差和信号本身携带的噪声。实验结果表明，该检测器具有灵敏度高、工作带宽较宽、信噪比高等优点，可以满足太赫兹时域光谱系统的研究需求。

2012 年，李铁等[49]选用挤出型光纤偏振控制器作为偏振控制器。系统的控制算法采用模拟退火算法，并且采取改进之后的算法实现了自动偏振控制，控制过程采用盲搜索，仿真结果显示，该算法十分适用于相干光通信系统中的偏振控制。

2013 年，肖响[50]研究了光纤的耦合条件、耦合系统和耦合方式，并对理想情况下的空间光与光纤耦合进行了分析，分别对常见的三种光纤放大器进行了比较，最终采用性能较好的掺铒光纤放大器作为接收端的前置光放大器，之后对相干检测系统的灵敏度和信噪比进行了分析。

2013 年，张桐等[51]在二进制相移键控零差相干检测系统的基础上研究了影响外差效率的因素，其中准直失配和腰束半径对外差效率有较大的影响。实验结果表明，可以寻找一个最优的腰束半径来获得最大的混频效率。

2014 年，胡鹏程等[52]针对相干光测量系统对检测器高灵敏度、宽响应带宽、高稳定性等一系列要求，研制出一种新型的光电检测器。测试结果表明，该检测器可以实现远程光耦合传输，其检测灵敏度可以达到 0.52μW，耦合效率能够达到 38%以上，测量的带宽能够达到 17.5MHz。

2014 年，罗彬彬[53]研制了一个用于无线光相干通信系统的实验平台，并在该平台上进行了一系列实验。实验结果表明，当室外通信距离为 600m，灵敏度为−17.6dB 时，接收误码率为 10^{-6}，当室内通信距离为 6m 时，灵敏度较室外提高大约 7dB。

2015 年，李向阳等[54]研究了高斯光束模型下相干检测系统的混频效率。研究结果表明，当信号光的束腰半径小于本振光的束腰半径，并且本振光的束腰半径为检测器半径的 1/2 时，混频效率才能够达到最佳。

2016 年，孔英秀等[55]研究了本振光功率和检测器参数对系统信噪比的影响。实验结果表明，检测器的特性参数会对信噪比和最佳本振光功率造成一定的影响，本振光和信号光的偏振角度越大，最佳本振光功率越小，信噪比越大。

2017 年，马婷婷等[56]对信号光的偏振态与混频效率的关系进行了分析。研究结果表明，圆偏振光较线偏振光具有更强的稳定性，并且当信号光和本振光均为圆偏振信号时，混频器的混频效率可以达到最大。

2017 年，南航等[57]深入研究了各种因素对混频效率的影响，其中包括光斑尺寸偏差和光轴偏转，并且研究了混频效率大于 10%时光斑尺寸偏差与光轴偏转的误差波动范围。

2017 年，孔英秀等[58]分析了中频信号、光偏振态和混频效率三者之间的关系，研发了一种应用于相干光通信中的单粒子优化算法。实验结果表明，在系统闭环时混频效率会随着中频信号幅值的增大而提高，且相干检测系统能够达到偏振控制的条件是中频信号幅值为 0.001。

2020 年，陶旭[59]深入研究了串联超导纳米线检测器(super-conducting nanowire detector，SND)的设计方案和制备工艺，开发了具有高饱和检测效率的超导纳米线单光子检测器的制备工艺。针对 1550nm 激光通信波段，研发了 6 根纳米线串联的 6 像元 NbN 超导纳米线检测器。测试结果证实，研制的 6 像元 SND 在 1550nm 激光通信波段实现了最高 72.1%的系统检测效率(暗计数为 1Hz)，同时实现了 1～6 个入射光子的分辨。

2020 年，崔大健等[60]研发了一种新型的平衡光电检测器，该检测器由跨阻放大器和平衡光电二极管芯片混合组成。实验采用 1550nm 激光测试系统，实验结果表明，在一定条件下接收机的灵敏度极限能够达到−61dBm。

2021 年，程爽[61]分析了波前畸变与混频效率之间的关系，以及在不同调制方式下波前畸变对于系统误码率的周期性影响，依据波前畸变对系统性能的影响，提出了大幅度波前畸变残差校正算法，并且取得了较好的效果。

2022 年，吴加丽等[62]基于压电陶瓷设计了具有 5 自由度耦合装置的光纤耦合器，并结合变增益型随机并行梯度下降算法寻找空间光-单模光纤的最佳对准姿态。实验结果表明，5 自由度光纤耦合器可以很好地实现不同对准误差的校正，系统闭环后空间光-单模光纤耦合效率达到 53.2%。

2022 年，樊安琪[63]针对石墨烯检测器吸光能力有限和载流子复合寿命短的问题，研究了顶栅电压大小对石墨烯-硅光电检测器界面耦合效应的影响。实验结果表明，当顶栅电压为−3V，光源波长为 635nm 时，检测器的响应度可以达到 1.1×10^4A/W，当光源波长为 1550nm 时，检测器的响应度能够达到 15A/W，通过增加顶栅电压，检测器的响应度能够提高 5～8 倍。

2022 年，蓝镇立等[64]设计了一种基于石墨烯/硅纳米线阵列异质结的高灵敏度自驱动光电检测器，该检测器通过增加有效光照面积和增强异质结的吸收，极大地提高了检测器的光电检测性能。实验结果表明，当入射光强为 90μW/cm^2、波长为 810nm 时，检测器的光电流响应度可以达到 0.56A/W、光电压响应度为 1.24×10^6V/W。

2023 年，郗玲玲等[65]采用易刻蚀、发散小的 Au/SiO_2 光学腔，不但提高了纳米线光吸收的效率，而且优化了自对准芯片外轮廓的加工精度，提高了自对准超导纳米线单光子检测器的光耦合效率。实验结果表明，检测器在温度为 2.2K、激光波长为 1310nm 处可以达到最大检测效率 82%，当波长为 1200～1600nm 时，系统检测效率均可达到 65%以上，同时可以达到 40MHz@3dB 的计数率和 38ps 的时间抖动。

2023 年，朱彦旭等[66]针对传统的使用 ZnO 薄膜的 AlGaN/GaN 高电子迁移率晶体管光电检测器存在光电转换效率低、光吸收效率低和光电流小等问题，提出了一种基于 AlGaN/GaN 高电子迁移率的晶体管结构，并成功研制了一种 ZnO 纳米线感光栅极光电检测器。相比常规结构的 AlGaN/GaN 高电子迁移率的晶体管结构，新型检测器的峰值响应度提升了约 2.85 倍，响应时间缩短为 10ms，恢复时间缩短为 250ms，大大提高了检测器的性能。

上述研究表明，本振光[42,55]、大气湍流[53]、偏振失配角[40,45]、光斑尺寸和光轴偏转[57]、光束腰半径[51,54]等对检测灵敏度都有影响，因此增加波前校正[43,46,61]、偏振控制[56,49,58]、提高耦合效率[62]、提高检测器性能[39,48,54,59,60,63-66]、增加前置光放大器[50]、优化检测系统[44]等方法提升检测灵敏度，从而逼近检测极限。

3.4 影响无线光相干检测极限的因素

在相干检测系统中，影响检测灵敏度的因素有：①热噪声和散粒噪声；②信号光的波前畸变；③信号光与本振光的偏振失配；④光斑尺寸偏差和光轴偏转；⑤耦合效率；⑥光电检测器的性能；⑦前置光放大器。第一项因素为噪声所引起的误差，该误差直接影响检测灵敏度，第二项、第三项、第四项和第五项误差是通过影响混频器的混频效率来进一步影响检测系统的灵敏度的，光电检测器的性能直接影响检测系统的灵敏度，而前置光放大器的作用就是将微弱的信号光放大，从而增大混频效率。本节将从上述七个方面的影响来对相干检测的极限进行阐述。

3.4.1 热噪声和散粒噪声

本节主要分析系统的热噪声和散粒噪声对相干检测灵敏度的影响，电子在导体中总是做无规则运动，从而产生了系统热噪声，光电流的随机起伏造成了散粒噪声，本节将针对热噪声和散粒噪声对检测灵敏度的影响进行分析与论证。

系统的总噪声可以由式(3.3)进行描述[3]:

$$N_{P1}=\frac{2e^2\eta_{PC}}{hv}P_S\Delta f_{\mathrm{IF}}R_L+\frac{2e^2\eta_{PC}}{hv}P_{\mathrm{Lo}}\Delta f_{\mathrm{IF}}R_L+\frac{2e^2\eta_{PC}}{hv}P_b\Delta f_{\mathrm{IF}}R_L \tag{3.3}$$

其中，e 为电子电荷；h 为普朗克常量；η_{PC} 为量子效率；v 为载波频率；P_S 为信号光功率；P_{Lo} 为本振光功率；Δf_{IF} 为有效噪声带宽；P_b 为背景辐射功率；R_L 为光电检测器有效电阻。

系统的热噪声可以表示为[3]

$$N_{P2}=4k_{\mathrm{B}}T_b\Delta f_{\mathrm{IF}} \tag{3.4}$$

其中，N_{P2} 为系统热噪声；T_b 为工作温度；k_{B} 为玻尔兹曼常量；Δf_{IF} 为有效噪声带宽。

当考虑到光混频器和检测器负载电阻等引起的热噪声时，检测灵敏度为

$$\mathrm{NEP}=\frac{\left[\dfrac{e^2\eta_{PC}}{hv}(P_{\mathrm{Lo}}+P_b)\right]\Delta f_{\mathrm{IF}}R_L+2k_{\mathrm{B}}T_b\Delta f_{\mathrm{IF}}}{\left(\dfrac{e\eta_{PC}}{hv}\right)^2P_{\mathrm{Lo}}R_L-\dfrac{e^2\eta_{PC}}{hv}\Delta f_{\mathrm{IF}}R_L} \tag{3.5}$$

其中，e 为电子电荷；η_{PC} 为量子效率；h 为普朗克常量；v 为载波频率；P_{Lo} 为本振光功率；P_b 为背景辐射功率；R_L 为光电检测器有效电阻；k_{B} 为玻尔兹曼常量；Δf_{IF} 为有效噪声带宽。

研究表明[3]，当检测器的量子效率不同时，检测灵敏度与本振光功率有以下关系：在量子噪声限以下，检测灵敏度随着本振光功率的增大而减小。当本振光的功率大小不变时，检测灵敏度随着检测器量子效率的增大而减小。

3.4.2　信号光的波前畸变

波前畸变是由光源到波面上每个点的光程不相等导致的，这种光程差的大小量化了波前畸变的程度。由于大气湍流的作用，信号光在大气中传输时会造成非等光程传输，导致接收端的光波等相面变为随机起伏的曲面，从而使得入射在光学接收面上的光线入射角不同。如果不进行任何处理直接将信号光与本振光进行相干混频，则混频效率会因存在空间失配角而大大降低，并且随着空间失配角的增大，混频效率也逐渐降低，信号光波前与本振光波前在光敏面上的空间相位关系示意图如图 3.6 所示。

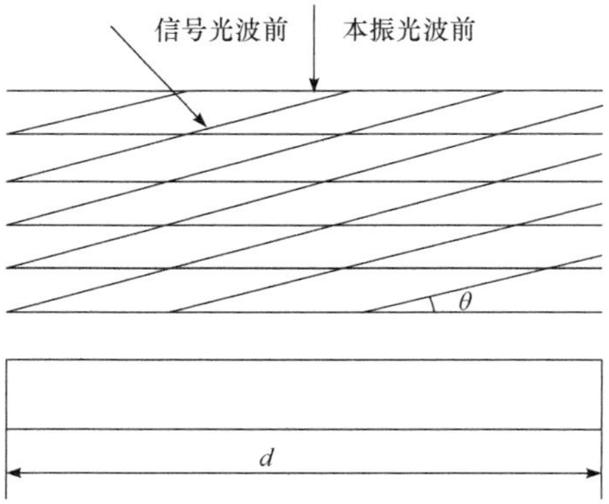

图 3.6　信号光波前与本振光波前在光敏面上的空间相位关系示意图[3]

光电检测器的输出电流为[3]

$$i_{\mathrm{IF}}(t)=G\beta E_{lS}E_{\mathrm{Lo}}\cos[(\omega_{\mathrm{Lo}}-\omega_S)t+(\varphi_{\mathrm{Lo}}-\varphi_S)]\frac{\sin(\omega_S d/2v_x)}{\omega_S d/2v_x} \tag{3.6}$$

其中，$v_x=c/\sin\alpha$ (c 为光速，α 为空间失配角)为 x 轴方向的速度；G 为光电检测器的内增益；β 为光电检测器的响应度；ω_S、φ_S 和 ω_{Lo}、φ_{Lo} 分别为信号光与本振光的角频率、相位；E_{lS} 为考虑波前畸变的信号光场；d 为检测器的光敏面边长；E_{Lo} 为本振光场；t 为时间。

在相干光检测系统中，混频效率与差频电流会随着空间适配角的增大而减小，将直接影响相干检测的灵敏度。为了提升相干检测灵敏度，需要尽可能地将本振光和信号光平行且重合地入射到光敏面上，信号光在经过大气传输时会受到大气湍流的影响，从而造成信号光在到达接收端时会发生波前畸变，目前大多数科学家都致力于使用各种方法减小波前畸变对检测灵敏度的影响，自适应光学系统是目前最受欢迎的波前校正算法。

3.4.3　信号光与本振光的偏振失配

在一般的无线光相干通信系统中，发射端发射的信号光一般为圆偏振的高斯光束，信号光在经过大气信道传输之后，接收端接收到的光信号振幅不是高斯分布，其偏振态也会发生变化，导致信号光和本振光的偏振态不一致，从而导致混频效率下降，检测灵敏度降低。在无线光相干通信系统中，光端机是极其重要的部分，其作用是接收信号光，典型的光端机卡塞格林式光学天线结构图如图 3.7 所示。

若本振光和信号光均为圆偏振光，并与经过大气信道传输的信号光进行相干混频，则其混频效率可表示为[67]

$$\eta=\frac{\left|\iint E_S' E_{\mathrm{Lo}}' \cos\alpha \mathrm{d}s\right|^2}{\iint |E_{\mathrm{Lo}}|^2 \mathrm{d}s \iint |E_S'|^2 \mathrm{d}s} \tag{3.7}$$

其中，α 为信号光与本振光的偏振失配角；E_S' 为出射信号光场；E_{Lo}' 为本振光场；s 为光电接收器的光敏面积；η 为混频效率。

由式(3.7)可得，混频效率 η 与 $|\cos\alpha|^2$ 成正比。当 α 取值为 0°～180°时，$\cos\alpha$ 与 α 呈反比例关系，混频效率 η 与偏振失配角 α 呈反比例关系，即混频效率随着偏振失配角的增大而减小。

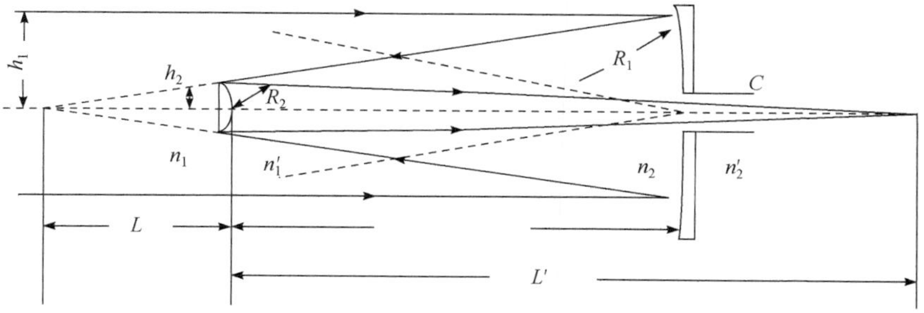

图 3.7　典型的光端机卡塞格林式光学天线结构图[69]

综上可知：本振光与信号光的偏振失配会对混频效率产生巨大的影响，在实际工程中，应该采用偏振控制补偿装置，使信号光和本振光的偏振态尽量保持一致，这对提高检测灵敏度十分重要。

3.4.4　光斑尺寸偏差和光轴偏转

光斑尺寸偏差源于光学元件制造过程中的误差，导致入射光束发散或收缩，与本振光产生的光斑大小不符，造成接收靶面信号光的光斑尺寸与本振光不同。为获得优质光束，空间光混频器经常将接收靶面放置于入射光束的束腰处，所以光斑尺寸经常由本振光和信号光的束腰半径来描述，并获得光混频效率的计算公式[59]为

$$\eta_{\mathrm{oularrur}}=\frac{\left[\int_0^R \exp\left(-\frac{r^2}{r_S}\right)\exp\left(-\frac{r^2}{r_{\mathrm{Lo}}^2}\right) r\mathrm{d}r\right]^2}{\int_0^R \left[\exp\left(-\frac{r^2}{r_{\mathrm{Lo}}}\right)\right]^2 r\mathrm{d}r \int_0^{+\infty} \left[\exp\left(-\frac{r^2}{r_S}\right)\right]^2 r\mathrm{d}r} \tag{3.8}$$

其中，R 为接收靶面半径；r_S、r_{Lo} 分别为信号光和本振光的束腰半径；exp(·)为以 e 为底的指数函数。

光学元件的加工误差可能使得入射光束发生发散和压缩，从而导致接收靶面处的信号光和本振光的光斑尺寸不同，也就是说，光斑尺寸存在偏差，以本振光的光斑尺寸为基准，光斑尺寸的偏差可以被计算为 $\Delta r = r_S - r_{\text{Lo}}$。将偏差代入光混频效率公式(3.8)，得到带有光斑尺寸偏差的新光混频效率公式[59]为

$$\eta_{\text{colarert}} = \frac{\left\{\int_0^R \exp\left[-\frac{r^2}{(r_{\text{Lo}}+\Delta r)^2}\right]\exp\left(-\frac{r^2}{r_{\text{Lo}}^2}\right) r\mathrm{d}r\right\}^2}{\int_0^R \left[\exp\left(-\frac{r^2}{r_{\text{Lo}}^2}\right)\right]^2 r\mathrm{d}r \int_0^{+\infty}\left\{\exp\left[-\frac{r^2}{(r_{\text{Lo}}+\Delta r)^2}\right]\right\}^2 r\mathrm{d}r} \tag{3.9}$$

其中，Δr 为光斑尺寸偏差；$\exp(\cdot)$为以 e 为底的指数函数。

在实际应用中，因为不能消除空间光混频器内部的光学元件的加工与装调误差，所以光斑位置偏移与尺寸失配同时存在于接收靶面，需要同时考虑这两种因素，于是得到光斑位置偏移与尺寸失配两种因素同时存在时混频器的混频效率表达式为[59]

$$\eta_{ls} = \frac{\left\{\int_0^R \exp(-r^2/r_{\text{Lo}}^2)\cdot\exp[-r^2/(r_{\text{Lo}}+\Delta r)^2]\cdot \mathrm{J}_0(C_p k_{\text{B}} r\delta) r\mathrm{d}r\right\}^2}{\left\{\int_0^R [\exp(-r^2/r_{\text{Lo}}^2)]^2 r\mathrm{d}r\right\}\left(\int_0^{+\infty}\left\{\exp[-r^2/(r_{\text{Lo}}+\Delta r)^2]\right\}^2 r\mathrm{d}r\right)} \tag{3.10}$$

其中，$\mathrm{J}_0(\cdot)$为零阶贝塞尔函数；δ 为光轴偏转角；$\exp(\cdot)$为以 e 为底的指数函数；k_{B}为玻尔兹曼常量；C_p为常数。

从式(3.10)可以看出，光斑尺寸偏差和光轴偏转能够在一定程度上影响混频器的混频效率，在实际的相干光检测中，人们往往会采取一些方法来抑制这种误差，常用的方法为提高硬件加工水平或者寻找光斑尺寸偏差、光轴偏转与混频效率之间的关系，从而使得混频效率达到最大值。

3.4.5 耦合效率

光纤耦合信号光的能力会在一定程度上影响到相干检测系统的灵敏度，这种耦合光纤的能力称为光纤耦合器的耦合效率。光纤耦合示意图如图 3.8 所示，当一切条件均为理想情况时，光线经过透镜汇集于透镜的焦点，之后光线在光纤中沿着轴线的方向前进，直至到达下一个模块。

耦合效率可以表示为

$$\eta_{\text{Coupling}} = P / P_0 \tag{3.11}$$

其中，P 为进入光纤的光功率；P_0 为入射的总功率。

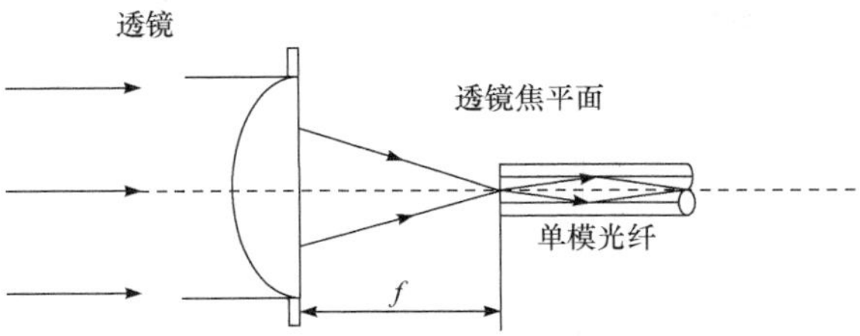

图 3.8　光纤耦合示意图

光纤耦合模场分析示意图如图 3.9 所示，当采用模场匹配的方法进行分析时，光纤耦合器的耦合效率 η_{Coupling} 可以表示为[54]

$$\eta_{\text{Coupling}} = \frac{\left|\iint U_i^*(r)U_f(r)r\mathrm{d}r\mathrm{d}\gamma\right|}{\iint U_i(r)U_i^*(r)r\mathrm{d}r\mathrm{d}\gamma \iint U_f(r)U_f^*(r)r\mathrm{d}r\mathrm{d}\gamma} \tag{3.12}$$

其中，$U_i(r)$为信号光的振幅分布；$U_i^*(r)$ 为 $U_i(r)$的共轭函数；$U_f(r)$为单模光纤电磁场在透镜端面上的分布；$U_f^*(r)$ 为 $U_f(r)$的共轭函数；r 为透镜端面半径；γ 为接收角。

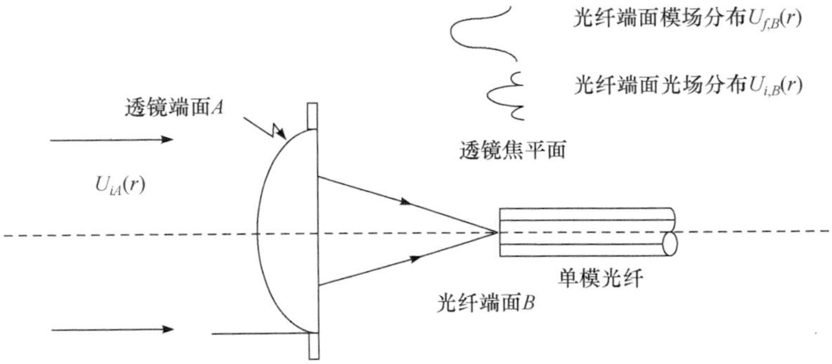

图 3.9　光纤耦合模场分析示意图

综上可知，光纤耦合器的耦合效率受到透镜参数、接收角、信号光振幅等一系列因素的影响，人们在以后的研究中应该针对这些因素进行改进，从而提高耦合器的耦合效率，增大相干检测的灵敏度。

3.4.6　检测器的性能

光电检测器是指将光信号转换为电信号的一种器件，在相干检测极限的研究中，检测灵敏度在极大程度上取决于检测器的性能。目前，普遍使用的检测器包括光电倍增管、单光子检测器、超导检测器等。光电效应的原理示意图如图 3.10 所示。

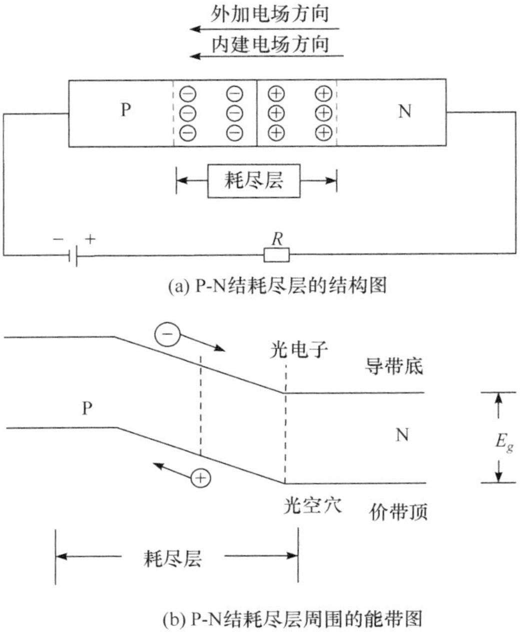

图 3.10　光电效应的原理示意图

图 3.10(a)描述了当外部施加的电场与内部电场方向相同时，P-N 结耗尽层的结构图；图 3.10(b)为 P-N 结耗尽层周围的能带图(图中 E_g 为施加的电场)，从图中可以看出，电子在能带中移动，电子汇集的地方电位低、能带高。

随着科学技术的发展，近年来出现了更加灵敏和响应速度更快的新型检测器，如纳米线检测器和石墨烯光电检测器等。纳米线检测器是一种利用半导体纳米线材料来实现物质检测和传感的器件，目标物质与纳米线表面发生反应，导致电荷转移，从而改变了纳米线的电学性质，实现检测。石墨烯光电检测器是一种利用石墨烯的电子特性和光学特性来实现光电转换的检测器，石墨烯的电子特性使其具有强电子传输能力和高灵敏度，同时具有高透射性和低反射性的光学特性。光电检测器各方面性能的提升对相干检测灵敏度的提升均有着重要的意义。

3.4.7　前置光放大器

前置光放大器常用于光学通信和光学传感器系统中，是一种放大在光纤或检测器输入端的微弱光信号的器件，其主要作用是将输入端的光信号放大到具有足够高的信噪比。该设备内部不经过任何的光电转换或者电光转换。在相干检测系统中，光放大器是一种必不可少的器件，对于提高检测灵敏度、增加检测极限有巨大的作用，常用的光放大器有两种类型，分别为半导体光放大器和光纤放大器，本节介绍一种性能极好的掺铒光纤放大器(erbium-doped fiber amplifier，EDFA)。

EDFA 的结构框图如图 3.11 所示，其由两个部分组成，分别为光路和辅助电路。光路部分由光隔离器、泵浦光源、光耦合器、掺铒光纤、光滤波器组成，辅助电路由电源、警告及保护电路、微处理自动控制等部分组成，辅助电路的作用是使光放大器能够正常工作。其中，泵浦光源的功能是为掺铒光纤提供足够大的能量，使其能够进行粒子数反转。光放大器的核心器件为掺铒光纤，其主要材质为石英光纤，在实际中，为了提高光放大器的性能常常将稀土元素 Er^{+3} 掺杂到石英内部。

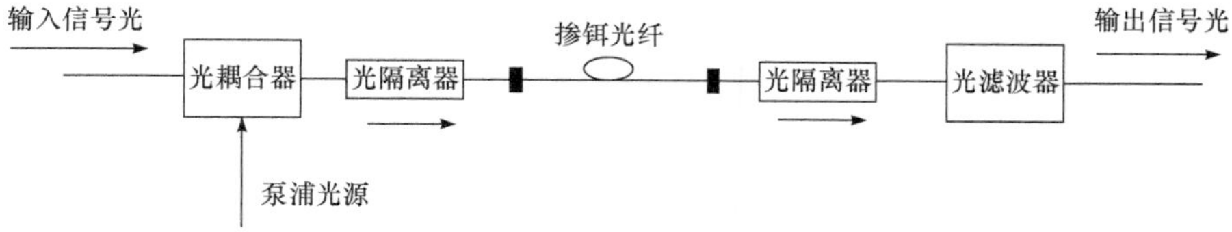

图 3.11　EDFA 的结构框图

在数字光通信系统中，不考虑电路热噪声与消光比，可以用式(3.13)表示检测灵敏度：

$$P_s = 2h\nu n_{sp} B_e (Q^2 + Q \cdot \sqrt{0.5\mu B_0 / B_e - 0.5}) \tag{3.13}$$

其中，h 为普朗克常量；n_{sp} 为自发辐射因子；B_0 为光滤波器的带宽；B_e 为电滤波器的带宽；μ 的取值取决于是否采用偏振滤波器，通常取值为 1 或 2；ν 为载波频率；在误码率为 10^{-9} 时，Q=6，在误码率为 10^{-7} 时，Q=5.2。

若接收端采用纠错编码，并且前置放大器采用掺铒光纤放大器，则相干检测的灵敏度能够达到−50dBm。

3.5　无线光相干检测发展趋势

相干检测技术是一种用于测量光学中相干性质的技术，它是光学领域中最为重要的技术之一。随着科学技术的不断进步，相干检测技术正在不断发展中。本章针对相干检测技术的发展趋势进行详细阐述。

1) 更高的检测灵敏度和分辨率

相干检测技术的最高检测灵敏度是光子计数器或单光子检测器的单光子计

数。但是这种方法的分辨率很低，因此需要使用更高灵敏度的方法来提高相干检测的分辨率。现在，一些新技术的出现可以提高相干检测的灵敏度和分辨率，主要是使用更高的检测器灵敏度、更高效的光子分隔器和更优的相干干涉仪。

2) 更广的应用领域

相干检测技术在光通信、军事、光学成像与显微镜等领域有着极其广泛的应用。未来，随着相干检测技术的发展，它将逐渐应用于量子计算、高速通信和生物医学等领域。

3) 更高效、更简便的检测方法

随着科学技术的不断发展，相干检测技术的检测方法也在不断发展，未来设备将更加高效和精确。一些新的相干检测技术的出现将使相干检测更加方便，例如，光学干涉仪的自动化控制技术将极大地提高相干检测的效率，使得相干检测不再是一项艰难的任务。

4) 更深入的研究

相干检测技术是一个非常活跃的研究领域，未来会有更多的研究来拓展其应用领域，提高检测技术的性能。目前，随着通信技术的快速发展，相干检测技术方面的研究将得到更多关注。

总之，相干检测技术将继续发展，并在许多领域发挥重要作用。未来相干检测技术的发展趋势将包括更高的检测灵敏度、更广泛的应用领域、更高效和简便的检测方法与更深入的研究，相干检测技术将越来越成为现代光学领域中不可或缺的技术之一。

3.6　无线光相干检测未来发展展望

相干检测按检测方式可分为外差检测和零差检测，影响检测灵敏度的因素主要有：①系统产生的热噪声和散粒噪声；②信号光的波前畸变；③信号光与本振光的偏振失配；④光斑尺寸偏差和光轴偏转；⑤光纤耦合效率；⑥光电检测器的性能。本章针对这些影响因素分别给出了抑制方案，使得检测灵敏度可以得到提升。虽然目前的相干检测极限技术已经较为成熟，但仍然有以下问题值得深入研究和讨论：

(1) 使用更好的激光源。使用更高功率、更窄的线宽和更高的光斑质量因数的激光源，可以提高激光光束的相干度，从而提高检测器的灵敏度。

(2) 使用更高的检测效率。将检测器的响应效率提高到最大值，可以提高检测器的敏感度和精度，常用的方法包括增大检测器的面积、提高检测器的增益、缩短检测器的响应时间等。

(3) 降低噪声。使用低噪声前置放大器和信号处理器来降低噪声，可以提高检测器的灵敏度和精度。

(4) 优化检测器的结构和材料。改变检测器的工艺、结构和材料，可以提高检测器的灵敏度和精度，如使用新的半导体材料、增加掺杂浓度、改变检测器结构等。

(5) 使用自适应光学技术。使用自适应光学技术可以抵消相干光束的相位扰动，从而提高相干检测器的灵敏度和精度。

参 考 文 献

[1] Forrester A T, Gudmundsen R A, Johnson P O. Photoelectric mixing of incoherent light[J]. Physical Review, 1955, 99(6): 1691-1700.

[2] 程效伟, 李永倩, 何玉钧, 等. 基于布里渊散射的外差检测式光纤传感系统性能分析[J]. 光通信技术, 2007, 31(4):62-64.

[3] 柯熙政, 吴加丽. 无线光相干通信原理及应用[M]. 北京: 科学出版社, 2019.

[4] 王玲, 冯莹. 卫星相干光通信的研究进展及趋势[J]. 激光与光电子学进展, 2007, 44(6): 49-53.

[5] 幺周石, 胡渝. 星间相干光通信技术的发展历程与趋势[J]. 光通信技术, 2005, 29(8):44-46.

[6] Sodnik Z, Furch B, Lutz H . Optical intersatellite communication[J]. IEEE Journal of Selected Topics in Quantum Electronics, 2010, 16(5):1051-1057.

[7] 柯熙政, 邓莉君. 无线光通信[M]. 2 版. 北京: 科学出版社, 2022.

[8] Liu C, Chen S Q, Li X Y, et al. Performance evaluation of adaptive optics for atmospheric coherent laser communications [J].Optics Express, 2014,22(13):15554-15563.

[9] Barry J R, Lee E A. Performance of coherent optical receivers [J]. Proceedings of the IEEE, 1990, 78(8): 1369-1394.

[10] Teich M C, Keyes R J, Kingston R H. optimum heterodyne detection at 10.6μm in photoconductive Ge: Cu[J]. Applied Physics Letters, 1966, 9(10):357-360.

[11] Cohen S C. Heterodyne detection: Phase front alignment, beam spot size, and detector uniformity[J]. Applied Optics, 1975, 14(8): 1953-1959.

[12] Abbas G L, Chan V W, Yee T K . Local-oscillator excess-noise suppression for homodyne and heterodyne detection[J]. Optics Letters, 1983, 8(8):419-421.

[13] Tanaka K, Ohta N. Effects of tilt and offset of signal field on heterodyne eficiency[J]. Applied Optics, 1987, 26(4): 627-632.

[14] Calvani R, Caponi R, Cisternino F. Polarisation phase-shift keying: A coherent transmission technique with differential heterodyne detection[J]. Electronics Letters, 1988, 24(10): 642-643.

[15] Tanaka T, Taguchi M, Tanaka K. Heterodyne efficiency fo a partially coherent optical signal[J]. Applied Optics, 1992, 31(25): 5391-5394.

[16] Bar-David I, Salz J. On dual optical detection: Homodyne and transmitted-reference heterodyne reception[J]. IEEE Transactions on Communications, 1998, 36(12):1309-1315.

[17] Wang L M, Choa F S, Chen J H, et al. Counterreceiving heterodyne detection with an integrated

coherent transceiver and its applications in bandwidth-on-demand access networks[J]. Journal of Lightwave Technology, 1999, 17(10): 1724-1731.

[18] Sato M, Onodera K, Akiba M, et al. Phase-drift suppression in heterodyne detection and its application to optical coherent tomography[J]. Filtration Industry Analyst, 2000, 41(15):388-391.

[19] Gol'tsman G N, Okunev O, Chulkova G, et al. Picosecond superconducting single-photon optical detector[J]. Applied Physics Letters, 2001, 79(6): 705-707.

[20] Ricklin J C. Free-space laser communication using a partially coherent source beam[D]. Baltimore: The Johns Hopkins University, 2002.

[21] Sobolewski R, Verevkin A, Gol'tsman G N, et al. Ultrafast superconducting single-photon optical detectors and their applications[J]. IEEE Transactions on Applied Superconductivity, 2003, 13(2): 1151-1157.

[22] Fernandez M M, Vilnrotter V A. Coherent optical receiver for PPM signals received through atmospheric turbulence: Performance analysis and preliminary experimental results[J]. Optical Engineering, 2004, 56(62): 5338-5345.

[23] Yang Y Y, Lu Y B, Chen Y J, et al. A radial-shearing interference system of testing laser-pulse wavefront distortion and the original wavefront reconstructing[J]. Optical Engineering, 2005, 5638: 200-204.

[24] Dauler E A, Robinson B S, Kerman A J, et al. Multi-element superconducting nanowire single-photon detector[J]. IEEE Transactions on Applied Superconductivity, 2007, 17(2):279-284.

[25] Park H, Fang A W, Jones R, et al. A hybrid AlGaInAs-silicon evanescent waveguide photodetector[J]. Optics Express, 2007, 15(10): 6044-6052.

[26] Popoola W O, Ghassemlooy Z, Ahmadi V. Performance of sub-carrier modulated free-space optical communicaition link in negative exponential atmospheric turbulence environment[J]. International Journal of Autonomous and Adaptive Communications Systems, 2008, 1(3): 342-355.

[27] Xu Q, Arvizu Mondragon A, Gallion P, et al. Homodyne in-phase and quadrature detection of weak coherent states with carrier phase tracking[J]. IEEE Journal of Selected Topics in Quantum Electronics, 2009, 15(6): 1581-1590.

[28] Gregory M, Hemmati H, Heine F, et al. Inter-satellite and satellite-ground laser communication links based on homodyne BPSK[J]. Proceedings of SPIE, 2010, 7578: 123-127.

[29] Salem M, Rolland J P. Heterodyne eficiency of a detection system for partially coherent beams[J]. Journal of the Optical Society of America A, 2010, 27(5): 1111-1119.

[30] Gan X T, Shiue R J, Gao Y D, et al. Chip-integrated ultrafast graphene photodetector with high responsivity[J]. Nature Photonics, 2013, 7(11):883-887.

[31] Boroson D M, Robinson B S. The lunar laser communication demonstration: NASA's first step toward very high data rate support of science and exploration missions[J]. Space Science Reviews, 2014, 185(4): 115-128.

[32] Li C Q, Wang T F, Zhang H Y, et al. The performance of heterodyne detection system for partially coherent beams in turbulent atmosphere[J]. Optics Communications, 2015, 356(56): 620-627.

[33] Wang Y, Li C Q, Wang T F, et al. The effects of polarization changes of stochastic electromagnetic beams on heterodyne detection in turbulence[J]. Laser Physics Letters, 2016, 13(11): 116-126.
[34] Yang Y F, Yan C X, Hu C H, et al. Modified heterodyne efficiency for coherent laser communication in the pr-esence of polarization aberrations[J]. Optics Express, 2017, 25(7): 7567-7591.
[35] Chen M, Liu C, Rui D, et al. Highly sensitive fiber coupling for free space optical communications based on an adaptive coherent fiber coupler [J]. Optics Communications, 2019, 430(87): 223- 226.
[36] Maiti R, Patil C, Saadi M, et al. Strain-engineered high-responsivity $MoTe_2$ photodetector for silicon photonic integrated circuits[J]. Nature Photonics, 2020, 14(9): 578-586.
[37] Ji H L, Li J C, Li X F, et al. Complementary polarization-diversity coherent receiver for self-coherent homodyne detection with rapid polarization tracking[J]. Journal of Lightwave Technology, 2022, 40(9): 2773-2779.
[38] 南京达, 皮名嘉, 樊立明. CO_2激光外差检测系统灵敏度的研究[J]. 光学学报, 1990, 10(8): 714-720.
[39] 黄辉, 王琦, 雷蕾, 等. 长波长、高灵敏度的 InP/InGaAs 谐振腔光电检测器[J]. 光电子·激光, 2002, 13(3): 221-224.
[40] 王琪, 王春晖, 尚铁粱. 高斯本振光和爱里斑信号光相干检测的外差效率[J]. 中国激光, 2003, 30(89): 183- 186.
[41] 金韬, 顾磊. 相干检测定向系统检测误差研究[J]. 光子学报, 2007, 36(2): 340-343.
[42] 赵长政. 空间相干光通信初步方案及外差效率研究[D]. 秦皇岛: 燕山大学, 2007.
[43] 李欢, 张洪涛, 尹福昌. 空间激光通信系统中大气湍流的自适应补偿方法[J]. 长春理工大学学报(自然科学版), 2008, 31(2): 1-3.
[44] 程淑, 冀航, 马泳. 光微波副载波复用相干检测系统的设计与仿真研究[J]. 舰船电子工程, 2008, 28(2): 61-63, 165.
[45] 赵春英. 相干光通信的外差异步解调技术的研究[D]. 长春: 长春理工大学, 2010.
[46] 韩立强, 王祁, 信太克归, 等. 基于自适应光学补偿的自由空间光通信系统性能研究[J]. 应用光学, 2010, 31(2): 301-304.
[47] 刘宏展, 纪越峰, 许楠, 等. 信号光与本振光振幅分布对星间无线光相干通信系统混频效率的影响[J]. 光学学报, 2011, 31(10): 71-76.
[48] 陈龙超, 范文慧. 高灵敏度低噪声太赫兹电光检测器研究[J]. 电子学报, 2012, 40(9):1705-1709.
[49] 李铁, 柯熙政, 谌娟, 等. 相干光检测系统中的偏振控制[J]. 红外与激光工程, 2012, 41(11): 3069-3074.
[50] 肖响. 基于前置光放大器的空间光接收技术[D]. 长春: 长春理工大学, 2013.
[51] 张桐, 佟首峰. 准直失配对空间相干激光通信混频效率的影响[J]. 长春理工大学学报(自然科学版), 2013, 36(S1): 13-15.
[52] 胡鹏程, 杨宏兴, 梅健挺. 远程高速激光外差信号的高灵敏度检测器研究[J]. 光电子 · 激光, 2014, 25(5): 925-931.
[53] 罗彬彬. 空间无线数字相干光通信[D]. 北京: 北京邮电大学, 2014.

[54] 李向阳, 马宗峰, 石德乐. 高斯光束场分布对相干检测混频效率的影响[J]. 红外与激光工程, 2015, 44(2): 539-543.
[55] 孔英秀, 柯熙政, 杨媛. 空间相干光通信中本振光功率对信噪比的影响[J]. 红外与激光工程, 2016, 45(2): 242-247.
[56] 马婷婷, 佟首峰, 南航, 等. 信号光偏振特性对空间相干检测混频效率的影响[J]. 激光与光电子学进展, 2017, 54(2): 020604.
[57] 南航, 张鹏, 佟首峰, 等. 光斑尺寸偏差和光轴偏转对空间光混频器混频效率的影响分析[J]. 红外与激光工程, 2017, 46(4): 205-212.
[58] 孔英秀, 柯熙政, 杨媛. 激光器线宽对空间无线光相干通信系统性能的影响[J]. 仪器仪表学报, 2017, 38(7): 1668-1674.
[59] 陶旭. 超导纳米线单光子检测器高效高速特性研究[D]. 南京: 南京大学, 2020.
[60] 崔大健, 周浪, 奚水清, 等. 星载高灵敏度平衡光电检测器研究[J]. 半导体光电, 2020, 41(4): 480-484.
[61] 程爽. 自由空间相干光通信大幅度畸变波前的校正技术研究[D]. 西安: 西安理工大学, 2021.
[62] 吴加丽, 柯熙政, 杨尚君, 等. 多维耦合器校正空间光-单模光纤耦合对准误差[J]. 光学学报, 2022, 42(7): 40-50.
[63] 樊安琪. 基于石墨烯复合结构光电检测器的研究[D]. 成都: 电子科技大学, 2022.
[64] 蓝镇立, 何峰, 宋轶佶, 等. 高性能石墨烯/硅纳米线阵列异质结光检测器[J]. 激光与红外, 2022, 52(11): 1671-1677.
[65] 郗玲玲, 杨晓燕, 张天柱. 高综合性能超导纳米线单光子检测器[J]. 物理学报, 2023, 72(11): 309-316.
[66] 朱彦旭, 李建伟, 李锜轩, 等. 基于 AlGaN/GaN HEMT 结构的 ZnO 纳米线感光栅极光电检测器[J]. 北京工业大学学报, 2023, 49(2): 188-196.
[67] 朱卫霞, 万家佑. 偏振失配对空间无线光相干通信系统性能的影响[J]. 半导体光电, 2018, 39(3): 435-439.

第 4 章　影响相干检测灵敏度的机制

在实际应用中，相干检测系统中的天线会接收到信号光，并将其耦合进光纤，再与本振光进行混频处理。这个过程会受到检测器本身性能的影响，以及外界因素对系统检测性能的影响，导致到达检测器表面的信号光功率小于接收到的信号光功率。因此，为了研究影响相干检测系统检测灵敏度的因素，需要考虑上述因素对系统性能的影响。

4.1　检测器性能对系统检测灵敏度的影响

4.1.1　本振光功率对系统检测灵敏度的影响

考虑平衡检测系统中的热噪声、散粒噪声、相对强度噪声等，其中，热噪声可以表示为[1]

$$\left\langle i_t^2 \right\rangle = \frac{4k_{\mathrm{B}}T_bB}{R_L} \tag{4.1}$$

其中，R_L 为检测器电阻；k_{B} 为玻尔兹曼常量；B 为检测器带宽；T_b 为开氏温度；〈·〉为系综平均。

散粒噪声主要是由光子数目的随机变化引起的，这种变化可以由介质散射和吸收、光源的不稳定性以及光路中其他因素引起。光子数量的随机变化，使得每次光子击中检测器的数量都不同，从而产生了散粒噪声。检测器的散粒噪声电流均方值可以表示为[1]

$$\left\langle i_s^2 \right\rangle = 2e\frac{e\eta}{h\nu}P_{\mathrm{Lo}}B \tag{4.2}$$

相对强度噪声(relative intensity noise，RIN)是激光器输出光功率的相对强度涨落，是以激光器平均输出功率为归一化基准进行度量的，其单位是分贝/赫兹(dB/Hz)。相对强度噪声的表达式为[1]

$$\left\langle i_{\mathrm{RIN}}^2 \right\rangle = R_{\mathrm{IN}}B(\mathcal{R}P_{\mathrm{Lo}})^2 \tag{4.3}$$

其中，R_{IN} 为激光器相对强度噪声系数，其范围取决于激光器的性能和工作条件；$\mathcal{R}$ 为光电检测器的响应度。

激光器相对强度噪声水平一般为–155～–130dB/Hz。从式(4.2)和式(4.3)可以看出，本振光功率分别与散粒噪声和本振过剩强度噪声呈线性和平方率关系。因此，当本振光功率逐渐增大时，检测器的主要噪声从热噪声逐渐转换为散粒噪声和本振过剩强度噪声，当激光器平均功率进一步增加时，本振过剩强度噪声将成为检测器主要的噪声源，导致相干通信链路的信噪比下降。然而，在双管平衡检测器中，当两个光电检测器响应度完全匹配时，本振过剩强度噪声被完全消除，此时检测器系统的主要噪声为热噪声和散粒噪声。系统外差检测的信噪比表示为

$$\mathrm{SNR}=\frac{2(e\eta/hv)^2 P_S P_{\mathrm{Lo}} R_L}{2e(e\eta/hv)BP_{\mathrm{Lo}}R_L+4k_{\mathrm{B}}T_b B} \tag{4.4}$$

在实际的平衡检测系统中，两个光电检测器的响应度很难完全匹配，因此令两个光电二极管的响应度分别为 $\mathcal{R}_1$、$\mathcal{R}_2$，引入平衡检测器的平衡一致性系数来降低响应度的不一致性带来的影响。平衡一致性系数可以定义为[1]

$$\mathcal{R}'=\left(1-\frac{2\left|\mathcal{R}_1-\mathcal{R}_2\right|}{\mathcal{R}_1+\mathcal{R}_2}\right)\times 100\% \tag{4.5}$$

当两个光电二极管不匹配时，系统引入的本振过剩强度噪声可以表示为[1]

$$P_{\mathrm{in}}=(1-\mathcal{R}')R_{\mathrm{IN}}\left(\frac{e\eta}{hv}\right)^2 P_{\mathrm{Lo}}{}^2 BR_L \tag{4.6}$$

其中，R_{IN} 为激光器相对强度噪声系数。

通常情况下，激光器相对强度噪声水平为–155～–130dB/Hz，此时平衡检测器的信噪比可以表示为

$$\mathrm{SNR}=\frac{2(e\eta/hv)^2 P_S P_{\mathrm{Lo}} R_L}{2e(e\eta/hv)BP_{\mathrm{Lo}}R_L+4k_{\mathrm{B}}T_b B+(1-\mathcal{R}')R_{\mathrm{IN}}(e\eta/hv)^2 P_{\mathrm{Lo}}^2 BR_L} \tag{4.7}$$

当本振光功率不断增大时，检测器的响应特性进入非线性，检测器的输出电流不会随着本振光功率的变化而发生变化，趋于饱和。在这种情况下，检测器输出电流的表达式将不再是线性的，而是一个非线性的函数，可以表示为[2]

$$i=\frac{e\eta}{hv}P_{\mathrm{Lo}}(1-\upsilon P_{\mathrm{Lo}})+\frac{e\eta}{hv}(1-2\upsilon P_{\mathrm{Lo}})\sqrt{2P_S P_{\mathrm{Lo}}}\,\Big|_{P_{\mathrm{Lo}}\gg P_S} \tag{4.8}$$

其中，υ 为检测器参数。

此时，检测器工作在非线性区的信噪比为

$$\mathrm{SNR}=\frac{2(e\eta/hv)^2(1-2\upsilon P_{\mathrm{Lo}})^2 P_S P_{\mathrm{Lo}} R_L}{2e(e\eta/hv)B(1-\upsilon P_{\mathrm{Lo}})P_{\mathrm{Lo}}R_L+4k_{\mathrm{B}}T_b B+(1-\mathcal{R}')R_{\mathrm{IN}}(e\eta/hv)^2 P_{\mathrm{Lo}}^2(1-\upsilon P_{\mathrm{Lo}})^2 BR_L} \tag{4.9}$$

其中，$\mathcal{R}'$ 为平衡一致性系数；R_{IN} 为激光器相对强度噪声系数。

在平衡检测系统中，调整本振光功率可以对平衡检测系统的性能造成影响。一方面，增加本振光功率可以提高检测器的转换增益，从而增强检测器对光信号的检测能力，提高系统的信噪比。另一方面，随着本振光功率的增加，本振光产生的噪声也会相应增大，这会限制检测器对信号的检测能力，导致检测灵敏度降低，因此最佳本振光功率可以通过对系统参数的数值模拟和实验测量来确定。在实际应用中，需要在保证系统误码率满足要求的前提下，尽可能地提高系统的信噪比和检测灵敏度。

在 10^{-9} 的误码率条件下，在不考虑检测器饱和效应的理想状态下，由式 (4.4)取电子电荷 e=1.6×10^{-19}C，量子效率 η=0.8，检测器带宽 B=200MHz，普朗克常量 h=6.626×10^{-34}J · s，载波频率 ν = 1.9×10^{14}Hz，R_L=50Ω，k_B = 1.38×10^{-23}J/K，温度 T_b=300K，信号光功率 P_S=10nW，本振光功率 P_{Lo}=5mW，可得系统的检测灵敏度随本振光功率变化图，如图 4.1 所示。

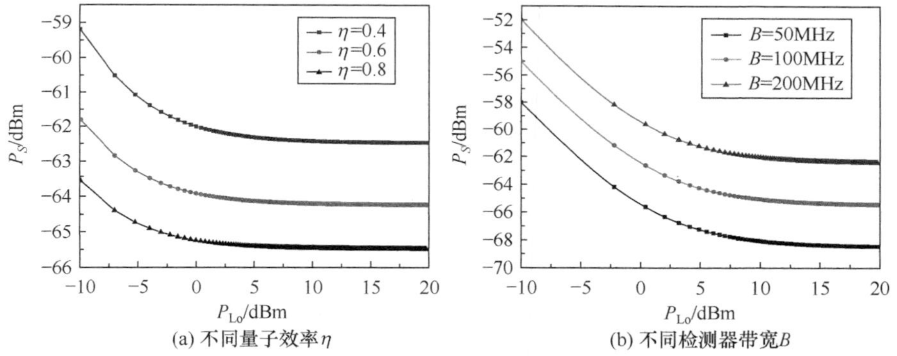

图 4.1　不同量子效率和检测器带宽条件下检测灵敏度随本振光功率变化图

由图 4.1(a)可以看出，在一定的本振光功率下，量子效率 η 越大，系统的检测灵敏度越高，这是因为当量子效率增大时，检测器每接收到更多的光子时就能转换为更多的电信号，使得检测器输出的信号强度增大，从而提高了系统的检测灵敏度。由图 4.1(b)可以看出，在一定的本振光功率下，检测器带宽 B 越宽，系统的检测灵敏度越小。这是因为检测器带宽越宽，检测器可以检测更高频率的光信号，同时也会使得检测器对于噪声的敏感度增加，因为更高频率的信号对于热噪声和其他噪声的影响也会增大，所以系统的灵敏度会降低。另外可以看出，系统的灵敏度均随着本振光功率的增加而增大，因为当平衡检测器两光电二极管完全匹配时，可以完全消除本振过剩强度噪声，所以在相同量子效率或带宽条件下，增加本振光功率可以提高检测灵敏度。但是，当系统的散粒噪声远大于热噪声时，增加本振光功率并不能明显提高系统的检测灵敏度。

当平衡检测器的两个光电二极管的响应度不完全相等时，在误码率为 10^{-9}

条件下，根据式(4.3)选取与图 4.1 相同的参数，计算得到的系统检测灵敏度随本振光功率变化曲线如图 4.2 所示。由图 4.2(a)可以看出，随着本振光功率的增加，检测灵敏度会先增加后减小，这是因为随着本振光功率的增加，系统的主要噪声从热噪声逐渐变为本振过剩强度噪声。在本振光功率较小时，系统的热噪声占主导地位，随着本振光功率的增加，本振过剩强度噪声开始占主导地位，导致检测灵敏度下降。此外，当本振光功率一定时，平衡一致性系数越大，系统的检测灵敏度越高。图 4.2(b)为不同相对强度噪声系数 R_{IN} 时，系统的检测灵敏度随本振光功率变化曲线图。可以看出，随着本振光功率的增加，系统的检测灵敏度先增大后减小，此外，当本振光功率一定时，R_{IN} 值越大，系统的检测灵敏度越小。

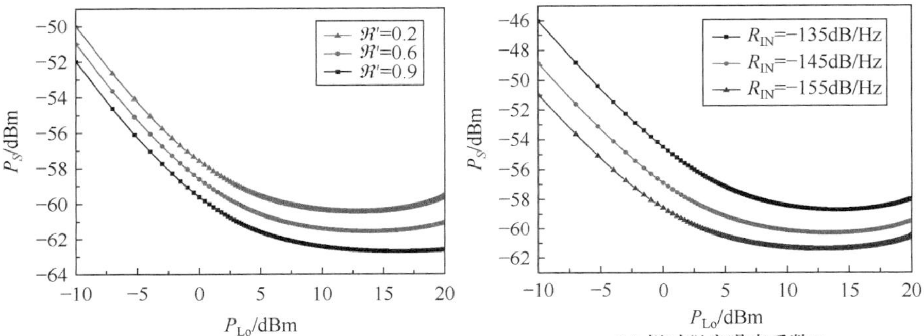

(a) 平衡一致性系数$\Re'$　　(a) 相对强度噪声系数R_{IN}

图 4.2　不同平衡一致性系数和相对强度噪声系数条件下检测灵敏度随本振光功率变化曲线图

随着本振光功率的进一步增加，检测器工作于非线性区。在误码率为 10^{-9} 时，选取和图 4.1 相同的参数，由式(4.5)可得检测灵敏度随本振光功率的变化曲线图如图 4.3 所示。

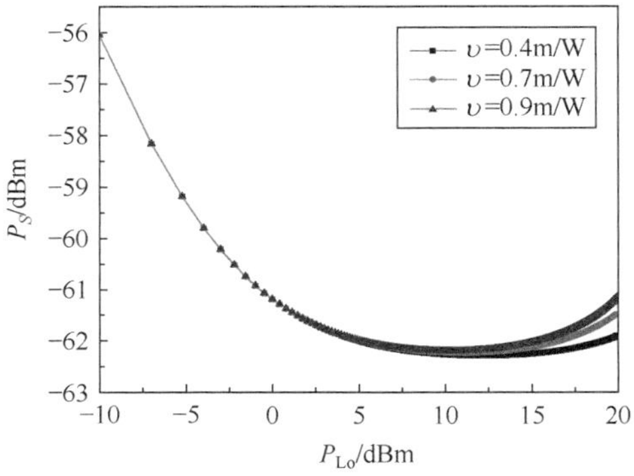

图 4.3　不同非线性参数下检测灵敏度随本振光功率变化曲线图

由图 4.3 可以看出，在检测器的非线性参数 υ 不变的情况下，随着本振光功率的增加，检测灵敏度会呈现先增大后减小的趋势。此外，随着非线性参数υ的增大，检测灵敏度曲线下降速度加快，这是因为较大的非线性参数υ会引起检测器更强的非线性效应，从而影响系统的检测灵敏度。因此，在实际应用中，需要在保持检测器线性工作的前提下，选择适当的本振光功率和非线性参数υ，以获得最佳检测灵敏度。

4.1.2　热噪声对系统检测灵敏度的影响

根据式(4.4)，热噪声功率与检测器的带宽、温度以及负载电阻等因素有关。当温度升高时，检测器的热噪声功率也会随之增加。因此，降低温度是降低热噪声的有效途径之一。此外，由式(4.4)可知，检测器的带宽也是影响热噪声的重要因素，带宽越小，热噪声功率越小。因此，减小检测器的带宽也可以有效降低热噪声。根据式(4.4)，取电子电荷 e=1.6×10^{-19}C，普朗克常量 h=6.626×10^{-34}J · s，载波频率 ν = 1.9×10^{14}Hz，R_L=50Ω，有效噪声带宽 B=200MHz，k_B = 1.38×10^{-23}J/K。在误码率为 10^{-9} 的条件下，图 4.4 为在不同检测器量子效率 η 下，检测灵敏度随工作背景温度的变化曲线图。

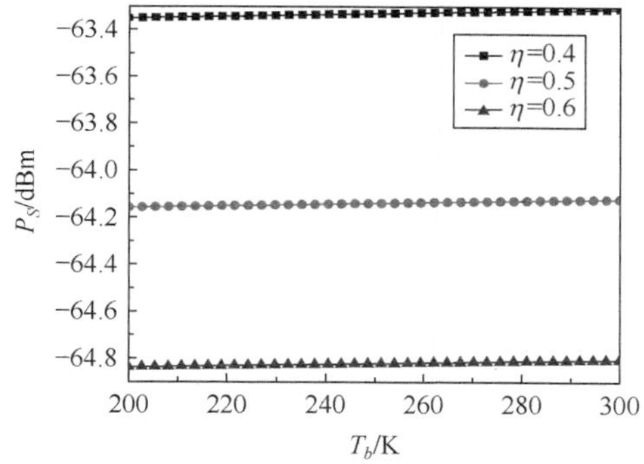

图 4.4　不同 η 值下检测灵敏度随工作背景温度的变化曲线图

由图 4.4 的仿真结果可以看出，随着工作背景温度的升高，系统的检测灵敏度有所下降。这是由于工作背景温度的升高会增加热噪声功率，同时使得光混频器的暗电流增大，从而引入更多的散粒噪声，这些噪声会影响检测器的性能，使得检测灵敏度降低。在相同温度下，量子效率越高，检测器所能接收的光信号越多，因此系统的检测灵敏度也会随之增加。

此外，限制电路的带宽对热噪声有很大的抑制作用，根据式(4.4)，取 T_b=300K，其余选取与图 4.4 相同的参数，在误码率为 10^{-9} 的条件下，可得在不同的检测器量子效率 η 下，系统的检测灵敏度随检测器带宽的变化曲线图如图 4.5 所示。

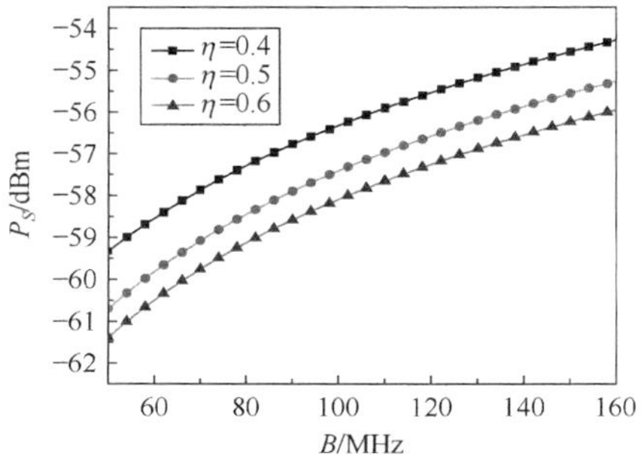

图 4.5　不同 η 值下检测灵敏度随检测器带宽的变化曲线图

由图 4.5 的仿真结果可知，系统的检测灵敏度随着检测器带宽 B 的升高而减小。这是由于检测器的带宽越大，对应的热噪声也就越大，对系统的检测性能影响越大，导致系统的检测灵敏度逐渐减小。另外，如果增大检测器的量子效率，在相同温度下系统的检测灵敏度也会随之增大。

4.1.3　光电二极管量子效率的比例系数对系统检测灵敏度的影响

光电二极管的量子效率是指检测器将光信息转换成电信号的能力，也是影响平衡检测系统检测灵敏度的重要因素之一。当两个检测器的量子效率不同时，会严重影响平衡检测系统的检测灵敏度。当研究平衡检测系统的影响因素时，需要考虑两个检测器的量子效率，假设其分别为 η_1 和 η_2，并且它们之间存在一定的比例关系，即 $\eta_1 = \xi\eta_2 (0 < \xi \leqslant 1)$，那么信噪比可写为

$$\mathrm{SNR} = \frac{(\xi\eta_2 + \eta_2)^2 (e/h\nu)^2 P_S P_{\mathrm{Lo}} R_L}{2e[e(\xi\eta_2 + \eta_2)/h\nu] B P_{\mathrm{Lo}} R_L + 8k_{\mathrm{B}} T_b B} \tag{4.10}$$

在误码率为 10^{-9} 的条件下，由式(4.10)选取与图 4.1 相同的参数，可得在不同的检测器量子效率 η_2 下，系统的检测灵敏度随光电二极管量子效率比例系数 ξ 的变化曲线图如图 4.6 所示。

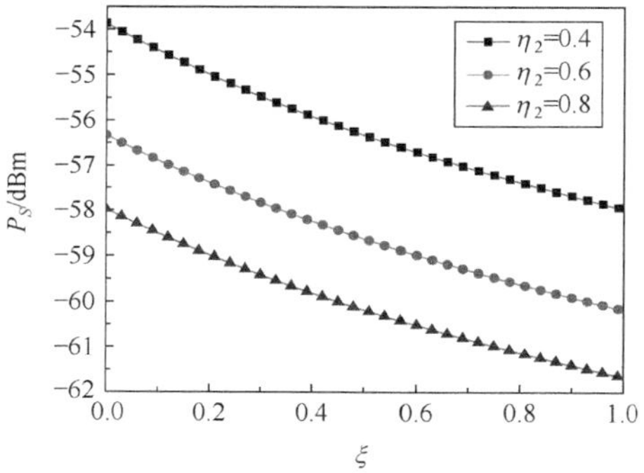

图 4.6　不同 η_2 值下检测灵敏度随 ξ 值的变化曲线图

由图 4.6 的仿真结果可以看出，当检测器的量子效率不变时，系统的检测灵敏度会随着光电二极管量子效率比例系数 ξ 的增大而增大，且在 ξ=1 时达到最大值。因此，最好选择两个量子效率相等的检测器，这样可以获得最大的系统检测灵敏度。如果使用量子效率不同的检测器，则需要进行更加复杂的系统设计和优化，以实现更高的检测灵敏度和性能。此外，检测器的其他参数也会对系统的检测灵敏度产生影响，因此在实际应用中需要综合考虑多种因素，以选择最优的检测器和系统设计方案。

4.2　分束器分束比对系统检测灵敏度的影响

平衡检测系统是一种利用两个光电二极管来检测光信号强度的系统，通过比较两个光电二极管接收到的光功率的差异来确定光信号的强度。分束器是平衡检测系统中的一个重要组成部分，分束比的大小将直接影响系统的检测灵敏度。平衡式外差检测原理图如图 4.7 所示，是平衡检测器 I、Q 其中一路的等效图。

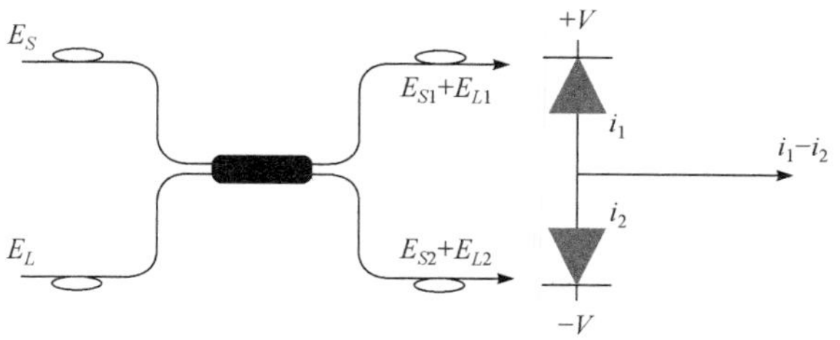

图 4.7　平衡式外差检测原理图

如图 4.7 所示，经过分束器后，形成的 4 束光分别是[2]

$$E_{S1}=\sqrt{1-\varepsilon}A_S\cos(\omega_S t) \tag{4.11}$$

$$E_{S2}=\sqrt{\varepsilon}A_S\cos(\omega_S t) \tag{4.12}$$

$$E_{L2}=\sqrt{1-\varepsilon}A_L\cos(\omega_L t) \tag{4.13}$$

$$E_{L1}=\sqrt{\varepsilon}A_L\cos(\omega_L t) \tag{4.14}$$

其中，ε 为分束比。

则两个光电检测器上产生的中频电流分别为

$$i_1=\sqrt{\varepsilon(1-\varepsilon)}A_S A_L\cos(\Delta\omega t) \tag{4.15}$$

$$i_2=-\sqrt{\varepsilon(1-\varepsilon)}A_S A_L\cos(\Delta\omega t) \tag{4.16}$$

平衡检测器输出的中频信号功率为

$$S = 8(e\eta / h\nu)^2 P_S P_{\text{Lo}} R_L \varepsilon(1-\varepsilon) \tag{4.17}$$

当两个光电二极管的参数相等，且不考虑过量强度噪声时，噪声功率可以表示为

$$\begin{aligned} N &= N_1 - N_2 \\ &= 2e(e\eta / h\nu)BP_{\text{Lo}}R_L(1-\varepsilon) - 2e(e\eta / h\nu)BP_{\text{Lo}}R_L\varepsilon \\ &= 2e(e\eta / h\nu)BP_{\text{Lo}}R_L(1-2\varepsilon) \end{aligned} \tag{4.18}$$

其中，N_1 和 N_2 分别为两个光电检测器中由本振光引起的散粒噪声。

若考虑热噪声，则信噪比的表达式可以表示为

$$\text{SNR} = \frac{8(e\eta / h\nu)^2 P_S P_{\text{Lo}} R_L \varepsilon(1-\varepsilon)}{2e(e\eta / h\nu)BP_{\text{Lo}}R_L(1-2\varepsilon) + 4k_{\text{B}}T_b B} \tag{4.19}$$

在误码率为 10^{-9} 的条件下，根据式(4.19)选取与图 4.1 相同的参数，可得系统的检测灵敏度随分束比的变化曲线图如图 4.8 所示

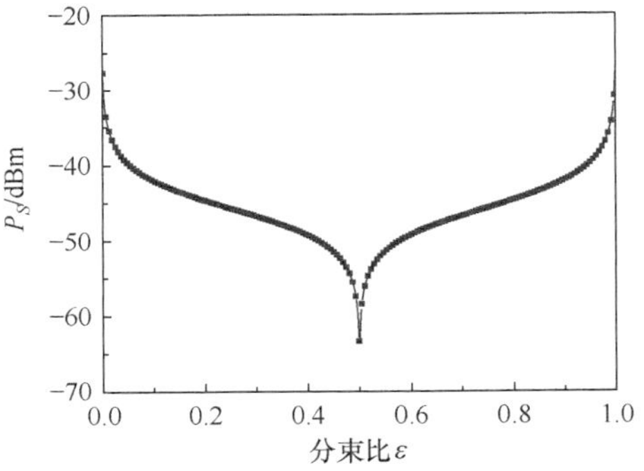

图 4.8 检测灵敏度随分束比 ε 变化曲线图

由图 4.8 可以看出，分束比为 0.5，也就是越接近于 1∶1(说明两个检测器接收到的光功率相等)，系统的灵敏度越高。而分束比过低或者过高都会导致系统检测灵敏度降低。因此，在确定分束器的分束比时，需要根据具体的实验条件和需要的检测灵敏度进行选择。如果需要更高的检测灵敏度，则应选择分束比接近 1∶1 的分束器。

4.3 光场模式匹配对系统检测灵敏度的影响

在无线光相干通信系统中，光场模式匹配对于系统的性能至关重要。如果光场模式不匹配，则会导致接收到的光斑能量分布不均匀，进而影响系统的检测灵敏度。只有确保光场模式匹配，才能保证空间相干激光通信系统的稳定运行和高效传输。另外，如果光斑重合度不高，即两个光斑的中心位置不重合或重合度较

低，则会导致检测器接收到的光斑能量分布不均匀，从而降低检测灵敏度。因此，在设计相干激光通信系统时，需要特别关注光场模式匹配和光斑重合度的问题，以充分发挥系统的性能优势。

4.3.1　本振光为均匀分布

当光束进行远距离传输时，入射信号光可以看作平面波，当利用透镜对其聚焦时，可在焦点处形成艾里斑，而本振光通常采用高斯光束，因此艾里-高斯型叠加场是最为常见的叠加方式。另外，改变本振光的光斑直径以及空间分布会得到不同的光场叠加效果，如艾里-均匀平面波或艾里-艾里型叠加场。

在下面的分析中，默认信号光和本振光的两光束相位匹配，同时照射到检测器光敏面的中心位置是重合的，并且方向等没有发生角度偏差。混频效率公式可写为

$$\eta_{\text{mixing}} = \frac{\left|\int_0^{r_0} U_S(r) U_{\text{Lo}}(r) r\text{d}r\right|^2}{\int_0^{r_0} \left|U_{\text{Lo}}(r)\right|^2 r\text{d}r \int_0^{\infty} \left|U_S(r)\right|^2 r\text{d}r} \tag{4.20}$$

其中，$U_S(r)$和 $U_{\text{Lo}}(r)$分别为信号光和本振光的振幅。

当信号光和本振光的振幅分布分别为艾里斑和平面波时，其振幅可分别写为[3]

$$U_S(r_0) = \frac{2\text{J}_1\left(\dfrac{\pi r_0}{F\lambda}\right)}{\dfrac{\pi r_0}{F\lambda}} \tag{4.21}$$

$$U_{\text{Lo}}(r_0) = 1 \tag{4.22}$$

其中，$\text{J}_1(\cdot)$为第一类一阶贝塞尔函数；r_0 为检测器光敏面积半径；λ 为波长；F 为透镜 F 数，通常可以决定艾里光斑的大小，且 $F=f/d$，f 为焦距，d 为有效孔径。

将信号光和本振光的光场振幅(4.21)、(4.22)分布函数代入式(4.20)中，可得到两光场叠加的混频效率为

$$\eta_{AU}(r_0) = 4\frac{\left[1 - \text{J}_0\left(\dfrac{\pi r_0}{F\lambda}\right)\right]^2}{\left(\dfrac{\pi r_0}{F\lambda}\right)^2} \tag{4.23}$$

其中，$\text{J}_0(\cdot)$为 0 阶贝塞尔函数；取电子电荷 $e=1.6\times10^{-19}\text{C}$；量子效率 $\eta=0.8$；普朗克常量 $h=6.626\times10^{-34}\text{J}\cdot\text{s}$；载波频率 $\nu=1.9\times10^{14}\text{Hz}$；检测器带宽 $B=200\text{MHz}$；波长 $\lambda=1550\text{nm}$。

根据式(2.48)和式(4.23)，在灵敏度为 10^{-9} 条件下，系统的检测灵敏度随检测器光敏面积半径的变化曲线图如图 4.9 所示。

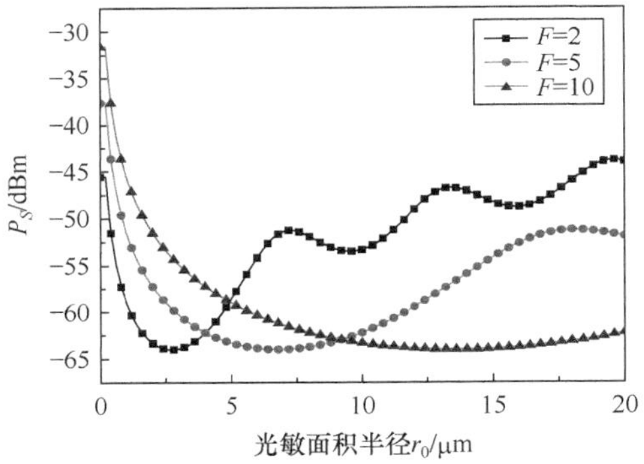

图 4.9　本振光为均匀分布时检测灵敏度随检测器光敏面积半径的变化曲线图

由图 4.9 可以看出，随着检测器光敏面积半径的增加，系统的检测灵敏度先增大至极值再减小，说明检测器的大小对于系统检测灵敏度有一定的影响。另外，当检测器光敏面积半径保持不变时，透镜 F 数越大，需要达到最大灵敏度的检测器光敏面积半径也越大。这是因为当透镜 F 数较大时，对应的聚焦距离较长，检测器需要具备较大的光敏面积才能充分接收信号。在该仿真实验中，可达到的最佳灵敏度均为−65dBm。

4.3.2　本振光为艾里分布

当信号光和本振光的振幅分布都为艾里分布时，其振幅分布分别表示为

$$U_S(r_0)=\frac{2\mathrm{J}_1\left(\dfrac{\pi r_0}{F\lambda}\right)}{\dfrac{\pi r_0}{F\lambda}} \tag{4.24}$$

$$U_{\mathrm{Lo}}(r_0)=\frac{2\mathrm{J}_1\left(\dfrac{\pi r_0}{F\lambda}\right)}{\dfrac{\pi r_0}{F\lambda}} \tag{4.25}$$

将式(4.20)、式(4.21)代入式(4.16)，得到混频效率随检测器光敏面积半径 r_0 变化的公式为

$$\eta_{AA}(r_0)=1-\mathrm{J}_0^2\left(\frac{\pi r_0}{F\lambda}\right)-\mathrm{J}_1^2\left(\frac{\pi r_0}{F\lambda}\right) \tag{4.26}$$

选取与图 4.9 相同的参数，根据式(2.48)和式(4.26)，在灵敏度 10^{-9} 条件下，

系统的检测灵敏度随检测器光敏面积半径的变化曲线图如图 4.10 所示。

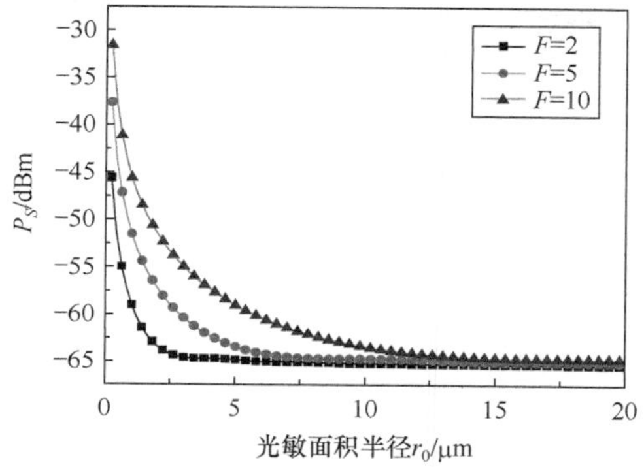

图 4.10　本振光为艾里分布时检测灵敏度随检测器光敏面积半径 r_0 的变化曲线图

由图 4.10 可以看出，系统的检测灵敏度随着检测器光敏面积半径的增大而快速增大，之后检测灵敏度的变化趋于平稳。另外，当检测器光敏面积半径一定时，随着透镜 F 数的增大，需要达到最大灵敏度的检测器光敏面积半径也随之增大，因为透镜 F 数越大，其焦距越长，检测器需要更大的尺寸才能够接收到足够多的能量，以达到最佳的检测灵敏度。

4.3.3　本振光为高斯分布

当信号光和本振光振幅分布分别为高斯分布和艾里分布时，其振幅分布分别表示为[3]

$$U_S(r_0)=\exp\left(\frac{-r_0^2}{w_S^2}\right) \tag{4.27}$$

$$U_{\mathrm{Lo}}(r_0)=\frac{2\mathrm{J}_1\left(\dfrac{\pi r_0}{F\lambda}\right)}{\dfrac{\pi r_0}{F\lambda}} \tag{4.28}$$

其中，w_S 为高斯光束的束腰半径。

将信号光和本振光的光场振幅分布函数代入式(4.20)中，得到混频效率随检测器光敏面积半径 r_0 变化的公式为

$$\eta_{AG}(r_0)=\frac{8\left|\displaystyle\int_0^{r_0}\mathrm{J}_1\left(\frac{\pi r_0}{F\lambda}\right)\cdot\exp\left(-\frac{r_0^2}{w_S^2}\right)\mathrm{d}r\right|^2}{w_S^2\left[1-\exp\left(-2\dfrac{r_0^2}{w_S^2}\right)\right]} \tag{4.29}$$

取与图 4.9 相同的参数，高斯光束的束腰半径 w_S=1.6λ，根据式(2.48)和式 (4.29)，在灵敏度 10^{-9} 条件下，系统的检测灵敏度随检测器光敏面积半径的变化曲线图如图 4.11 所示。

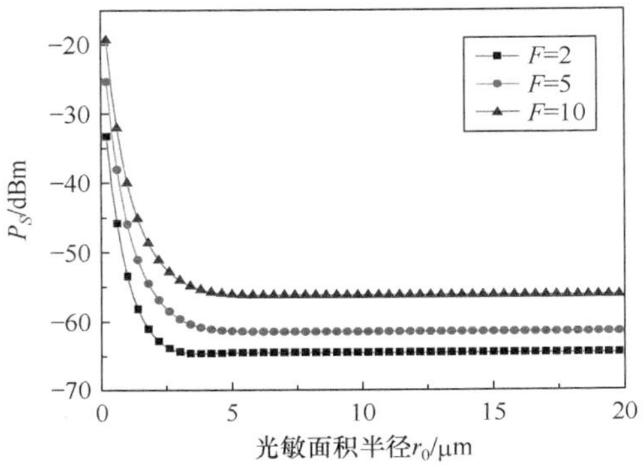

图 4.11　本振光为高斯分布时检测灵敏度随检测器光敏面积半径 r_0 的变化曲线图

由图 4.11 可以看出，艾里-高斯型叠加场随着检测器光敏面积半径的增加，系统的检测灵敏度随之增加，之后逐渐趋于稳定，此外，聚焦透镜的 F 数不同也会对检测灵敏度的变化规律产生影响，随着 F 数的增加，系统检测灵敏度逐渐降低。基于上述分析，艾里-高斯模式匹配是实现稳定、高灵敏度的有效选择。

由图 4.9～图 4.11 可以看出：在相干检测中，不同的模式匹配方式对检测器的灵敏度和稳定性有不同的影响。艾里-均匀模式匹配对检测器要求较高，且灵敏度不稳定，不适合实现高灵敏度的检测。艾里-艾里模式匹配需要较大检测器光敏面积半径才能达到稳定的灵敏度。相比较之下，艾里-高斯模式匹配的系统具有相对较高的检测灵敏度和稳定性，因此是实现稳定、高灵敏度空间光混频的较好选择。

4.4　光斑尺寸对系统检测灵敏度的影响

除了考虑信号光和本振光的光场模式匹配外，信号光和本振光在检测器光敏面上的尺寸比例也是影响系统检测灵敏度的重要因素。因此，在系统设计时，这些因素需要被综合考虑来实现最佳的检测效果。

以常见的艾里-高斯型叠加场为例，探讨本振光与信号光叠加场尺寸对系统检测灵敏度的影响。假定信号光的中心与入射光方向正好对齐，检测器具有足够大的光敏面积，能够接收到入射光的全部能量。通常情况下，艾里光束的光斑尺寸由透镜的焦距和有效孔径决定，也就是 F 数。而高斯光束的光斑尺寸则由其束腰半径决定，因此无法直接与 F 数联系。为了方便实际应用分析，可以定义一个参数来比较高斯光束和艾里光束的光斑尺寸大小，这个参数通常是高斯光束的束腰半径与艾里光束的 F 数的比值，可以写为[4]

$$\kappa = \frac{\pi r}{F\lambda} \Big/ \frac{r}{w_S} = \frac{\pi w_S}{F\lambda} \tag{4.30}$$

用 X 和 Z 分别表示信号光和本振光振幅分布函数中的变量，其中，$X = \frac{\pi r}{F\lambda}$、$Z = \frac{r}{w_S}$，根据式(4.20)，经计算可得到

$$\eta_{\text{mixing}} = \frac{8}{\kappa^2} \cdot \frac{\left[\int_0^{X_0} \mathrm{J}_1(X) \exp\left(-\frac{X^2}{\kappa} \right)^2 \mathrm{d}X \right]^2}{1 - \exp\left(-2\frac{X_0^2}{\kappa^2} \right)} \tag{4.31}$$

根据式(2.48)和式(4.31)，取电子电荷 e=1.6×10^{-19}C，量子效率 η=0.8，普朗克常量 h=6.626×10^{-34}J · s，载波频率 ν = 1.9×10^{14}Hz，检测器带宽 B=200MHz，选用信号光与本振光波长 λ=1550nm；在误码率 10^{-9} 条件下，系统的检测灵敏度随参数 κ 的变化曲线图如图 4.12 所示。

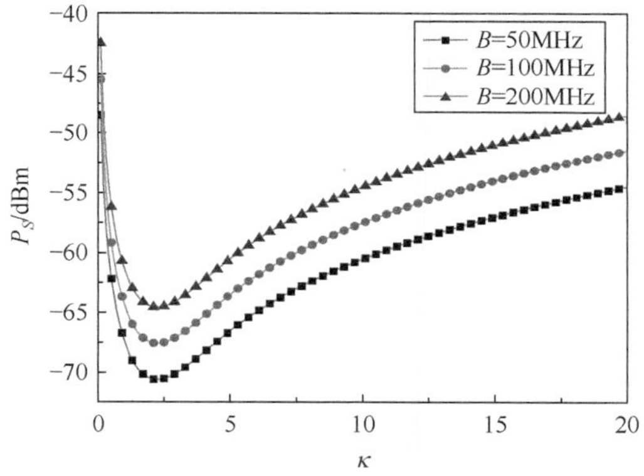

图 4.12　检测灵敏度随参数 κ 的变化曲线图

由图 4.12 可以看出，随着参数 κ 的增加，系统的检测灵敏度先增大后减小，当 κ 值在 2.23 左右时，存在一个最佳的匹配尺寸，可以最大化检测器光敏面上的信号，从而提高了系统的检测灵敏度。因此，要想进一步提高系统的检测灵敏度，可以适当调整光束的相对尺寸，从而提高无线光相干通信系统的通信性能。

4.5　对准误差对系统检测灵敏度的影响

在实际的空间光耦合系统中，单模光纤的直径仅在微米量级，而在光纤耦合系统的装配过程中，由于对准误差的存在，可能会出现轴向误差、径向误差和角度误差等。这些误差可能会导致光束在焦平面上的位置发生偏离，从而影响系统的检测灵敏度。本节将针对这些对准误差对系统检测灵敏度的影响进行分析。在实际情况中，信号光在进入检测器之前会经过天线系统的耦合以及与本振光的混频等过程，因此到达检测器表面的信号光功率小于实际接收到的功率。因此，可以对量子噪声极限的表达式进行校正，考虑到耦合效率和混频效率对信号光功率的影响，得到的新信噪比表达式为

$$\mathrm{SNR} = \frac{2\eta P_s}{h\nu B} \cdot \eta_{\mathrm{mixing}} \cdot \eta_o \tag{4.32}$$

其中，η_{mixing} 为信号光和本振光的外差混频效率；η_o 为接收天线到光纤的耦合效率。

4.5.1　轴向误差对系统检测灵敏度的影响

在无线激光通信系统中，信号光在空间传输过程中会受到大气湍流等因素的影响而产生畸变，因此需要通过整形系统对光束进行整形以保证传输质量。一般情况下，经过整形系统后的光束为高斯光束，高斯光束具有较好的传输特性和聚焦特性。当信号光经过透镜聚焦时，耦合进入位于透镜焦平面的单模光纤内，在透镜的后焦面上形成艾里斑衍射图样，即信号光的光斑与光纤芯径进行重合，光纤耦合原理图如图 4.13 所示。

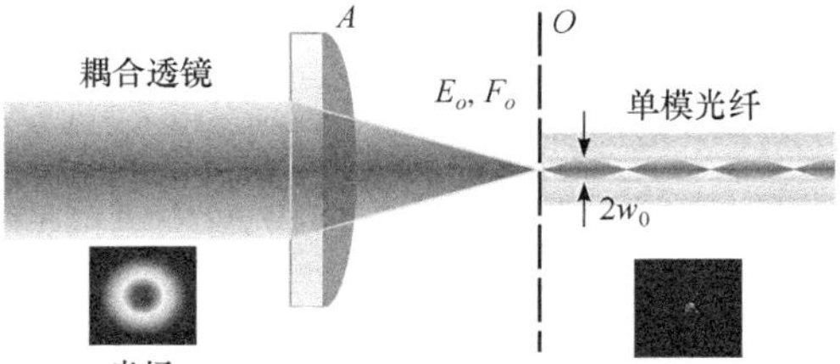

图 4.13　光纤耦合原理图

图 4.13 中孔径 A 处的平面波可以表示为[5]

$$E_A(r) = \mathrm{circ}(r)\exp[\mathrm{j}\varphi(r)] \tag{4.33}$$

其中，$\varphi(r)$ 为畸变相差；$\mathrm{circ}(r)$ 为透镜的孔径函数，可以表示为[5]

$$\operatorname{circ}(r)=\begin{cases}1, & r^2 \leqslant D^2 \\ 0, & r^2 > D^2\end{cases} \tag{4.34}$$

其中，D 为耦合透镜直径；r 为光纤横截面上任意一点到中心的径向距离。

假设光纤横截面垂直于入射光场，并位于透镜焦平面中心，高斯函数的傅里叶变换仍为高斯函数，则归一化的光纤模场分布折算到接收透镜表面的模场分布可以表示为[6]

$$F_o(r)=\sqrt{\frac{2}{\pi}}\frac{\pi w_0}{\lambda f}\exp\left[-r^2\left(\frac{\pi w_0}{\lambda f}\right)^2\right] \tag{4.35}$$

其中，w_0 为光纤模场的半径；λ 为波长。

在光纤耦合中，入射光场的光束半径和入射角度应与光纤模式相匹配。空间光耦合进单模光纤的耦合效率的极坐标可以表示为

$$\eta_o=\frac{\left|\iint E_o^*(r)F_o(r)r\mathrm{d}r\mathrm{d}\varphi\right|^2}{\iint E_o^*(r)E_o(r)r\mathrm{d}r\mathrm{d}\varphi\cdot\iint F_o^*(r)F_o(r)r\mathrm{d}r\mathrm{d}\varphi} \tag{4.36}$$

其中，$E_o(r)$ 为焦平面处的光场分布。

在光学中，如果将入射光瞳面内的光学场表示为时域信号，焦平面上的光学场表示为频域信号，根据 Parseval 定理，它们在时域和频域的能量是相等的。因此，可以将入射光瞳面内计算的耦合效率视为对应频域耦合效率的一种表达方式，两者是等效的。将式(4.33)和式(4.35)代入式(4.36)，且 $\varphi(r)=0$，则耦合效率可以表示为

$$\eta_o=\left|\iint \operatorname{circ}(r)\exp[\mathrm{j}\varphi(r)]\frac{w_0\sqrt{2\pi}}{\lambda f}\exp\left[-r^2\left(\frac{\pi w_0}{\lambda f}\right)^2\right]r\mathrm{d}r\mathrm{d}\varphi\right|^2=2\frac{\left[1-\exp\left(-\frac{\pi D w_0}{2\lambda f}\right)\right]^2}{\left(\frac{\pi D w_0}{2\lambda f}\right)^2} \tag{4.37}$$

其中，f 为焦距；λ 为波长。

令 $\beta=\pi D w_0/(2\lambda f)$ 为耦合参数，则式(4.37)可写为

$$\eta_o=2\frac{\left[1-\exp(-\beta^2)\right]^2}{\beta^2} \tag{4.38}$$

当耦合系统存在装配误差时，光纤可能不位于入射光的焦平面上，而会在轴向上偏离焦平面 Δz 的距离，产生轴向误差。轴向误差示意图如图 4.14 所示。

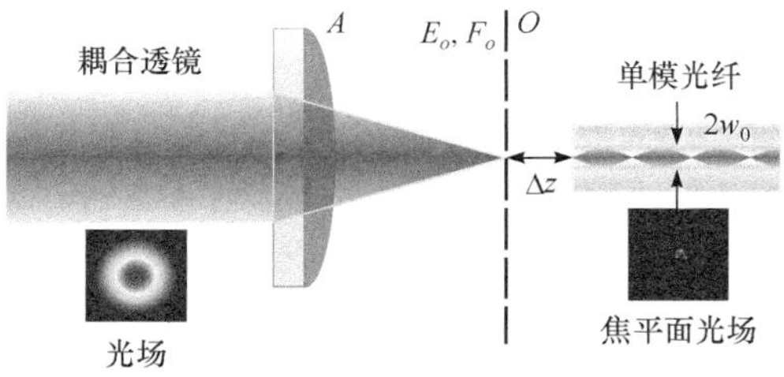

图 4.14　轴向误差示意图

当不考虑透镜像差影响且存在轴向误差 Δz 时，光纤端面的电磁场分布保持不变，但是入射光的光场分布在光纤端面会发生变化。这是因为轴向误差会改变入射光的入射角度和位置。当考虑孔径限制时，可以使用菲涅耳衍射理论来描述光波经过单透镜后焦点轴向误差 Δz 处的光场分布。根据菲涅耳衍射理论，可以得到

$$E_o(r)=\frac{1}{\mathrm{j}\lambda(f+\Delta z)}\exp\left[\mathrm{j}k_{\mathrm{B}}(f+\Delta z)\right]\exp\left[\frac{\mathrm{j}k_{\mathrm{B}}r^2}{2(f+\Delta z)}\right] \cdot \mathrm{FT}\left\{\mathrm{circ}\left(\frac{r}{D/2}\right)\cdot\exp\left[-\frac{\mathrm{j}k_{\mathrm{B}}r^2}{2f}\right]\cdot\exp\left[\frac{\mathrm{j}k_{\mathrm{B}}r^2}{2(f+\Delta z)}\right]\right\} \tag{4.39}$$

其中，FT 为傅里叶变换。

当存在轴向误差时，其模场分布不变，在对光场分布进行傅里叶变换后，代入式(4.36)中可以得到耦合效率的定义表达式为

$$\eta_o=8\beta^2\left|\frac{1}{R^2}\int_0^R\exp\left[-\frac{\beta^2r^2}{R^2}\left(1-\mathrm{j}\frac{\lambda\Delta z}{\pi {w_0}^2}\right)r\mathrm{d}r\right]\right|^2 \tag{4.40}$$

其中，R 为耦合透镜半径，当耦合参数 β=1.1209 时，耦合效率存在最大值[6]。

由于存在菲涅耳衍射，所以耦合效率可以近似表示为

$$\eta_o=0.8145\exp\left[-\left(\frac{\lambda\Delta z}{2\sqrt{2}\pi w_0^2}\right)^2\right] \tag{4.41}$$

根据式(2.48)、式(4.32)和式(4.41)，在灵敏度 10^{-9} 条件下，取电子电荷 e=1.6×10^{-19}C，量子效率 η=0.8，普朗克常量 h=6.626×10^{-34}J · s，载波频率 ν = 1.9×10^{14}Hz，检测器带宽 B=200MHz，波长 λ=1550nm，系统的检测灵敏度随轴向误差 Δz 的变化曲线图如图 4.15 所示。

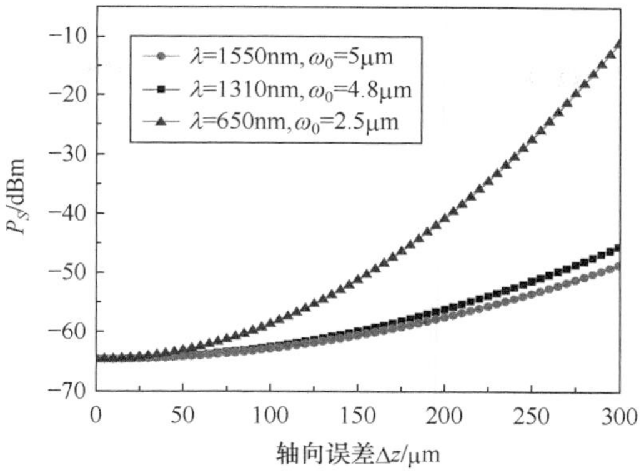

图 4.15　检测灵敏度随轴向误差Δz 的变化曲线图

由图 4.15 可以看出，系统检测灵敏度随着轴向误差 Δz 的增大而不断减小，当轴向误差超过 50μm 时，系统的检测灵敏度减小的速度逐渐加快。这是由于轴向误差增大，光纤端面距离艾里斑光强最强点的距离增加，光纤中平均光功率减弱。另外，当β=1.1209 时，波长越大，系统检测灵敏度随着轴向误差的变化越大，并且当轴向误差一定时，波长越大，系统的检测灵敏度越高。

4.5.2　径向误差对系统检测灵敏度的影响

当耦合系统接收端的光纤存在径向误差时，径向误差示意图如图 4.16 所示。

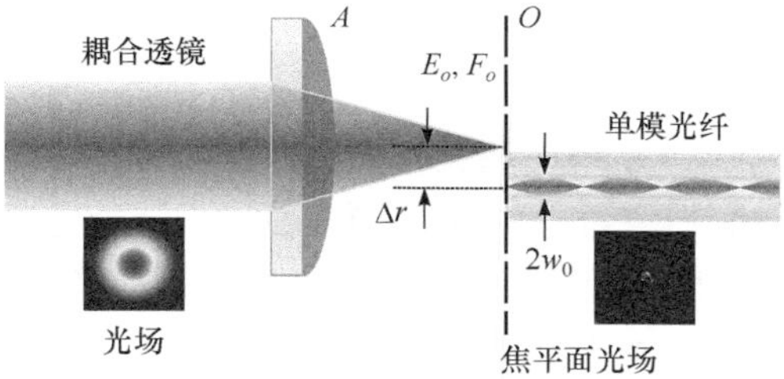

图 4.16　径向误差示意图

光纤端面处的电磁场分布为

$$F_o(r)=\sqrt{\frac{2}{\pi w_0^2}}\exp\left[-\left(\frac{r+\Delta r}{w_0}\right)^2\right] \tag{4.42}$$

当存在径向误差时，平行光经过透镜后，在其焦平面处的光场分布保持不变。将光纤端面的电磁场分布及焦平面处的光场分布代入式(4.32)得到耦合效率为

$$\eta_o = 8\beta^2 \left| \frac{1}{R^2} \int_0^R \exp(-\beta^2) \mathrm{J}_0 \left(\frac{2r\Delta r}{w_0 R} \beta \right) r\mathrm{d}r \right|^2 \tag{4.43}$$

其中，$\mathrm{J}_0(\cdot)$为 0 阶贝塞尔函数。

令 β=1.1209，考虑到菲涅耳反射，则耦合效率可近似表示为

$$\eta_o = 0.8145 \exp\left[-\left(\frac{\Delta r}{w_0} \right)^2 \right] \tag{4.44}$$

根据式(2.48)、式(4.32)和式(4.44)，在灵敏度 10^{-9} 条件下，系统的检测灵敏度随径向误差 Δr 的变化曲线图如图 4.17 所示。

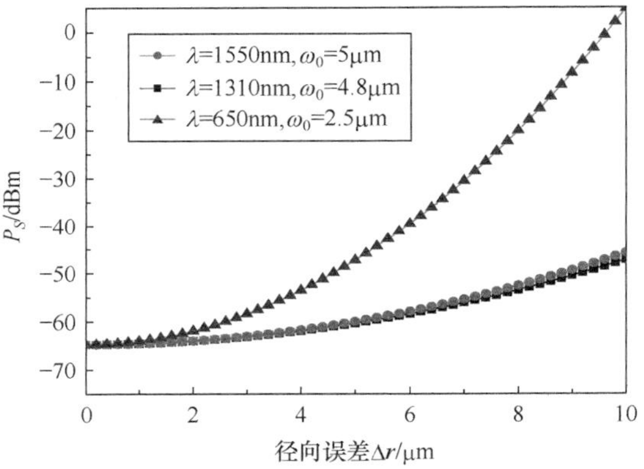

图 4.17　检测灵敏度随径向误差Δr 的变化曲线图

由图 4.17 可以看出，系统检测灵敏度随着径向误差 Δr 的增大而不断减小，当径向误差超过 1μm 时，系统的检测灵敏度减小速度逐渐加快。另外，当 β=1.1209 时，波长λ越大，系统检测灵敏度随径向误差的变化越大，并且当径向误差一定时，波长λ越大，系统的检测灵敏度越大。对比图 4.15 可以看出，系统检测灵敏度更容易受到径向误差的影响，因此在调节耦合设备时需要更加精确，以尽可能减小径向误差并确保允许的误差范围内达到最佳检测灵敏度。

4.5.3　偏转误差对系统检测灵敏度的影响

当光纤的横截面位于透镜的焦平面时，光斑经过透镜后将汇聚于焦点上，而焦点所在的直线与光纤端面之间会产生一定的角度误差，该误差就是偏转误差，也就是光纤端面与光斑焦点之间的夹角。偏转误差示意图如图 4.18 所示。

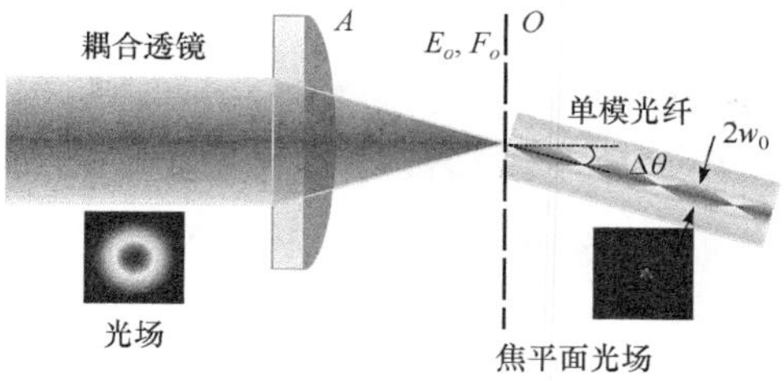

图 4.18　偏转误差示意图

此时，入射光在光纤端面的光场分布不变，而光纤端面理想条件下的透镜-单模光纤耦合电磁场分布会发生偏转，单模光纤模场反向传输到接收孔径上的光场分布可以表示为[5]

$$E_o = \sqrt{\frac{2}{\pi}}\frac{1}{w_L}\exp\left[-\frac{\left(r-\Delta\theta f\right)^2}{{w_L}^2}\right] \tag{4.45}$$

其中，$w_L = \lambda f/(\pi w_0)$ 为接收孔径上的光束半径。

当存在角度误差(偏转误差)时，耦合效率的表达式为

$$\eta_o = 8\beta^2\exp\left[-2\left(\frac{\pi\Delta\theta w_0}{\lambda}\right)^2\right]\left|\int_0^1\exp\left(-\beta^2\gamma^2\right)\mathrm{J}_0\left[\frac{D\Delta\theta}{f}\left(\frac{\pi w_0}{\lambda}\right)^2 r\right]r\mathrm{d}r\right|^2 \tag{4.46}$$

其中，$\mathrm{J}_0(\cdot)$ 为零阶贝塞尔函数；$\gamma = \pi\Delta\theta w_0/\lambda$ 为归一化角度误差。

令 $\beta = 1.1209$，且考虑菲涅耳反射，则光纤耦合效率可近似表示为

$$\eta_o = 0.8145\exp\left[-\left(\frac{\pi w_0\Delta\theta}{\lambda}\right)^2\right] \tag{4.47}$$

由式(2.48)、式(4.28)和式(4.47)，在灵敏度 10^{-9} 条件下，系统的检测灵敏度随角度误差 $\Delta\theta$ 的变化曲线图如图 4.19 所示。

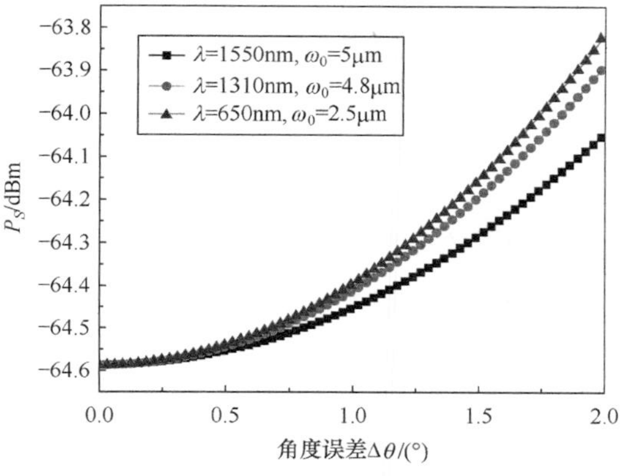

图 4.19　检测灵敏度随角度误差$\Delta\theta$的变化曲线图

由图 4.19 可以看出，系统检测灵敏度随着角度误差$\Delta\theta$的增大而不断减小，当角度误差超过 0.5°时，系统的检测灵敏度减小的速度逐渐加快。这是由于角度误差越大，光束在聚焦平面上的偏移程度越大。另外，当β=1.1209 时，波长λ越长，系统检测灵敏度随角度误差的变化越大，并且当角度误差一定时，波长λ越大，系统的检测灵敏度越大。

4.6　部分相干 EGSM 光束偏振态对相干检测灵敏度的影响

除了相干光的振幅和相位特性外，部分相干光的偏振特性也同样重要。本节推导部分相干电磁高斯-谢尔模型(electromagnetic Gaussian-Schell model，EGSM)光束在大气湍流下斜程传输时外差检测系统灵敏度的表达式。分析 EGSM 光束在不同偏振态下经过上行链路和下行链路传输时，功率谱幂律指数、湍流尺度、传输距离、接收高度、天顶角和检测器光敏面积直径等对系统灵敏度的影响。

4.6.1　部分相干 EGSM 光束基本理论

高斯光是一种标量光，只涉及电磁波场的幅度和相位，不包含电场和磁场的振动方向。因此，高斯光本身并没有偏振特性。但当光束通过一些介质时，如湍流介质，湍流会增加波前的随机性，从而导致原本的相干光变成部分相干光。在部分相干光源中，高斯-谢尔源产生的光束在远场的光场强度分布与完全相干高斯光束一样。此外，激光器本身也可能存在多模振荡的情况，因此激光器输出的激光束可能会表现出部分相干特性，这种部分相干光通常可以用高斯-谢尔模型来描述其光束形态。通常情况下，部分相干 GSM 光束用来描述标量光场，忽略了其矢量特性，因此可以看作绝对偏振。但实际上，光场往往不是绝对偏振的，存在电磁场部分偏振的现象，因此光场通常以部分偏振光的形式存在[7]。

而 EGSM 是一种矢量光场，它将电磁波场表示为一个复矢量场，其中每个向量表示电场和磁场的振动方向与强度，因此使用部分相干 EGSM 光束可以直接描述光的偏振特性。本节将介绍 EGSM 光束的相干偏振矩阵、偏振相干统一理论及 EGSM 光束的交叉谱密度矩阵。

1. EGSM 光束的相干偏振矩阵

Gori 等[8]提出了使用光场笛卡儿分量的互相干函数来描述光束的偏振态，从而构建光束相干偏振(beam coherence polarization，BCP)矩阵。这种方法可以更准确地描述光束的偏振特性，适用于各种复杂的偏振问题。光场的笛卡儿分量包括水平方向和垂直方向的电场分量，这两个分量之间的互相干函数可以表示为一个 2×2 矩阵，其表达式为

$$\Gamma(r_1,r_2,z;\tau)=\begin{bmatrix}\Gamma_{xx}(r_1,r_2,z;\tau) & \Gamma_{xy}(r_1,r_2,z;\tau)\\ \Gamma_{yx}(r_1,r_2,z;\tau) & \Gamma_{yy}(r_1,r_2,z;\tau)\end{bmatrix} \tag{4.48}$$

其中，

$$\Gamma_{\alpha\beta}(r_1,r_2,z;\tau)=\left\langle u_\alpha^*(r_1,r_2,z;t)u_\beta(r_1,r_2,z;t+\tau)\right\rangle,\quad \alpha,\beta=x,y \tag{4.49}$$

笛卡儿分量表示为

$$u_\alpha(r_1,r_2,z;t)=E_\alpha(r_1,r_2,z;t)\exp\left\{\mathrm{i}\left[\phi_\alpha(t)-2\pi\bar{v}t\right]\right\} \tag{4.50}$$

其中，E_α 为光场的振幅；ϕ_α 为光场的随机相位；$\bar{v}$ 为光场的平均频率。

从式(4.49)可以看出，光场的时间统计只与随机相位有关，与光场的振幅无关，因此根据式(4.50)，式(4.49)可以进一步表示为

$$\begin{aligned}\Gamma_{\alpha\beta}(r_1,r_2,z;\tau)&=\left\langle E_\alpha^*(r_1,r_2,z;t)E_\beta(r_1,r_2,z;t)\right\rangle\exp(-\mathrm{i}2\pi\bar{v}\tau)\\&\quad\times\left\langle\exp\left\{\mathrm{i}\left[\phi_\alpha(t+\tau)-\phi_\alpha(t)\right]\right\}\right\rangle\end{aligned} \tag{4.51}$$

根据光场随机相位噪声理论，可得[9]

$$\begin{aligned}\Gamma_{\alpha\beta}(r_1,r_2,z;\tau)&=\left\langle E_\alpha^*(r_1,r_2,z;t)E_\beta(r_1,r_2,z;t)\right\rangle\\&\quad\times\exp(-\mathrm{i}2\pi\bar{v}\tau)\exp(-\pi\Delta v|\tau|)\end{aligned} \tag{4.52}$$

其中，Δv 为有效带宽。

当光场的时间延迟 τ 相对于相干时间 $1/\Delta v$ 非常小时，式(4.52)可写为

$$\Gamma_{\alpha\beta}(r_1,r_2,z;\tau)=J_{\alpha\beta}(r_1,r_2,z)\exp(-\mathrm{i}2\pi\bar{v}\tau) \tag{4.53}$$

其中，

$$J_{\alpha\beta}(r_1,r_2,z)=\left\langle E_\alpha^*(r_1,r_2,z;t)E_\beta(r_1,r_2,z;t)\right\rangle \tag{4.54}$$

相同时刻互相干函数的部分为

$$J(r_1,r_2,z)=\begin{bmatrix}J_{xx}(r_1,r_2,z) & J_{xy}(r_1,r_2,z)\\ J_{yx}(r_1,r_2,z) & J_{yy}(r_1,r_2,z)\end{bmatrix} \tag{4.55}$$

式(4.55)用来描述光场的偏振特性和空间相干性，其中，偏振特性描述了光场在不同方向上的强度分布情况，而空间相干性则描述了光场在不同位置上的相干关系。这两种特性可以通过一个相干偏振矩阵，即式(4.55)进行分析，其归一化表达式为[8]

$$J_{\alpha\beta}(r_1,r_2,z)=\frac{J_{\alpha\beta}(r_1,r_2,z)}{\sqrt{J_{\alpha\alpha}(r_1,r_2,z)J_{\beta\beta}(r_1,r_2,z)}} \tag{4.56}$$

其中，r_1 和 r_2 为源平面上的两个位置矢量。

可以看出，$\left|j_{\alpha\beta}\right| \leqslant 1$，归一化的矩阵元 j_{xx} 和 j_{yy} 分别表示光场在 x 方向和 y 方向的复相干度，这些矩阵元对应的互相干函数描述了光场中不同位置的两个偏振分量之间的关系，通过这些矩阵元可以推导出光束在空间中任意位置的偏振特性，可以使用 BCP 矩阵来表示[8]，即

$$P(r_1,r_2 z)=\sqrt{1-\frac{4\mathrm{Det}\left(J(r_1,r_2,z;\omega)\right)}{\mathrm{Tr}\left(J(r_1,r_2,z;\omega)\right)}} \tag{4.57}$$

对于部分相干 EGSM 光束，EGSM 光束的 BCP 矩阵可以表示为

$$J_{ij}\left(r_1,r_2\right)=I_{ij}\exp\left[\frac{-r_1^2+r_2^2}{4w_i^2}-\frac{\left(r_1-r_2\right)^2}{2\delta_{ij}^2}\right] \tag{4.58}$$

其中，I_{ij} 为光强；w_i 为光场 x 方向或 y 方向上的束腰半径；δ_{ij} 为空间相干长度；$i,j=x,y$。

2. 偏振相干统一理论及 EGSM 光束的交叉谱密度矩阵

光束相干偏振矩阵用来描述光束的偏振态，主要对光束在空间上的偏振分布进行描述，而对于光场的时间特性，相干偏振矩阵无法直接描述光束的时间相干特性。为了解决该问题，Wolf[10]在光束相干偏振矩阵的基础上，结合互相干函数的交叉谱密度矩阵，提出了偏振相干统一理论，可以描述光束的时间相干特性和偏振特性，该理论通过引入偏振态和相干度的概念，将光的偏振特性和相干特性统一起来。光场两分量的交叉谱密度矩阵根据式(4.49)互相干矩阵的傅里叶变换得到，可以写为

$$W(r_1,r_2,z;\omega)=\frac{1}{2\pi}\int_{-\infty}^{+\infty}\Gamma(r_1,r_2,z;\tau)\exp(\mathrm{i}\omega\tau)\mathrm{d}\tau \tag{4.59}$$

交叉谱密度矩阵 $W(r_1,r_2,z;\omega)$ 具体可以表示为[10]

$$W(r_1,r_2,z;\omega)=\begin{bmatrix} W_{xx}(r_1,r_2,z;\omega) & W_{xy}(r_1,r_2,z;\omega) \\ W_{yx}(r_1,r_2,z;\omega) & W_{yy}(r_1,r_2,z;\omega) \end{bmatrix} \tag{4.60}$$

其中，

$$W_{ij}(r_1,r_2,z;\omega)=\left\langle E_i^*(r_1,z;\omega)E_j(r_2,z;\omega)\right\rangle,\quad i,j=x,y \tag{4.61}$$

在随机电磁光束中，交叉谱密度矩阵可以用来描述两个不同的随机光场的相互作用。通过对交叉谱密度矩阵的分析，可以获得随机电磁光束各个频率分量的功率谱密度、谱相干度以及谱偏振度等信息。其中，随机电磁光束的功率谱密度

可以表示为

$$S(r_1,r_2,z;\omega)=\mathrm{Tr}\left(W(r_1,r_2,z;\omega)\right) \tag{4.62}$$

其中，Tr(·)为矩阵 $W(r_1,r_2,z;\omega)$ 的迹。

谱相干度为[10]

$$\mu(r_1,r_2,z;\omega)=\frac{\mathrm{Tr}\left(W(r_1,r_2,z;\omega)\right)}{\sqrt{\mathrm{Tr}\left(W(r_1,r_1,z;\omega)\right)}\sqrt{\mathrm{Tr}\left(W(r_2,r_2,z;\omega)\right)}} \tag{4.63}$$

谱偏振度为

$$P(r_1,r_2,z;\omega)=\sqrt{1-\frac{4\mathrm{Det}\left(W(r_1,r_2,z;\omega)\right)}{\mathrm{Tr}\left(W(r_1,r_2,z;\omega)\right)}} \tag{4.64}$$

其中，Det(·)代表矩阵的行列式。

EGSM 光束的交叉谱密度矩阵阵元的形式可以表示为[11,12]

$$\begin{aligned}W_{ij}(r_1,r_2,z=0;\omega)=&\sqrt{S_i(r_1,r_2,z=0;\omega)}\sqrt{S_j(r_1,r_2,z=0;\omega)}\\&\times\mu_{ij}(r_1-r_2,z=0;\omega)\end{aligned} \tag{4.65}$$

其中，$S_i(r_1,r_2,z=0;\omega)$ 和 $S_j(r_1,r_2,z=0;\omega)$ 为电磁光束两笛卡儿分量的功率谱密度；$\mu_{ij}(r_1-r_2,z=0;\omega)$ 为电磁光束两笛卡儿分量的谱相干度。

对于 EGSM 光束，其均为高斯型，可以写为[13]

$$S_i(r_1,r_2,z=0;\omega)=A_i^2\exp\left(-\frac{2r^2}{w_i^2}\right),\quad i=x,y \tag{4.66}$$

$$\mu_{iJ}(r_1-r_2,z=0;\omega)=B_{ij}\exp\left[-\frac{(r_1-r_2)^2}{2\delta_{ij}^2}\right] \tag{4.67}$$

其中，A_i 为光场 x 方向或 y 方向上的振幅；w_i 为光场 x 方向或 y 方向上的束腰半径；δ_{ij} 为空间相干长度，描述光场两点之间的关联程度；B_{ij} 为光场笛卡儿分量的关联系数。

4.6.2　大气湍流下部分相干 EGSM 光束偏振态对相干检测灵敏度的影响

当光束在大气信道中传输时，受随机起伏大气折射率的影响，光束会发生大气闪烁、到达角起伏、光束漂移等现象，这些现象会明显降低无线光通信链路的性能。研究发现，相比于相干光，部分相干光受湍流影响更小，具有更强的稳定性。本节推导部分相干 EGSM 光束在大气湍流下斜程传输时外差检测系统灵敏度的表达式，分析不同偏振态下对系统检测灵敏度的影响。

1. 大气湍流下部分相干 EGSM 光束偏振态对系统检测灵敏度影响的数学模型

本节以 EGSM 光束为研究对象，讨论在非 Kolmogorov 大气湍流下 EGSM 光束用于外差检测时的系统性能。光束在 z=0 平面检测器上的混频模型如图 4.20 所示，假设信号光和本振光均为部分相干 EGSM 光束，并垂直于检测器表面入射，在 z=0 处进行混频，k_{Lo}、k_S 分别是本振光和信号光的波矢，则检测器表面本振光 $U_{\mathrm{Lo}}(\rho,t)$和信号光 $U_S(\rho,t)$的瞬时光场分别表示为[14]

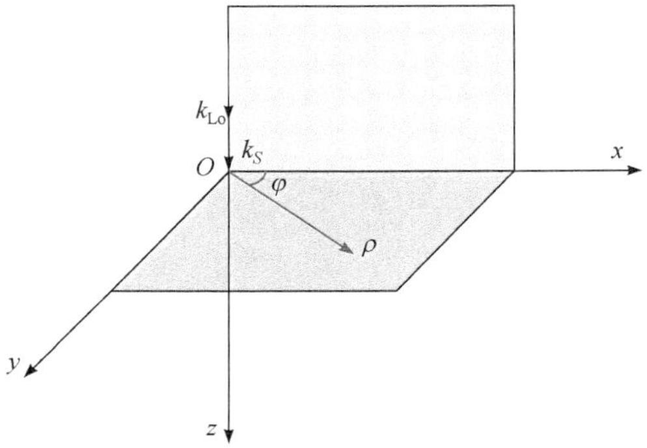

图 4.20　光束在 z=0 平面检测器上的混频模型

$$U_{\mathrm{Lo}}(\rho,t)=\left[U_{\mathrm{Lo}x}(\rho)e_x+U_{\mathrm{Lo}y}(\rho)e_y\right]\exp(\mathrm{j}\omega_{\mathrm{Lo}}t) \tag{4.68}$$

$$U_S(\rho,t)=\left[U_{Sx}(\rho)e_x+U_{Sy}(\rho)e_y\right]\exp(\mathrm{j}\omega_S t) \tag{4.69}$$

其中，e_x、e_y 表示单位矢量；ω_{Lo}、ω_S 分别表示本振光和信号光的中心角频率；ρ 表示垂直于光束传播方向的二维横向矢量。

部分相干光束的偏振特性、空间相干性可以选用光束相干偏振矩阵 J 表示。在 z 方向传播的信号光和本振光的光束相干偏振矩阵 $J_S(r_1,r_2)$和 $J_{\mathrm{Lo}}(r_1,r_2)$可以分别表示为[14]

$$J_S(\rho_1,\rho_2)=\begin{bmatrix}\left\langle U_{Sx}^*(\rho_1)U_{Sx}(\rho_2)\right\rangle & \left\langle U_{Sx}^*(\rho_1)U_{Sy}(\rho_2)\right\rangle\\ \left\langle U_{Sy}^*(\rho_1)U_{Sx}(\rho_2)\right\rangle & \left\langle U_{Sy}^*(\rho_1)U_{Sy}(\rho_2)\right\rangle\end{bmatrix} \tag{4.70}$$

$$J_{\mathrm{Lo}}(\rho_1,\rho_2)=\begin{bmatrix}\left\langle U_{\mathrm{Lo}x}^*(\rho_1)U_{\mathrm{Lo}x}(\rho_2)\right\rangle & \left\langle U_{\mathrm{Lo}x}^*(\rho_1)U_{\mathrm{Lo}y}(\rho_2)\right\rangle\\ \left\langle U_{\mathrm{Lo}y}^*(\rho_1)U_{\mathrm{Lo}x}(\rho_2)\right\rangle & \left\langle U_{\mathrm{Lo}y}^*(\rho_1)U_{\mathrm{Lo}y}(\rho_2)\right\rangle\end{bmatrix} \tag{4.71}$$

其中，上标*表示复共轭；〈·〉表示统计平均值。

根据外差检测原理和平衡检测原理，得到中频信号的功率为[15]

$$P_{\mathrm{IF}}=2\mathscr{R}^2\iint\iint\mathrm{Re}\{\mathrm{Tr}\left(J_{\mathrm{Lo}}(\rho_1,\rho_2)J_S(\rho_1,\rho_2)\right)\}\mathrm{d}^2\rho_1\mathrm{d}^2\rho_2 \tag{4.72}$$

其中，$\mathrm{Tr}(\cdot)$表示矩阵的迹；$\mathrm{Re}\{\cdot\}$表示取复数的实部；$\mathscr{R}=e\eta/(h\nu)$为检测器的响

应；e 为电子电荷；η 为量子效率；h 为普朗克常量；v 为载波频率。

为分析方便，假设检测器的响应 $\mathfrak{R}$ 不随检测器上的位置而变化。由于本振光产生的散粒噪声为系统的主要噪声，所以噪声功率可以表示为[14]

$$P_n = eB\mathfrak{R}\iint \mathrm{Tr}\left(J_{\mathrm{Lo}}(\rho,\rho)\right)\mathrm{d}^2\rho \tag{4.73}$$

其中，B 为检测器的带宽。

根据信噪比定义，部分相干 EGSM 光束的相干检测系统的信噪比为[14]

$$\mathrm{SNR}_{\mathrm{EGSM}} = \frac{2\mathfrak{R}\iint\iint \mathrm{Re}\left\{\mathrm{Tr}\left(J_{\mathrm{Lo}}(\rho_1,\rho_2)J_S(\rho_1,\rho_2)\right)\right\}\mathrm{d}^2\rho_1\mathrm{d}^2\rho_2}{eB\iint \mathrm{Tr}\left(J_{\mathrm{Lo}}(\rho,\rho)\right)\mathrm{d}^2\rho} \tag{4.74}$$

根据外差效率的定义，部分相干 EGSM 光束用于外差检测的外差效率的表达式为[13]

$$\eta_{\mathrm{EGSM}} = \frac{\iint\iint \mathrm{Re}\left\{\mathrm{Tr}\left(J_{\mathrm{Lo}}(\rho_1,\rho_2)J_S(\rho_1,\rho_2)\right)\right\}\mathrm{d}^2\rho_1\mathrm{d}^2\rho_2}{\iint \mathrm{Tr}\left(J_{\mathrm{Lo}}(\rho_1,\rho_2)\right)\mathrm{d}^2\rho_1\iint \mathrm{Tr}\left(J_S(\rho_1,\rho_2)\right)\mathrm{d}^2\rho_2} \tag{4.75}$$

部分相干 EGSM 光束的 BCP 矩阵各元素的表达式为[15]

$$J_{\beta ij}(r_1,r_2) = I_{\beta ij}\exp\left[-\frac{r_1^2+r_2^2}{4w_\beta^2}-\frac{(r_1-r_2)^2}{2\delta_{\beta ij}^2}\right] \tag{4.76}$$

其中，r_1 和 r_2 为源平面上的两个位置矢量；$I_{\beta ij}$ 为光强；w_β为光束的束腰半径，当β为 S 时，代表信号光束，当β为 Lo 时，代表本振光束；$\delta_{\beta ij}$ 为空间相干长度，$i,j=x,y$。

假设大气湍流中 EGSM 沿 z 正向传播，由广义惠更斯-菲涅耳原理可知，在接收端光束的 BCP 矩阵各元素的表达式为[16]

$$\begin{aligned}J_{\beta ij}(\rho_1,\rho_2,z_\beta) = {}& I_{\beta ij}\left(\frac{k}{2\pi z_\beta}\right)^2\iint \mathrm{d}^2r_1\iint \mathrm{d}^2r_2\times\exp\left[-\mathrm{i}k\frac{(\rho_1-r_1)^2-(\rho_2-r_2)^2}{2z_\beta}\right]\\&\times\exp\left[-\frac{r_1^2+r_2^2}{4w_\beta^2}-\frac{(r_1-r_2)^2}{2\delta_{\beta ij}^2}\right]\\&\times\left\langle\exp\left[\psi^*(\rho_1,r_1,z_\beta)+\psi(\rho_2,r_2,z_\beta)\right]\right\rangle\end{aligned} \tag{4.77}$$

其中，z_β为传输距离；$k=2\pi/\lambda$ 为波数，λ 为波长；$\psi^*\left(\rho_1,r_1,z_\beta\right)$ 和 $\psi\left(\rho_2,r_2,z_\beta\right)$ 是湍流介质的复随机扰动。

式(4.77)中描述湍流影响的 $\left\langle\exp\left[\psi^*\left(\rho_1,r_1,z_\beta\right)+\psi\left(\rho_2,r_2,z_\beta\right)\right]\right\rangle$ 可以表示为[17]

$$\left\langle\exp\left[\psi^*(\rho_1,r_1,z_\beta)+\psi(\rho_2,r_2,z_\beta)\right]\right\rangle = \exp\left[-\frac{1}{2}D_\phi(\rho_1-\rho_2,r_1-r_2)\right] \tag{4.78}$$

其中，$D_\phi(\rho_1-\rho_2,r_1-r_2)$为波结构函数。

当光束斜程传输至接收端时，波结构函数可以表示为[17]

$$D_\phi(\rho_1-\rho_2,r_1-r_2)=M_1r_d^2+M_2r_d\rho_d+M_3\rho_d^2 \tag{4.79}$$

其中，$\rho_d=\rho_1-\rho_2$；$r_d=r_1-r_2$；M_1、M_2、M_3分别为

$$\begin{cases}M_1=2\pi^2k^2\sec\theta\int_{h_0}^{H}\int_0^\infty \Phi_n(\kappa,h)(1-\xi)^2\kappa^3\mathrm{d}\kappa\mathrm{d}h\\ M_2=4\pi^2k^2\sec\theta\int_{h_0}^{H}\int_0^\infty \Phi_n(\kappa,h)(1-\xi)\xi\kappa^3\mathrm{d}\kappa\mathrm{d}h\\ M_3=2\pi^2k^2\sec\theta\int_{h_0}^{H}\int_0^\infty \Phi_n(\kappa,h)\xi^2\kappa^3\mathrm{d}\kappa\mathrm{d}h\end{cases} \tag{4.80}$$

其中，在上行链路中，$\xi=1-(h-h_0)/(H-h_0)$，h 为传输高度，H 为接收端高度，h_0为光源高度；在下行链路中，$\xi=(h-h_0)/(H-h_0)$，H 为光源高度，h_0为接收端高度；θ 为天顶角；k 为空间波数。

当大气湍流折射率谱密度函数$\Phi_n(\kappa,h)$为非 Kolmogorov 谱时，其表达式为[18]

$$\Phi_n(\kappa,h,\alpha)=A(\alpha)\tilde{C}_n^2\frac{\exp\left[-\kappa^2/\kappa_m^2\right]}{(\kappa^2+\kappa_0^2)^{\alpha/2}},\quad 0\leqslant\kappa<\infty,\quad 3<\alpha<4 \tag{4.81}$$

其中，κ 为空间波数；$\kappa_m=c(\alpha)/l_0$，$\kappa_0=2\pi/L_0$，l_0 和 L_0 分别为大气湍流的内尺度和外尺度，$c(\alpha)$为功率谱幂律指数的函数，α为功率谱幂律指数，范围为$3<\alpha<4$；$\tilde{C}_n^2$为非 Kolmogorov 大气湍流折射率结构常数；$A(\alpha)$为广义振幅。

$A(\alpha)$和$c(\alpha)$的表达式分别为[18]

$$A(\alpha)=\frac{\Gamma(\alpha-1)\cos(\alpha\pi/2)}{4\pi^2} \tag{4.82}$$

$$c(\alpha)=\left[\Gamma\left(5-\frac{\alpha}{2}\right)A(\alpha)\frac{2}{3}\pi\right]^{1/(\alpha-5)} \tag{4.83}$$

其中，$\Gamma(\cdot)$为伽马函数。

在非 Kolmogorov 大气湍流下，$\int_0^\infty \Phi_n(\kappa,h,\alpha)\kappa^3\mathrm{d}\kappa$ 经积分可得

$$\int_0^\infty \Phi_n(\kappa,h,\alpha)\kappa^3\mathrm{d}\kappa=\frac{A(\alpha)}{2(\alpha-2)}\tilde{C}_n^2\left[\kappa_m^{2-\alpha}\beta\exp\left(\frac{\kappa_0^2}{\kappa_m^2}\right)\Gamma\left(2-\frac{\alpha}{2},\frac{\kappa_0^2}{\kappa_m^2}\right)-2\kappa_0^{4-\alpha}\right] \tag{4.84}$$

当光束斜程传输时，C_n^2 随地面高度的变化而变化，其关系式大多采用 Hufnagel-Valley 模型表示为[19]

$$C_n^2(h)=8.148\times10^{-56}v_{\mathrm{RMS}}^2h^{10}\mathrm{e}^{-h/1000}+2.7\times10^{-16}\mathrm{e}^{-h/1500}+C_0\mathrm{e}^{-h/100} \tag{4.85}$$

$$v_{\mathrm{RMS}}=\sqrt{v_g^2+30.69v_g+348.91}\,,\quad \tilde{C}_n^2=\gamma C_n^2$$

其中，γ 为常数 1；v_{RMS} 为垂直路径风速；v_g 为近地面风速；C_0 为近地面的大气结构常数。

将式(4.78)代入式(4.77)中，整理可得

$$\begin{aligned}J_{\beta ij}(\rho_1,\rho_2,z_\beta)=I_{\beta ij}\left(\frac{k}{2\pi z_\beta}\right)^2\iint \mathrm{d}^2r_1\iint \mathrm{d}^2r_2\times\exp\left[-\mathrm{i}k\frac{(\rho_1-r_1)^2-(\rho_2-r_2)^2}{2z_\beta}\right]\\ \times\exp\left[-\frac{r_1^2+r_2^2}{4w_\beta^2}-\frac{(r_1-r_2)^2}{2\delta_{\beta ij}^2}\right]\\ \times\exp\left[-\frac{1}{2}(M_1r_d^2+M_2r_d\rho_d+M_3\rho_d^2)\right]\end{aligned}\tag{4.86}$$

利用积分表达式：

$$\int_{-\infty}^{+\infty}\left[\mathrm{e}^{-ax^2}\right]\mathrm{e}^{-\mathrm{i}2\pi w_x x}\mathrm{d}x\cdot\int_{-\infty}^{+\infty}\left[\mathrm{e}^{-ay^2}\right]\mathrm{e}^{-\mathrm{i}2\pi w_y y}\mathrm{d}y=\frac{\pi}{a}\cdot\mathrm{e}^{-\frac{\pi^2w^2}{a}}\tag{4.87}$$

对式(4.86)通过积分运算可得

$$J_{\beta ij}(\rho_1,\rho_2,z_\beta)=\frac{I_{\beta ij}}{Q_{\beta ij}}\exp[-H_{\beta ij}(\rho_1-\rho_2)^2]\times\exp\left[-\frac{1}{8w_\beta^2Q_{\beta ij}}(\rho_1+\rho_2)^2\right]\times\exp[-\mathrm{i}kT_{\beta ij}(\rho_1^2-\rho_2^2)]\tag{4.88}$$

其中，

$$\begin{cases}Q_{\beta ij}=1+\left(\dfrac{z_\beta}{kw_\beta\theta_{\beta ij}}\right)^2+\dfrac{{z_\beta}^2M_3}{k^2w_\beta^2}\\ H_{\beta ij}=\dfrac{1}{2\theta_{\beta ij}^2Q_{\beta ij}}+\dfrac{1}{2Q_{\beta ij}}(M_3+M_2)+\dfrac{M_1}{2}-\dfrac{{M_2}^2{z_\beta}^2}{8w_\beta^2k^2Q_{\beta ij}}\\ \dfrac{1}{\theta_{\beta ij}^2}=\dfrac{1}{4w_\beta^2}+\dfrac{1}{\delta_{\beta ij}^2}\\ T_{\beta ij}=\dfrac{2k^2w_\beta^2Q_{\beta ij}+M_2{z_\beta}^2-2k^2w_\beta^2}{4k^2z_\beta w_\beta^2Q_{\beta ij}}\end{cases}\tag{4.89}$$

对于随机电磁光束，偏振度的定义为[16]

$$P(\rho_1,\rho_2,z_\beta)=\sqrt{1-\frac{4\mathrm{Det}\left(J(\rho_1,\rho_2,z_\beta)\right)}{\left[\mathrm{Tr}\left(J(\rho_1,\rho_2,z_\beta)\right)\right]^2}}\tag{4.90}$$

其中，Det(·)表示矩阵的行列式。

将式(4.88)代入式(4.90)中，令 $\rho_1=\rho_2=0$，得到接收平面光束轴上点的偏振度

表达式为

$$P(\rho=0,z_\beta)=\sqrt{1-\frac{4\left(\dfrac{I_{\beta xx}I_{\beta yy}}{Q_{\beta xx}Q_{\beta yy}}-\dfrac{I_{\beta xy}I_{\beta yx}}{Q_{\beta xy}Q_{\beta yx}}\right)}{\left(\dfrac{I_{\beta xx}}{Q_{\beta xx}}+\dfrac{I_{\beta yy}}{Q_{\beta yy}}\right)^2}} \tag{4.91}$$

可以看出，偏振度满足 $0\leqslant P\leqslant 1$。当 $P=1$ 时，光束是完全偏振态的；当 $0<P<1$ 时，光束是部分偏振态的；当 $P=0$ 时，光束是非偏振态的。

将式(4.88)代入式(4.72)中，通过极坐标运算得到中频信号的功率为

$$P_{\mathrm{IF}ij}=2\mathfrak{R}^2\int_0^{2\pi}\int_0^{2\pi}\int_0^{D/2}\int_0^{D/2}\mathrm{Re}[J_{\mathrm{Lo}ij}(\rho_1,\rho_2,z_\beta)\times J_{Sij}{}^*(\rho_1,\rho_2,z_\beta)]\rho_1\rho_2\mathrm{d}\rho_1\mathrm{d}\rho_2\mathrm{d}\varphi_1\mathrm{d}\varphi_2 \tag{4.92}$$

其中，D 为检测器的有效直径；φ为位置矢量ρ和 x 轴的夹角。

为了计算简便，此处使用软孔径近似，考虑将硬孔径 D 近似为半径为 W 的高斯孔径或软孔径，两者之间的关系[14]为 $W^2=D^2/8$，则式(4.92)可以整理为

$$\begin{aligned}P_{\mathrm{IF}ij}=2\mathfrak{R}^2\frac{I_{\mathrm{Lo}ij}I_{Sij}}{Q_{\mathrm{Lo}ij}Q_{Sij}}\int_0^{2\pi}\int_0^{2\pi}\int_0^{+\infty}\int_0^{+\infty}\mathrm{Re}\Bigg\{&\frac{I_{\mathrm{Lo}ij}}{Q_{\mathrm{Lo}ij}}\exp[-H_{\mathrm{Lo}ij}(\rho_1-\rho_2)^2]\exp\left[-\frac{1}{8w_{\mathrm{Lo}}^2Q_{\mathrm{Lo}ij}}(\rho_1+\rho_2)^2\right]\\&\times\exp[-\mathrm{i}kT_{\mathrm{Lo}ij}(\rho_1^2-\rho_2^2)]\times\frac{I_{Sij}}{Q_{Sij}}\exp[-H_{Sij}(\rho_1-\rho_2)^2]\exp\left[-\frac{1}{8w_S^2Q_{Sij}}(\rho_1+\rho_2)^2\right]\\&\times\exp[\mathrm{i}kT_{Sij}(\rho_1^2-\rho_2^2)]\exp\left[-\frac{\rho_1^2+\rho_2^2}{W^2}\right]\Bigg\}\rho_1\rho_2\mathrm{d}\rho_1\mathrm{d}\rho_2\mathrm{d}\varphi_1\mathrm{d}\varphi_2\end{aligned} \tag{4.93}$$

再根据关系式$\rho_1\rho_2=\rho_1\ \rho_2\cos(\varphi_1-\varphi_2)$，式(4.93)可以整理为

$$\begin{aligned}P_{\mathrm{IF}ij}=2\mathfrak{R}^2\frac{I_{\mathrm{Lo}ij}I_{Sij}}{Q_{\mathrm{Lo}ij}Q_{Sij}}\int_0^{2\pi}\int_0^{2\pi}\int_0^{\infty}\int_0^{\infty}&\mathrm{Re}\{\exp[-g_{ij}(\rho_1^2+\rho_2^2)]\times\exp[\mathrm{i}p_{ij}(\rho_1^2-\rho_2^2)]\\&\times\exp[2q_{ij}\rho_1\rho_2\cos(\varphi_1-\varphi_2)]\}\rho_1\rho_2\mathrm{d}\rho_1\mathrm{d}\rho_2\mathrm{d}\varphi_1\mathrm{d}\varphi_2\end{aligned} \tag{4.94}$$

其中，

$$\begin{cases}g_{ij}=H_{\mathrm{Lo}ij}+\dfrac{1}{8w_{\mathrm{Lo}}^2Q_{\mathrm{Lo}ij}}+H_{Sij}+\dfrac{1}{8w_S^2Q_{Sij}}+\dfrac{1}{W^2}\\q_{ij}=H_{\mathrm{Lo}ij}-\dfrac{1}{8w_{\mathrm{Lo}}^2Q_{\mathrm{Lo}ij}}+H_{Sij}-\dfrac{1}{8w_S^2Q_{Sij}}\\p_{ij}=k(T_{Sij}-T_{\mathrm{Lo}ij})\end{cases} \tag{4.95}$$

通过化简计算可得

$$P_{\mathrm{IF}ij} = \frac{2\pi^2 \mathcal{R}^2 I_{\mathrm{Lo}ij} I_{Sij}}{Q_{\mathrm{Lo}ij} Q_{Sij} ({g_{ij}}^2 + {p_{ij}}^2 - {q_{ij}}^2)}, \quad i,j = x,y \tag{4.96}$$

本振光功率为

$$\begin{aligned} P_{\mathrm{Lo}ii} &= \mathcal{R}\iint J_{\mathrm{Lo}ii}(\rho,\rho)\mathrm{d}^2\rho = \mathcal{R}\int_0^{2\pi}\int_0^{+\infty} J_{\mathrm{Lo}ii}(\rho,\rho)\mathrm{e}^{-\rho^2/W^2}\rho\mathrm{d}\rho\mathrm{d}\varphi \\ &= \frac{2\mathcal{R}\pi I_{\mathrm{Lo}ii} W^2 w_{\mathrm{Lo}}^2}{W^2 + 2w_{\mathrm{Lo}}^2 Q_{\mathrm{Lo}ii}}, \quad i = x,y \end{aligned} \tag{4.97}$$

根据前面的结果，可得

$$\mathrm{SNR}_{\mathrm{EGSM}} = \frac{\sum_{i,j=x,y} P_{\mathrm{IF}ij}}{eB\sum_{i=x,y} P_{\mathrm{Lo}ii}} \tag{4.98}$$

同样地，信号光功率为

$$\begin{aligned} P_{Sii} &= \mathcal{R}\iint J_{Sii}(\rho,\rho)\mathrm{d}^2\rho = \mathcal{R}\int_0^{2\pi}\int_0^{+\infty} J_{Sii}(\rho,\rho)\mathrm{e}^{-\rho^2/W^2}\rho\mathrm{d}\rho\mathrm{d}\varphi \\ &= \frac{2\mathcal{R}\pi I_{Sii} W^2 w_S^2}{W^2 + 2w_S^2 Q_{Sii}}, \quad i = x,y \end{aligned} \tag{4.99}$$

外差检测的外差效率的表达式为

$$\eta_{\mathrm{EGSM}} = \frac{\sum_{i,j=x,y} P_{\mathrm{IF}ij}}{2\sum_{i=x,y} P_{\mathrm{Lo}ii} \sum_{i=x,y} P_{Sii}} \tag{4.100}$$

由式(4.99)和式(4.100)可得，$\mathrm{SNR}_{\mathrm{EGSM}}$ 可表示为

$$\begin{aligned} \mathrm{SNR}_{\mathrm{EGSM}} &= \frac{\sum_{i=x,y} P_{Sii} \sum_{i,j=x,y} P_{\mathrm{IF}ij}}{eB\sum_{i=x,y} P_{\mathrm{Lo}ii} \sum_{i=x,y} P_{Sii}} \\ &= \frac{2\sum_{i=x,y} P_{Sii}}{eB}\eta_{\mathrm{EGSM}} \end{aligned} \tag{4.101}$$

检测系统灵敏度是指在保证一定误码率条件下可检测的最小输入信号功率，由式(4.101)可得

$$\sum_{i=x,y} P_{Sii} = \frac{eB}{2\eta_{\mathrm{EGSM}}}\mathrm{SNR}_{\mathrm{EGSM}} \tag{4.102}$$

接收机的误码率也是衡量无线光相干通信系统性能的重要参数，本节采用二进制相移键控调制方式，其误码率的表达式为[20]

$$\mathrm{BER} = \frac{1}{2}\mathrm{erfc}\left(\frac{\mathrm{SNR}_{\mathrm{EGSM}}}{2}\right)^{1/2} \tag{4.103}$$

2. 部分相干 EGSM 光束偏振态对系统检测灵敏度的影响

在上述理论分析的基础上，采用 Monte-Carlo 方法和理论计算方法对基于二

进制相移键控调制的 EGSM 光束外差检测系统进行仿真，并分析其误码性能，仿真参数取值如表 4.1 所示，为了使光束在大气信道中偏振特性保持不变，本振光和信号光的光束空间长度分别取 $\delta_{Loxy}=\delta_{Loyx}=0.2\text{mm}$、$\delta_{Loxx}=\delta_{Loyy}=0.2\text{mm}$、$\delta_{Sxx}=\delta_{Syy}=0.4\text{mm}$、$\delta_{Sxy}=\delta_{Syx}=0.4\text{mm}$。图 4.21 为理论推导与 Monte-Carlo 仿真时偏振度与系统误码率的曲线。从图中可以发现，随着偏振度 P 的增大，系统误码率逐渐减小，且 Monte-Carlo 仿真曲线与理论推导误码率曲线吻合度较高，验证了数值仿真结果的正确性。

表 4.1　讨论误码率与偏振度关系时仿真参数取值

参数名称	参数取值	参数名称	参数取值
波长 λ	1550nm	接收端高度 H	2000m
湍流内尺度 l_0	0.001m	光源高度 h_0	0m
湍流外尺度 L_0	1m	大气结构常数 C_0	$1.7\times10^{-14}\text{m}^{-2/3}$
功率谱幂律指数 α	3.6	信号光束腰半径 w_S	3mm
近地面风速 v_g	2.8m/s	本振光束腰半径 w_{Lo}	3mm
检测器光敏面积直径 D	2mm	载波频率 v	1.9×10^{14}Hz
普朗克常量	$6.623\times10^{-34}\text{J}\cdot\text{s}$	检测器带宽 B	200MHz
量子效率 η	0.8	电子电荷 e	1.6×10^{-19}C
传输比特点数	10^7	传输距离 z_s	5000m

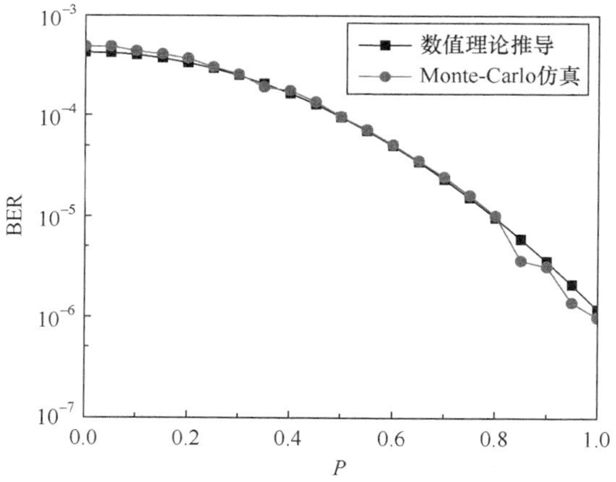

图 4.21　EGSM 光束用于外差检测时上行链路系统误码率随偏振度 P 的变化曲线图

由式(4.102)可以看出，EGSM 光束用于外差检测时系统的灵敏度由湍流大小、湍流尺度、天顶角、检测器参数、传输距离、接收端高度或光源高度等共同决定。本节主要分析了在给定误码率 BER=10^{-9} 时，各因素如何影响外差检测系统灵敏度。首先给出仿真参数的数值大小，如表 4.2 所示。

表 4.2　讨论外界因素对外差检测系统灵敏度影响时仿真参数取值

参数名称	参数取值	参数名称	参数取值
波长 λ	1550nm	大气结构常数 C_0	$1.7\times10^{-14}\text{m}^{-2/3}$
湍流内尺度 l_0	0.005m	信号光束腰半径 w_S	3mm
湍流外尺度 L_0	1m	本振光束腰半径 w_{Lo}	3mm
功率谱幂律指数 α	3.7	检测器光敏面积直径 D	3mm
近地面风速 v_g	2.8m/s	普朗克常量 h	$6.623\times10^{-34}\text{J}\cdot\text{s}$
接收端(下行链路)或光源高度 h_0(上行链路)	0m	载波频率 v	$1.9\times10^{14}\text{Hz}$
量子效率 η	0.8	检测器带宽 B	200MHz
接收端(上行链路)或光源高度 H(下行链路)	800m	—	—

图 4.22 为 EGSM 光束用于外差检测时上行链路和下行链路的系统灵敏度随偏振度 P 的变化曲线图。本节假设光束在大气信道中保持偏振特性不变，根据式(4.91)，当 $I_{\text{Lo}xy}=I_{Sxy}=I_{\text{Lo}yx}=I_{Syx}$ 分别取 0、0.2、0.4、0.6、0.8、1 时得到偏振度 P 为 0、0.2、0.4、0.6、0.8、1 不同的值，可以看出外差检测的系统灵敏度随着偏振度 P 的增大而增大。从式(4.91)可以看出，当光强越强(即偏振度越大)时，检测灵敏度越高。另外，在偏振度不变时，上行链路的灵敏度大于下行链路的灵敏度，这是由式(4.76)中的湍流项 M_1、M_2、M_3 不同引起的，在式(4.102)中，上行链路湍流项的值小于下行链路湍流项的值，那么光束在上行链路传输时受湍流的影响小于下行链路，因此光束上行链路传输时的检测灵敏度较高。

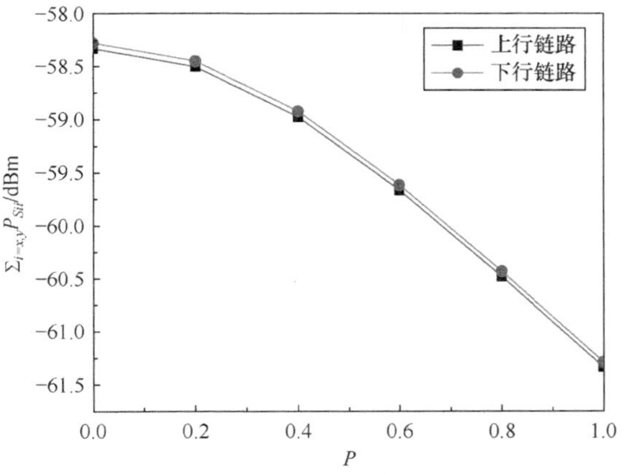

图 4.22　EGSM 光束用于外差检测时上行链路和下行链路的系统灵敏度随偏振度 P 的变化曲线图

为了更直观地分析 EGSM 光束斜程传输时在不同偏振态下各因素对外差检测灵敏度的影响，分别对完全偏振、非偏振、部分偏振态下的 EGSM 光束用于外差检测时的灵敏度进行了详细分析，结果如图 4.23～图 4.25 所示。

根据式(4.91)，当取 $I_{\mathrm{Lo}xy}=I_{Sxy}=1$、$I_{\mathrm{Lo}yx}=I_{Syx}=1$、$I_{\mathrm{Lo}xx}=I_{\mathrm{Lo}yy}=1$、$I_{Sxx}=I_{Syy}=1$ 时，偏振度 $P=1$，此时信号光和本振光均为完全偏振光束。图 4.23(a)～图 4.23(f)分别为完全偏振的 EGSM 光束用于外差检测时，在不同功率谱幂律指数、检测器光敏面积直径、湍流外尺度、湍流内尺度、天顶角、接收端高度或光源高度条件下，系统灵敏度随传输距离的变化曲线。

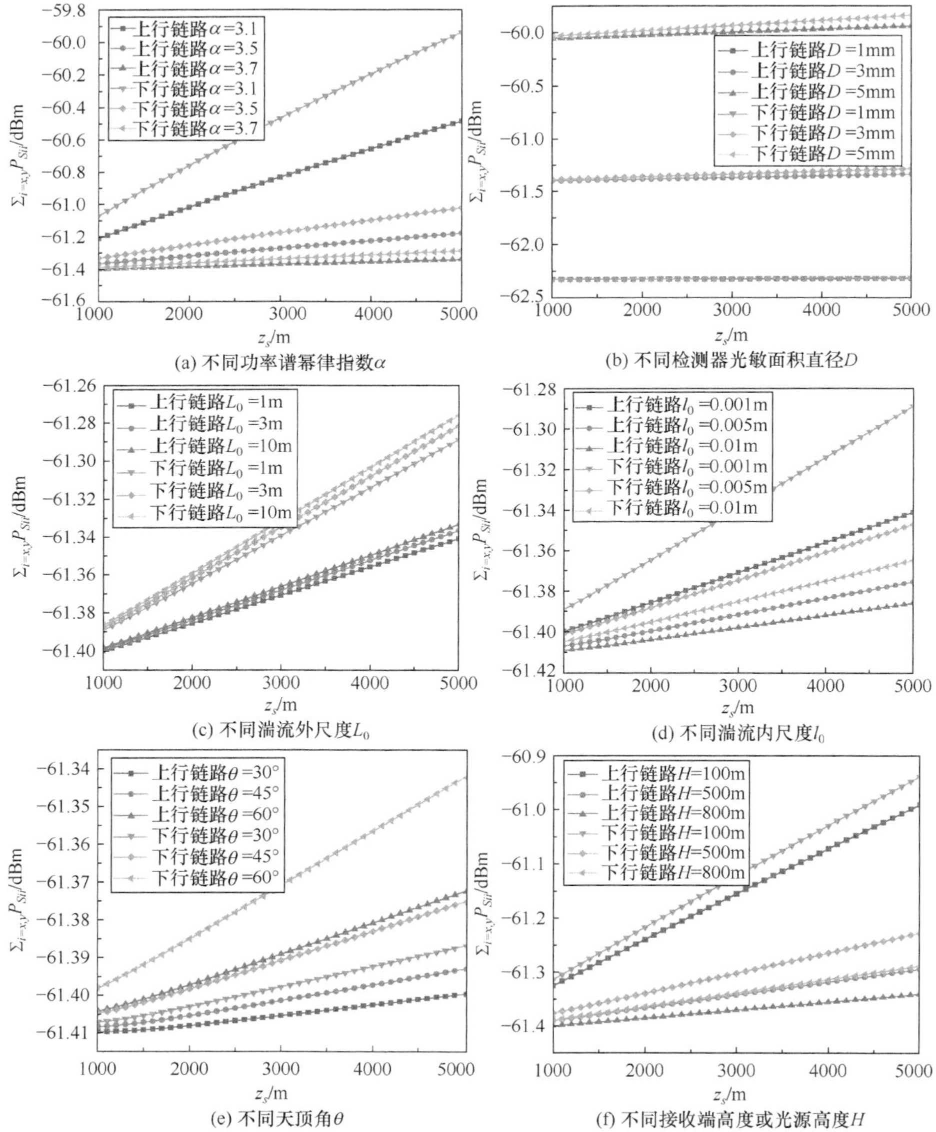

(a) 不同功率谱幂律指数α　　(b) 不同检测器光敏面积直径D

(c) 不同湍流外尺度L_0　　(d) 不同湍流内尺度l_0

(e) 不同天顶角θ　　(f) 不同接收端高度或光源高度H

图 4.23　完全偏振的 EGSM 光束用于外差检测时上行链路和下行链路的系统检测灵敏度随传输距离的变化曲线图

如图 4.23 所示，系统的检测灵敏度均随着传输距离的增加而减小，这是因为光束在大气湍流中传输时受到大气折射率的影响，传输距离越远，产生的波前畸变越严重，灵敏度就会越小。

由图 4.23(a)可以看出，在一定的传输距离下，系统的检测灵敏度随着功率谱幂律指数的增加而增大，当功率谱幂律指数α=3.1 时，湍流对光束的影响较大，导致检测灵敏度最小，且下行链路传输时的检测灵敏度变化大于上行链路。由图 4.23(b)可以看出，在一定的传输距离下，系统的检测灵敏度随着检测器光敏面积直径的增加而减小。由于信号光空间相干性的限制，检测器光敏面积直径越小，信号光和本振光的匹配性越高，较小的检测器光敏面积直径系统的检测灵敏度越大。此外，在一定的检测器光敏面积直径下，当传输距离逐渐增加时，系统检测灵敏度随着传输距离的变化较为缓慢。由图 4.23(c)和图 4.23(d)可以看出，在一定的传输距离下，系统的检测灵敏度随着湍流外尺度的增大、湍流内尺度的减小而减小，这是因为在湍流外尺度越大、湍流内尺度越小时，大气湍流的强度越强，从而导致灵敏度减小。由图 4.23(e)和图 4.23(f)可以看出，在一定的传输距离下，系统的检测灵敏度随着天顶角的增大、接收端高度或光源高度的降低而减小，这是因为在传输过程中，当传输高度低于 10km 时，大气湍流的折射率结构常数随着高度的降低而增加，在传输距离不变的情况下，天顶角越大，高度越低(越接近于水平)，系统检测灵敏度越小。

从图 4.23 整体可以看出，上行链路的检测灵敏度大于下行链路的检测灵敏度，与图 4.22 的结论保持一致。因此，在不同功率谱幂律指数、检测器光敏面积直径、湍流外尺度、湍流内尺度、天顶角、接收端高度或光源高度下，可以优化系统的检测灵敏度，从而提高光通信系统的性能。

根据式(4.91)，取 $I_{\text{Lo}xy}=I_{Sxy}=0$、$I_{\text{Lo}yx}=I_{Syx}=0$、$I_{\text{Lo}xx}=I_{\text{Lo}yy}=1$、$I_{Sxx}=I_{Syy}=1$ 时，偏振度 $P=0$，此时信号光和本振光均为非偏振光。图 4.24(a)～图 4.24(f)分别为非偏振 EGSM 光束用于外差检测时，在不同功率谱幂律指数、检测器光敏面积直径、湍流外尺度、湍流内尺度、天顶角、接收端高度或光源高度条件下，系统检测灵敏度随传输距离的变化曲线。

从图 4.24 可以看出，当传输距离越长、功率谱幂律指数越小、检测器光敏面积直径越大、湍流外尺度越大、湍流内尺度越小、天顶角越大、接收端高度或光源高度越低时，系统的检测灵敏度越小。对比图 4.23 和图 4.24 可知，在链路条件相同的情况下，通过数值分析可得，完全偏振的 EGSM 光束用于外差检测时系统的检测灵敏度均比非偏振光束的检测灵敏度高 3dBm。

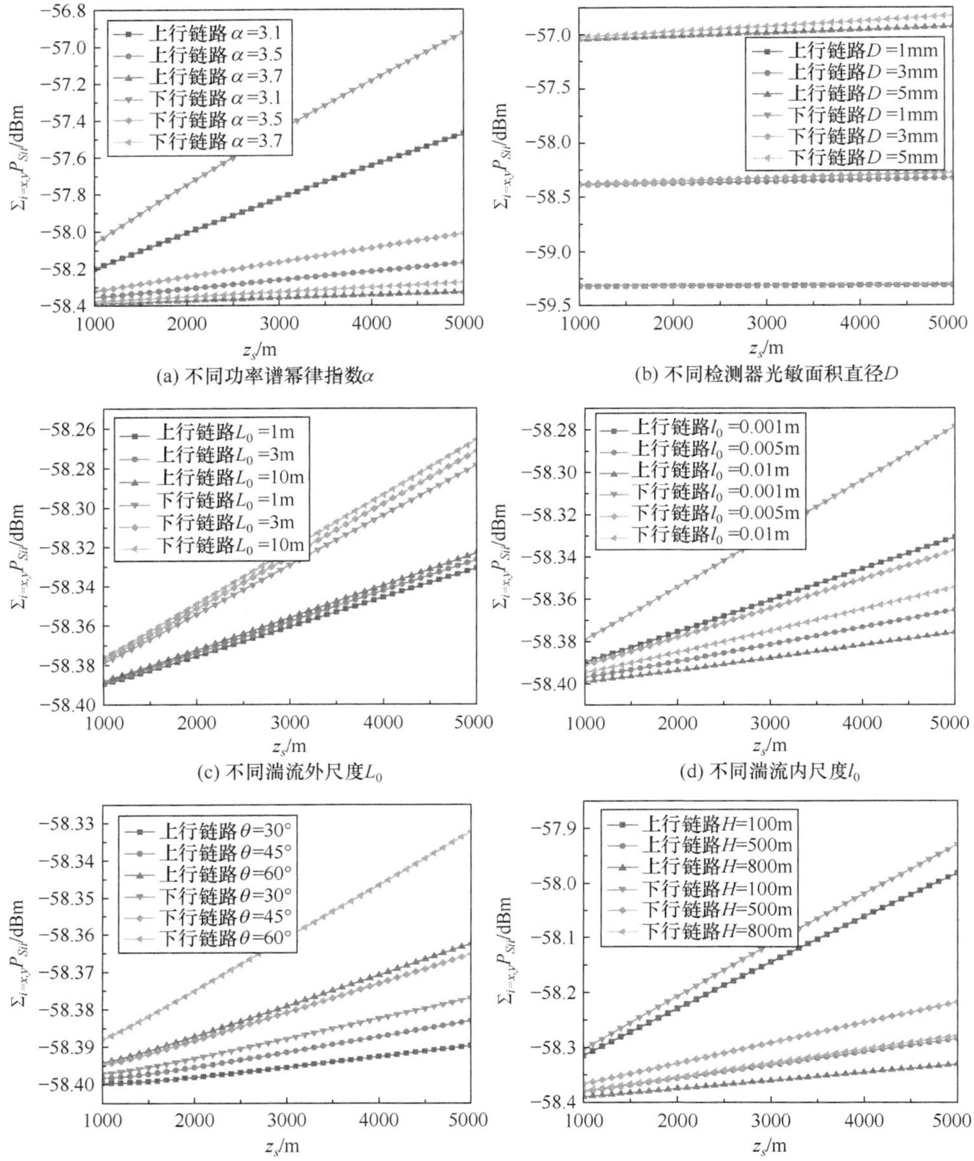

(a) 不同功率谱幂律指数 α　　(b) 不同检测器光敏面积直径 D

(c) 不同湍流外尺度 L_0　　(d) 不同湍流内尺度 l_0

(e) 不同天顶角 θ　　(f) 不同接收端高度或光源高度 H

图 4.24　非偏振的 EGSM 光束用于外差检测时上行链路和下行链路的系统检测灵敏度随传输距离的变化曲线图

根据式(4.91)，取 $I_{\mathrm{L}oxx}=I_{\mathrm{L}oyy}=1$，$I_{Sxx}=I_{Syy}=1$，$I_{\mathrm{L}oxy}=I_{Sxy}=I_{\mathrm{L}oyx}=I_{Syx}$ 分别取 0.4、0.6、0.8 时，偏振度 P 分别为 0.4、0.6、0.8，此时信号光和本振光均为部分偏振光。图 4.25(a)～图 4.25(f)分别为不同偏振度的部分偏振的 EGSM 光束用于外差

检测时，在不同功率谱幂律指数、检测器光敏面积直径、湍流外尺度、湍流内尺度、天顶角、接收端高度或光源高度条件下，系统检测灵敏度随传输距离的变化曲线图。

为了更直观地分析不同偏振度的 EGSM 光束用于外差检测时，各因素对系统检测灵敏度的影响，选取光束在斜程传输时受湍流影响较小的上行链路进行详细分析。从图 4.25 可以看出，偏振度越大，系统检测灵敏度也随之增大，与图 4.22 的结论保持一致。由图 4.23～图 4.25 可以看出，在传输条件相同的情况下，不同偏振态的变化趋势基本相似，不同的是，完全偏振 EGSM 光束用于外差检测时系统的检测灵敏度最大，其次是部分偏振 EGSM 光束，非偏振 EGSM 光束用于外差检测时系统的检测灵敏度最小，因为部分偏振光属于完全偏振光和非偏振光的组合，所以部分偏振 EGSM 光束用于外差检测时的检测灵敏度处于非偏振光和完全偏振光之间。通过数值分析得出，在误码率为 10^{-9}，其他条件相同时，图 4.24(b)部分偏振的 EGSM 光束用于外差检测上行链路传输时，在光敏面积直径 D 为 1mm 时，系统的检测灵敏度为−61.5dBm，介于图 4.23(b)完全偏振光的−62.3dBm 和图 4.25(b)非偏振光的−59.3dBm 之间。

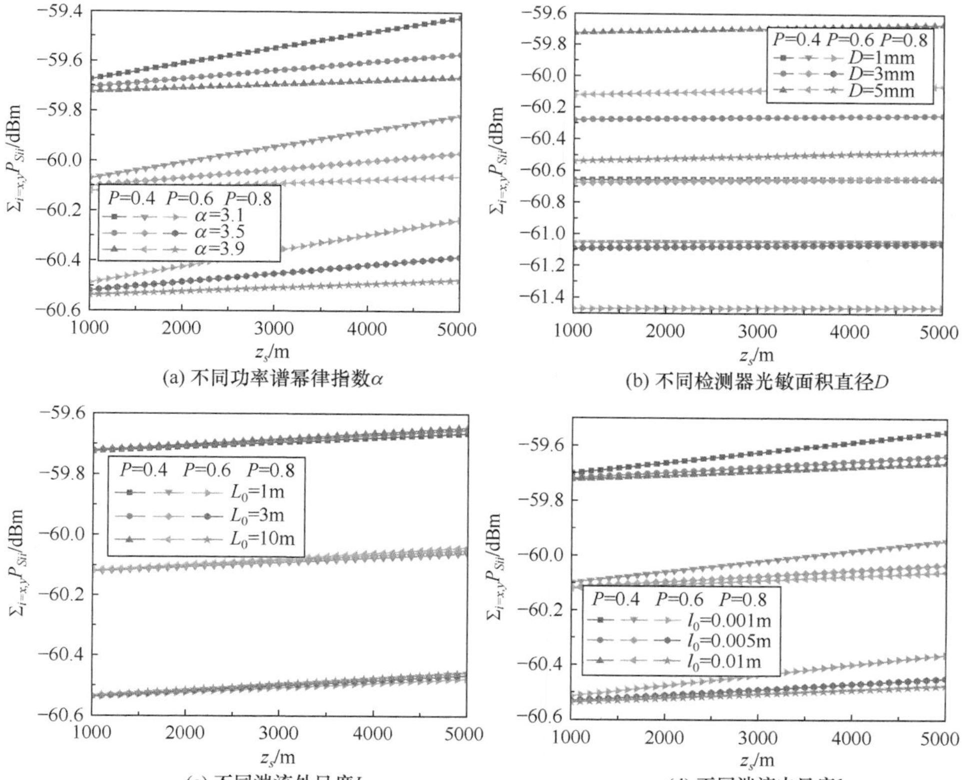

(a) 不同功率谱幂律指数α　(b) 不同检测器光敏面积直径D

(c) 不同湍流外尺度L_0　(d) 不同湍流内尺度l_0

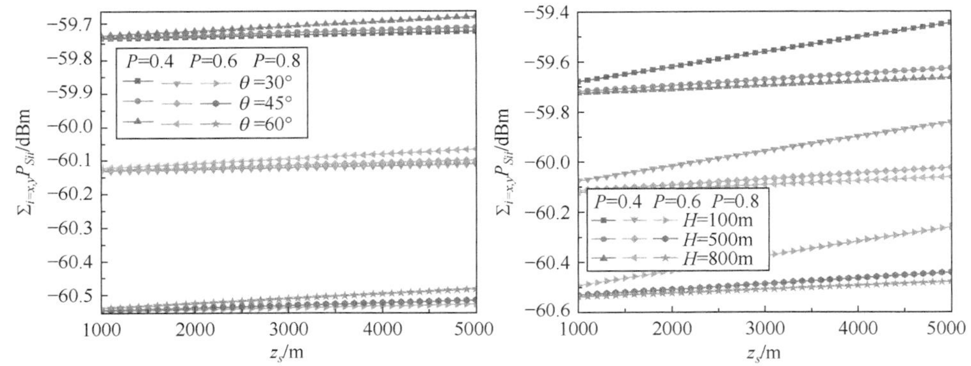

(e) 不同天顶角θ　　(f) 不同接收端高度或光源高度H

图 4.25　部分偏振的 EGSM 光束用于外差检测时上行链路系统检测灵敏度随传输距离的变化曲线图

4.7　部分相干 EGSM 光束偏振态对系统性能的影响

本节以理论分析内容为基础，实验验证部分相干光偏振态对系统性能的影响。本实验由 1550nm 激光器、匀光片、凸透镜、发射天线/接收天线、90°光混频器、平衡检测器等组成，完成不同偏振态对系统性能的影响。

4.7.1　部分相干 EGSM 光束非偏振态的产生

图 4.26 是产生非偏振态的 EGSM 光束的实验系统示意图，窄线宽激光器 1 和窄线宽激光器 2 发出波长为 1550nm 的激光束。由于不同的激光器发出的光是不相关的，两束激光的相位、振幅等参数都是独立的随机变量，所以准直后的激光束分别经过偏振方向相互正交的偏振片 1 和偏振片 2 后形成 BCP 矩阵满足 $J_{xy}(\rho_1,\rho_2)=J_{yx}(\rho_1,\rho_2)=0$ 的光束，然后通过分束器合束成为一束部分相干的矢量光束[21]。

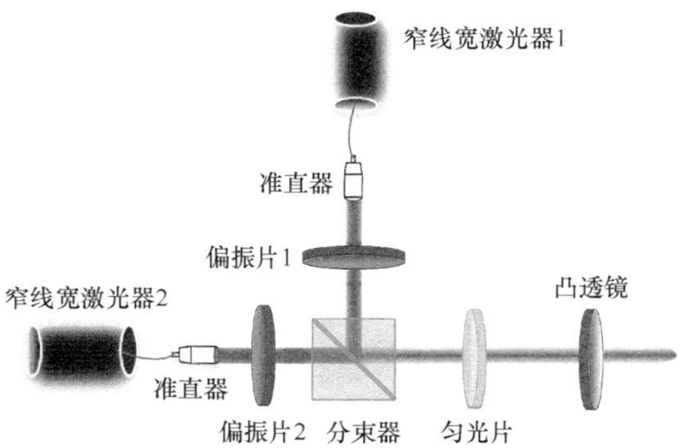

图 4.26　产生非偏振态的 EGSM 光束的实验系统示意图

由于相干矩阵的迹等于其对应光波的平均强度，由式(4.57)光波强度和偏振部分的强度可以分别表示为

$$I_0 = \mathrm{Tr}\left(J(\rho,\rho,z_\beta;\omega)\right) = J_{xx}(\rho_1,\rho_2,z_\beta;\omega) + J_{yy}(\rho_1,\rho_2,z_\beta;\omega) \tag{4.104}$$

$$I_{偏振} = \mathrm{Tr}(J(\rho,\rho,z_\alpha;\omega)) = \sqrt{(J_{xx}(\rho_1,\rho_2,z_\beta;\omega) + J_{yy}(\rho_1,\rho_2,z_\beta;\omega))^2 - 4\left|J(\rho,\rho,z_\beta;\omega)\right|} \tag{4.105}$$

根据光谱偏振度的定义，得到用相干矩阵表述的光谱偏振度为

$$P = \frac{I_{偏振}}{I_0} = \sqrt{1 - \frac{4\left|J(\rho,\rho,z_\beta;\omega)\right|}{(J_{xx}(\rho_1,\rho_2,z_\beta;\omega) + J_{yy}(\rho_1,\rho_2,z_\beta;\omega))^2}} \tag{4.106}$$

根据 $J_{xy}(\rho_1,\rho_2)=J_{yx}(\rho_1,\rho_2)=0$，式(4.106)可写为

$$P = \left|\frac{J_{xx}(\rho_1,\rho_2,z_\beta;\omega) - J_{yy}(\rho_1,\rho_2,z_\beta;\omega)}{J_{xx}(\rho_1,\rho_2,z_\beta;\omega) + J_{yy}(\rho_1,\rho_2,z_\beta;\omega)}\right| \tag{4.107}$$

激光器的输出功率可调，因此选择输出功率相同的两光束经过合束器进行合束，两束光分别通过透射和反射后在同一光轴上的光功率相等，即光强 $I_{xx}=I_{yy}$，由式(4.91)可得 $J_{xx}(\rho_1, \rho_2)=J_{yy}(\rho_1, \rho_2)$，代入式(4.107)，得到偏振度 $P=0$ 的光束，匀光片可以将入射光均匀地散射成各个方向，从而使得光源更加均匀稳定。最后通过凸透镜把均匀光斑的光强分布转变成近似于高斯分布，本实验凸透镜是起到将均匀光斑的光强分布转变为近似于高斯分布的作用。凸透镜会对光线进行折射和散焦，使得光线在透镜的两侧发生变化。均匀光斑经过一个凸透镜，该透镜会将光线聚焦到一个点上，从而使得光斑变得更小。此时，光斑的光强分布将近似于高斯分布，因此合束后光束经匀光片和凸透镜后可近似得到非偏振的 EGSM 光束。

4.7.2 部分相干 EGSM 光束偏振态对系统性能的影响研究

为了验证部分相干 EGSM 光束在不同偏振态对系统性能的影响，在室内搭建了如图 4.27 所示的实验原理图。整个系统由激光器、准直器、偏振片、匀光片、凸透镜、分束器、发射天线/接收天线、90°光混频器、平衡检测器、示波器等组成。EGSM 光束经分束器分束后产生两路光，一路光作为信号光经发射天线发出，另一路光作为本振光经耦合透镜耦合进光纤后与接收天线接收的信号光通过 90°光混频器进行混频，混频后的光束经平衡检测器处理后输入到示波器。实验实物图如图 4.28 所示。

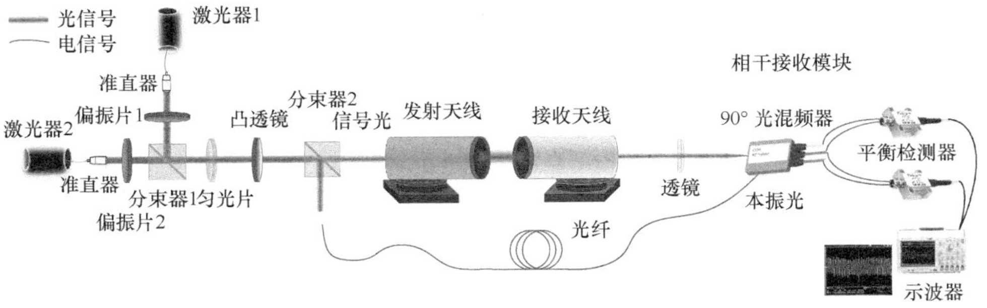

图 4.27　实验原理图

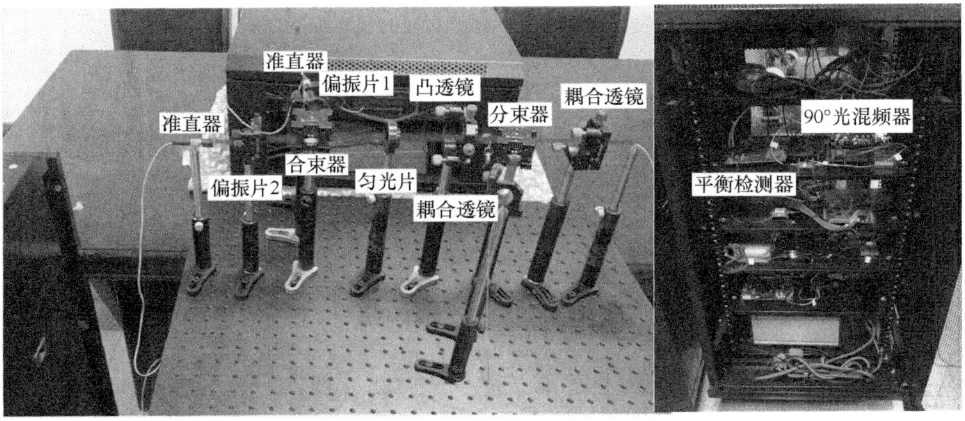

图 4.28　实验实物图

当在凸透镜和分束器中间加入偏振片 3 时，可得到完全偏振 EGSM 光束，当非偏振光通过偏振片时，只有振动方向与偏振片允许方向相同的光波能够通过，而振动方向与偏振片允许方向垂直的光波被完全阻挡。非偏振光中的光波是随机振动方向的，因此通过偏振片后，只有一部分光波能够通过，这些光波的振动方向都与偏振片允许方向相同，形成了一个线偏振光，即完全偏振光。产生完全偏振光的 EGSM 光束实验系统图如图 4.29 所示。

当在凸透镜和分束器中间加入反射镜时，可得到部分偏振 EGSM 光束，当非偏振光入射到一个反射镜表面时，会以等量的方式分为两个垂直方向的偏振光。这两个偏振光的振幅和相位都是相等的，称为 S 偏振光和 P 偏振光。由于它们的振幅和相位相等，所以它们的强度也是相等的。然而，当这些偏振光被反射时，它们的相对振幅和相位会发生变化，导致它们的强度不再相等，光的振动方向没有被限制在一个特定方向上，反射后的光变成了部分偏振光。产生部分偏振光的 EGSM 光束实验系统图如图 4.30 所示。

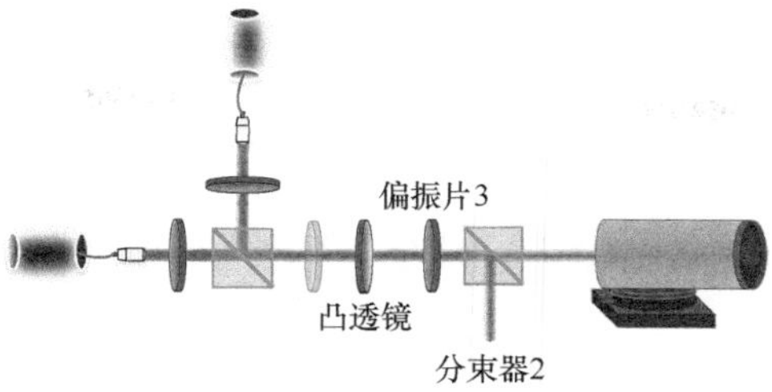

图 4.29　产生完全偏振光的 EGSM 光束实验系统图

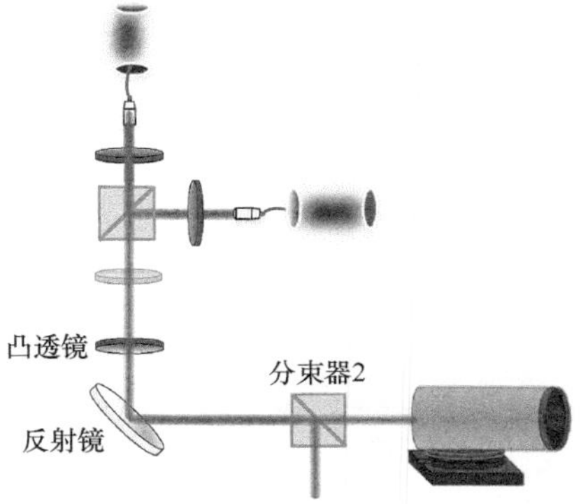

图 4.30　产生部分偏振光的 EGSM 光束实验系统图

本实验使用的激光器输出波长为 1550nm，这个波长的光对人眼不可见，因此在实验光路搭建过程中，首先采用了可见光波长的 650nm 激光器进行搭建。按照实验要求，使用 650nm 激光器搭建实验光路，然后将激光器更换为 1550nm 波长的激光器。在该实验中，1550nm 激光器 1 和激光器 2 发出的激光通过光纤连接到激光准直器上，准直器将输出的光束变为平行光，然后通过偏振片 1 和偏振片 2 后形成 BCP 矩阵满足 $J_{xy}(\rho_1, \rho_2)=J_{yx}(\rho_1, \rho_2)=0$ 的光束。输出功率相同的两光束经过合束器进行合束，两束光分别通过透射和反射后在同一光轴上光功率相等，合束后的光束经匀光片和凸透镜后即可近似得到非偏振的 EGSM 光束。EGSM 光束经分束器分束后产生两路光，一路光作为信号光经发射天线发出，另一路光作为本振光经耦合透镜耦合进光纤后与接收天线接收的信号光通过 90° 光混频器进行混频，混频后的光束经平衡检测器处理后输入到示波器记录中频信号值。然后在凸透镜和分束器中间分别先后加入偏振片 3 和反射镜，可得到完全偏振 EGSM 光束和部分偏振 EGSM 光束，分别记录不同偏振光示波器的中频信号值。

4.7.3　实验结果分析

在完全偏振光中，光波只沿着一个方向振动，偏振面上所有的光波都具有相同的振动方向。在非偏振光中，光波在所有方向上均匀振动，振面上的光波没有任何特定的振动方向。而在部分偏振光中，光波的振动方向只沿着某个方向，但是还有其他方向的振动分量存在。因此，部分偏振光在偏振面上的光波强度不是完全固定的，而会有一定的变化。这些振动分量的强度和相位差会影响部分偏振光的偏振程度和光强度分布。因此，部分偏振光的性能介于完全偏振光和非偏振光之间，因为它既具有偏振光的方向性特征，也具有非偏振光的随机性特征。

图 4.31 是 EGSM 光束在不同偏振态时示波器采集的中频信号波形图。从图中可以看出，当光束为非偏振光时，中频信号峰峰值为 544.1mV；当光束为部分偏振光时，中频信号峰峰值为 740.1mV；当光束为完全偏振光时，中频信号峰峰值为 1.1V。这验证了部分偏振 EGSM 光束用于相干检测时系统性能介于完全偏振和非偏振之间。

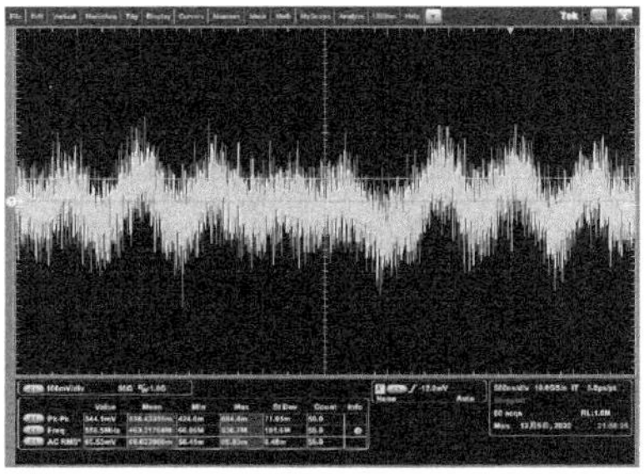

(a) 非偏振EGSM光束

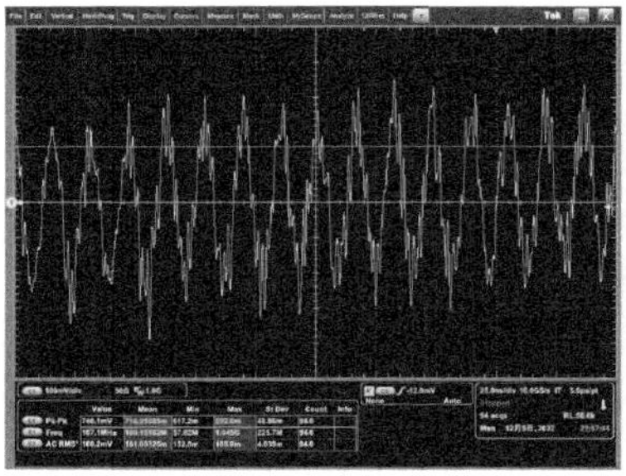

(b) 部分偏振EGSM光束

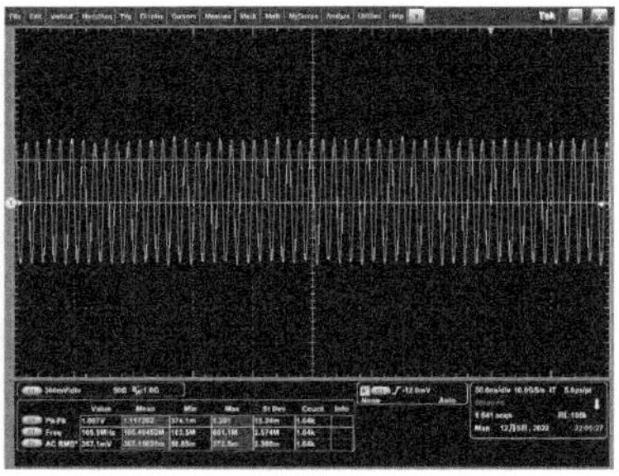

(c) 完全偏振EGSM光束

图 4.31　EGSM 光束在不同偏振态时示波器采集的中频信号波形图

实验中使用了发送终端控制发送 10^9bit 信号，并在接收终端进行位同步，将接收到的数据与发送的码元信号进行比对，从而计算出不同偏振态下系统误码率达到 10^{-8} 的结果，外差检测系统误码率随中频信号电压的变化曲线如图 4.32 所示。

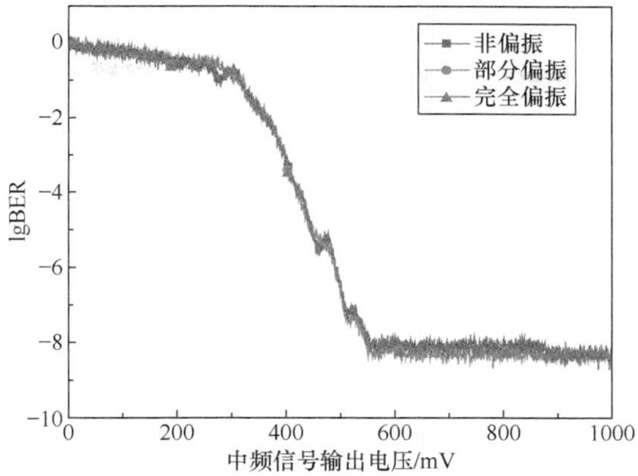

图 4.32　外差检测系统误码率随中频信号电压的变化曲线

图 4.33 为 EGSM 光束不同偏振态下误码率为 10^{-8} 时测得的输入信号光功率。

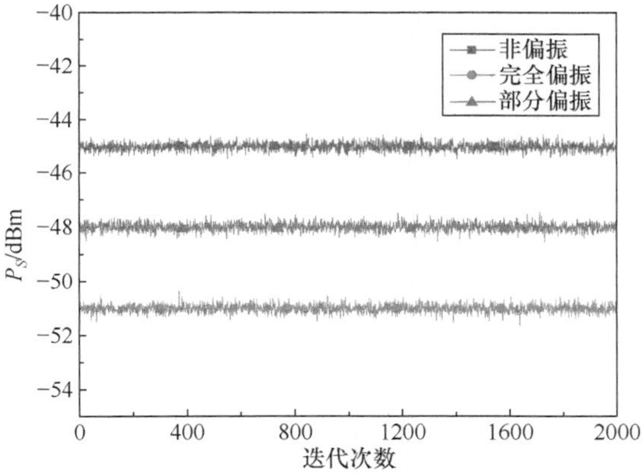

图 4.33　EGSM 光束不同偏振态对输入信号光功率的影响实测曲线

可以看出，当信号光 EGSM 光束为完全偏振态时，其输入信号光功率在−51dBm 上下波动，当信号光 EGSM 光束为非偏振态时，其输入信号光功率在−45dBm 上下波动，当信号光 EGSM 光束为部分偏振态时，其输入信号光功率在−48dBm 上下波动。这验证了部分偏振 EGSM 光束用于相干检测时系统性能介于完全偏振和非偏振之间。由 4.2.2 节的理论计算可得，完全偏振的 EGSM 光束用于外差检测时的检测灵敏度均比非偏振光束的检测灵敏度大 3dBm，而从实验结果可以看出，完全偏振光的检测灵敏度并非比非偏振光的检测灵敏度都大 3dBm，而是非常接近 3dBm，导致这种结果的原因：一是实验测量带来的误差；二是非严格的非偏振光源构造，两束激光功率可能并不完全相等或者合束前并非完全正交，同时在调节偏振片时也可能存在微小的偏差，导致 $J_{xy}\neq 0$、$J_{yx}\neq 0$，这些因素都会导致实验结果出现误差。尽管如此，实验在一定程度上达到了预期目的，有效地验证了部分相干 EGSM 光束在不同偏振态下对系统检测灵敏度的影响差异，具有一定的指导意义。

参考文献

[1] 刘宏阳, 张燕革, 艾勇,等. 用于相干光通信的平衡检测器的设计与实现[J]. 激光与光电子学进展, 2014, 51(7): 27-33.

[2] 庞亚军, 高龙, 王春晖. 2μm 双平衡式外差检测 IQ 解调与信噪比研究[J]. 中国激光, 2012, 39(1): 224-228.

[3] 李向阳, 马宗峰, 石德乐. 高斯光束场分布对相干检测混频效率的影响[J]. 红外与激光工程, 2015, 44(2): 539-543.

[4] 刘宏展, 纪越峰, 许楠, 等. 信号与本振光振幅分布对星间无线光相干通信系统混频效率的影响[J]. 光学学报, 2011, 31(10): 71-76.

[5] 陈海涛, 杨华军, 李拓辉, 等. 光纤偏移对空间光-单模光纤耦合效率的影响[J]. 激光与红外, 2011, 41(1): 75-78.

[6] 屈增风. 光纤激光雷达系统信噪比的性能优化研究[D]. 哈尔滨: 哈尔滨工业大学, 2010.

[7] 李成强. 激光外差检测系统性能光学影响因素研究[D]. 长春: 中国科学院研究生院(长春光学精密机械与物理研究所), 2016.

[8] Gori F, Santarsiero M, Vicalvi S, et al. Beam coherence-polarization matrix[J]. Pure and Applied Optics: Journal of the European Optical Society Part A, 1998, 7(5): 941-951.

[9] Gallion P, Debarge G. Quantum phase noise and field correlation in single frequency semiconductor laser systems[J]. IEEE Journal of Quantum Electronics, 1984, 20(4): 343-349.

[10] Wolf E. Unified theory of coherence and polarization of random electromagnetic beams[J]. Physics Letters A, 2003, 312(5-6): 263-267.

[11] Roychowdhury H, Ponomarenko S A, Wolf E. Change in the polarization of partially coherent electromagnetic beams propagating through the turbulent atmosphere[J]. Journal of Modern Optics, 2005, 52(11): 1611-1618.

[12] Roychowdhury H. Changes in the spectral, coherence and polarization properties of stochastic electromagnetic beams on propagation[D]. Rochester: University of Rochester, 2006.

[13] Lu W, Liu L R, Sun J F, et al. Change in degree of coherence of partially coherent electromagnetic beams propagating through atmospheric turbulence[J]. Optics Communications, 2007, 271(1): 1-8.

[14] Salem M, Dogariu A. Optical heterodyne detection of random electromagnetic beams[J]. Journal of Modern Optics, 2004, 51(15): 2305-2313.

[15] Gori F, Santarsiero M, Piquero G, et al. Partially polarized Gaussian-Schell model beams[J]. Journal of Optics A: Pure and Applied Optics, 2001, 3(1): 1-9.

[16] 李成强, 王挺峰, 张合勇, 等. 光源参数及大气湍流对电磁光束传输偏振特性的影响[J]. 物理学报, 2014, 63(10): 118-125.

[17] Duan M L, Li J H, Wei J L. Influence of different propagation paths on the propagation of laser

in atmospheric turbulence [J]. Optoelectronics Letters, 2013, 9(6): 477-480.
[18] Zhai C, Tan L Y, Yu S Y, et al. Fiber coupling efficiency for a Gaussian-beam wave propagating through non-kolmogorov turbulence[J]. Optics Express. 2015, 23(12): 15242-15255.
[19] 孙刚，翁宁泉，肖黎明,等. 典型地区大气湍流高度分布特性与模式研究[J]. 大气与环境光学学报, 2018, 13(6): 425-435.
[20] Liu C, Chen S Q, Li X Y, et al. Performance evaluation of adaptive optics for atmospheric coherent laser communications[J]. Optics Express, 2014, 22(13): 15554-15563.
[21] 陈凯. 光的相干和偏振相关性的实验研究[D]. 长沙：国防科学技术大学, 2011.

第 5 章　光空间分布对混频效率的影响

相干检测的灵敏度高，相比于传统的自由空间光通信具有通信距离远、调制方式灵活等优点，逐渐成为众多学者的研究热点。对相干检测系统混频效率的影响因素进行研究，可以为相干检测系统性能的提高提供依据。本章主要研究信号光和本振光为不同空间分布时不同组合模型的混频性能以及斜程传输的涡旋光相干检测系统的性能。

5.1　不同空间分布光束及相干检测

本节对不同空间分布的平面波和涡旋光进行介绍，包括几种不同振幅分布的平面波及常见的涡旋光——拉盖尔 · 高斯(Laguerre-Gaussian，LC)光束，后面将把这几种光束分别作为信号光和本振光，对两两组合模型的相干检测性能进行研究。最后介绍相干检测的原理和检测系统的结构，推导相干检测的评价指标。

5.1.1　不同空间分布光束

本节分析几种不同分布的平面波及涡旋光的性质，列举高斯分布、艾里分布和均匀分布的平面波，给出其光场表达式、振幅分布曲线以及光强分布图像，涡旋光的研究选择最常用的 LG 光束，介绍其表达式、光强和相位分布图。

1. 平面波

下面介绍几种不同振幅分布的平面波。

1) 高斯分布

高斯分布为

$$U_S = \exp\left(-\frac{r^2}{\omega_0^2}\right)$$

其中，ω_0 为束腰半径。

高斯分布光束的振幅和光强分布图如图 5.1 所示。

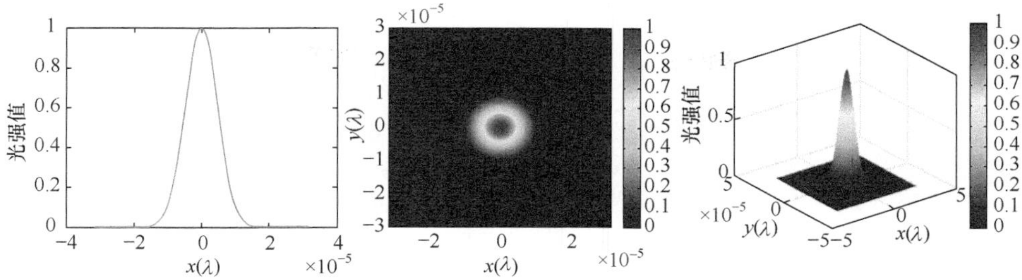

图 5.1　高斯分布光束的振幅和光强分布图

2) 艾里分布

艾里分布为

$$U_S = 2\mathrm{J}_1\left(\frac{\pi r}{F\lambda}\right)\Big/\left(\frac{\pi r}{F\lambda}\right)$$

其中，F 为透镜的 F 数；J_1 为第一类一阶贝塞尔函数；λ为光束的波长。

艾里分布光束的振幅和光强分布图如图 5.2 所示。

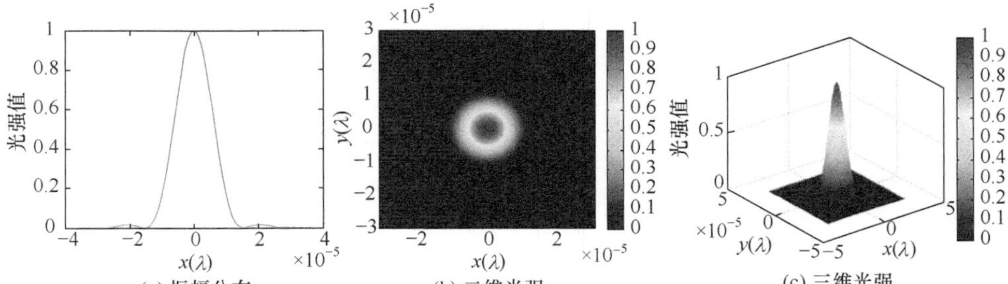

图 5.2　艾里分布光束的振幅和光强分布图

3) 均匀分布

均匀分布为

$$U_S = 1$$

2. 涡旋光束

涡旋光束具有螺旋相位因子 $\exp(\mathrm{i}l\theta)$，其中 l 为涡旋光束的拓扑荷数，其符号代表螺旋相位的旋转方向。涡旋光束可以用轨道角动量(orbital angular momentum,OAM)的值来区分，具有不同模式的 OAM 光束相互之间是正交的，因此同一信道传输的不同 OAM 值的涡旋光束之间互不干扰，可用来进行复用通信，受到了国内外科研人员的广泛关注。

涡旋光束的光场表达式[1]为

$$u(r,\theta,z)=u_0(r,z)\exp(\mathrm{i}l\theta)\exp(-\mathrm{i}kz)$$

其中，z 为传输方向；u_0 为涡旋光束的振幅分布；l 为涡旋光束的拓扑荷数；k 为波数。

当 θ 等于 0°时，代表高斯光束的表达式。这意味着，要产生涡旋光束，只需加上相位因子 $\exp(\mathrm{i}l\theta)$ 即可实现。由此可见，涡旋光束除了具有自旋角动量外，还具有轨道角动量这一特性。

图 5.3 展示了通过仿真模拟得到的普通高斯光束和不同拓扑荷数涡旋光束的三维相位分布结构图。其中，图 5.3(a)显示了拓扑荷数为 0 的普通高斯光束，相位呈现平面分布，没有螺旋分布的特点。而图 5.3(b)～图 5.3(d)分别展示了拓扑荷数为 1、3、5 的涡旋光束，它们的相位分布中螺旋的个数与拓扑荷数保持一致。通过在高斯光束的表达式中增加一个值为 $\exp(\mathrm{i}l\theta)$的相位因子，只需要控制拓扑荷数 l 的值，就可以将其转换为拓扑荷数不同的涡旋光束。

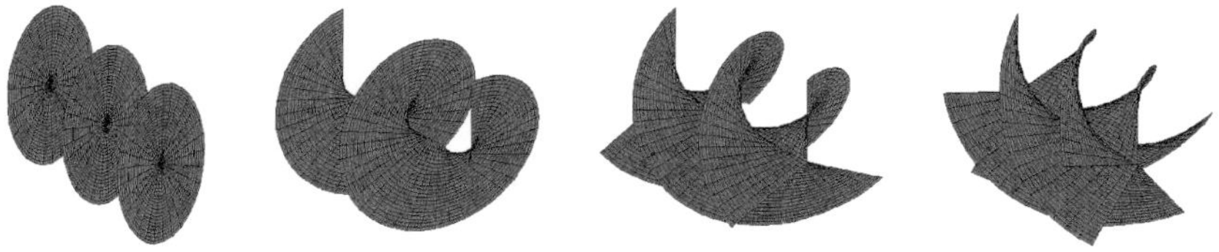

(a) l=0　　(b) l=1　　(c) l=3　　(d) l=5

图 5.3　普通高斯光束和不同拓扑荷数涡旋光束的三维相位分布结构图

LG 光束是涡旋光束的一种，其带传输距离的光场表达式为[1]

$$\begin{aligned}u_p^l(r,\theta,z)=&\sqrt{\frac{2p!}{\pi(|l|+p)!}}\frac{1}{w(z)}\left[\frac{\sqrt{2}r}{w(z)}\right]^{|l|}L_p^{|l|}\left[\frac{2r^2}{w^2(z)}\right]\exp\left[\frac{-r^2}{w^2(z)}\right]\\&\times\exp\left[\frac{\mathrm{i}Kr^2z}{2\left(z^2+z_R^2\right)}\right]\exp\left[-\mathrm{i}\left(2p+|l|+1\right)\arctan\left(\frac{z}{z_R}\right)\right]\exp(-\mathrm{i}l\theta)\end{aligned}\tag{5.1}$$

其中，p 为 LG 光束的径向指数；r 为空间中一点到中心轴的距离；θ为方位角；$w(z)=w_0[1+(z/z_R)^2]^{1/2}$ 为 LG 光束传输至 z 处的光束半径，w_0 为束腰半径；$L_p^{|l|}(\cdot)$为缔合拉盖尔多项式；$z_R=kw_0/\lambda$ 为瑞利距离；$k=2\pi/\lambda$ 为波数。

当径向指数 $p=0$ 时，在传输距离 $z=0$ 处，$L_p^{|l|}=1$，则式(5.1)可以表示[2]为

$$u^l(r,\theta)=\sqrt{\frac{2}{\pi(|l|)!}}\frac{1}{w_0}\left(\frac{\sqrt{2}r}{w_0}\right)^{|l|}\times\exp\left(-\frac{r^2}{w_0^2}\right)\exp(-\mathrm{i}l\theta)$$

对 LG 光束的表达式进行仿真，参数为：波长 λ=1550nm，w_0 = 0.03m，得传输距离为 0，拓扑荷数不同的单个 LG 光束的光强和相位分布图如图 5.4 所示。其中，图 5.4(a)、图 5.4(b)分别展示了拓扑荷数 l = 1 的 LG 光束的光强和相位分布。与之相类似，图 5.4(c)、图 5.4(d)分别表示拓扑荷数 l = 3 的 LG 光束的光强和相位分布。对比图 5.4(a)和图 5.4(c)可以看出，LG 光束的中心强度为 0，光强分布为中心有暗斑的环形分布。此外，随着拓扑荷数的增加，LG 光束的光斑半径也呈现增大的趋势。对比图 5.4(b)和图 5.4(d)可以发现，在 LG 光束的相位分布中，从中心发出一系列的等相位线，其数量等于拓扑荷数。随着拓扑荷数的增加，等相位线的数量也会相应增加。

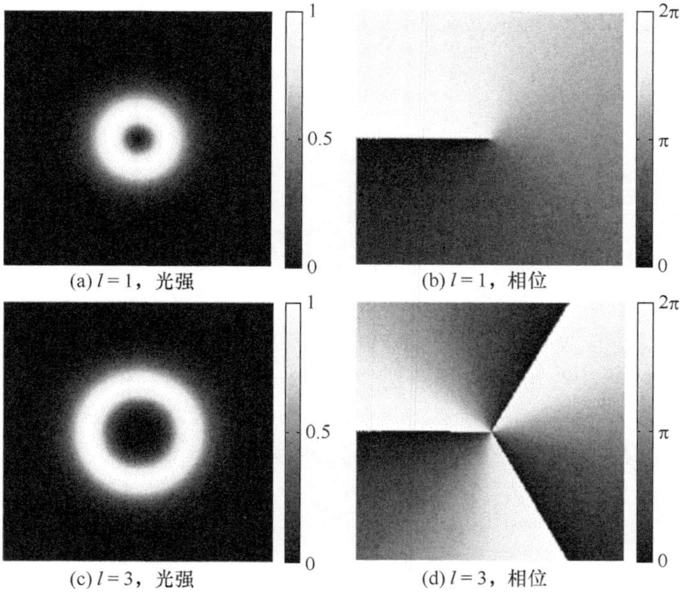

图 5.4　LG 光束的光强和相位分布图

5.1.2　大气湍流对混频效率的影响

常见的相干检测系统如图 5.5 所示，经大气传输的信号光与接收端本振光合成一束，再经聚焦透镜汇聚到检测器的表面进行混频[3,4]。混频的实质是信号光与本振光在光电检测器表面发生干涉，两束光波叠加时相位差固定、偏振方向相同是两束光干涉的必要条件[5,6]。检测器输出的中频信号中包含各类噪声，混频效率是评价相干检测系统性能的关键指标，可以表现信号光与本振光相干匹配的程度，并且影响通信系统的信噪比，检测器表面的叠加光场特性的变化会直接影响混频效率。因此，本章引入混频效率这一评价指标对系统的混频性能进行评价[7]。

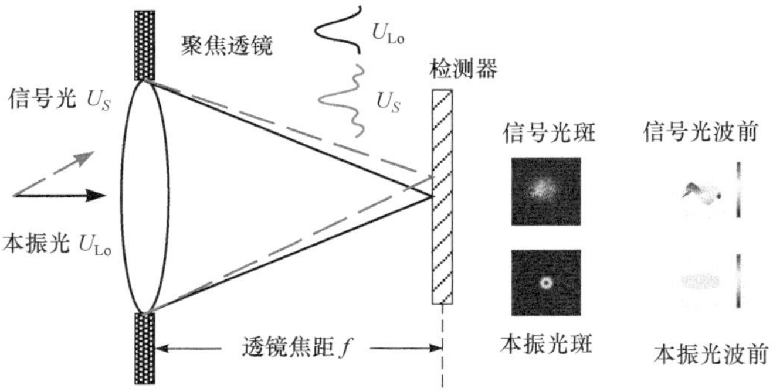

图 5.5　相干检测系统

在无线光相干通信中，平衡检测器输出的 I 路(或 Q 路)中频信号电流为

$$\begin{aligned}\langle i_{\rm IF}\rangle^2 &= \frac{1}{2Z_0}(2\alpha)^2\left|\int_0^{2\pi}\int_0^{r_0}U_S U_{\rm Lo}\cos\left[(\omega_S-\omega_{\rm Lo})t+(\varphi_S-\varphi_{\rm Lo})\right]r{\rm d}r{\rm d}\varphi\right|^2\\ &=\frac{2}{Z_0}\alpha^2\left|\int_0^{2\pi}\int_0^{r_0}E_{\rm Lo}E_S^* r{\rm d}r{\rm d}\varphi\right|^2\end{aligned}$$

其中，Z_0 为自由空间阻抗；U_S、$U_{\rm Lo}$ 分别为信号光与本振光的振幅；ω_S、$\omega_{\rm Lo}$ 分别为信号光与本振光的角频率；φ_S、$\varphi_{\rm Lo}$ 分别为信号光与本振光的初相位；r_0 为检测器半径；α为检测器响应度，$\alpha = e\eta'/(hv)$，e 为电子电荷，η' 为光电检测器的量子效率，假设处处相等且值为η'，h 为普朗克常量，v 为载波频率。

因为在接收端信号光的功率远小于本振光，所以本振光导致的散粒噪声是接收端噪声的主要组成部分，本振光是接收端噪声的主要来源，则噪声可以表示为

$$\langle i_N\rangle^2 = 2e\Delta f_{\rm IF}\alpha P_{\rm Lo} = \frac{2e\Delta f_{\rm IF}\alpha\int_0^{2\pi}\int_0^{r_0}U_{\rm Lo}^2 r{\rm d}r{\rm d}\varphi}{Z_0}$$

其中，$\Delta f_{\rm IF}$ 为有效噪声带宽；$P_{\rm Lo}$ 为本振光功率。

由信噪比的定义，可得相干检测的信噪比 $\rm SNR_{IF}$ 可以表示为

$$\mathrm{SNR}_{\rm IF} = \frac{\langle i_{\rm IF}\rangle^2}{\langle i_N\rangle^2} = \frac{\eta\left|\int_0^{2\pi}\int_0^{r_0}E_{\rm Lo}\cdot E_S^* r{\rm d}r{\rm d}\varphi\right|^2}{hv\Delta f_{\rm IF}\cdot\int_0^{2\pi}\int_0^{r_0}U_{\rm Lo}^2 r{\rm d}r{\rm d}\varphi} = \frac{\eta\left|\int_0^{2\pi}\int_0^{r_0}E_{\rm Lo}\cdot E_S^* r{\rm d}r{\rm d}\varphi\right|^2}{hv\Delta f_{\rm IF}\cdot\int_0^{2\pi}\int_0^{r_0}E_{\rm Lo}\cdot E_{\rm Lo}^* r{\rm d}r{\rm d}\varphi} \tag{5.2}$$

其中，E_S 和 $E_{\rm Lo}$ 分别为信号光和本振光的光场，且有

$$\begin{cases}E_S = U_S\cos(\omega_S t+\varphi_S)\\ E_{\rm Lo} = U_{\rm Lo}\cos(\omega_{\rm Lo}t+\varphi_{\rm Lo})\end{cases} \tag{5.3}$$

信号光的功率可以写为

$$P_s = \frac{\int_0^{2\pi}\int_0^{r_0} E_S \cdot E_S^* r\mathrm{d}r\mathrm{d}\varphi}{2Z_0} \tag{5.4}$$

将式(5.4)代入式(5.2)，则有

$$\mathrm{SNR}_{\mathrm{IF}} = \frac{P_s\eta'}{h\nu\Delta f_{\mathrm{IF}}} \frac{\left|\int_0^{2\pi}\int_0^{r_0} E_{\mathrm{Lo}} \cdot E_S^* r\mathrm{d}r\mathrm{d}\varphi\right|^2}{\int_0^{2\pi}\int_0^{r_0} E_{\mathrm{Lo}} \cdot E_{\mathrm{Lo}}^* r\mathrm{d}r\mathrm{d}\varphi \cdot \int_0^{2\pi}\int_0^{r_0} E_S \cdot E_S^* r\mathrm{d}r\mathrm{d}\varphi}$$

光外差检测的混频效率是两光场混频得到的实际中频信号功率与理想条件下两光波混频得到的中频信号功率的比值[8]，混频效率可以表示为

$$\eta = \frac{\left|\int_0^{2\pi}\int_0^{r_0} E_{\mathrm{Lo}} \cdot E_S^* r\mathrm{d}r\mathrm{d}\varphi\right|^2}{\int_0^{2\pi}\int_0^{r_0} E_{\mathrm{Lo}} \cdot E_{\mathrm{Lo}}^* r\mathrm{d}r\mathrm{d}\varphi \cdot \int_0^{2\pi}\int_0^{r_0} E_S \cdot E_S^* r\mathrm{d}r\mathrm{d}\varphi} \tag{5.5}$$

将式(5.3)代入式(5.5)中，混频效率可以写为

$$\eta = \frac{\left|\int_0^{2\pi}\int_0^{r_0} U_S(r,\varphi)U_{\mathrm{Lo}}(r,\varphi)\exp[\mathrm{i}\Delta\varphi(r,\varphi)]r\mathrm{d}r\mathrm{d}\varphi\right|^2}{\int_0^{2\pi}\int_0^{r_0}[U_{\mathrm{Lo}}(r,\varphi)]^2 r\mathrm{d}r\mathrm{d}\varphi\int_0^{2\pi}\int_0^{+\infty}[U_S(r,\varphi)]^2 r\mathrm{d}r\mathrm{d}\varphi}$$

其中，$U_S(r,\ \varphi)$、$U_{\mathrm{Lo}}(r,\ \varphi)$分别为信号光与本振光的振幅分布；$\Delta\varphi(r,\ \varphi)$分别为信号光与本振光的相位差。

当不考虑相位的影响，不存在对准误差时，混频效率公式可以简化为[9]

$$\eta = \frac{\left|\int_0^{r_0} U_S(r)U_{\mathrm{Lo}}(r)r\mathrm{d}r\right|^2}{\int_0^{r_0}[U_{\mathrm{Lo}}(r)]^2 r\mathrm{d}r\int_0^{+\infty}[U_{\mathrm{Lo}}(r)]^2 r\mathrm{d}r} \tag{5.6}$$

以上讨论信号光与本振光的相位差是常量，但在实际中当信号光经过大气时，大气折射率不均匀，导致信号光波前相位发生畸变[10]，大气湍流带来的相位差导致混频效率下降，影响无线光相干通信系统的性能。受湍流影响的信号光的表达式为

$$E_{S1}(r,\varphi,t) = U_{S1}(r,\varphi)\exp\left[\mathrm{i}(\omega_{S1}t + \varphi_{S1})\right] = U_S(r,\varphi,t)\exp(\Phi) \tag{5.7}$$

其中，U_S、U_{S1} 分别为信号光受湍流影响前后的振幅；ω_{S1}、φ_{S1} 分别为经过湍流后的角频率和初相位；Φ为大气湍流引起的振幅起伏和相位波动的联合表达式；

$U_S(r, \varphi, t) = U_S(r, \varphi)\exp[i(\omega_S t+\varphi_S)]$，是检测器上任意一点处信号光复振幅随时间变化的关系，ω_S 和 φ_S 为信号光原始角频率和初相位。

将 $U_S(r, \varphi, t)$ 的表达式代入式(5.6)可得

$$\Phi = \ln\frac{U_{S1}(r,\varphi)}{U_S(r,\varphi)} + \mathrm{i}\left[\Phi_{S1} - \Phi_S\right] = \chi + \mathrm{i}S \tag{5.8}$$

其中，χ为光强变化；ln 为底数为 e 的自然对数函数；S 为波前相位畸变；Φ_S、Φ_{S1}分别为信号光受到大气湍流影响前和影响后的振幅起伏和相位波动的联合表达式。

将式(5.8)代入式(5.7)可得

$$U_{S1} = U_S(r,\varphi)\exp[\mathrm{i}(\omega_S t + \varphi_S)]\exp(\chi + \mathrm{i}S) \tag{5.9}$$

将式(5.9)作为信号光代入式(5.6)可得

$$\eta = \frac{\left|\int_0^{r_0} U_S(r)U_{\mathrm{Lo}}(r)\exp(-\mathrm{i}S)r\mathrm{d}r\right|^2}{\int_0^{r_0}[U_{\mathrm{Lo}}(r)]^2 r\mathrm{d}r\int_0^{\infty}[U_{\mathrm{Lo}}(r)]^2 r\mathrm{d}r} \tag{5.10}$$

其中，$U_S(r)$、$U_{\mathrm{Lo}}(r)$分别为检测器表面信号光和本振光的振幅分布。

由式(5.10)可以看出，相干检测的混频效率受到大气湍流的影响。经过较远距离传输的高斯信号到达检测器表面时为平面波[11]。大气湍流影响下的相位起伏可以由 Kolmogorov 统计理论来描述。平面波的相位起伏为[8]

$$S = 2.914C_n^2 Lk^2\rho^{5/3} \tag{5.11}$$

其中，C_n^2 为大气折射率结构常数；L 为信号光传输距离；k 为波数；ρ为二维空间矢径长度，大于湍流内尺度而小于湍流外尺度。

受大气湍流影响的无线光相干通信系统的混频效率为

$$\eta = \frac{\left|\int_0^{r_0} U_S(r)U_{\mathrm{Lo}}(r)\exp[-\mathrm{i}(2.914C_n^2 Lk^2\rho^{5/3})]r\mathrm{d}r\right|^2}{\int_0^{r_0}\left(U_{\mathrm{Lo}}(r)\right)^2 r\mathrm{d}r\int_0^{+\infty}\left(U_{\mathrm{Lo}}(r)\right)^2 r\mathrm{d}r} \tag{5.12}$$

5.2　涡旋光与平面波组合模型的混频性能

本节分析在理想条件和湍流条件下信号光为高斯分布和艾里分布，本振光为高斯分布、艾里分布和均匀分布时相干检测的混频效率，并通过选取不同信号光和本振光的组合方式计算混频效率，找到最佳组合方式，并讨论信号光为涡旋光时，接收端本振光选用高斯分布、艾里分布和均匀分布光束进行相干检测的可能性。

5.2.1 信号光为平面波

1. 信号光为高斯分布

无线光相干通信系统通常以高斯光束为信号光，高斯光束经过远距离的传输光斑变大，检测器接收到的信号光斑占比很小，可以近似看作平面波。高斯光束经过透镜聚焦后到达检测器表面，振幅仍然是高斯分布，但高斯分布函数的系数会发生变化，在计算混频效率的过程中，分子、分母中会同时出现本振光和信号光表达式的常系数可以约分的情况，因此取高斯分布信号光的表达式为 $U_S(r) = \exp(r^2/\omega_0^2)$，本振光可以选择高斯分布、艾里分布和均匀分布中的一种，J_1 为第一类一阶贝塞尔函数，F 为接收光学系统的 F 数，后面的分析中进行如下代换，令 $X = \pi r/(F\lambda)$，$X_0 = \pi r_0/(F\lambda)$，$Q = r/\omega$，$Q_0 = r/\omega_0$。后面的计算将波长λ、高斯光束的束腰半径 ω_0 统一定为 λ=1500nm、ω_0=1.6λ。

下面对理想条件下信号光为高斯分布时的混频效率与接收光学系统参数进行分析，式(5.13)～式(5.15)为理想条件下混频效率的理论计算公式[11]。

当信号光为高斯分布、本振光为均匀分布时，混频效率为

$$\eta_{G\text{-}U} = \frac{\left|\int_0^{r_0} \exp(-Q^2) r\mathrm{d}r\right|^2}{\int_0^{r_0} r\mathrm{d}r \int_0^{+\infty} [\exp(-Q^2)]^2 r\mathrm{d}r} = \frac{2\left|1-\exp(-Q_0^2)\right|^2}{Q_0^2} \tag{5.13}$$

其中，$Q = r/\omega$；$Q_0 = r/\omega_0$；r_0 为检测器半径；ω_0 为束腰半径。

当信号光为高斯分布、本振光为高斯分布时，混频效率为

$$\eta_{G\text{-}G} = \frac{\left|\int_0^{r_0} \exp(-Q^2) r\mathrm{d}r\right|^2}{\int_0^{r_0} [\exp(-Q^2)]^2 r\mathrm{d}r \int_0^{+\infty} [\exp(-Q^2)]^2 r\mathrm{d}r} = 1-\exp\left(-2Q_0^2\right) \tag{5.14}$$

当信号光为高斯分布、本振光为艾里分布时，混频效率为

$$\eta_{G\text{-}A} = \frac{\left|\int_0^{r_0} \left[\mathrm{J}_1(X)\Big/\left(\frac{\pi r}{F\lambda}\right)\right] \exp(-Q^2) r\mathrm{d}r\right|^2}{\int_0^{r_0} [\mathrm{J}_1(X)/(X)]^2 r\mathrm{d}r \int_0^{+\infty} \left[\exp(-Q^2)\right]^2 r\mathrm{d}r} = \frac{\frac{8}{\omega_0^2}\left|\int_0^{r_0} \mathrm{J}_1(X)\exp(-Q^2)\mathrm{d}r\right|^2}{1-\mathrm{J}_0^2(X_0)-\mathrm{J}_1^2(X_0)} \tag{5.15}$$

信号光为高斯分布、本振光为不同分布时的混频效率如图 5.6 所示。

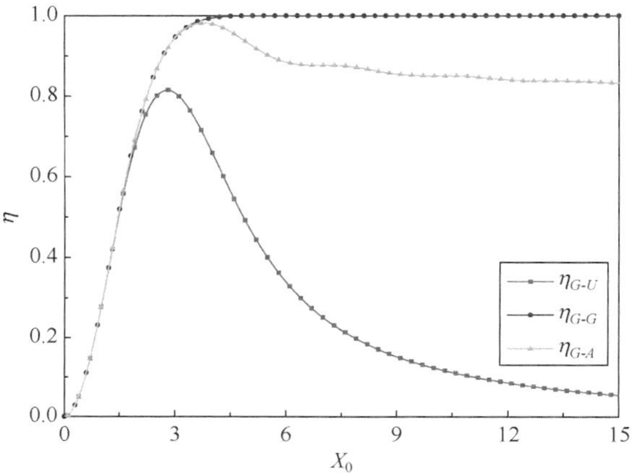

图 5.6　信号光为高斯分布、本振光为不同分布时的混频效率

从图 5.6 中可以看出，当信号光为高斯分布、本振光为均匀分布时，混频效率随着接收光学系统参数的增加有一个极大值(为 81.45%)，接收光学系统参数大于这一值后混频效率随接收光学系统参数的增加迅速减小，这说明此模型对接收光学系统参数较为敏感，需要根据系统的参数值调整接收光学系统参数的值，才能获得较高的混频效率；当信号光和本振光均为高斯分布时，混频效率随着接收光学系统参数的增加直线上升至最大值(为 100%)；当选择合适的检测器半径时，高斯分布信号光、艾里分布本振光组合模型的混频效率可以接近 100%，但是当接收光学系统参数继续增大时，其混频效率不增反降，但是仍然可以保持在 80%左右。

下面对信号光为高斯分布，本振光为不同空间分布时，大气湍流影响后的混频效率进行数值分析。

1) 本振光为均匀分布

当本振光为均匀分布时，由式(5.12)可以得出，大气湍流影响下的混频效率$\eta_{G\text{-}U}$为

$$\eta_{G\text{-}U}=\frac{\left|\int_0^{r_0}\exp(-Q^2)\exp\left[-\mathrm{i}(2.914C_n^2Lk^2\rho^{5/3})\right]r\mathrm{d}r\right|^2}{\int_0^{r_0}r\mathrm{d}r\int_0^{+\infty}[\exp(-Q^2)]^2r\mathrm{d}r}\tag{5.16}$$

结合式(5.16)，当传输距离 $L=500\text{m}$，二维空间矢径长度$\rho=0.1\text{m}$ 时，无湍流和湍流条件下 C_n^2 取不同值时混频效率的变化曲线如图 5.7 所示。由图 5.7 中可知，混频效率随着接收光学系统参数的增加存在一个极大值(为 81.45%)，随后混频效率随接收光学系统参数的增加迅速减小，说明此模型的混频效率对接收光学系统参数较为敏感，需要调整接收光学系统参数的值，以获得较高的混频效率。由图 5.7 可知，混频效率随 C_n^2 的增加逐渐减小，当 $C_n^2=10^{-14}\text{m}^{-2/3}$ 时，混频效率小于 40%。

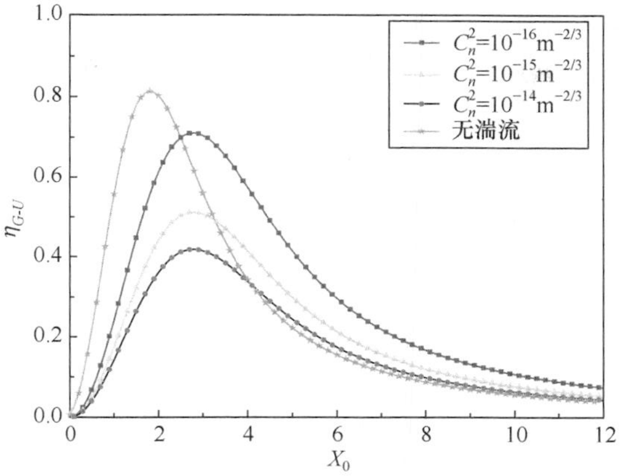

图 5.7　高斯-均匀分布模型的混频效率

2) 本振光为高斯分布

当本振光为高斯分布时，由式(5.12)可以得出，大气湍流影响下的混频效率 $\eta_{G\text{-}G}$ 为

$$\eta_{G\text{-}G}=\frac{\left|\int_0^{r_0}\exp(-Q^2)\exp\left[-\mathrm{i}(2.914C_n^2Lk^2\rho^{5/3})\right]r\mathrm{d}r\right|^2}{\int_0^{r_0}[\exp(-Q^2)]^2r\mathrm{d}r\int_0^{+\infty}[\exp(-Q^2)]^2r\mathrm{d}r} \tag{5.17}$$

结合式(5.17)，得到湍流条件下 C_n^2 取不同值时混频效率的变化曲线，如图 5.8 所示。无湍流条件下混频效率随着接收光学系统参数的增加快速上升至最大值(100%)；混频效率受到大气湍流的影响逐渐减小，当 $C_n^2=10^{-16}\mathrm{m}^{-2/3}$ 时混频效率大于 80%，说明此模型的混频性能受大气湍流的影响较小。

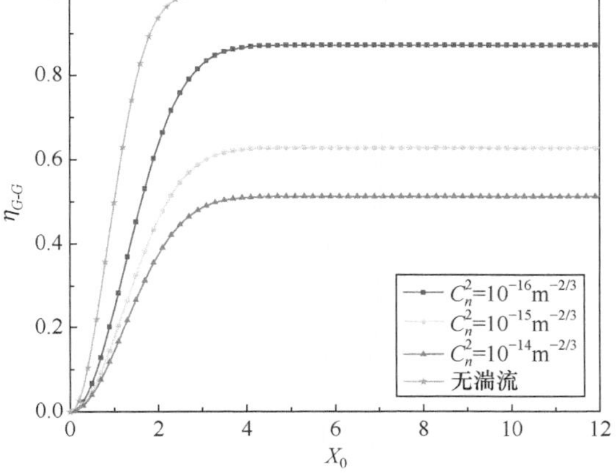

图 5.8　高斯-高斯分布模型的混频效率

3) 本振光为艾里分布

当本振光为艾里分布时，由式(5.12)可以得出，大气湍流影响下的混频效率 $\eta_{G\text{-}A}$ 为

$$\eta_{G\text{-}A}=\frac{\left|\int_0^{r_0}[\mathrm{J}_1(X)/(X)]\exp(-Q^2)\exp\left[-\mathrm{i}(2.914C_n^2Lk^2\rho^{5/3})\right]r\mathrm{d}r\right|^2}{\int_0^{r_0}[\mathrm{J}_1(X)/(X)]^2r\mathrm{d}r\int_0^{+\infty}[\exp(-Q^2)]^2r\mathrm{d}r} \tag{5.18}$$

理想条件和湍流条件下 C_n^2 取不同值时混频效率的变化曲线如图 5.9 所示。在无湍流情况以及高斯分布信号光、艾里分布本振光情况下，当选择合适的接收光学系统参数时，混频效率可以接近 100%，但是当接收光学系统参数继续增大时，混频效率不增反降，但是仍然可以保持在 80%左右。随着湍流强度的增强混频效率逐渐下降，当 $C_n^2=10^{-14}\mathrm{m}^{-2/3}$ 时混频效率低于 50%，比无湍流时下降了约 50%。

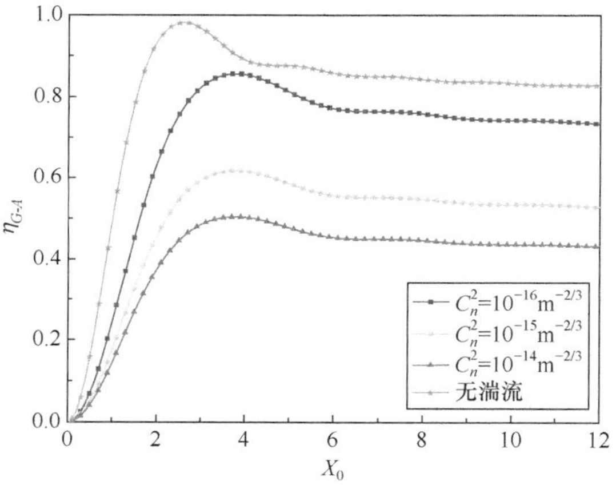

图 5.9 高斯-艾里分布模型的混频效率

2. 信号光为艾里分布

均匀分布信号光经过图 5.7 中透镜的衍射，聚焦到检测器表面时空间分布变为艾里分布[11]。本振光可以为高斯分布、艾里分布或者均匀分布光束，可利用式 (5.33)计算混频效率，计算公式为式(5.19)～式(5.21)[11]。

当信号光为艾里分布、本振光为艾里分布时，混频效率为

$$\begin{aligned}\eta_{A\text{-}A}&=\frac{\left|\int_0^{r_0}[\mathrm{J}_1(X)/(X)]^2r\mathrm{d}r\right|^2}{\int_0^{r_0}[\mathrm{J}_1(X)/(X)]^2r\mathrm{d}r\int_0^{+\infty}[\mathrm{J}_1(X)/(X)]^2r\mathrm{d}r}=\frac{\left|\int_0^{r_0}[\mathrm{J}_1(X)/(X)]^2r\mathrm{d}r\right|^2}{\int_0^{+\infty}[\mathrm{J}_1(X)/(X)]^2r\mathrm{d}r}\\&=1-\mathrm{J}_0^2(X_0)-\mathrm{J}_1^2(X_0)\end{aligned} \tag{5.19}$$

当信号光为艾里分布、本振光为高斯分布时，混频效率为

$$\eta_{A\text{-}G}=\frac{\left|\int_0^{r_0}[\mathrm{J}_1(X)/(X)]\exp(-Q_0^2)r\mathrm{d}r\right|^2}{\int_0^{+\infty}[\mathrm{J}_1(X)/(X)]^2 r\mathrm{d}r\int_0^{r_0}[\exp(-Q_0^2)]^2 r\mathrm{d}r}=\frac{\frac{8}{\omega_0^2}\left|\int_0^{r_0}\mathrm{J}_1(X)\exp(-Q_0^2)\mathrm{d}r\right|^2}{1-\exp(-2Q_0^2)} \tag{5.20}$$

当信号光为艾里分布、本振光为均匀分布时，混频效率为

$$\eta_{A\text{-}U}=\frac{\left|\int_0^{r_0}[\mathrm{J}_1(X)/(X)]r\mathrm{d}r\right|^2}{\int_0^{r_0}r\mathrm{d}r\int_0^{+\infty}[\mathrm{J}_1(X)/(X)]^2 r\mathrm{d}r}=\frac{\left|\int_0^{X_0}\mathrm{J}_1(X)\mathrm{d}X\right|^2}{\frac{1}{2}(X_0)^2\cdot\frac{1}{2}}=4\left[1-\mathrm{J}_0(X_0)\right]^2\big/(X_0)^2 \tag{5.21}$$

根据前面得到的不同组合模型的混频效率公式，得到当λ=1550nm、$\omega_0=1.6\lambda$、F 数取各模型最适宜的值，混频效率随接收光学系统参数 X_0 的变化曲线如图 5.10 所示。由图 5.10 可知，当本振光为均匀分布时，混频效率受接收光学系统参数的影响较大，先是线性增加，然后随着接收光学系统参数的增加，在 X_0 = 2.9 附近取得最大值，此后持续减小，信号光与本振光之间存在严重的失配，这种模型是不适合的；当本振光为高斯分布时，混频效率随接收光学系统参数的增加迅速增大，然后保持在一个恒定的值，说明此模型对接收光学系统参数适应性较强，可以保持较高的混频效率；当本振光也为艾里分布时，混频效率先直线增大，后缓慢增长，若接收光学系统的接收孔径足够大，则混频效率可以达到 100%。

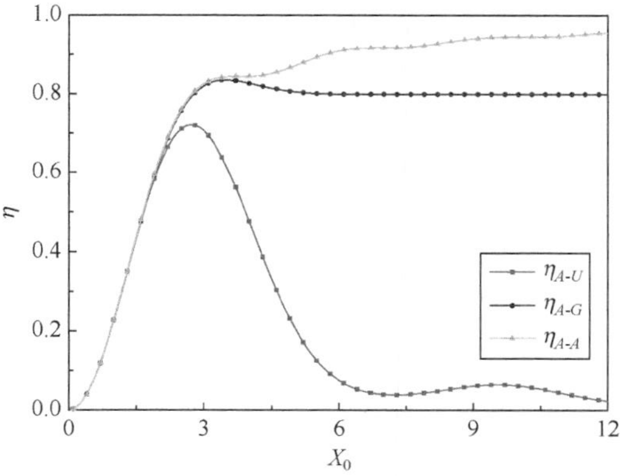

图 5.10　信号光为艾里分布、本振光为不同分布时的混频效率

下面对信号光为艾里分布、本振光为不同空间分布时，经大气湍流传输后的混频效率进行数值分析。

1) 本振光为均匀分布

当本振光为均匀分布时，不同 F 数时混频效率随接收光学系统参数的变化曲线如图 5.11 所示，由图可知，此模型的最佳混频效率为 70%，比其他两种模

型的混频效率要低，并且取得最大混频效率的条件较为严格，随着 F 数的增大，混频效率达到最大值所需的接收光学系统参数越大。

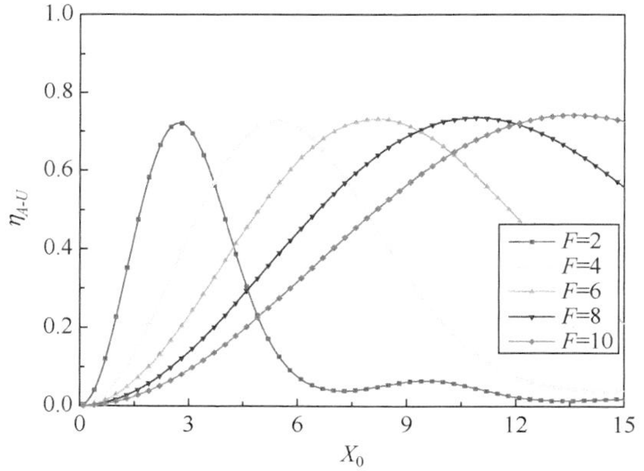

图 5.11　艾里-均匀分布模型不同 F 数的混频效率

当本振光为均匀分布时，由式(5.12)可以得出，大气湍流影响下的混频效率 $\eta_{A\text{-}U}$ 为

$$\eta_{A\text{-}U}=\frac{\left|\int_0^{r_0}[\mathrm{J}_1(X)/(X)]\exp\left[-\mathrm{i}(2.914C_n^2Lk^2\rho^{5/3})\right]r\mathrm{d}r\right|^2}{\int_0^{r_0}r\mathrm{d}r\int_0^{+\infty}[\mathrm{J}_1(X)/(X)]^2r\mathrm{d}r} \tag{5.22}$$

根据式(5.22)得到 C_n^2 取不同值时混频效率的变化曲线如图 5.12 所示。信号光为艾里分布、本振光为均匀分布时的混频效率迅速达到最大值(72.1%)后下降，说明此模型受接收光学系统参数的影响较大，达到最大值的条件要求较为严

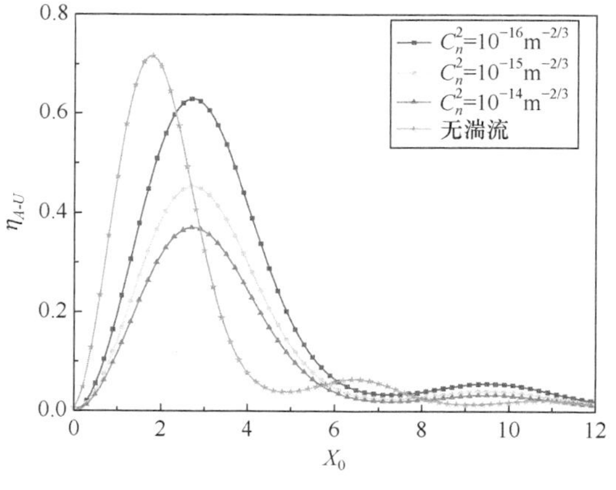

图 5.12　艾里-均匀分布模型的混频效率

格，且当存在大气湍流时，达到混频效率的最大值时所需的接收光学系统参数变大，当 $C_n^2=10^{-14}\text{m}^{-2/3}$ 时，混频效率小于 40%。

2) 本振光为艾里分布

当本振光为艾里分布时，F 数取不同值时不同模型的混频效率如图 5.13 所示。混频效率线性增大后缓慢接近 100%，并且 F 数越大，达到最大混频效率所需的接收光学系统参数越大，此模型对于接收光学系统的适应性较弱。

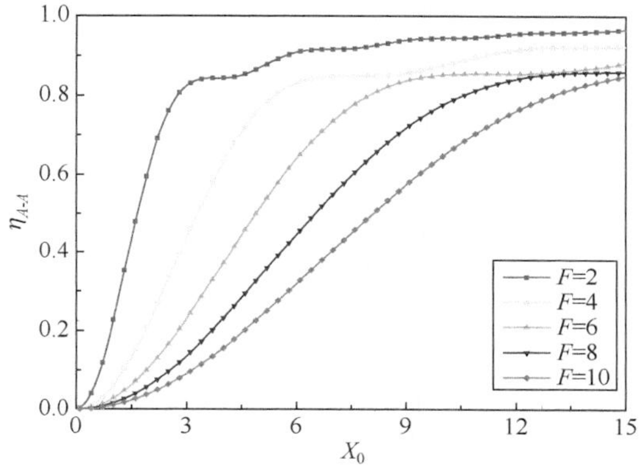

图 5.13　艾里-艾里分布模型不同 F 数的混频效率

当本振光为艾里分布时，由式(5.12)可以得出，大气湍流影响下的混频效率 $\eta_{A\text{-}A}$ 为

$$\eta_{A\text{-}A}=\frac{\left|\int_0^{r_0}[\mathrm{J}_1(X)/(X)]^2\exp\left[-\mathrm{i}(2.914C_n^2Lk^2\rho^{5/3})\right]r\mathrm{d}r\right|^2}{\int_0^{r_0}[\mathrm{J}_1(X)/(X)]^2r\mathrm{d}r\int_0^{+\infty}[\mathrm{J}_1(X)/(X)]^2r\mathrm{d}r} \tag{5.23}$$

结合式(5.23)得到，C_n^2 取不同值时混频效率的变化曲线如图 5.14 所示。信号光和本振光均为艾里分布时混频效率先随接收光学系统参数的增加迅速增加到 80%左右，然后缓慢增加逐渐趋向于 100%；混频效率随 C_n^2 的增加逐渐减小。

3) 本振光为高斯分布

将接收光学系统的 F 数设为不同的值，并将检测器半径设为固定值，得到混频效率变化曲线如图 5.15 所示，艾里-高斯分布模型混频效率随着接收光学系统参数的增加而增大，随后逐渐趋于稳定；F 数不同的接收光学系统混频效率的变化规律也不同，采用 $F = 4$ 的接收光学系统可达到的最大混频效率为 82%，而 $F = 2$ 的接收光学系统混频效率变化曲线与艾里-均匀分布模型相似，分析其原因是艾里斑半径相较于高斯光斑小，与高斯分布本振光的叠加部位主要在中心，高斯分布光束可近似为均匀分布，所以变化趋势与艾里-均匀分布模型类似。

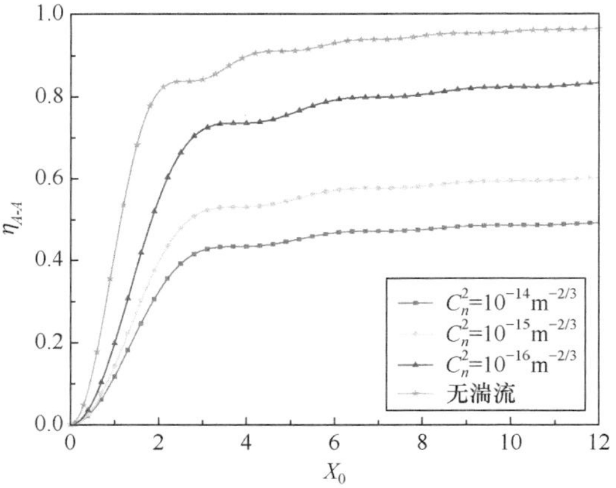

图 5.14　艾里-艾里分布模型的混频效率

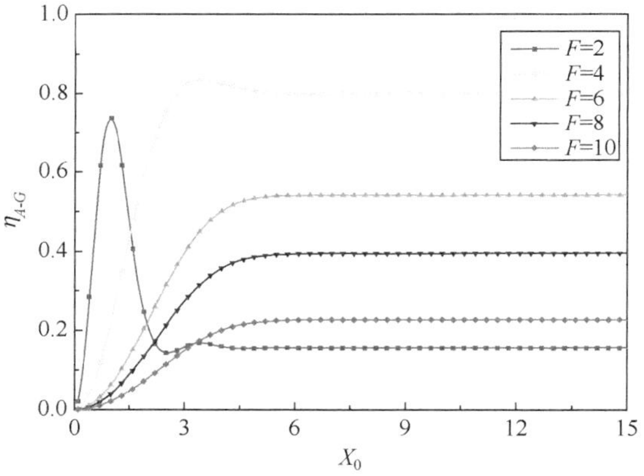

图 5.15　艾里-高斯分布模型不同 F 数的混频效率

当本振光为高斯分布时，由式(5.12)可以得出，大气湍流影响下的混频效率 $\eta_{A\text{-}G}$ 为

$$\eta_{A\text{-}G}=\frac{\left|\int_0^{r_0}[\mathrm{J}_1(X)/(X)]\exp(-Q^2)\exp\left[-\mathrm{i}(2.914C_n^2Lk^2\rho^{5/3})\right]r\mathrm{d}r\right|^2}{\int_0^{+\infty}[\mathrm{J}_1(X)/(X)]^2r\mathrm{d}r\int_0^{r_0}[\exp(-Q^2)]^2r\mathrm{d}r} \tag{5.24}$$

根据式(5.24)得到 C_n^2 取不同值时艾里-高斯分布模型的混频效率变化曲线，如图 5.16 所示。信号光为艾里分布、本振光为高斯分布时，在最合适的接收光学系统参数下混频效率可以达到 83.42%。从图中可以看出，随着接收光学系统参数的增加，混频效率呈线性增长并取得最大值 83.42%，随后保持稳定，说明该模型对接收光学系统的适应性较强；受到大气湍流的影响，混频效率随 C_n^2 的增加逐渐减小。

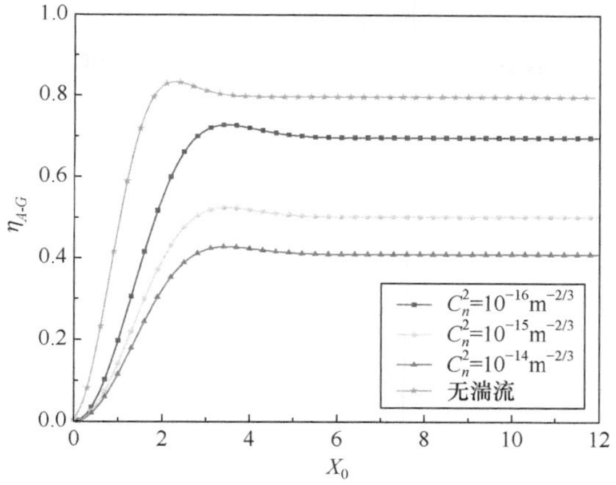

图 5.16　艾里-高斯分布模型的混频效率

从前面的分析可知，信号光为艾里分布、本振光为高斯分布是最优的且是实际系统中最常用的模型。下面对影响此模型混频效率的因素进行详细分析。由式(5.12)可知，在无湍流情况下，混频效率的值与接收光学系统的 F 数、高斯光束的束腰半径有关，下面对这两个影响因素进行研究。

从式(5.24)中可以看出，艾里-高斯分布模型的混频效率受到接收光学系统参数和高斯光束半径的影响，针对不同的 X_0、ω_0，其相应的混频效率变化曲线如图 5.17 所示。从图 5.17 中可以看出，开始阶段混频效率随接收光学系统参数的增加线性增长。但是当接收光学系统参数继续增大时，混频效率保持不变甚至减小，这是因为接收光学系统参数增大到一定程度后，检测器接收到的背景噪声也增多，混频效率减小，不能随接收光学系统参数的增加持续增大。

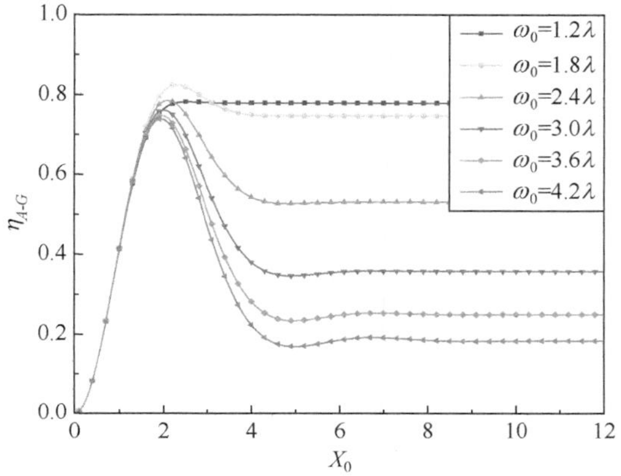

图 5.17　艾里-高斯分布模型不同 ω_0 的混频效率

准直失配是指信号光的光轴与检测器光敏面的轴线之间产生夹角，此夹角称为失配角θ，失配角的存在会影响系统的混频效率，含失配角的混频效率的计算公式为

$$\eta=\frac{8}{Q}\frac{\left|\int_{0}^{X_0}\exp\left(-\frac{X^2}{Q^2}\right)\mathrm{J}_1(X)\mathrm{J}_0(k\theta r)\mathrm{d}X\right|}{1-\exp\left(-Q^2\right)} \tag{5.25}$$

其中，θ为失配角；J_0为零阶贝塞尔函数。

为了研究方便，选择在最适条件下讨论失配角与混频效率的关系，最适条件取 $F=2$、$\lambda=1550\mathrm{nm}$、$\omega_0=1.6\lambda$。失配角对艾里-高斯分布模型混频效率的影响如图 5.18 所示。从图 5.18 可知，失配角增大会使混频效率下降严重，微米级的失配角就会导致信号光与本振光产生严重的失配，使系统性能下降，因此在相干检测系统设计和搭建过程中应尽量避免出现失配角，保证信号光的准直性。

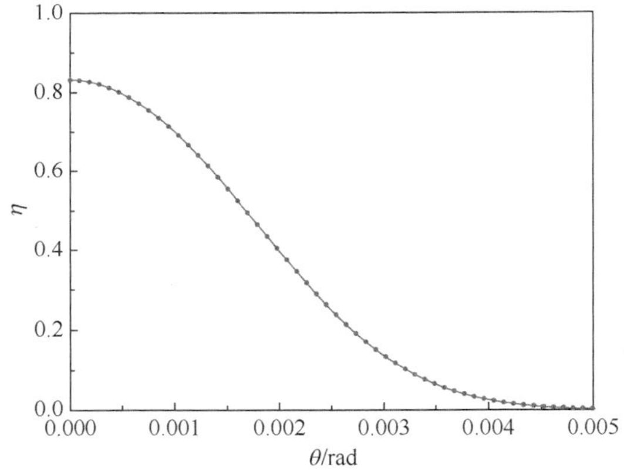

图 5.18　失配角对艾里-高斯分布模型混频效率的影响

当接收光学系统的 F 数为不同值时，混频效率与高斯光束束腰半径之间的关系曲线如图 5.19 所示。从图 5.19 中可知，通过选择合适的 F 数可以提高接收光学系统的混频效率，当选择的 F 数合适时，混频效率可以达到理想的最大值。从曲线的变化趋势来看，束腰半径越大，接收光学系统所需的 F 数越大。

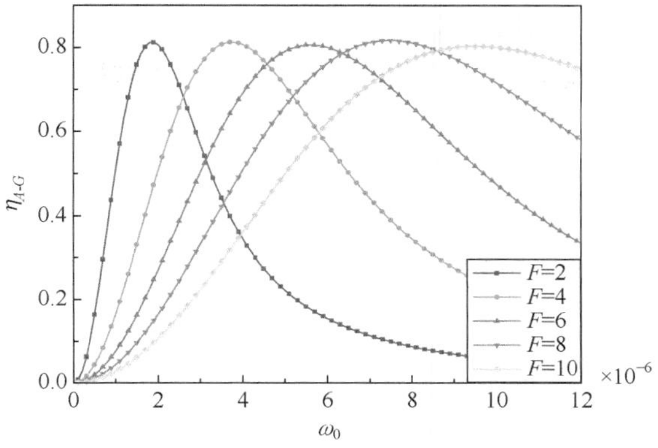

图 5.19　艾里分布信号光和高斯分布本振光的混频效率与 ω_0、F 数之间的关系曲线

信号光与本振光之间的相位差会使两光束的光场不匹配，导致混频效率降低，下面对接收天线的像差引起的混频效率的变化进行分析，利用 Zernike 多项式表示传输信号光的波前，含有初级像差的 Zernike 多项式为

$$\begin{cases} W_{\text{tilt}}(\rho,\varphi)=W_{111}\rho\cos\varphi, & \text{倾斜像差} \\ W_{\text{defocus}}(\rho,\varphi)=W_{020}\varphi^2, & \text{离焦像差} \\ W_{\text{spherical aberration}}(\rho,\varphi)=W_{040}\rho^4, & \text{球差} \\ W_{\text{coma}}(\rho,\varphi)=W_{131}\rho^3\cos\varphi, & \text{彗差} \\ W_{\text{astigmatism}}(\rho,\varphi)=W_{222}\rho^2\cos\varphi, & \text{像散} \end{cases} \tag{5.26}$$

其中，ρ 为归一化半径，$\rho=r/R$，r =100mm 为接收天线的半径；W 为波前像差数值的大小。

则含有像差影响的混频效率的计算公式为[12]

$$\eta=\frac{\left|\int_0^{2\pi}\int_0^{r_0}U_S(r,\varphi)U_{\text{Lo}}(r,\varphi)\exp[\mathrm{i}kW_X(\rho,\varphi)]r\mathrm{d}r\mathrm{d}\varphi\right|^2}{\int_0^{2\pi}\int_0^{r_0}[U_{\text{Lo}}(r,\varphi)]^2r\mathrm{d}r\mathrm{d}\varphi\int_0^{2\pi}\int_0^{\infty}[U_S(r,\varphi)]^2r\mathrm{d}r\mathrm{d}\varphi} \tag{5.27}$$

其中，$kW_X(\rho,\varphi)$为天线像差引入的信号光与本振光的相位差。

球差是轴上物点发出光束，经光学系统以后，与光轴呈不同角度的光线交光轴于不同位置，在像面上形成的圆形弥散斑；轴外物点发出对称于主光线的一束光在像方失去对称性导致的像差称为彗差；像散是由轴外物点发出的一束光当中子午光线和弧矢光线在像方会聚的点不一致导致的；离焦像差是指成像面不在实际焦面处；场曲指的是像场弯曲，是主轴外点的像差；共轭面上的放大率随视场的增大而变化，轴上和边缘具有不同的放大率，这种形变像差称为畸变。

天线像差与混频效率的关系如图 5.20 所示，初级像差会使混频效率出现不同程度的下降，倾斜像差对混频效率的影响最明显，当像差值为 0.2λ时，混频效率下降约 10%，彗差和球差对混频效率的影响最小，离焦像差的影响大于像散。

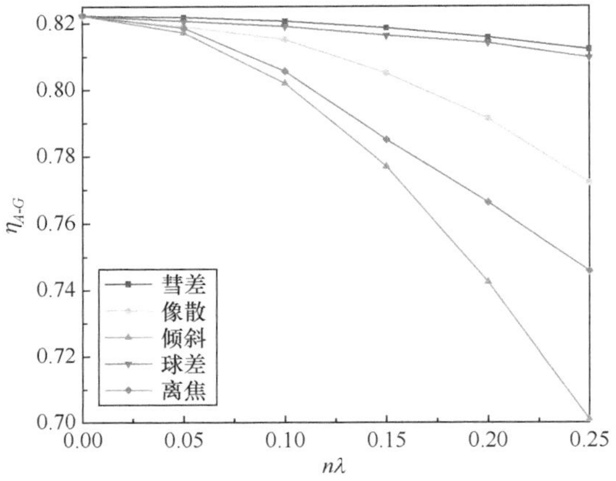

图 5.20　天线像差与混频效率的关系

5.2.2　信号光为涡旋光

LG 光束是光通信系统中常见的涡旋光，在光通信系统中涡旋光的检测常常以高斯光束为介质进行，由于涡旋光束相位的特殊性，下面将从振幅和相位匹配两个角度对涡旋光外差检测的混频效率进行研究，讨论涡旋光外差检测用于通信系统的可行性，得到当信号光为 LG 光束，本振光为高斯分布、艾里分布、均匀分布三种情况时混频效率的变化情况。

当径向指数为 0 时，携带轨道角动量的 LG 光束在传输距离为 0 处的振幅可以表示为[1]

$$U(r,\theta)=\sqrt{\frac{2}{\pi}}\frac{1}{\omega_0}\exp\left(-\frac{r^2}{\omega_0^2}\right)\sqrt{\frac{1}{|l!|}}\left(\frac{r\sqrt{2}}{\omega_0}\right)^{|l|}\exp(\mathrm{i}l\theta) \tag{5.28}$$

1. 本振光为高斯分布

当本振光为高斯分布时，假设两者相位匹配，研究振幅对混频效率的影响，得到混频效率$\eta_{G\text{-}L}$为

$$\eta_{G\text{-}L}=\frac{\left|\int_0^{r_0}\sqrt{\frac{2}{\pi}}\frac{1}{\omega_0}\exp\left(-Q^2\right)\sqrt{\frac{1}{|l!|}}\left(\sqrt{2}Q\right)^{|l|}\exp\left(-Q^2\right)r\mathrm{d}r\right|^2}{\int_0^{+\infty}\left[\sqrt{\frac{2}{\pi}}\frac{1}{\omega_0}\exp\left(-Q^2\right)\sqrt{\frac{1}{|l!|}}\left(\sqrt{2}Q\right)^{|l|}\right]^2 r\mathrm{d}r\int_0^{r_0}\left[\exp\left(-Q^2\right)\right]^2 r\mathrm{d}r} \tag{5.29}$$

当本振光为高斯分布、信号光为 LG 光束时，根据式(5.29)得到不同拓扑荷

数条件下混频效率与接收光学系统参数的关系式，如图 5.21 所示。令拓扑荷数为 1～5，得到混频效率随拓扑荷数的变化曲线如图 5.22 所示。从图中可以看出，当拓扑荷数为 1 时，混频效率可以达到 80%左右，但是当拓扑荷数为 3 时，混频效率仅约为 30%，当拓扑荷数为 5 时，混频效率甚至只有 10%，混频效率随拓扑荷数的增加逐渐减小，并且混频效率达到稳定所需的接收光学系统参数逐渐增加，混频效率达到最大值后保持稳定，不再随接收光学系统参数的增加发生变化。

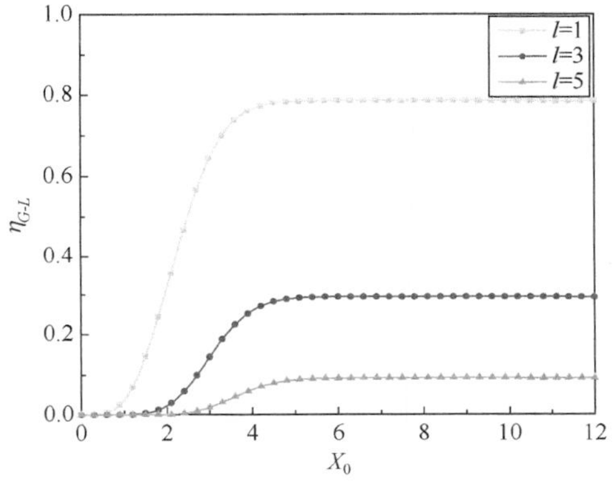

图 5.21　信号光为 LG 光束、本振光为高斯分布时的混频效率

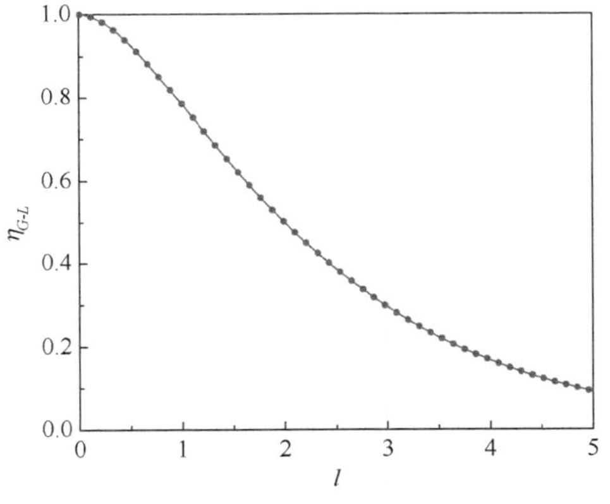

图 5.22　混频效率随拓扑荷数的变化曲线

假设信号光与本振光的振幅匹配，讨论相位对混频效率的影响，利用式 (5.17)计算得到的混频效率表达式，将接收光学系统参数设为固定值，研究拓扑荷数与混频效率的关系，如图 5.23 所示，从图中可以看出，拓扑荷数为 0～1 时，混频效率由 1 迅速下降为 0，拓扑荷数大于 1 时混频效率小于 10%，当拓扑荷数为整数时，混频效率几乎为 0，两个整数拓扑荷数之间混频效率先增大后减小，在实际应用中，拓扑荷数大多为整数，因此从相位匹配的角度看，高斯光束

与 LG 光束不能混频。

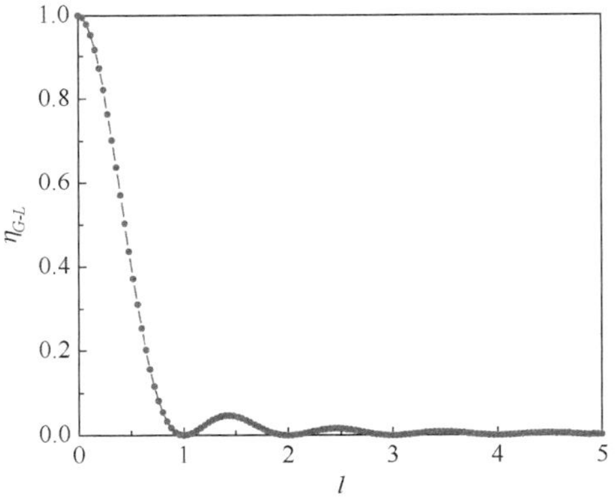

图 5.23　信号光为 LG 光束、本振光为高斯分布时混频效率与拓扑荷数关系曲线

2. 本振光为艾里分布

当本振光为艾里分布时，假设相位匹配，研究振幅分布与混频效率的关系，得到混频效率$\eta_{A\text{-}L}$的公式为

$$\eta_{A\text{-}L}=\frac{\left|\int_0^{r_0}\sqrt{\frac{2}{\pi}}\frac{1}{\omega_0}\exp\left(-Q^2\right)\sqrt{\frac{1}{|l!|}}\left(\sqrt{2}Q\right)^{|l|}\left[\frac{\mathrm{J}_1(X)}{(X)}\right]r\mathrm{d}r\right|^2}{\int_0^{+\infty}\left[\sqrt{\frac{2}{\pi}}\frac{1}{\omega_0}\exp\left(-Q^2\right)\sqrt{\frac{1}{|l!|}}\left(\sqrt{2}Q\right)^{|l|}\right]^2 r\mathrm{d}r\int_0^{r_0}\left[\frac{\mathrm{J}_1(X)}{(X)}\right]^2 r\mathrm{d}r}\tag{5.30}$$

根据式(5.30)计算得到的混频效率与接收光学系统参数的关系，改变 LG 光束拓扑荷数的值，得到不同拓扑荷数下混频效率随接收光学系统参数变化曲线，如图 5.24 所示。本振光为艾里分布且 LG 光束拓扑荷数为 1 时，混频效率

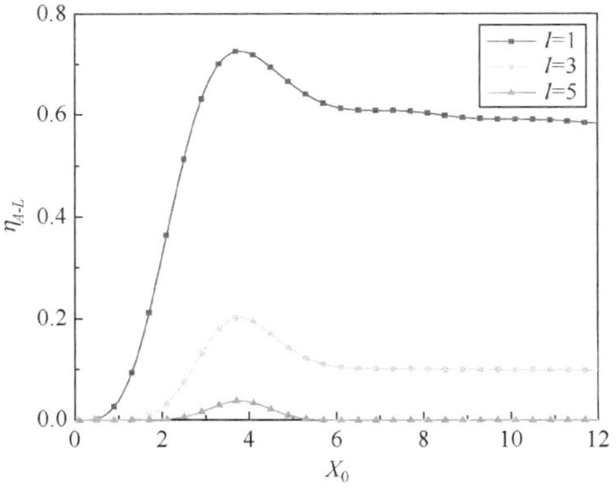

图 5.24　信号光为 LG 光束、本振光为艾里分布时混频效率与接收光学系统参数关系曲线

先增加到最大值 72.6%，然后稳定在 60%左右。当拓扑荷数为 3 时，最大混频效率仅为 20%，当拓扑荷数为 5 时，混频效率低于 10%。

为了更直观地看到混频效率与拓扑荷数的变化关系，将接收光学系统参数取为固定值，将自变量设为拓扑荷数，得到混频效率与拓扑荷数关系曲线如图 5.25 所示，从图中可以看出，混频效率随拓扑荷数的增加快速下降，在拓扑荷数为 5 时接近于 0。

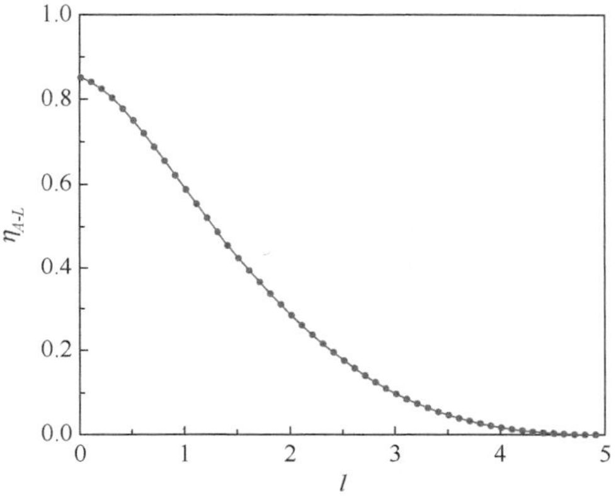

图 5.25　信号光为 LG 光束、本振光为艾里分布时混频效率与拓扑荷数关系曲线

3. 本振光为均匀分布

假设相位匹配，研究振幅分布对混频效率的影响，得到混频效率 $\eta_{U\text{-}L}$ 为

$$\eta_{U\text{-}L}=\frac{\left|\int_0^{r_0}\sqrt{\frac{2}{\pi}}\frac{1}{\omega_0}\exp\left(-Q^2\right)\sqrt{\frac{1}{|l!|}}\left(\sqrt{2}Q\right)^{|l|}r\mathrm{d}r\right|^2}{\int_0^{+\infty}\left[\sqrt{\frac{2}{\pi}}\frac{1}{\omega_0}\exp\left(-Q^2\right)\sqrt{\frac{1}{|l!|}}\left(\sqrt{2}Q\right)^{|l|}\right]^2r\mathrm{d}r\int_0^{r_0}r\mathrm{d}r} \tag{5.31}$$

利用式(5.31)得到的均匀分布光束与 LG 光束不同拓扑荷数时混频效率与接收光学系统参数的关系式，得到混频效率变化曲线如图 5.26 所示。混频效率随着接收光学系统参数的增加直线增大到最大值后减小，不同拓扑荷数的混频效率变化曲线趋势相同，但是随着拓扑荷数的增加，混频效率的最大值逐渐减小，且达到最大值所对应的接收光学系统参数逐渐增加，直线增大的起点也逐渐左移，说明拓扑荷数越大的系统，达到最佳混频效率所需的接收光学系统参数越大，这是因为 LG 光束中心暗斑的半径会随着拓扑荷数的增加而变大[13]。

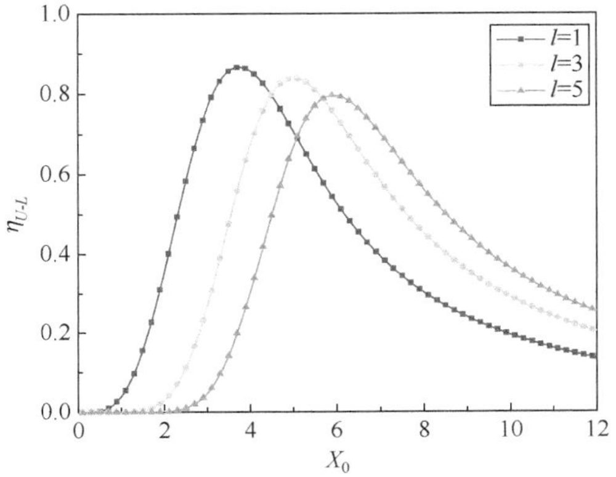

图 5.26　信号光为 LG 光束、本振光为均匀分布时混频效率与接收光学系统参数关系曲线

当本振光为均匀分布时，将接收光学系统参数设为定值，根据式(5.59)得到混频效率与拓扑荷数的关系式，从而得到混频效率随拓扑荷数变化曲线，如图 5.27 所示。从图中可以看到，混频效率随拓扑荷数的增加逐渐减小，当拓扑荷数为 1 时，混频效率在 60%左右，但是当拓扑荷数为 2 时，已经下降到 30%左右，振幅已经严重失配，混频性能急剧下降。

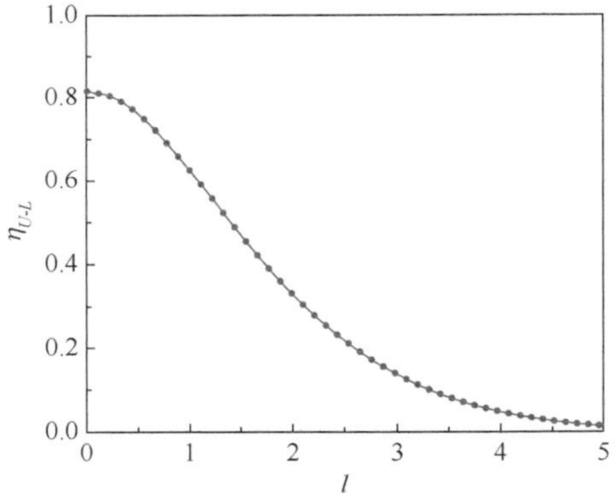

图 5.27　信号光为 LG 光束、本振光为均匀分布时混频效率与拓扑荷数关系曲线

当信号光为涡旋光束时，选择最常见的 LG 光束进行研究，当本振光也是涡旋光束时，若两者的拓扑荷数相同，则混频效率可以达到 100%，拓扑荷数的差值越大，混频效率越低，此特性可用于涡旋光的信息交换。假设相位匹配，当拓扑荷数为 1 时，LG-高斯分布模型的混频效率为 80%，可以实现振幅匹配，但是随拓扑荷数的增加混频效率直线下降；LG-艾里分布模型的混频效率随接收光学系统参数先线性增加到最大值，然后小幅下降并保持稳定，混频效率随拓扑荷数的增加直线下降。假设振幅匹配，研究相位对混频效率的影响发现，LG-高斯分

布模型信号光和本振光的相位无法匹配，当拓扑荷数为整数时，混频效率近乎为0。在假设相位匹配时，LG-均匀分布模型与高斯-均匀分布模型混频性能相似，当拓扑荷数增加时，混频效率减小。综上，涡旋光束无法与高斯分布、艾里分布和均匀分布光束混频。

5.3　大气湍流对涡旋光束相干检测性能的影响

涡旋光束相干检测通过改变本振光的拓扑荷数，在接收端实现涡旋光束的相干检测，也可以实现信息交换。本节首先介绍涡旋光束相干检测的系统结构，分析信号光斜程传输时拓扑荷数、海拔、传输距离对涡旋光束相干检测系统性能的影响；使用同一套自适应光学系统对上行链路和下行链路的信号光波前进行校正，比较分析波前畸变预校正与后校正效果。

5.3.1　大气湍流

大气中有许多因素(如气压、温度)等会引起大气的变化，例如，气压的变化会带来气体的流动，而温度的变化则会影响气体的密度和压力。这些变化引起的气体流动就构成了大气的随机运动，这种运动称为大气湍流。当信号光在大气湍流中传输时，大气湍流造成的大气折射率起伏导致在其中传输的信号光的波前发生改变，对相干通信系统的性能造成影响。因此，研究大气湍流对相干通信系统的影响尤为重要，而首要任务就是对大气湍流进行研究。

1. 大气折射率结构常数

信号光在大气湍流中传输产生的变化本质上是由于大气折射率的影响[14]。大气折射率结构常数是描述大气湍流强度的重要参数，下面对这一参数进行介绍。

Hufnagel 等[15]给出的经验公式如下：

$$C_n^2(h)=[2.2\times10^{-53}{h_a}^{10}(W_{\text{wind}}/27)\mathrm{e}^{-h_a/1000}+10^{-16}\mathrm{e}^{-h_a/1500}]\mathrm{e}^{J(h_a,t)} \tag{5.32}$$

其中，W_{wind}为实验地风速；J为均值为零的均匀高斯随机变量，可以表示为

$$\left\langle J\left(h_a+h_1,t+\tau\right)\right\rangle=A\left(\frac{h_1}{100}\right)\mathrm{e}^{-\frac{\tau}{5}}+A\left(\frac{h_1}{100}\right)\mathrm{e}^{-\frac{\tau}{80}} \tag{5.33}$$

其中，

$$A\left(\frac{h_1}{100}\right)=\begin{cases}1-\dfrac{h_a}{100}, & h_a<100\\ 0, & h_a\geqslant100\end{cases} \tag{5.34}$$

h_a为实验所在地的高度；τ为时间间隔常数；h_1为接收端与发射端之间的高度差。

函数W_{wind}表示实验时风速的均方根速度，即

$$W_{\text{wind}} = \left[\frac{1}{15}\int_{5}^{20} v_a^2(h_a)\mathrm{d}h_a\right]^{\frac{1}{2}} \tag{5.35}$$

则 Hufnagel-Valley 校正后的模型可表示为[15]

$$\begin{aligned} C_n^2(h_a) = {} & 5.94\times10^{-53} h_a^{10}\left(\frac{v_a}{27}\right)^2 \exp\left(-\frac{h_a}{1000}\right) + 2.7\times10^{-16}\exp\left(-\frac{h_a}{1500}\right) \\ & + C_0\left(-\frac{h_a}{100}\right) \end{aligned} \tag{5.36}$$

其中，v_a 为当地高空风速参数；h_a 为海拔；C_0 为当地的大气结构常数。

2. 大气湍流折射率功率谱模型

大气湍流折射率功率谱模型用来描述大气湍流的统计特性。大气的随机流动会造成大气中形成大小不同的大气湍流涡旋，由于大气环境的不稳定性，形成的这些湍流涡旋会不断地分解为更小一级的小湍流涡旋，其中湍流涡旋的大小一般使用内外尺度来表示，l_0 代表小尺度(内尺度)湍流涡旋、L_0 代表大尺度(外尺度)湍流涡旋。大气湍流对光束波前的影响如图 5.28 所示。

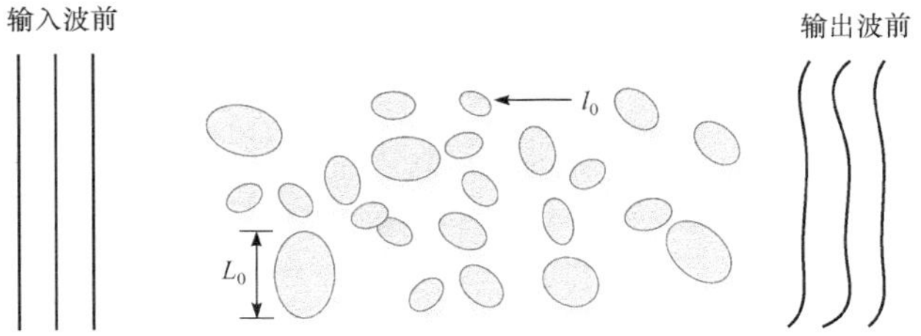

图 5.28　大气湍流对光束波前的影响[16]

大气湍流可以根据内外尺度及其特性分为三个不同的区域，不同区域的功率谱模型特性不同，如图 5.29 所示。

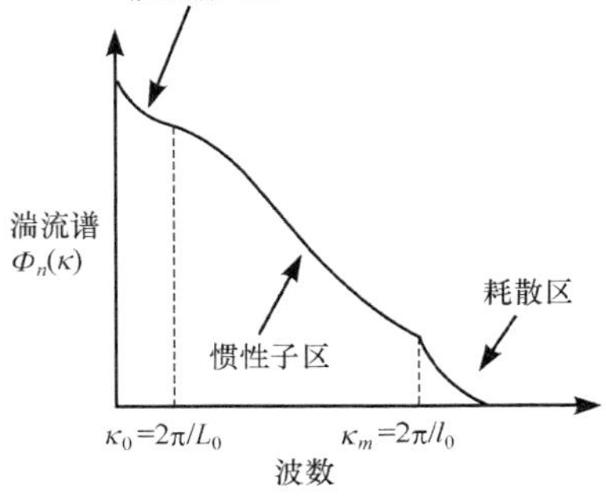

图 5.29　Kolmogorov 谱[17]

Kolmogorov 将大气折射率的随机起伏描述与大气湍流联系在一起，给出了功率谱与 C_n^2 的表达式，即 Kolmogorov 谱[17]为

$$\Phi_n(\kappa)=0.033C_n^2\kappa^{-11/3},\quad \kappa_0 \ll \kappa \ll \kappa_m \tag{5.37}$$

其中，κ 为空间波数；C_n^2 为大气折射率结构常数。

从图 5.29 中可以看出，当 $\kappa \leqslant \kappa_0$ 时为能量输入区，当 $\kappa_0 \leqslant \kappa < \kappa_m$ 时，为惯性子区，当 $\kappa \geqslant \kappa_m$ 时，为耗散区。

Kolmogorov 谱仅对湍流的惯性子区适用，为了扩大适用的空间频率范围，Tatarskii 等[19]利用高斯函数对 Kolmogorov 谱的耗散区进行了改进，得到了描述湍流耗散区的 Tatarskii 谱模型，其表达式为

$$\Phi_n(\kappa)=0.033C_n^2\kappa^{-11/3}\exp\left(-\frac{\kappa^2}{\kappa_m^2}\right),\quad \kappa \gg \kappa_m \tag{5.38}$$

其中，$\kappa_m=5.92/l_0$。

von Karman 对模型进行了校正，使其可以在全波段进行[17]，即

$$\Phi_n(\kappa)=0.033C_n^2\left(\kappa^2+\kappa_0^2\right)^{-11/6} \tag{5.39}$$

其中，$\kappa_0=2\pi/L_0$。

为了弥补 Kolmogorov 谱的不足，将内外尺度参数引入谱模型中，提出了校正 von Karman 谱[17]：

$$\Phi_n(\kappa)=0.033C_n^2\kappa^{-11/3}\cdot\left(\kappa^2+\kappa_0^2\right)^{-11/6}\exp\left(-\frac{\kappa^2}{\kappa_m^2}\right) \tag{5.40}$$

Andrews 等[18]建立了 Hill 频谱的近似分析，这种近似得到的频谱称为改正后的大气频谱：

$$\Phi_n(\kappa)=0.033C_n^2(h_a)\cdot\left[1+1.802\left(\frac{\kappa}{\kappa_l}\right)-0.254\left(\frac{\kappa}{\kappa_l}\right)^{7/6}\right]\cdot\frac{\exp\left(-\dfrac{\kappa^2}{\kappa_l^2}\right)}{\left(\kappa^2+\kappa_0^2\right)^{11/6}} \tag{5.41}$$

其中，$\kappa_l=3.3/l_0$；$\kappa_0=2\pi/L_0$。

3. 功率谱反演法模拟湍流相位屏

下面介绍功率谱反演法模拟大气湍流的步骤。假定大气湍流具有局部均匀和各向同性的特性，则 Kolmogorov 相位功率谱密度函数 $F_\varphi(\kappa_x,\kappa_y)$可以表达为[19]

$$F_\varphi(\kappa_x,\kappa_y)=2\pi k^2\Delta z\Phi(\kappa,z) \tag{5.42}$$

其中，κ为空间波数；k 为波数，$k=2\pi/\lambda$；Δz 为湍流大气层的厚度；折射率功率谱密度函数$\Phi(\kappa, z)$可表示为[20]

$$\Phi(\kappa,z)=0.033C_n^2(z)\kappa^{-11/3} \tag{5.43}$$

其中，z 为光束的传输方向。

获取湍流相位函数 $\varphi(x, y)$常用的方法是对相位功率谱密度进行滤波，然后进行二维傅里叶逆变换。这里需要用到一组服从高斯分布的复随机矩阵 $H(\kappa_x, \kappa_y)$，得到的湍流相位函数为[19]

$$\varphi(x,y)=\iint H(\kappa_x,\kappa_y)\sqrt{F_\varphi(\kappa_x,\kappa_y)}\exp[\mathrm{j}(\kappa_x x+\kappa_y y)]\mathrm{d}\kappa_x\mathrm{d}\kappa_y \tag{5.44}$$

改为离散化表达式[19]为

$$\varphi(m,n)=\sum_{m=0}^{N_x}\sum_{n=0}^{N_y}H(m',n')\sqrt{F_\varphi(m',n')}\exp\left[2\pi\mathrm{j}\left(\frac{m'm}{N_x}+\frac{n'n}{N_y}\right)\right]\Delta\kappa_x\Delta\kappa_y \tag{5.45}$$

其中，$N_x=D_x/\Delta x$ 和 $N_y=D_y/\Delta y$ 分别为 x 方向、y 方向上的网格个数，D_x 和 D_y 分别为湍流相位屏的长和宽；$\Delta\kappa_x=\kappa_x/m'$、$\Delta\kappa_y=\kappa_y/n'$ 分别为 x 方向、y 方向上的空间频率间隔。

此方法低频成分不足，为了弥补这个缺点，利用次谐波法来补偿低频相位，以提高模拟湍流的真实性[20]，可表示为

$$\varphi_{SH}=\sum_{p=1}^{N_p}\sum_{m'=-1}^{1}\sum_{n'=-1}^{1}H(m',n')f(m',n')\exp\left[\mathrm{j}2\pi 3^{-p}\left(\frac{m'm}{N}+\frac{n'n}{N}\right)\right] \tag{5.46}$$

其中，N_p 为总次谐波数；p 为次谐波数；m、n、m'、n'为整数；$f(m',n')=C\cdot 3^{-p}\left(f_{lx}^2+f_{ly}^2\right)$为谐波函数，$C$ 为常数，$f_{lx}=3^{-p}m'\Delta fx$，$f_{ly}=3^{-p}n'\Delta fy$，Δf 为频率间隔。

假设正方形湍流相位屏的边长为 4m，仿真计算的点数为 256，传输距离为 1000m，$C_n^2=1\times10^{-17}\mathrm{m}^{-2/3}$，利用功率谱反演法得到的大气湍流相位屏如图 5.30 所示，图中对比展示了加入 5 次谐波成分和只有高频成分的二维、三维相位分布图。对比图 5.30(a)、图 5.30(b)和图 5.30(c)、图 5.30(d)可知，加入谐波后的湍流相位屏图像更加平滑，三维图像的倾斜成分表现更丰富，因此将次谐波法与功率谱反演法相结合产生的湍流相位屏更接近真实湍流情况。

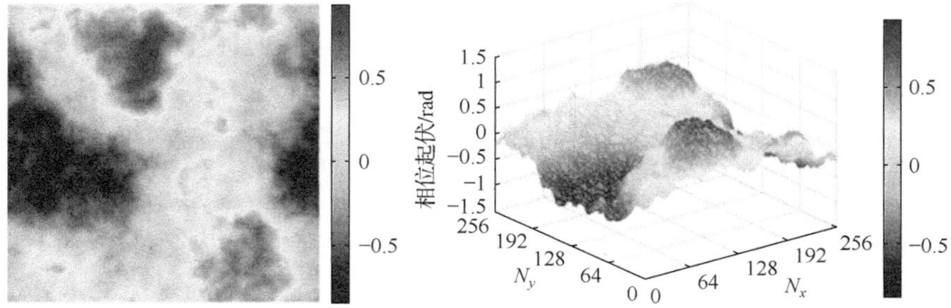

(a) 未补偿，二维分布　　(b) 未补偿，三维分布

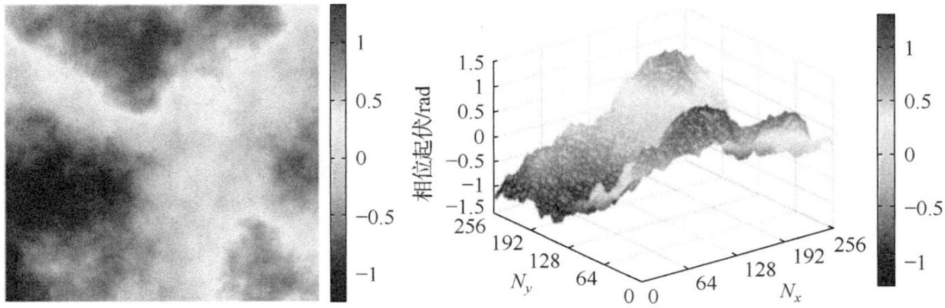

(c) 补偿后，二维分布　　(d) 补偿后，三维分布

图 5.30　大气湍流相位屏

光波在随机介质中传输时的波动方程可以表示为[14]

$$2\mathrm{i}k\frac{\partial u}{\partial z}+\frac{\partial^2 u}{\partial x^2}+\frac{\partial^2 u}{\partial y^2}+2k^2 n_1 u=0 \tag{5.47}$$

其中，u 为光波的光场；n_1 为大气折射率的起伏值；k 为波数。

把大气湍流介质看作若干厚度为 Δz 的相位屏，基于多相位屏原理的传输示意图如图 5.31 所示。光束每次通过相位屏时都会导致相位发生改变，从而获得新光场，因此可以利用多相位屏模型模拟大气介质对涡旋光束的传输特性进行研究。

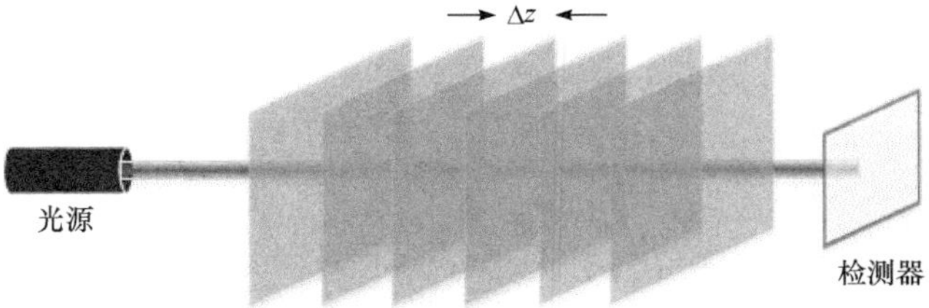

图 5.31　基于多相位屏原理的传输示意图

光束经过湍流相位屏后，仅有相位发生了变化，光束当前相位屏传输到下一相位屏，根据菲涅耳衍射理论，光场表达式可以表示为[14]

$$u(r,z_{i+1})=\mathrm{IFT}\left(\mathrm{FT}\left\{u(r,z_i)\exp\left[\mathrm{i}\phi(r,z_i)\right]\right\}\exp\left(\mathrm{i}k\Delta z_{i+1}-\mathrm{i}\frac{K_x^2+K_y^2}{2k}\Delta z_{i+1}\right)\right)\tag{5.48}$$

其中，FT 和 IFT 分别为傅里叶变换和傅里叶逆变换；Δz 为相邻两相位屏的间距；K_x 和 K_y 分别为 x 方向和 y 方向的空间波数。

4. 涡旋光模式串扰

在自由空间中传输的涡旋光束由于受大气湍流的影响会发生波前畸变，并且不同模式之间会产生串扰，本小节主要利用湍流相位屏的相关内容来模拟 LG 光束在湍流中的传输特性。

假设光波波长 $\lambda=1550\text{nm}$，束腰半径 $w_0=0.03\text{m}$，大气结构常数 $C_n^2=1\times10^{-15}\text{m}^{-2/3}$，传输距离为 1000m，得到拓扑荷数为 2 的单个涡旋光束的传输特性，图 5.32 展示了经湍流传输前后二维、三维的光强和相位分布图，可以从多个角度对比湍流传输前后涡旋光束在光强和相位上的变化。

首先进行横向对比，图 5.32(a)～图 5.32(c)为理想条件下的涡旋光束图像，单个涡旋光束的光强呈现中空环状分布；相位分布由中心发出的等相位线分割成几个部分，射线的条数为涡旋光束的拓扑荷数。图 5.32(d)～图 5.32(f)为经湍流传输后的涡旋光图像，从图中可以看出，经湍流传输后涡旋光的光强分布仍为中空环形结构，但是环上的能量变得分散且有不同程度的减弱；等相位线不再是一条光滑的射线，相位分布出现模糊和变形。经湍流传输后的光束在光强和相位分布上都出现畸变现象，这种畸变会对无线光相干通信系统的性能造成很大的影响。

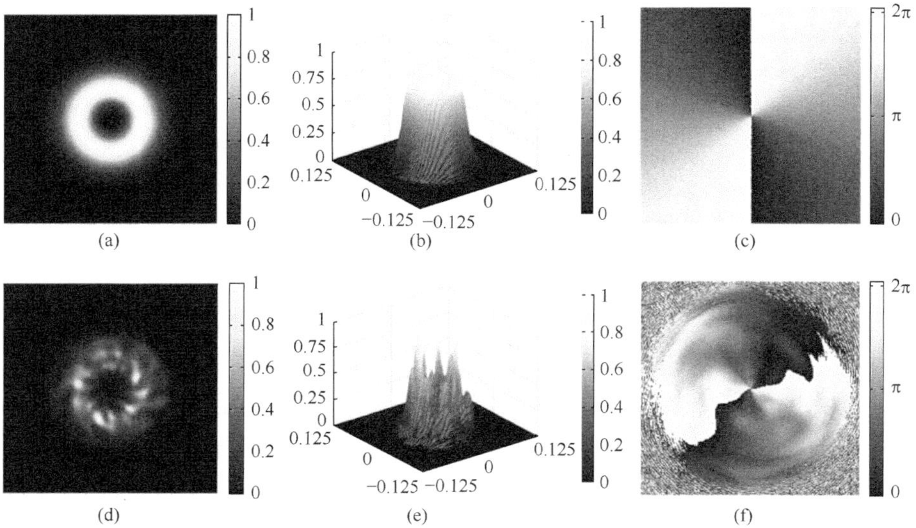

图 5.32　涡旋光束经大气湍流传输前后的光强和相位分布图

当涡旋光在大气湍流中传输时，其波前与光强均会发生畸变，畸变将对 OAM 模式的纯度产生影响，而且不同模式之间的串扰将对通信系统的性能产生严重影响。为了定量分析该模式串扰对光信号传输产生的影响，引入螺旋谱概念，理论上具有不同 OAM 模式的涡旋光束之间互为正交，所有模式均可组成一组正交基，该正交基可表示任意涡旋光束或涡旋光谱分解[2]。

涡旋光束可依据螺旋谱谐波函数展开[2]，即

$$u(r,\varphi,z)=\frac{1}{\sqrt{2\pi}}\sum_{l=-\infty}^{+\infty}a_l(r,z)\exp(\mathrm{i}l\varphi) \tag{5.49}$$

其中，系数 $a_l(r,z)$为

$$a_l(r,z)=\frac{1}{\sqrt{2\pi}}\int_0^{2\pi}u(r,\varphi,z)\exp(-\mathrm{i}l\varphi)\mathrm{d}\varphi \tag{5.50}$$

对 $a_l\left(r,z\right)$进行径向积分，可获得各模式所占能量，即[2]

$$R_l=\int_0^{+\infty}\left|a_l(r,z)\right|^2 r\mathrm{d}r \tag{5.51}$$

根据式(5.51)，涡旋光束各模式所占相对功率[2]的表达式为

$$P_l=\frac{R_l}{\sum\limits_l R_l} \tag{5.52}$$

当 $\lambda=1550\mathrm{nm}$ 、 $w_0=0.03\mathrm{m}$ 、 $C_n^2=1\times10^{-15}\mathrm{m}^{-2/3}$ 、 $z=1000\mathrm{m}$ 时，LG 光束湍流传输前后螺旋谱分布图如图 5.33 所示。图 5.33(a)、图 5.33(b)分别为拓扑荷数为 2 的涡旋光湍流在传输距离为 0m 和 1000m 时的螺旋谱分布。图 5.33(c)、图 5.33(d)分别为拓扑荷数为 1 和 2 的叠加光束在传输距离为 0m 和 1000m 时的螺旋谱分布。

图 5.33(a)、图 5.33(c)分别是拓扑荷数为 2 和拓扑荷数为−1 未经湍流传输的涡旋光，可以看出相邻模式之间无串扰；经大气湍流传输后，由图 5.33(b)可知，单束涡旋光的相对功率由 1 变为 0.8253，其余能量向相邻的模式转移，说明

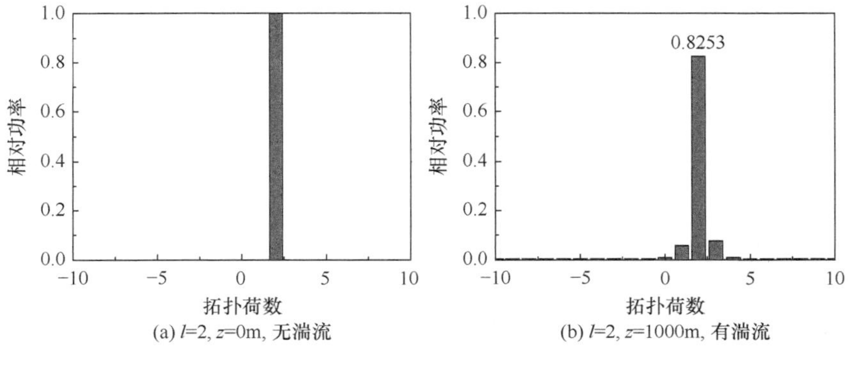

(a) l=2, z=0m, 无湍流　　(b) l=2, z=1000m, 有湍流

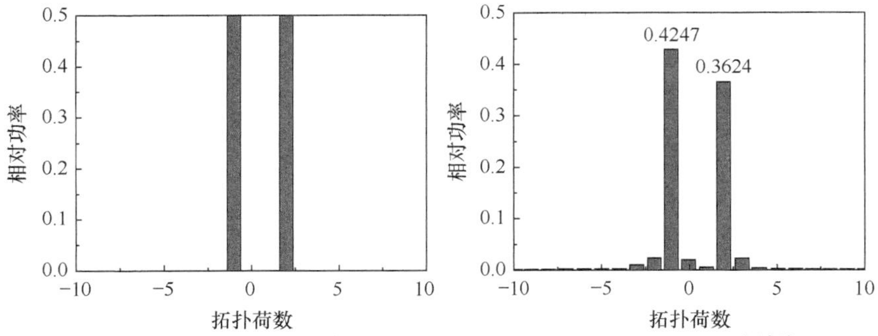

(c) l=1, z=0m, 无湍流　(d) l=1, z=1000m, 有湍流

图 5.33　LG 光束湍流传输前后螺旋谱分布图

单束涡旋光在大气湍流中传输存在模式串扰。图 5.33(d)为叠加光束的模式串扰情况，传输光束的 OAM 模式相对功率由 0.5 分别变为 0.4247 和 0.3624，功率向相邻模式扩散，不同模式之间的串扰还可能存在叠加情况，例如，拓扑荷数为−1 和 2 的涡旋光束在 0m 处相对功率均有值，因此两束光的相对功率在此处发生叠加。

5.3.2　系统结构

1. 收发系统

采用双向传输的无线光通信 OAM 复用相干检测系统结构如图 5.34 所示。通信双端传输距离为 z，传输链路的天顶角为ψ，上行链路的发射端(即下行链路的接收端)位于距离高度为 h_0 处，上行链路的接收端(即下行链路的发射端)位于距离高度为 H 处，且 $h_0 < H$。自适应光学系统位于靠近地面的上行链路的接收端。

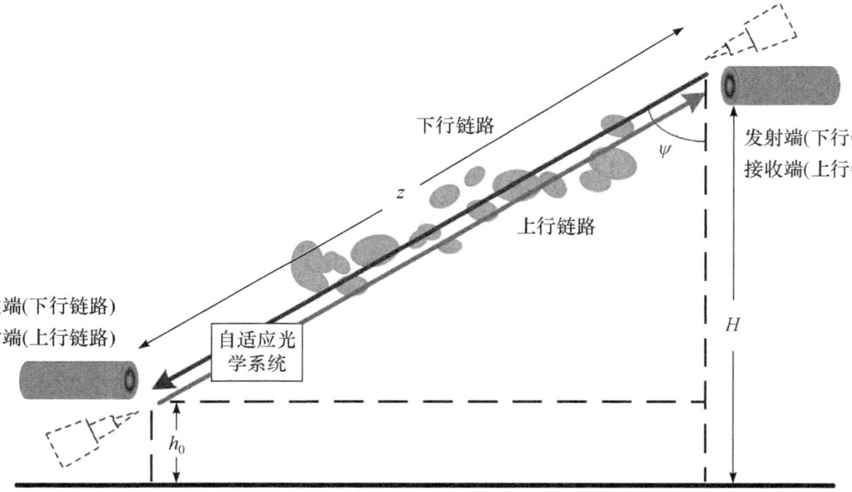

图 5.34　采用双向传输的无线光通信 OAM 复用相干检测系统结构

如图 5.35(a)所示发射端的信号光激光器采用 1×4 耦合将光束分成 4 路，信源信号经串并转换后分别对每一路进行调制，并用螺旋相位片转换为拓扑荷数为 1、2、3、5 的涡旋光，再经 4×1 耦合器合成 1 路后进行同轴传输。接收端首先采用 1×4 耦合器将光束分为 4 路，并与拓扑荷数分别为 1、2、3、4 的本振涡旋光进行混频处理，经平衡检测恢复出电信号，解调后再经过并串转换合成一路信号，从而实现信号从信源到信宿的传输。

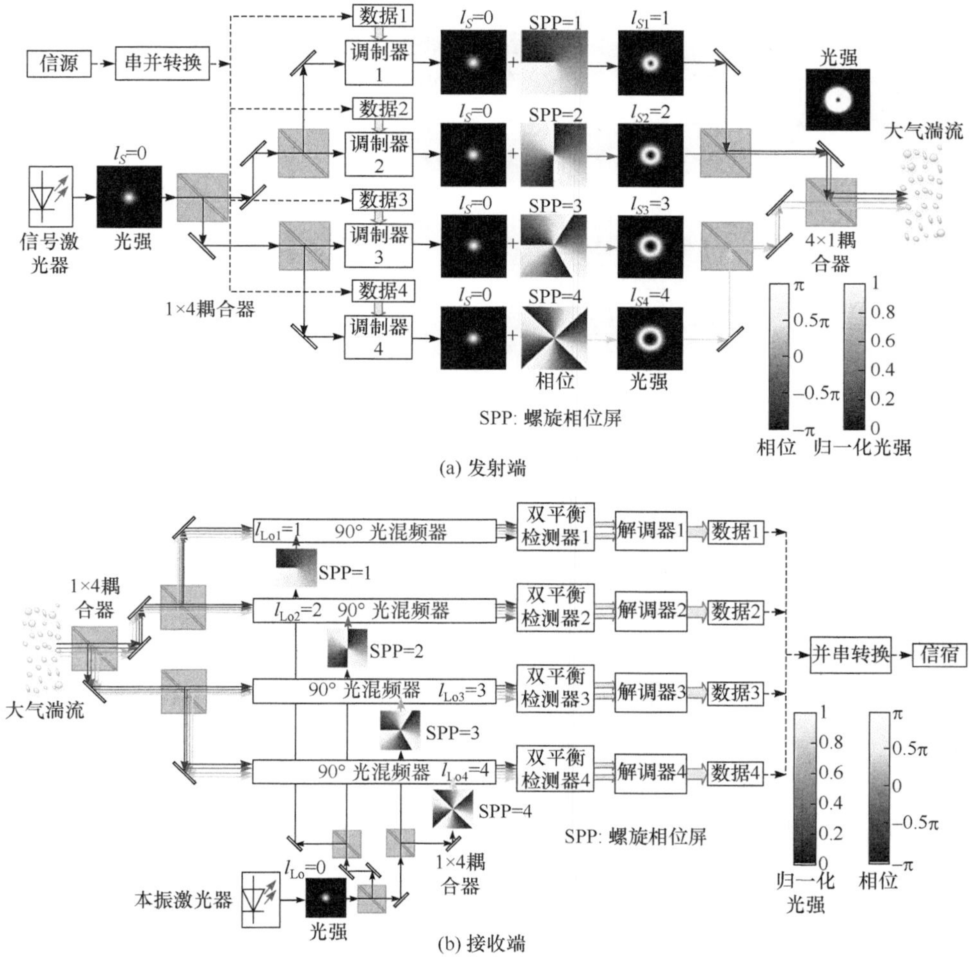

(a) 发射端

(b) 接收端

图 5.35　发射端和接收端示意图

2. 自适应光学系统

湍流会导致光束的波前畸变，大气湍流会导致涡旋光束发生模式串扰，模式串扰会使不同路信号之间相互干扰，使得在接收端进行检测的准确率降低，会对依赖 OAM 态进行信息传输的涡旋光复用通信系统造成严重的影响。自适应光学系统可以对受到湍流影响发生畸变的波前相位进行动态补偿，从而缓解大气湍流对传输信号的影响。自适应光学系统主要包括三个模块，分别是波前传感器、波前控制器和波前校正器。其中，波前传感器可以测量光束的波前，波前控制器可以利用波前传感器测量到的畸变波前信息，经过计算将波前控制信息传输给波前校正器，从而对畸变的波前进行校正。

自适应光学系统位于下行链路接收端(即上行链路发射端)，其工作原理图如图 5.36 所示，经大气传输的下行链路信号被变形镜反射后，首先通过波前传感器采集波前相位，然后由计算机将计算的共轭波前施加到变形镜面型产生共轭波前，从而完成校正。由于传输链路的逆向性以及波前反向叠加作用，上行链路信号在发射端进行预校正，以达到抑制湍流的效果。

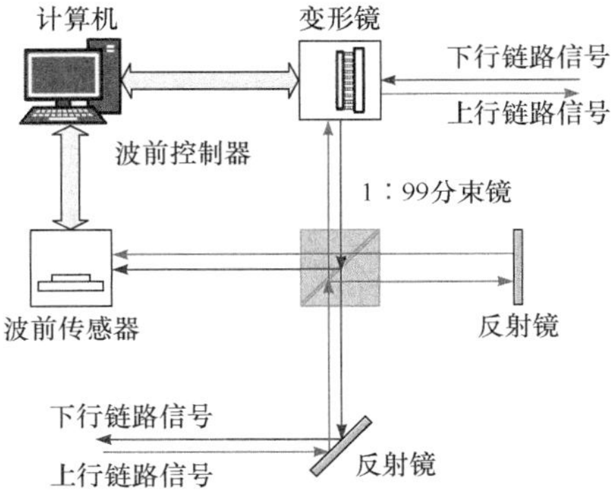

图 5.36　自适应光学系统工作原理图

5.3.3　涡旋光束相干检测的增益

下面利用前面阐述的涡旋光、湍流相位屏和相干检测相关内容与公式对涡旋光相干检测的增益公式进行推导。

LG 光束是一种典型的涡旋光束，其表达式为[1]

$$U(r,z)=\sqrt{\frac{2p!}{\pi(p+|l|)!}}\frac{1}{w(z)}\left[\frac{r\sqrt{2}}{w(z)}\right]^{|l|}L_p^{|l|}\left[\frac{2r^2}{w^2(z)}\right]\exp\left[\frac{-r^2}{w^2(z)}\right]$$
$$x\exp\frac{-\mathrm{i}k^2z}{2\left(z^2+z_R^2\right)}\exp\left[\mathrm{i}\left(2p+|l|+1\right)\arctan\frac{z}{z_R}\right]\exp(-\mathrm{i}l\theta) \tag{5.53}$$

其中，i 为虚数单位；$r=(r,\theta)$，r 和θ分别为径向变量和角相变量；z 为传输距离；$z_R=\pi w_0^2/\lambda$，λ为波长，w_0 为光束的初始束腰半径；$w(z)=w_0\sqrt{1+(z/z_R)^2}$ 为

z 处的光束束腰半径；l 为拓扑荷数；$k=2\pi/\lambda$ 为波数；$L_p^{|l|}$ 为缔合拉盖尔多项式：

$$L_p^{|l|}(x)=\sum_{m=0}^{p}(-1)^m\frac{(|l|+p)!}{(p-m)!(|l|+m)!m!}x^m \tag{5.54}$$

其中，p 为径向指数。

为简化表达式，将式(5.53)写为

$$U(r,z)=A(r,z)\exp(-\mathrm{i}l\theta) \tag{5.55}$$

对于已调制且拓扑荷数为 l_{S1} 的涡旋光，其表达式为

$$U_{S1}(r,z,t)=m_{S1}(t)\cos\left[\omega_S t+\pi\cdot n_{S1}(t)\right]\cdot A(r,z)\exp(-\mathrm{i}l_{S1}\theta) \tag{5.56}$$

其中，ω_S 为信号光角频率；t 为时间变量；$m_{S1}(t)$和 $n_{S1}(t)$分别为映射调制在信号光幅值和相位的信源信息，$m_{S1}(t)$、$n_{S1}(t)=0$ 或 1。

对于 4 路拓扑荷数不相同的涡旋光，经同轴复用传输后的光场表达式为

$$U_S(r,z,t)=\sum_{k=1}^{4}U_{Sk}(r,z,t)=\sum_{k=1}^{4}m_{Sk}(t)\cos\left[\omega_S t+\pi n_{Sk}(t)\right]\cdot A(r,z)\exp(-\mathrm{i}l_{Sk}\theta) \tag{5.57}$$

采用功率谱反演法产生随机相位屏，其中，高频分量可表示为[20]

$$\phi_H(m,n)=\sum_{m'=-\frac{N_x}{2}}^{\frac{N_x}{2}-1}\sum_{n'=-\frac{N_y}{2}}^{\frac{N_y}{2}-1}a(m',n')\sqrt{\Phi_\phi(m',n')}\mathrm{e}^{\mathrm{i}2\pi\left(\frac{m'm}{N_x}+\frac{n'n}{N_y}\right)} \tag{5.58}$$

其中，N_x、N_y 分别为 x、y 方向上的取样点数；$a(m', n')$为复高斯随机矩阵；$\Phi_\phi(m', n')$为采用 Hill 谱校正谱模型得到的大气相位功率谱密度[18]。

$$\Phi_\phi(\kappa_r)=2\pi\kappa^2\cdot 0.033C_n^2(h_a)\left[1+1.802\left(\frac{\kappa_r}{\kappa_l}\right)-0.254\left(\frac{\kappa_r}{\kappa_l}\right)^{7/6}\right]\frac{\exp\left(-\frac{\kappa_r{}^2}{\kappa_l{}^2}\right)}{\left(\kappa_0{}^2+\kappa_r{}^2\right)^{11/6}} \tag{5.59}$$

其中，$\kappa_r=2\pi f_r$ 为空间波数，$f_r=(f_x^2+f_y^2)^{1/2}$，f_x 和 f_y 为空间频率，即 $f_x=1/L_x$，$f_y=1/(L_yL_x)$，L_x、L_y 分别为相位屏在 x、y 方向上的大小；$\kappa_l=3.3/l_0$；$\kappa_0=2\pi/L_0$，l_0 和 L_0 分别为内尺度和外尺度；C_n^2 为大气折射率结构常数。

在斜程传输情况下，C_n^2 随海拔变化，采用 Hufnagel Valley 21 模型(风速为 21m/s)可表示为[15]

$$C_n^2(h_a)=5.94\times10^{-53}h_a^{10}\left(\frac{21}{27}\right)^2\mathrm{e}^{\left(-\frac{h_a}{1000}\right)}+2.7\times10^{-16}\mathrm{e}^{\left(-\frac{h_a}{1500}\right)}+1.7\times10^{-14}\mathrm{e}^{\left(-\frac{h_a}{100}\right)} \tag{5.60}$$

将长度为 z 的斜程传输链路等间隔放置 N_{screen} 个湍流相位屏，每个相位屏的

C_n^2 可由式(5.61)计算得到：

$$C_n^2 = \frac{1}{\Delta h_a}\int_{h_a}^{h_a+\Delta h_a} C_n^2(\xi)\mathrm{d}\xi \tag{5.61}$$

相位屏的低频分量为[20]

$$\phi_L(m,n) = \sum_{p=1}^{N_p}\sum_{m'=-\frac{N_x}{2}}^{\frac{N_x}{2}-1}\sum_{n'=-\frac{N_y}{2}}^{\frac{N_y}{2}-1} a(m',n')\sqrt{\Phi_\phi(m',n')}\mathrm{e}^{\left[\mathrm{i}2\pi 3^{-p}\left(\frac{mm'}{N}+\frac{nn'}{N}\right)\right]} \tag{5.62}$$

其中，N_p 为次谐波的级数。

信号光每经过一层湍流相位屏后的表达式为

$$U_S(r,z+\Delta z,t) = \mathrm{IFT}\left(\mathrm{FT}\left\{U_S(r,z,t)\cdot\exp\left[\mathrm{i}\phi_H(r)+\mathrm{i}\phi_L(r)\right]\right\}\cdot\mathrm{e}^{\left[\frac{-\mathrm{i}\left(\kappa_x{}^2+\kappa_y{}^2\right)\Delta z}{2\kappa}\right]}\right) \tag{5.63}$$

其中，FT 、IFT 分别为傅里叶变换和傅里叶逆变换；$\phi_L(r)$、$\phi_H(r)$分别为相位屏的低阶相位和高阶相位；$\Delta z = z/N_{\mathrm{screen}}$ 为两相位屏之间的距离；$\kappa_x = 2\pi f_x$ 和$\kappa_y = 2\pi f_y$ 为空间波数。

自适应光学相位补偿可以表示为

$$U_{S-re}(r,z,t) = U_S(r,z,t)\cdot\exp\left(-\mathrm{i}\sum_{n=1}^{N_{\mathrm{screen}}}\mathrm{IFT}\left\{\mathrm{FT}\left[\phi_{Hn}(r)+\phi_{Ln}(r)\right]\cdot\mathrm{e}^{\left[\frac{-\mathrm{i}\left(\kappa_x{}^2+\kappa_y{}^2\right)\Delta z}{2\kappa}\right]}\right\}\right) \tag{5.64}$$

其中，n 为求和变量，取整数。

接收端本振光是拓扑荷数为 l_{Lo} 的涡旋光，其表达式为

$$U_{\mathrm{Lo}}(r,z,t) = A(r,z)\cos(\omega_{\mathrm{Lo}}t)\exp(-\mathrm{i}l_{\mathrm{Lo}}\theta) \tag{5.65}$$

信号光$U_{S-re}(r,z,t)$与本振光$U_{\mathrm{Lo}}(r,z,t)$在混频器中进行混频，混频器输出 4 路光信号分别为

$$U_{\mathrm{hybrid1}}(r,z,t) = U_{S-re}(r,z,t) + U_{\mathrm{Lo}}(r,z,t) \tag{5.66}$$

$$U_{\mathrm{hybrid2}}(r,z,t) = U_{S-re}(r,z,t) - U_{\mathrm{Lo}}(r,z,t) \tag{5.67}$$

$$U_{\mathrm{hybrid3}}(r,z,t) = U_{S-re}(r,z,t) + U_{\mathrm{Lo}}{}^*(r,z,t) \tag{5.68}$$

$$U_{\mathrm{hybrid4}}(r,z,t) = U_{S-re}(r,z,t) - U_{\mathrm{Lo}}{}^*(r,z,t) \tag{5.69}$$

式(5.66)～式(5.69)分别表示混频器输出的 4 路信号，上标*表示共轭。将

式(5.69)的平方减去式(5.68)的平方，利用积化和差计算得到平衡检测器输出的一路电流信号为

$$
\begin{aligned}
I_1 &= 4\alpha \cdot \sum_{i=1}^{4} \left\langle U_{Si-re}(r,z,t) \cdot U_{\mathrm{Lo}}(r,z,t) \right\rangle \\
&= \alpha \cdot \sum_{i=1}^{4} 2m_{Si}(t) \cdot \left\{ \cos\left[(\omega_S + \omega_{\mathrm{Lo}})t + \pi n_{Si}(t) \right] + \cos\left[(\omega_S - \omega_{\mathrm{Lo}})t + \pi n_{Si}(t) \right] \right\} \\
&\quad \cdot \int_0^{2\pi} \int_0^{R} \left| A(r,z) \right|^2 \cdot \exp\left[-\mathrm{i}(l_{Si} - l_{\mathrm{Lo}})\theta \right] \cdot \exp\left[\mathrm{i}\Delta\phi(r) \right] \cdot r\mathrm{d}r\mathrm{d}\theta
\end{aligned} \tag{5.70}
$$

其中，α为光电转换系数；R 为检测器的有效半径；$\Delta\phi(r)$为采用自适应光学校正后的波前残差。

由于“和频项”对应的频率很高，一般情况下光电检测器无法响应，“差频项”的频率相对光场的变化要缓慢得多，则平衡检测器的输出为

$$
\begin{aligned}
I_1 &= \alpha \cdot \sum_{i=1}^{4} 2m_{Si}(t) \cdot \left\{ \cos\left[(\omega_S - \omega_{\mathrm{Lo}})t + \pi n_{Si}(t) \right] \right\} \\
&\quad \cdot \int_0^{2\pi} \int_0^{R} \left| A(r,z) \right|^2 \cdot \exp\left[-\mathrm{i}(l_{Si} - l_{\mathrm{Lo}})\theta \right] \cdot \exp\left[\mathrm{i}\Delta\phi(r) \right] \cdot r\mathrm{d}r\mathrm{d}\theta
\end{aligned} \tag{5.71}
$$

波前残差$\Delta\phi(r)$会使得相同拓扑荷数涡旋光之间的正交性受到破坏，同时各路信号的模式扩展使得各路信号之间产生串扰。

信号光与本振光的相干增益 G 可以表示为

$$
\begin{aligned}
G &= \int_0^{2\pi} \int_0^{R} \left| A(r,z) \right|^2 \cdot \exp\left[-\mathrm{i}(l_{Si} - l_{\mathrm{Lo}})\theta \right] \cdot \exp\left[\mathrm{i}\Delta\phi(r) \right] \cdot r\mathrm{d}r\mathrm{d}\theta \\
&= \int_0^{2\pi} \int_0^{R} \left[U_{Si}(r,z,t) \cdot U_{\mathrm{Lo}}^{*}(r,z,t) \right] r\mathrm{d}r\mathrm{d}\theta
\end{aligned} \tag{5.72}
$$

接收信号$U_{Si}(r,z,t)$表示第 i 路受湍流影响的涡旋光信号，考虑到计算复杂度以及待分析各路拓扑荷数的对称性，将每路光信号按照螺旋谱−5～10 阶谐波函数展开，其中第 k 路信号可以表示为

$$
U_{Si}(r,z,t) = \frac{1}{\sqrt{2\pi}} \sum_{l=-5}^{10} a_{il}(r,z) \exp(-\mathrm{i}l\theta) \tag{5.73}
$$

其中，$a_{il}(r,z) = \dfrac{1}{\sqrt{2\pi}} \displaystyle\int_0^{2\pi} U_{Si}(r,z,t) \exp(\mathrm{i}l\theta) \mathrm{d}\theta$；$i$ 为第 i 路信号。

同理，本振光$U_{\mathrm{Lo}}(r,z,t)$可以展开为

$$
U_{\mathrm{Lo}}(r,z,t) = \frac{1}{\sqrt{2\pi}} \sum_{l=-5}^{10} b_{\mathrm{Lo}}(r,z) \exp(-\mathrm{i}l\theta) \tag{5.74}
$$

其中，$b_{\mathrm{Lo}}(r,z)=\frac{1}{\sqrt{2\pi}}\int_0^{2\pi}U_{\mathrm{Lo}}(r,z,t)\exp(\mathrm{i}l\theta)\mathrm{d}\theta$。

将接收信号光$U_{Sk}(r,z,t)$的表达式(5.73)和本振光$U_{\mathrm{Lo}}(r,z,t)$的表达式(5.74)代入式(5.72)中，则相干增益G为

$$G=\frac{1}{2\pi}\int_0^{2\pi}\int_0^R\left[\sum_{l=-5}^{10}a_{il}(r,z)\exp(-\mathrm{i}l\theta)\cdot\sum_{l=-5}^{10}b_{\mathrm{Lo}}(r,z)\exp(\mathrm{i}l\theta)\right]r\mathrm{d}r\mathrm{d}\theta \tag{5.75}$$

由于不同拓扑荷数的涡旋光具有正交性[21]，即

$$\int_0^{2\pi}\int_0^R\left|A(r,z)\right|^2\cdot\exp\left[-\mathrm{i}(l_{Si}-l_{\mathrm{Lo}})\theta\right]\cdot r\mathrm{d}r\mathrm{d}\theta=\begin{cases}1, & l_{Si}=l_{\mathrm{Lo}}\\0, & l_{Si}\neq l_{\mathrm{Lo}}\end{cases} \tag{5.76}$$

所以式(5.76)可以简化为

$$G=\frac{1}{2\pi}\int_0^{2\pi}\int_0^R\left(\sum_{l=-5}^{10}a_{il}(r,z)b_{\mathrm{Lo}}(r,z)\right)r\mathrm{d}r\mathrm{d}\theta=\int_0^R\left(\sum_{l=-5}^{10}a_{il}(r,z)b_{\mathrm{Lo}}(r,z)\right)r\mathrm{d}r \tag{5.77}$$

由于本振光未经过大气湍流不发生模式串扰，所以只在$l=l_{\mathrm{Lo}}$时有值，此时相干增益G可以简化为

$$G=\int_0^R\left[a_{il}(r,z)\cdot b_{\mathrm{Lo}}(r,z)\right]\Big|_{l=l_{\mathrm{Lo}}}r\mathrm{d}r \tag{5.78}$$

5.3.4 相干检测性能影响因素

1. 拓扑荷数

取传输距离 $z=10\mathrm{km}$，得到不同拓扑荷数信号光 $l_S=1\sim4$ 经大气传输后与不同拓扑荷数本振光 $l_{\mathrm{Lo}}=1\sim4$ 混频后，分别在上行链路、下行链路、未校正以及校正后的相干增益由式(5.78)计算得出，结果如图 5.37 所示。在相同的传输距离情况下，涡旋光拓扑荷数越大，涡旋结构越丰富，更容易受到湍流的影响，模式串扰也更加严重。当信号光拓扑荷数 $l_{S1}=1$，本振光拓扑荷数 $l_{\mathrm{Lo}}=1$ 时，由式(5.78)计算得到，上行链路未校正情形下的相干增益为 0.867；当信号光拓扑荷数 $l_{S1}=1$，本振光拓扑荷数 $l_{\mathrm{Lo}}=2$ 时，根据式(5.78)算得上行链路未校正情形下的相干增益为 0.156。大气湍流所导致的涡旋光波前畸变会降低信号光与本振光的相干性，同时影响不同路信号之间的正交性。

大气湍流强度在靠近地表处最强[22]，上行链路光束是由光密介质向光疏介质传输的，光束的波前畸变和光斑抖动较大；下行链路光束是由光疏介质向光密介质传输的，光束的波前畸变和光斑抖动较小。因此，上行链路的波前畸变更为明显。当本振光拓扑荷数 $l_{\mathrm{Lo}}=3$、传输距离 $z=10\mathrm{km}$ 时，依据式(5.78)得到上行链路预校正后的相干增益由 0.706 提升至 0.942；当本振光拓扑荷数 $l_{\mathrm{Lo}}=3$、传

输距离 $z=10\text{km}$ 时，依据式(5.78)得到下行链路校正后的相干增益由 0.744 提升至 0.975，大气链路传输的可逆性使得采用同一套自适应光学系统即可同时完成上行链路和下行链路波前畸变补偿。

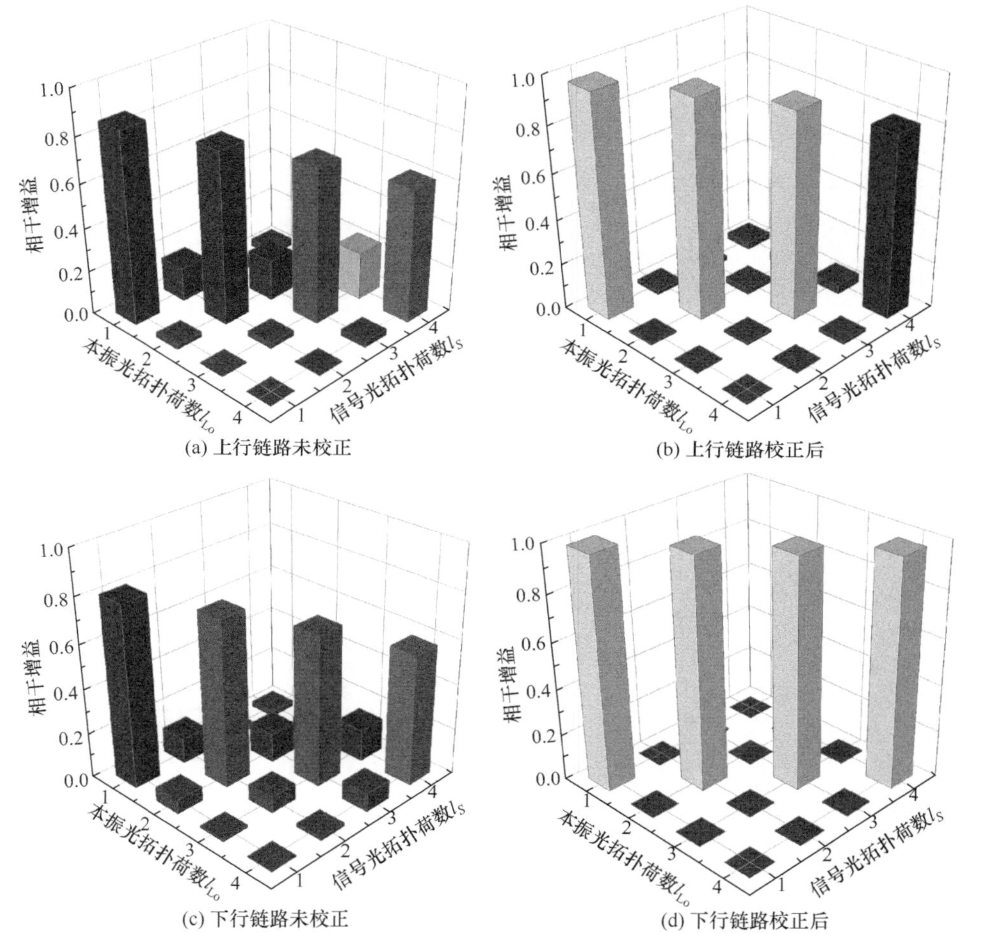

图 5.37　不同拓扑荷数的信号光与本振光的相干增益

2. 上行链路接收端高度

设传输距离 $z=5\text{km}$，改变上行链路接收端距离地面的高度 H(即改变天顶角 ψ)，得到上行链路和下行链路校正前后不同拓扑荷数的信号光经不同高度传输后相干增益的变化，如图 5.38 所示。随着 H 的增大(即天顶角 ψ 减小)，相干增益有增大的趋势，并且上行链路和下行链路校正前后的趋势相差不大。从图 5.38 中可以看出，在未校正情形下，当 $H>2\text{km}(\psi<1.16\text{rad})$时，无论是下行链路还

是上行链路，校正后的相干增益都趋于一个稳态值，相干增益随传输距离的增大保持稳定，证明在天顶角 $\psi < 1.16\text{rad}$ 时，相干增益基本不受天顶角变化的影响。而采用自适应光学系统对波前畸变进行校正后，相干增益在 $H > 1\text{km}(\psi < 1.37\text{rad})$ 时保持相对稳定。由此可知，对于极限情形，信号光水平传输($\psi = \pi/2\text{rad}$)时，系统相干增益受湍流的影响最大，垂直传输($\psi = 0\text{rad}$)时受湍流的影响最小[23]。

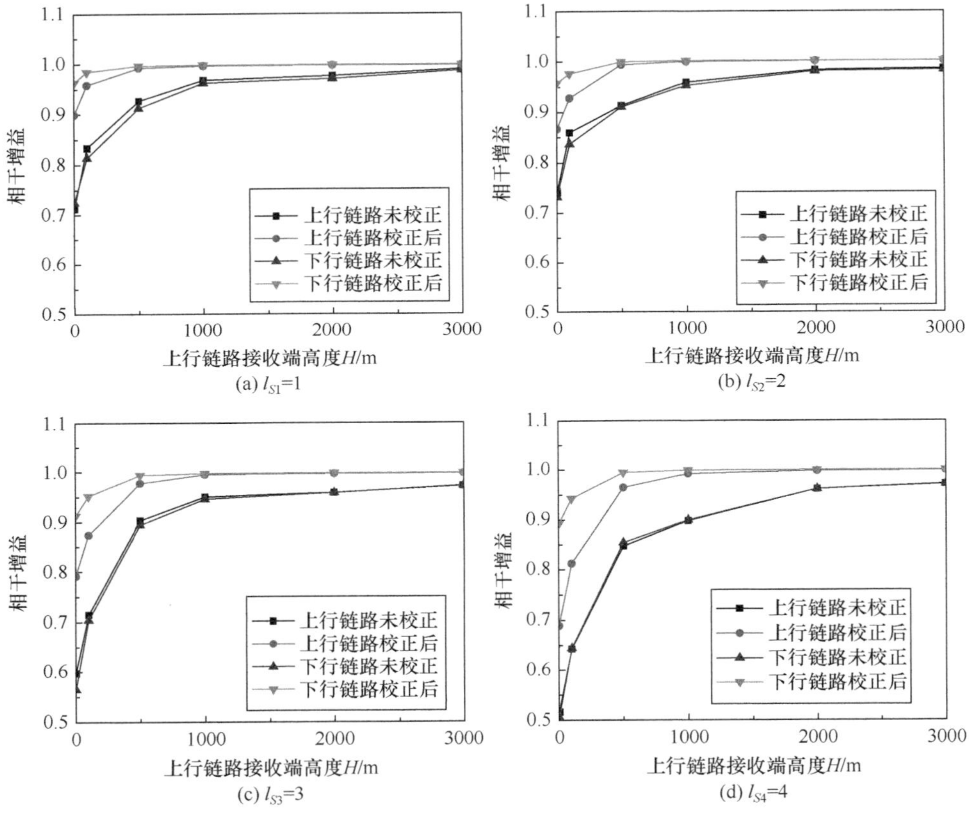

图 5.38　不同拓扑荷数信号光经不同高度传输后相干增益的变化曲线

3. 传输距离

当信号光拓扑荷数分别为 1、2、3、4，信号光与本振光拓扑荷数相同时，相干增益随信号光传输距离的变化如图 5.39 所示。当传输距离 $z = 8\text{km}$，取本振光拓扑荷数 $l_{\text{Lo}} = 1 \sim 4$ 时，依据式(5.78)得到上行链路校正前的相干增益分别为 0.905、0.743、0.717、0.632，说明在传输距离相同时，涡旋光拓扑荷数越大，受湍流影响越明显，模式退化越严重。由于自适应光学系统通常适用于弱湍流下的波前畸变校正，与上行链路相比，下行链路中使用自适应光学系统波前畸变校正效果更显著，当传输距离 $z=9\text{km}$，本振光拓扑荷数 $l_{\text{Lo}}=4$ 时，由式(5.78)计算得到下行链路校正后对应的相干增益为 0.972，上行链路校正后对应的相干增益为 0.841。此外，随着传输距离以及拓扑荷数的增加，下行链路的校正优势越来越明显。因此，在设计涡旋光复用相干检测通信系统时，应考虑传输距离和复用路数之间的关系。

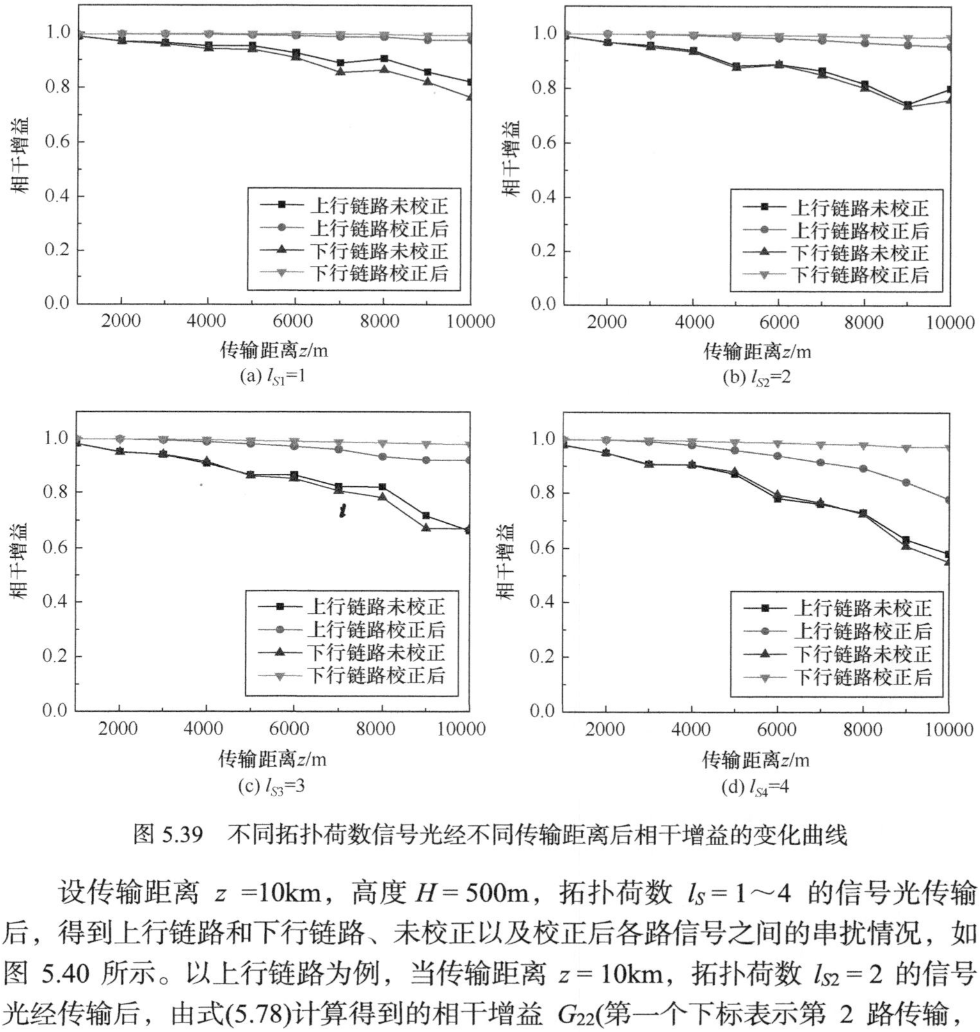

图 5.39　不同拓扑荷数信号光经不同传输距离后相干增益的变化曲线

设传输距离 $z=10\text{km}$，高度 $H=500\text{m}$，拓扑荷数 $l_S=1\sim4$ 的信号光传输后，得到上行链路和下行链路、未校正以及校正后各路信号之间的串扰情况，如图 5.40 所示。以上行链路为例，当传输距离 $z=10\text{km}$，拓扑荷数 $l_{S2}=2$ 的信号光经传输后，由式(5.78)计算得到的相干增益 G_{22}(第一个下标表示第 2 路传输，第二个下标表示螺旋谱分解拓扑荷数为 2)由校正前的 0.8781 提升至 0.9711。拓扑荷数 $l_{S1}=1$ 的信号光经传输后，由式(5.78)计算得到相干增益 G_{12} 由校正前的 0.1581 降至 0.0949。对于接收端第 2 路传输，由于本振光的拓扑荷数 $l_{\text{Lo}}=2$，在相干检测过程中，拓扑荷数 $l_{S2}=2$ 信号光的螺旋谱携带了有效信息，而拓扑荷

数 $l_{S1}=1$ 信号光的螺旋谱发生了模式串扰，会产生与 $l_{S2}=2$ 信号光相同拓扑荷数的螺旋谱分量，这对于拓扑荷数 $l_{S2}=2$ 信号光是一种噪声和干扰，同样考虑到其他路信号的干扰，使得拓扑荷数 $l_{Lo}=2$ 本振光一路所产生的信号星座图发生弥散，如图 5.40(a)所示。而自适应光学系统可有效抑制涡旋光复用各路之间的串扰，使得图 5.40(b)中的星座图相比于图 5.40(a)在所对应的调制星座点更集中。同时，在 $z=10\text{km}$ 链路距离传输下，图 5.40(d)比图 5.40(b)中的星座图更集中，可知下行链路的校正效果优于上行链路，因此下行链路星座图的收敛效果更明显。

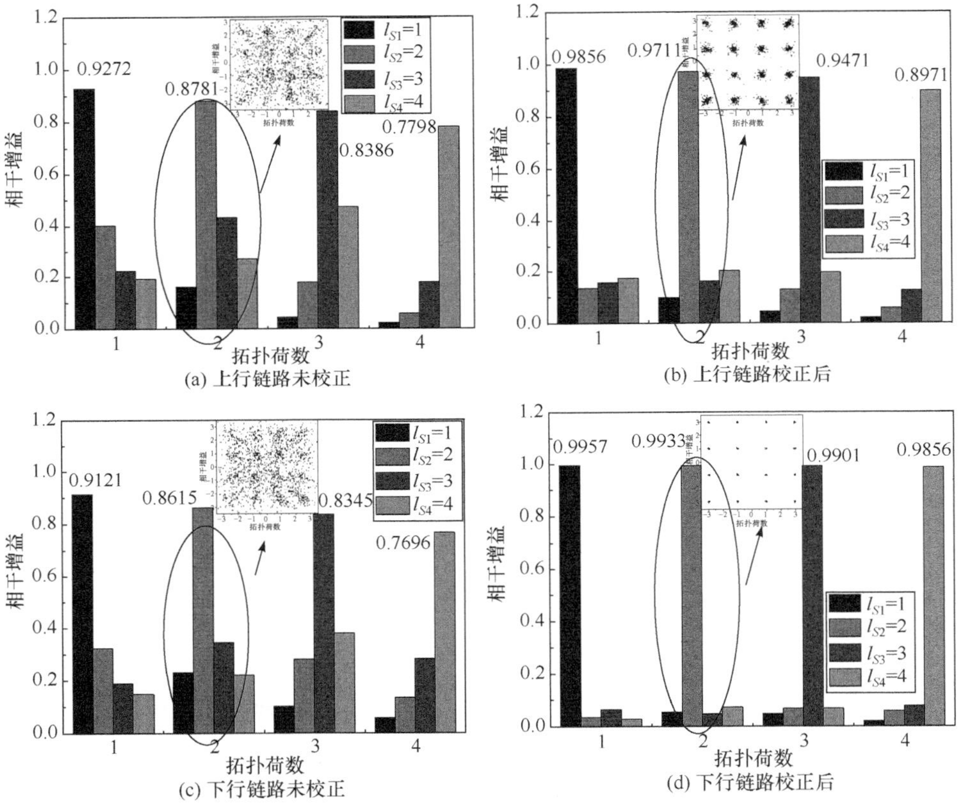

图 5.40　不同拓扑荷数信号光经传输后的相干增益以及各模式之间的串扰

采用 Monte-Carlo 模拟，总码数取为 10^6 进行计算，图 5.41 为不同传输距离下未校正以及校正后各路的误码率以及系统误码率随传输距离的变化曲线。误码率随着传输距离的增加逐渐增大，且拓扑荷数越大，传输距离相同条件下的误码率越大。当传输距离 $z<5\text{km}$ 时，下行链路和上行链路的校正效果无明显区别。随着传输距离的增加，下行链路受湍流的影响要小于上行链路，对比图 5.41(b)

和图 5.41(d)中误码率曲线的变化可以看出，在传输距离 $z > 5\text{km}$ 时，下行链路的校正效果优于上行链路。因此，当传输距离 $z > 5\text{km}$ 时，各路及系统整体的误码率下行链路要低于上行链路。

以信号光拓扑荷数 $l_{S3} = 3$ 的涡旋光传输为例，当传输距离为 10km 时，信号光的光强和相位分布如图 5.41 中的小图所示，分别为经上行链路和下行链路传输后，未校正及校正后的光强和相位分布。上行链路采用预校正处理，可以看出，校正后的光斑直径大于未校正的光斑直径，而波前校正并不会影响光强分布，因此下行链路校正前后的光强分布并无区别。

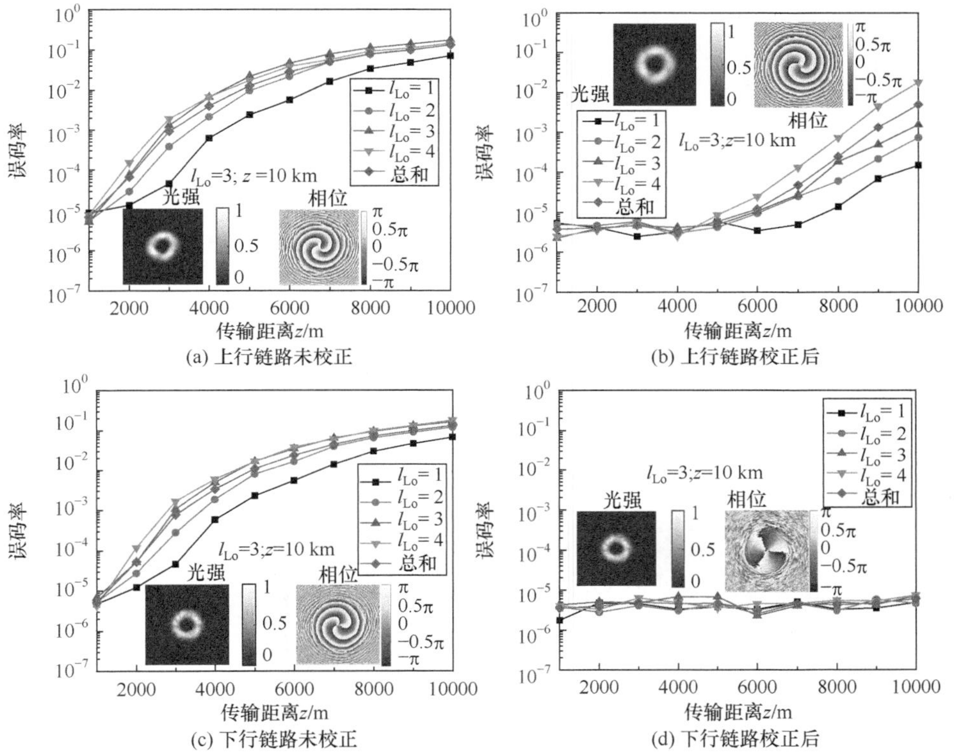

图 5.41　系统误码率随传输距离的变化曲线

涡旋光复用可以提高信道容量，下面对复用路个数不同时的信道容量进行计算，图 5.42 为涡旋光单路传输及多路复用传输下，信道容量随传输距离的变化曲线。由图 5.42 的结果可知，在相同条件下，多路复用传输下的信道容量大于单路传输。而信道容量是依据系统误码率结果计算信道转移矩阵，利用贝叶斯公式求得条件信息量以及信源信息量，最终计算得到信道容量，因此两者变化趋势相同。

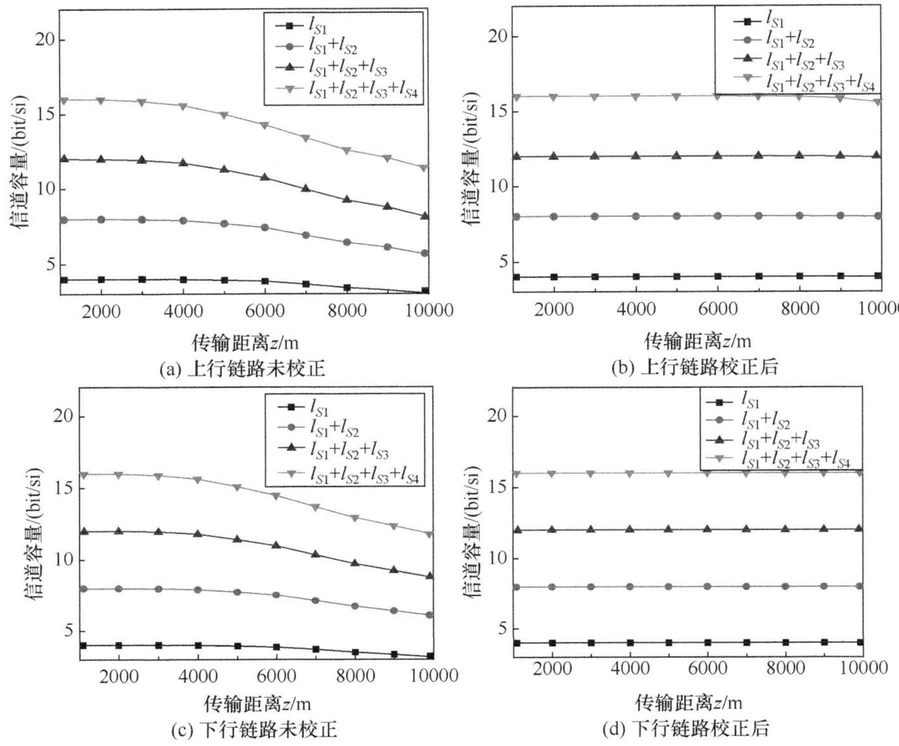

(a) 上行链路未校正　　(b) 上行链路校正后

(c) 下行链路未校正　　(d) 下行链路校正后

图 5.42　信道容量随传输距离的变化曲线

从图 5.42 可以看出，复用路个数越多，系统的信道容量越大。上行链路和下行链路校正前的信道容量会随着传输距离的增加有下降的趋势，但是经过自适应光学系统的校正，上行链路和下行链路的信道容量受大气湍流的影响导致信道容量的减小基本可以恢复。采用自适应光学系统校正信号光畸变的方法，能够在降低系统误码率的同时提高系统的信道容量。

5.4　涡旋光相干检测性能实验

前面研究了信号光和本振光为不同空间分布时不同组合模型的混频性能，并且分析了信号光与本振光的拓扑荷数对混频效率的影响。本节搭建两套实验光路，其中一套对涡旋光与高斯光束是否能混频进行实验验证，另一套改变信号光和本振光的拓扑荷数，对一路涡旋信号光与本振光湍流条件下的相干性能进行分析，验证中频信号的变化情况。

5.4.1　涡旋光相干检测的实验

当选择信号光为涡旋光束、本振光为高斯光束时，不同拓扑荷数的涡旋光束与高斯光束的混频效率，设计实验光路对第 3 章的涡旋光与高斯光束是否能混频进行验证，LG 信号光与高斯本振光混频实验示意图如图 5.43 所示。接收天线接收到的信号光入射加载到空间光调制器上产生拓扑荷数为 1 的涡旋光，通过光阑选择所需要的涡旋光，分光镜将光束分为两路，一路经过透镜 3 聚焦后入射到相干接收模块进行混频，并利用示波器测得中频电压的均方根值，另一路经准直器后到达波前传感器，观察涡旋光波前以保证实验的准确性。

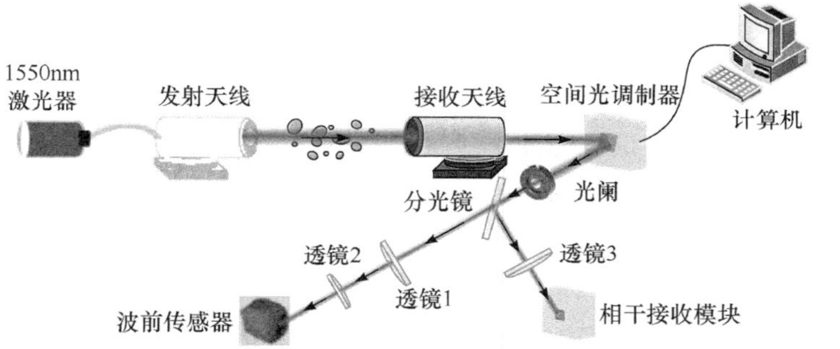

图 5.43　LG 信号光与高斯本振光混频实验示意图

通过以上实验两次测得的中频电压的均方根值分别为 55.64mV 和 49.87mV，计算得到的混频效率分别为 5.058%和 4.534%，测得的中频电压中还包含检测器的噪声功率，实际的混频效率要远小于计算得到的混频效率，因此实验测得高斯光束与涡旋光束不能混频，与理论计算得到的结果一致。

下面对一路涡旋光的混频性能进行研究，开展了室内静态环境的实验研究，涡旋信号光与涡旋本振光混频实验示意图如图 5.44 所示。信号光经准直器输出后，采用不同拓扑荷数的螺旋相位屏产生不同拓扑荷数的涡旋光，并利用光阑滤除其他光模式，仅保留所需的涡旋光模式。传输后的光束经分束器处理后，一路采用波前传感器测量波前相位，或者通过红外相机采集光强分布信息，另一路光信号经耦合进入 90°光混频器，与本振光进行混频处理，本振光的产生方法与信号光相同，图 5.44 未进行详细展示。信号光与本振光的拓扑荷数相同，通过不同的螺旋相位屏得到不同拓扑荷数的涡旋光，再利用平衡检测器将混频后的光信号转换为中频电流信号，示波器显示并采集相应的中频电流信号。

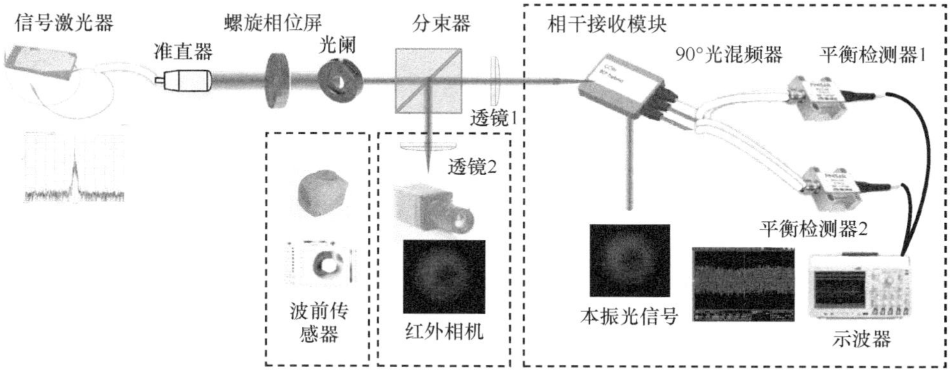

图 5.44　涡旋信号光与涡旋本振光混频实验示意图

采用不同的螺旋相位屏产生不同拓扑荷数的涡旋信号光，图 5.45 为利用红外相机采集的信号光斑信息和波前传感器采集信号光的光强分布。从图中可以看出，随着信号光拓扑荷数的增加，涡旋光中心的暗斑半径也逐渐增大。当拓扑荷数分别为 1、2、3、4、5 时，涡旋光暗斑直径所占整个光斑直径的比例分别为 19.66%、30.13%、36.67%、44.37%、51.61%。

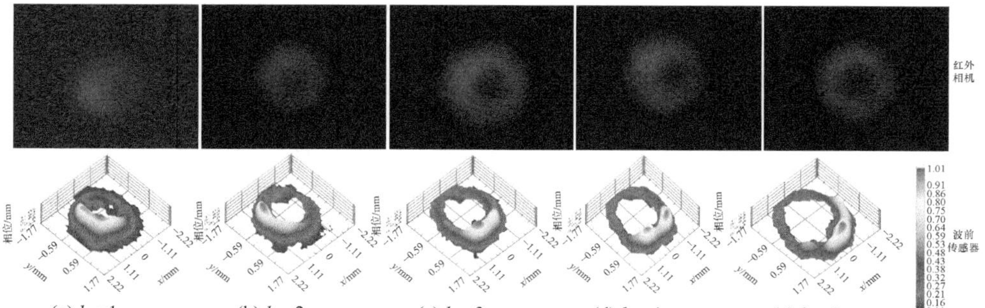

(a) $l_{S1}=1$　(b) $l_{S2}=2$　(c) $l_{S3}=3$　(d) $l_{S3}=4$　(e) $l_{S5}=5$

图 5.45　不同拓扑荷数涡旋光光斑及光强分布

图 5.46 为涡旋光束在不同拓扑荷数下采用 Shark-Hartmann 波前传感器采集的波前相位。当信号光拓扑荷数分别为 1、2、3、4、5 时，波前相位的峰谷值分别为 3.05μm、3.19μm、3.49μm、2.71μm、2.80μm。从重构出的波前相位可以看出，波前的离焦项均占据波前整体的绝大部分比例。不同拓扑荷数的涡旋光存在的暗斑大小不同，以及不同螺旋相位屏自身的固有像差因素，使得所测量的波前相位存在差异，而影响后续混频以及相干检测处理的波前相位均为空间上的波前分布。

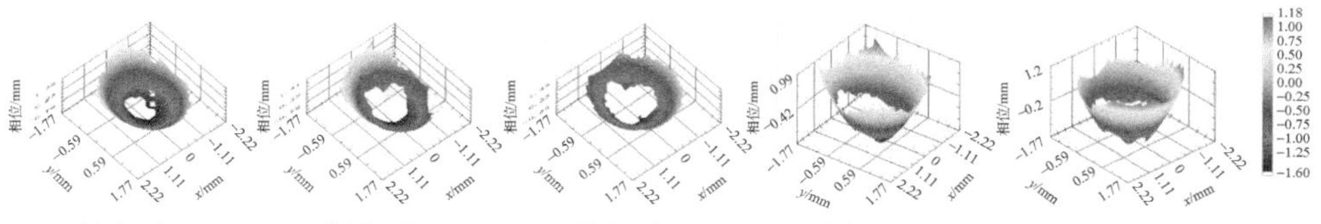

(a) $l_{S1}=1$　(b) $l_{S2}=2$　(c) $l_{S3}=3$　(d) $l_{S3}=4$　(e) $l_{S5}=5$

图 5.46　不同拓扑荷数涡旋光的波前相位

图 5.47 分别是在相同发射功率情形下，不同拓扑荷数的涡旋光经相干检测后输出的中频信号。当信号光与本振光的拓扑荷数分别为 1、2、3、4、5 时，中频信号的幅值均值分别为 1.15V、1.10V、1.08V、1.06V、0.98V。当信号光与本振光的拓扑荷数相同时，两者在振幅和相位的匹配程度都比较高，因此混频效率较高。但随着信号光与本振光拓扑荷数的增加，螺旋相位屏产生的涡旋光拓扑荷数越大，产生的涡旋光的质量也越差，因此在实验过程中，拓扑荷数越大，实际测得的中频电流信号值越小，从而使得系统的混频效率越低。

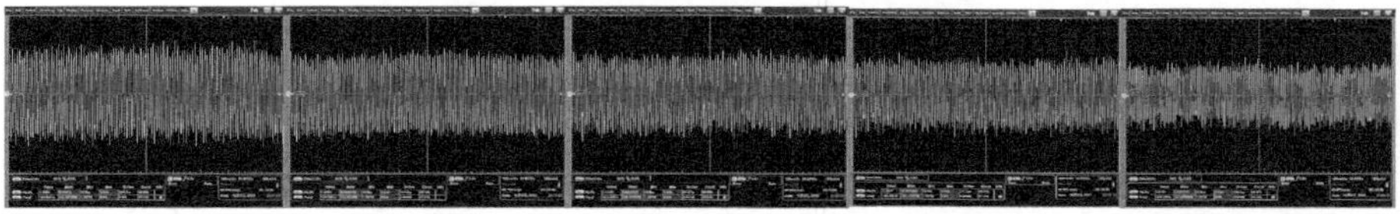

(a) $l_{S1}=1$　(b) $l_{S2}=2$　(c) $l_{S1}=3$　(d) $l_{S4}=4$　(e) $l_{S5}=5$

图 5.47　信号光不同拓扑荷数下的中频信号

5.4.2　大气湍流对涡旋光相干检测性能的影响实验

在上述实验的基础上，开展湍流环境下的实验研究，发射端通过增加掺铒光纤放大器来确保足够的功率输出，输出功率为 15dBm，并且在螺旋相位屏和小孔之间增加发射天线和接收天线，使得涡旋光能够在远距离实现大气湍流环境下的传输。其中，实验链路为西安理工大学教六楼到凯森福景雅苑，通信距离为 1.3km，实验时间为 2022 年 12 月 3 日，天气阴，北风 2 级。湍流环境下外场实验原理图如图 5.48 所示。

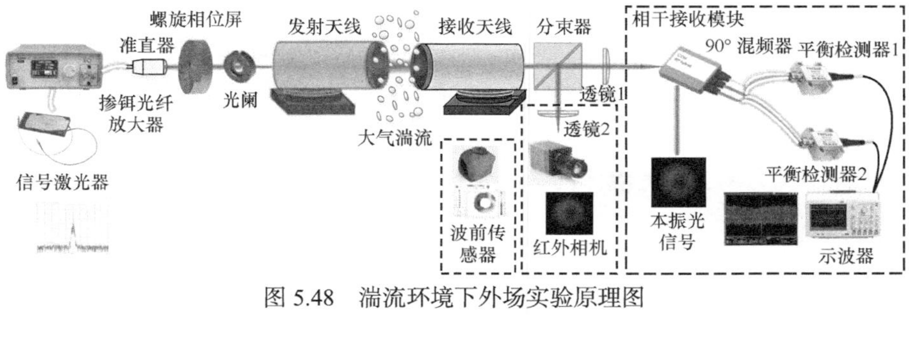

图 5.48　湍流环境下外场实验原理图

图 5.49 为湍流环境下拓扑荷数为 1～5 的涡旋信号光经传输后红外相机拍到的光斑及光强分布。湍流环境下涡旋光的暗斑随着拓扑荷数的增加而增大，中心暗斑的半径逐渐增大，并且光斑相比于静态环境下呈现出不规则破碎的趋势。

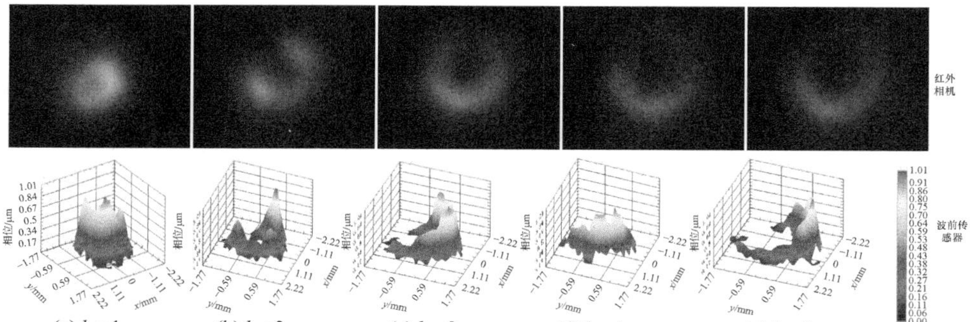

(a) $l_{S1}=1$　(b) $l_{S2}=2$　(c) $l_{S3}=3$　(d) $l_{S3}=4$　(e) $l_{S5}=5$

图 5.49　湍流环境不同拓扑荷数涡旋光光斑及光强分布

图 5.50 为湍流环境下采集的不同拓扑荷数涡旋光的波前相位。当拓扑荷数分别为 1、2、3、4、5 时，波前相位的峰谷值分别为 1.89μm、3.14μm、2.88μm、3.25μm、5.79μm。随着拓扑荷数的增加，湍流环境下波前相位的变化程度要明显大于静态环境。

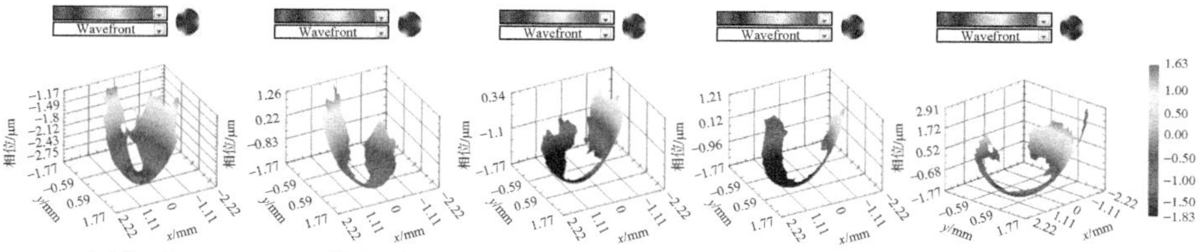

(a) $l_{S1}=1$　(b) $l_{S2}=2$　(c) $l_{S3}=3$　(d) $l_{S3}=4$　(e) $l_{S5}=5$

图 5.50　湍流环境下不同拓扑荷数涡旋光波前相位

分别对静态环境(无湍流)和湍流环境(有湍流)下不同拓扑荷数的涡旋光归一化光强分布方差以及波前相位方差进行计算和对比，如图 5.51 所示。湍流环境下归一化光强分布方差要大于静态环境下的，这表明湍流环境的光强闪烁现象更为显著，拓扑荷数增加，归一化光强分布方差变大，则光强闪烁增强。波前相位方差在湍流环境下随着拓扑荷数的增加而增大，这表明涡旋光拓扑荷数越大，对湍流的抑制能力越弱，受湍流的影响越明显。

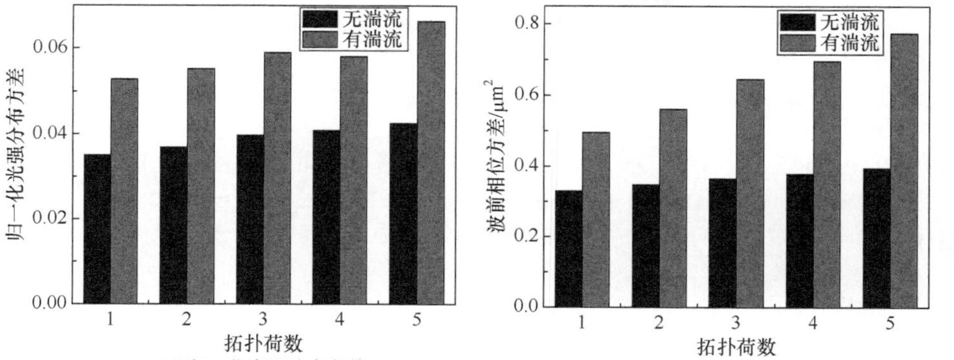

(a) 归一化光强分布方差　　(b) 波前相位方差

图 5.51　不同拓扑荷数涡旋光在静态环境和湍流环境下归一化光强分布方差及波前相位方差

针对湍流环境下不同拓扑荷数的涡旋光信号进行混频处理，得到相应的中频信号，如图 5.52 所示。对于相同拓扑荷数的涡旋光，相比于静态环境，湍流环境下混频后所得中频信号的包络幅值波动更为明显，而且随着信号光拓扑荷数的增加，中频信号的幅值以及混频效率也随之减小。

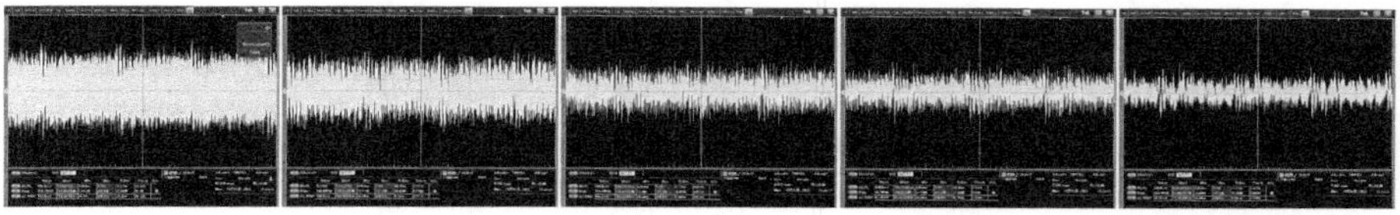

(a) l_{S1}=1　(b) l_{S2}=2　(c) l_{S3}=3　(d) l_{S4}=4　(e) l_{S5}=5

图 5.52　湍流环境下信号光不同拓扑荷数下中频信号

参 考 文 献

[1] Yao A M, Padgett M J. Orbital angular momentum: Origins, behavior and applications[J]. Advances in Optics and Photonics, 2011, 3(2): 161-204.

[2] 柯熙政, 王姣. 涡旋光束的产生、传输、检测及应用[M]. 北京: 科学出版社, 2018.

[3] 唐明, 李伟昊, 章明明, 等. 同源自零差相干光传输技术[J]. 中国激光, 2022, 49(12): 223-237.

[4] Li G F. Recent advances in coherent optical communication[J]. Advances in Optics and Photonics, 2009, 1(2): 279-307.

[5] Li C, Wang Y J, Wang J J, et al. Convolutional neural network.Aided DP-64 QAM coherent optical communication systems[J]. Journal of Lightwave Technology, 2022, 40(9): 2880-2889.

[6] Liu W, Jin D R, Shi W X, et al. Performance analysis of coherent optical communication based on hybrid algorithm[J]. Optics & Laser Technology, 2022, 149: 107878-107886.

[7] Liu Y T, Zeng X D, Cao C Q, et al. Modeling the heterodyne efficiency of array detector systems in the presence of target speckle[J]. IEEE Photonics Journal, 2019, 11(4): 4801509.

[8] 孔英秀, 柯熙政, 杨媛. 大气湍流对空间相干光通信的影响研究[J]. 激光与光电子学进展, 2015, 52(8): 95-101.

[9] 李赟, 李正璇, 黄新刚, 等. 基于相位调制本振的相干检测系统[J]. 光学学报, 2021, 41(20): 15-23.

[10] Wei G, Zhou J, Long X W . Analysis of signal-to-noise ratio and heterodyne efficiency for reference-beam laser Doppler velocimeter[J]. Optics & Laser Technology, 2012, 44(1): 108-113.

[11] 刘宏展, 纪越峰, 许楠, 等. 信号与本振光振幅分布对星间无线光相干通信系统混频效率的影响[J]. 光学学报, 2011, 31(10): 71-76.

[12] 向劲松, 潘乐春. 空间相干光通信外差效率及天线像差的影响[J]. 光电工程, 2009, 36(11): 53-57.

[13] Ren Y X, Xie G D, Huang H, et al. Adaptive-optics-based simultaneous pre-and post-turbulence compensation of multiple orbital-angular-momentum beams in a bidirectional free-space optical link[J]. Optica, 2014, 1(6): 376-382.

[14] 饶瑞中. 光在湍流大气中的传播[M]. 合肥: 安徽科学技术出版社, 2005.

[15] Hufnagel R E, Stanley N R. Modulation transfer function associated with image transmission through turbulent media[J]. Journal of the Optical Society of America, 1964, 54(1): 52-61.

[16] Fried D L, Mevers G E, Keister M P. Measurements of laser-beam scintillation in the atmosphere[J]. Journal of the Optical Society of America, 1967, 57(6): 787-797.

[17] Andrews L C, Phillips R L. Laser Beam Propagation Through Random Media[M]. Washington: Oxford University Press, 2005.

[18] Andrews L C , Miller W B. The mutual coherence function and the backscatter amplification effect for a reflected Gaussian-beam wave in atmospheric turbulence[J]. Waves in Random Media, 1995, 5(2):167-182.

[19] Tatarskii V I, Silverman R A, Chako N. Wave propagation in a turbulent medium[J]. Physics Today, 1961, 14(12): 46-51.

[20] 杨海波, 许宏. 基于功率谱反演法的大气湍流相位屏数值模拟[J]. 光电技术应用, 2019, 34(4): 73-76.

[21] Yang C Y, Xu C, Ni W J, et al. Turbulence heterodyne coherent mitigation of orbital angular momentum multiplexing in a free space optical link by auxiliary light[J]. Optics Express, 2017, 25(21): 25612-25624.

[22] 段梦云, 单欣, 艾勇. 激光大气湍流模拟装置的研究与进展[J].光通信技术, 2014, 38(1): 49-52.

[23] Ke X Z, Tan Z K. Effect of angle-of-arrival fluctuation on heterodyne detection in slant atmospheric turbulence [J]. Applied Optics, 2018, 57(5): 1083-1090.

第 6 章　波前畸变对混频效率的影响

本章以无线光相干检测系统为背景，针对大气湍流等环境因素产生的波前畸变及其校正开展研究；阐述 Kolmogorov 大气湍流和非 Kolmogorov 大气湍流中波前畸变的产生机制，并建立不同大气湍流模型中多光束传输波前畸变与无线光相干检测系统混频效率、信噪比和误码率的数学模型；分析波前畸变及其校正对于无线光相干检测系统性能的影响，并搭建室内、外场波前畸变校正实验。

6.1　多光束传输相干检测原理与波前畸变产生机制

6.1.1　多光束传输相干检测

传统的相干检测技术凭借良好的检测优势，广泛应用于无线光相干通信系统接收端，实现对微弱信号的检测。但考虑到远距离信号光束传输导致接收端相干检测系统性能下降等问题，通信系统通常采用多输入多输出(multiple-input multiple-output，MIMO)技术，可有效抑制信号光在传输过程中的衰落和起伏，提高信道容量[1,2]。在此基础上，建立多光束传输数学模型，多光束传输结构的无线光相干检测系统如图 6.1 所示。

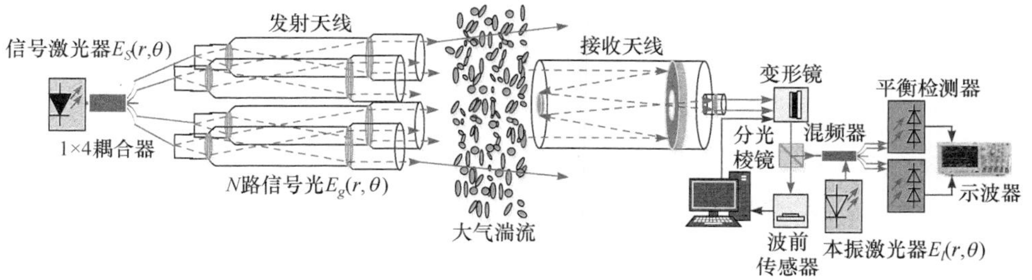

图 6.1　多光束传输结构的无线光相干检测系统

采用激光光源作为信号光，发射端以 N 路信号光束进行发射，经大气湍流后，在接收天线端面上合成一路光束，可以表示为

$$E_S(r,\theta)=\sum_{g=1}^{N}E_g(r,\theta)\times \mathrm{e}^{\left[\mathrm{i}k\left(r\sin\theta_g+r\cos\theta_g-\frac{r^2}{2L}\right)\right]} \tag{6.1}$$

其中，$k=2\pi/\lambda$ 为波的空间角频率，λ 为波长；θ_g 为第 g 路信号光束 $E_g(r,\theta)$的倾斜角。

假定 N 路信号光束均选用同种激光器发出，发射端第 g 路信号光束的光场可以表示为[3]

$$E_g(r,\theta)=A_g(r,\theta)\mathrm{e}^{-\mathrm{i}(\omega_g t+\varphi_g)} \tag{6.2}$$

其中，A_g、ω_g、φ_g 分别为第 g 路信号光束的振幅、频率和相位。

根据无线光相干检测基本理论，接收端信噪比 $\mathrm{SNR_{MIF}}$ 可以表示为

$$\mathrm{SNR_{MIF}}=\frac{2\eta K}{h\nu B}\cdot\frac{\left|\iint_S E_S(r,\theta)E_{\mathrm{Lo}}(r,\theta)r\mathrm{d}r\mathrm{d}\theta\right|^2}{\iint_S\left|E_{\mathrm{Lo}}(r,\theta)\right|^2 r\mathrm{d}r\mathrm{d}\theta} \tag{6.3}$$

其中，K 为比例常数。

当发射端多光束传输时，外差检测的系统混频效率可以表示为

$$\gamma_{\mathrm{MRF}}=\frac{\left|\iint_S E_S(r,\theta)E_{\mathrm{Lo}}(r,\theta)r\mathrm{d}r\mathrm{d}\theta\right|^2}{\iint_S\left|E_S(r,\theta)\right|^2 r\mathrm{d}r\mathrm{d}\theta\cdot\iint_S\left|E_{\mathrm{Lo}}(r,\theta)\right|^2 r\mathrm{d}r\mathrm{d}\theta} \tag{6.4}$$

零差检测的系统混频效率可以表示为

$$\gamma_{\mathrm{MZF}}=\frac{\left[\iint_S\left|A_S(r,\theta)\right|\left|A_{\mathrm{Lo}}(r,\theta)\right|\cos(\Delta\varphi)r\mathrm{d}r\mathrm{d}\theta\right]^2}{\iint_S\left|E_S(r,\theta)\right|^2 r\mathrm{d}r\mathrm{d}\theta\cdot\iint_S\left|E_{\mathrm{Lo}}(r,\theta)\right|^2 r\mathrm{d}r\mathrm{d}\theta} \tag{6.5}$$

进一步给出多光束传输时外差检测的系统误码率为[4]

$$\mathrm{BER_{MRF}}=\frac{1}{2}\mathrm{erfc}\left(\sqrt{\eta N_p\gamma_{\mathrm{MRF}}}\right) \tag{6.6}$$

其中，erfc 为互补误差函数；N_p 为单个比特内接收到的光子数。

零差检测的系统误码率可以表示为

$$\mathrm{BER_{MZF}}=\frac{1}{2}\mathrm{erfc}\left(\sqrt{2\eta N_p\gamma_{\mathrm{MZF}}}\right) \tag{6.7}$$

结合混频效率的表达式，混频增益定义为

$$G_\gamma=10\lg\left(\frac{\gamma_{\mathrm{corrected}}}{\gamma_{\mathrm{uncorrected}}}\right) \tag{6.8}$$

其中，$\gamma_{\mathrm{corrected}}$ 为加自适应光学校正的混频效率；$\gamma_{\mathrm{uncorrected}}$ 为未加自适应光学校正的混频效率。

混频增益可以衡量波前校正后的混频效率提升倍数，单位为 dB。

6.1.2　大气湍流

大气湿度和温度梯度的变化导致大气湍流，而大气湍流等环境因素产生的波前畸变引起光束超出衍射现象而发散，反映为光束漂移下光束质心的随机改变，并由此导致光束振幅和相位的波动[5]。大气湍流会逐渐破坏传播中的信号光束空间相干性。这种空间相干性的减弱限制了信号光束的准直和聚焦程度，进而导致接收端的系统性能显著降低。因此，无线光相干检测系统对空间相干性的损失尤为敏感。这部分大气湍流的特点可以用统计方式进行解释，也奠定了大气湍流效应的理论基础。图 6.2 为大气湍流示意图。

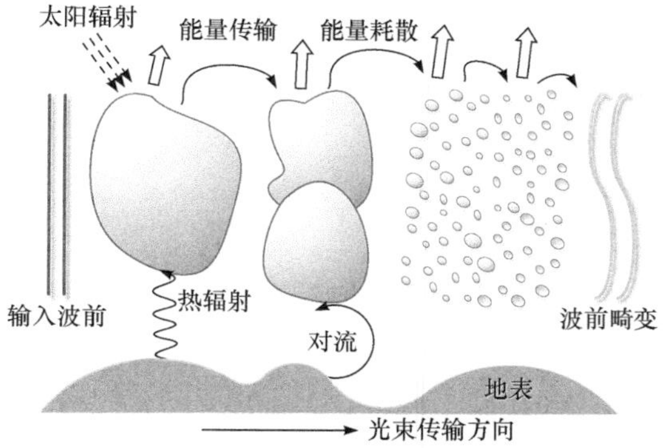

图 6.2　大气湍流示意图

1. Kolmogorov 大气湍流谱

在惯性力的影响下，大气湍流从混沌状态的大型涡旋运动分解为较小的涡流，形成了位于湍流外尺度 L_0 和湍流内尺度 l_0 之间的连续区，称为惯性区。著名的 Kolmogorov 大气湍流谱在惯性区内服从−11/3 次方定理，可定义为[5]

$$\Phi_n(\kappa)=0.033C_n^2\kappa^{-11/3},\quad 1/L_0 \ll \kappa \ll 1/l_0 \tag{6.9}$$

其中，κ 为波数矢量的振幅；$C_n^2\,(\mathrm{m}^{-2/3})$为大气折射率结构常数。

研究结果表明，大气折射率结构常数 C_n^2 可以用来预测大气湍流强度，并与高度和位置密切相关，即大气湍流的物理强度和规律特性通过大气折射率结构常数 C_n^2 充分反映。

物理上，湍流强度的大小取决于大气相干长度 r_0，其特征在于大气折射率结构常数 C_n^2，大气折射率结构常数 C_n^2 是衡量湍流强度的重要参量，大气相干长度 r_0 表示为

$$r_0=\left[0.423\sec\psi k^2\int_{h_0}^{H}C_n^2(h_w)\mathrm{d}h_w\right]^{-\frac{3}{5}} \tag{6.10}$$

其中，正割函数 $\sec x=1/\cos x$；ψ为天顶角；h_w 为高度参数；h_0 表示上行链路发射机或下行链路接收机距离地面的高度；链路高度 H 定义为

$$H=h_0+L\cos\psi \tag{6.11}$$

其中，L 为传输距离。

大气折射率结构常数 C_n^2 分布采用 Hufnagel-Valley 湍流模型描述，计算高度 h_w 处的大气湍流结构参数 $C_n^2(h_w)$[6]为

$$C_n^2(h_w)=C_n^2(0)\mathrm{e}^{-h_w/100}+5.94\times10^{-53}\left(\frac{v_w}{27}\right)^2 h_w^{10}\mathrm{e}^{-h_w/1000}+2.7\times10^{-16}\mathrm{e}^{-h_w/1500} \tag{6.12}$$

其中，$C_n^2(0)$为地面折射率结构常数，一般取$C_n^2(0)=1.7\times10^{-14}\mathrm{m}^{-2/3}$；$v_w$ 为沿垂直路径的均方根风速：

$$v_w=\sqrt{v_g^2+30.69v_g+348.91} \tag{6.13}$$

其中，当地面风速未知时，取地面风速的近似值 v_g=2.8m/s，可得 v_w=21m/s。

夜间实验测量数据进行参数校正，可以获得 Hufnagel-Valley 夜间模型，大气湍流结构参数 $C_n^2(h_w)$的表达式为[5]

$$C_n^2(h_w)=8.16\times10^{-54}h_w^{10}\mathrm{e}^{-h_w/1000}+3.02\times10^{-17}\mathrm{e}^{-h_w/1500}+1.9\times10^{-15}\mathrm{e}^{-h_w/100} \tag{6.14}$$

Davis[7]指出：当 $C_n^2<6.4\times10^{-17}\mathrm{m}^{-2/3}$ 时，通常认为大气表现为弱湍流；当$6.4\times10^{-17}\mathrm{m}^{-2/3}<C_n^2<2.5\times10^{-13}\mathrm{m}^{-2/3}$ 时，大气表现为中等湍流；当$C_n^2>2.5\times10^{-13}\mathrm{m}^{-2/3}$ 时，大气表现为强湍流，并且大气折射率结构常数 C_n^2 越大，湍流强度越大；大气相干长度 r_0 越小，湍流强度越大。

2. 非 Kolmogorov 大气湍流谱

随着对大气湍流的深入研究，在闪烁测量、激光雷达测量等方面获得的实验数据表明，部分大气湍流模型偏离了 Kolmogorov 大气湍流谱的预测。非 Kolmogorov 大气湍流谱对光束传播的影响逐渐引起研究人员的关注，并且许多研究结果表明，非 Kolmogorov 大气湍流谱模型更符合实际大气湍流。非 Kolmogorov 大气湍流谱可以定义为[8]

$$\Phi_n(\kappa,\alpha)=A(\alpha)\tilde{C}_n^2\kappa^{-\infty} \tag{6.15}$$

其中，α为非 Kolmogorov 大气湍流中的功率谱幂律指数；$\tilde{C}_n^2$ 为非 Kolmogorov

大气湍流的折射率结构常数，单位为 $m^{-\alpha+11/3}$；$A(\alpha)$为一致性函数，可以表示为

$$A(\alpha)=\frac{\Gamma(\alpha-1)}{4\pi^2}\cos\left(\frac{\alpha}{2}\pi\right),\quad 3<\alpha<4 \tag{6.16}$$

其中，$\Gamma(\cdot)$为伽马函数。

当满足 α=11/3 时，$\tilde{C}_n^2$ 退化为 Kolmogorov 大气湍流下的折射率结构常数 C_n^2，即 $\tilde{C}_n^2(11/3)=C_n^2$。考虑湍流尺度因素的影响，非 Kolmogorov 大气湍流谱可以表示为

$$\varPhi_n(\kappa,\alpha)=A(\alpha)\tilde{C}_n^2\left(\kappa^2+\kappa_0^2\right)^{-\frac{\alpha}{2}}\exp\left(\frac{-\kappa^2}{\kappa_m^2}\right) \tag{6.17}$$

其中，$\kappa_0=2\pi/L_0$；$\kappa_m=c(\alpha)/l_0$。

功率谱幂律指数的函数 $c(\alpha)$为

$$c(\alpha)=\left[2\pi\frac{A(\alpha)}{3}\Gamma\left(\frac{5-\alpha}{2}\right)\right]^{\frac{1}{\alpha-5}} \tag{6.18}$$

根据涡旋与湍流内外尺度的关系，大气湍流划分为三个区域：涡旋尺度大于外尺度时为输入区，涡旋尺度介于内外尺度之间为惯性区，涡旋尺度小于内尺度为耗散区[9]。其中，惯性区作为大气湍流研究的重点，Kolmogorov 大气湍流谱仅在惯性区内有效。随着涡旋尺度的不规则变化，大气湍流在空间呈不均匀分布，不再符合 Kolmogorov 大气湍流谱模型，同时也限制了 Kolmogorov 大气湍流谱模型在测量无线光通信系统性能方面的适用范围。因此，非 Kolmogorov 大气湍流谱模型的研究受到了广泛关注。

6.1.3　大气湍流中光信号的波前畸变

1. Kolmogorov 大气湍流中的波前畸变

在信号光传输过程中，由于大气湍流的影响，相位失配现象越来越严重[10-12]。以一般的 Kolmogorov 大气湍流谱模型为例进行大气湍流描述，式(6.2)退化为

$$E_g(r,\theta)=A_g(r,\theta)\mathrm{e}^{-\mathrm{i}(\omega_g t+\varphi_g+\Delta\varphi)} \tag{6.19}$$

其中，$\Delta\varphi$为大气湍流产生的相位差。

在光学系统中，相位失配产生的波前畸变用 Zernike 多项式描述，即极坐标函数$\Delta\varphi(r,\theta)$表示为[13]

$$\Delta\varphi(r,\theta)=\sum_{i=1}^{N}a_i Z_i(r,\theta) \tag{6.20}$$

其中，N 为 Zernike 项数；a_i 为第 i 项 Zernike 多项式系数，这里将与波前系数相关的均方参数称为畸变幅值；Z_i 为第 i 项 Zernike 多项式。

在实际通信系统中，当使用足够大的 N 阶波前畸变时，可使残差项忽略不计。

这里需要确定 Zernike 系数 a_i：采用对角化算法描述模拟波前畸变的过程，从协方差矩阵可以求解出 a_i。对于波前相位系数向量 $A=[a_1,a_2,\cdots,a_n]^{\mathrm{T}}$，协方差矩阵 C 可以写为[14,15]

$$C=E\left[A,A^{\mathrm{T}}\right]=\begin{bmatrix} c_{11} & c_{12} & \cdots & c_{1n} \\ c_{21} & c_{22} & \cdots & c_{2n} \\ \vdots & \vdots & & \vdots \\ c_{n1} & c_{n2} & \cdots & c_{nn} \end{bmatrix}\cdot\left(\frac{D}{r_0}\right)^{5/3} \tag{6.21}$$

其中，n 为正整数；D 为天线接收孔径，D 与大气相干长度 r_0 的比值 D/r_0 用来衡量大气湍流强度。

在协方差矩阵 C 中，Zernike 多项式 Z_i 和 Z_j 的协方差表达式为

$$E(a_i,a_j)=c_{ij}\left(\frac{D}{r_0}\right)^{5/3} \tag{6.22}$$

其中，$E(\cdot)$为随机变量的协方差运算符；协方差 c_{ij} 表示为[16]

$$c_{ij}=\frac{0.046}{\pi}\left[(n_i+1)(n_j+1)\right]^{1/2}(-1)^{\frac{n_i+n_j-2m}{2}}\times\delta_{m_im_j}\int_0^{+\infty}x^{-14/3}\mathrm{J}_{n_i+1}(qx)\mathrm{J}_{n_j+1}(qx)\mathrm{d}x \tag{6.23}$$

其中，n_i、m_i、n_j、m_j 分别为 a_i 和 a_j 对应的 Zernike 多项式的阶数和角频率数；q 为贝塞尔积分函数参数；$\mathrm{J}_{n+1}(\cdot)$为第一类 $n+1$ 阶贝塞尔函数；$x\in\mathrm{R}$；Kronecker 函数$\delta_{m_im_j}$表示为

$$\delta_{m_im_j}=\begin{cases}1, & m_i=m_j\\ 0, & m_i\neq m_j\end{cases} \tag{6.24}$$

根据文献[17]得到贝塞尔不定积分函数的求解公式为

$$\begin{aligned}&\int_0^{+\infty}x^{-14/3}\mathrm{J}_{n_i+1}(qx)\mathrm{J}_{n_j+1}(qx)\mathrm{d}x\\&=\frac{(q)^{11/3}\Gamma\left(\dfrac{14}{3}\right)\Gamma\left[\left(n_i+n_j-\dfrac{5}{3}\right)\Big/2\right]}{2^{14/3}\Gamma\left[\left(n_i-n_j+\dfrac{17}{3}\right)\Big/2\right]\Gamma\left[\left(n_j-n_i+\dfrac{17}{3}\right)\Big/2\right]\Gamma\left[\left(n_i+n_j+\dfrac{23}{3}\right)\Big/2\right]}\end{aligned} \tag{6.25}$$

将式(6.25)代入式(6.23)，可得 c_{ij} 为

$$c_{ij}=2.2698\left[(n_i+1)(n_j+1)\right]^{1/2}(-1)^{\frac{n_i+n_j-2m}{2}} \times\delta_{m_im_j}\frac{\Gamma\left[\left(n_i+n_j-\frac{5}{3}\right)\Big/2\right]}{\Gamma\left[\left(n_i-n_j+\frac{17}{3}\right)\Big/2\right]\Gamma\left[\left(n_j-n_i+\frac{17}{3}\right)\Big/2\right]\Gamma\left[\left(n_i+n_j+\frac{23}{3}\right)\Big/2\right]} \tag{6.26}$$

由式(6.21)可知，当协方差矩阵中各元素不为零矢量时，Zernike 多项式不满足统计独立。因此，引入 Karhunen-Loeve 多项式展开波前，构造具有特定方差的随机量[18]。将波前畸变用 Karhunen-Loeve 多项式描述为

$$\Delta\varphi(r,\theta)=\sum_{j=1}^{N}b_jK_j(r,\theta) \tag{6.27}$$

其中，b_j 为统计独立的随机系数；$K_j(r,\theta)$为 Karhunen-Loeve 多项式。则 Zernike 多项式可以用 Karhunen-Loeve 多项式展开为

$$K_j(r,\theta)=\sum_{j=1}^{N}V_{ij}Z_j(r,\theta) \tag{6.28}$$

其中，V_{ij} 为转换矩阵。

根据式(6.28)和式(6.27)，波前畸变可以描述为

$$\Delta\varphi(r,\theta)=\sum_{i=1}^{N}b_i\sum_{j=1}^{N}V_{ij}Z_j(r,\theta) \tag{6.29}$$

结合式(6.20)，波前畸变系数向量 A 可以表示为

$$A=V\cdot B \tag{6.30}$$

其中，向量 $B=[b_1, b_2,\cdots,b_n]^{\mathrm{T}}$；$V$ 为 Karhunen-Loeve 多项式转换矩阵。

从式(6.30)可以获得式(6.20)中描述波前畸变的 Zernike 系数。所求得的波前畸变系数向量 A 乘以$(D/r_0)^{5/3}$ 就得到了从 Kolmogorov 大气湍流谱中评估的准确协方差 Zernike 多项式的权重，从而产生所需的波前畸变。本章中未特殊说明的大气湍流模型均视为 Kolmogorov 大气湍流模型。

通过分析得出补偿大气湍流引起的前 J 项波前畸变，则均方剩余误差可定义为[19]

$$\Delta=\int \mathrm{d}\rho W(\rho)\left\langle\left[\varphi(r,\theta)-\varphi_c(r,\theta)\right]^2\right\rangle \tag{6.31}$$

其中，$\varphi(r,\theta)$为信号光波前相位；$\varphi_c(r,\theta)$为补偿的前 J 项波前畸变；$\rho=r/R$；$W(\rho)$为多项式展开式参数：

$$W(\rho)=\begin{cases}\dfrac{1}{\pi}, & \rho \leqslant 1\\ 0, & \rho>1\end{cases} \tag{6.32}$$

则式(6.31)化简可得

$$\Delta_J=\left\langle\varphi^2\right\rangle-\sum_{j=1}^{J}\left\langle\left|a_j\right|^2\right\rangle \tag{6.33}$$

其中，$\left\langle\varphi^2\right\rangle$为大气湍流引起的波前畸变相位误差；$J$为补偿的波前畸变项数。

当$J>10$时，均方剩余误差可以表示为

$$\Delta_J \approx 0.2944 J^{-\frac{\sqrt{3}}{2}}\left(\frac{D}{r_0}\right)^{\frac{5}{3}} \mathrm{rad}^2 \tag{6.34}$$

通过计算可得表 6.1 所示各项波前畸变均方剩余误差与大气湍流强度对应关系。Δ_1 为活塞项的剩余误差，可以忽略；活塞项代表波前畸变整体分量发生平移，在成像系统中，活塞项对成像质量无影响，$|\Delta_3-\Delta_1|$为两个方向倾斜项的剩余误差，计算得到整体倾斜项分量在整个波前畸变中所占比例为 86.99%；$|\Delta_4-\Delta_3|$为离焦项的剩余误差，在整个波前畸变中所占比例为 2.23%；$|\Delta_6-\Delta_4|$为两个方向像散项的剩余误差，在整个波前畸变中所占比例为 4.49%；$|\Delta_8-\Delta_6|$为两个方向彗差项的剩余误差，在整个波前畸变中所占比例为 1.19%；$|\Delta_{11}-\Delta_{10}|$为球差项的剩余误差，在整个波前畸变中所占比例为 0.23%；其余为高阶波前畸变项的剩余误差，在整个波前畸变中所占比例为 4.87%。

表 6.1　波前畸变均方剩余误差

项数 J	均方剩余误差	项数 J	均方剩余误差	项数 J	均方剩余误差
1	$1.0299(D/r_0)^{5/3}$	8	$0.0525(D/r_0)^{5/3}$	15	$0.0279(D/r_0)^{5/3}$
2	$0.582(D/r_0)^{5/3}$	9	$0.0463(D/r_0)^{5/3}$	16	$0.0267(D/r_0)^{5/3}$
3	$0.134(D/r_0)^{5/3}$	10	$0.0401(D/r_0)^{5/3}$	17	$0.0255(D/r_0)^{5/3}$
4	$0.111(D/r_0)^{5/3}$	11	$0.0377(D/r_0)^{5/3}$	18	$0.0243(D/r_0)^{5/3}$
5	$0.088(D/r_0)^{5/3}$	12	$0.0352(D/r_0)^{5/3}$	19	$0.0232(D/r_0)^{5/3}$
6	$0.0648(D/r_0)^{5/3}$	13	$0.0328(D/r_0)^{5/3}$	20	$0.022(D/r_0)^{5/3}$
7	$0.0587(D/r_0)^{5/3}$	14	$0.0304(D/r_0)^{5/3}$	21	$0.0208(D/r_0)^{5/3}$

2. 非 Kolmogorov 大气湍流中的波前畸变

在非 Kolmogorov 大气湍流中，发射端信号光束经大气湍流后退化为[20]

$$E_g(r,\theta)=A_g(r,\theta)\mathrm{e}^{-\mathrm{i}(\omega_g t+\varphi_g+\Delta\varphi)} \tag{6.35}$$

这里需要确定非 Kolmogorov 大气湍流中 Zernike 系数。考虑到 Zernike 多项式的正交性，给出对应的 Zernike 多项式任意两项的系数 a_i 与 $a_{i'}$的相关函数$\langle a_i\, a_{i'}\rangle$：

$$\langle a_i a_{i'}\rangle = \frac{1}{\pi^2}\iint Z_i(r,\theta)Z_{i'}(r',\theta')\langle \phi(r)\phi(r')\rangle \mathrm{d}r\mathrm{d}r' \tag{6.36}$$

其中，$\langle \phi(r)\ \phi(r')\rangle$为相位协方差函数。

对式(6.36)进行傅里叶变换，得到

$$\langle a_i a_{i'}\rangle = \iint Q_i(f)Q_{i'}(f')\Phi_n(f,f')\mathrm{d}f\mathrm{d}f' \tag{6.37}$$

其中，$Q_i(f)$为 $Z_i(r,\theta)$的傅里叶变换式；$Q_{i'}(f')$ 为 $Z_{i'}(r',\theta')$ 的傅里叶变换式；f 为光波空间频率。

在非 Kolmogorov 大气湍流传输中，归一化的功率谱密度$\Phi_n(f,f')$可以表示为[21,22]

$$\Phi_n(f,f') = (4\pi)^{2-\alpha}\frac{\Gamma\left(\dfrac{\alpha}{2}\right)}{2^{2-\alpha}\pi\alpha\Gamma\left(-\dfrac{\alpha}{2}\right)}2\left[\frac{8}{\alpha-2}\Gamma\left(\frac{2}{\alpha-2}\right)\right]^{\frac{\alpha-2}{2}}\left(\frac{D}{\tilde{r}_0}\right)^{\alpha-2} f^{-\alpha}\delta_{ff'} \tag{6.38}$$

其中，$\tilde{r}_0$ 为非 Kolmogorov 大气湍流中的大气相干长度；$\delta_{ff'}$ 为 Kronecker 函数。

将式(6.38)代入式(6.37)中，经积分变换得到非 Kolmogorov 大气湍流条件下 Zernike 多项式系数的相关函数为

$$\begin{aligned}\langle a_i a_{i'}\rangle = &(-1)^{\frac{n+n'-2m}{2}}2^{3-\alpha}\sqrt{(n+1)(n'+1)}\left(\frac{D}{\tilde{r}_0}\right)^{\alpha-2}\\ &\times\frac{\left[\dfrac{8}{\alpha-2}\Gamma\left(\dfrac{2}{\alpha-2}\right)\right]^{\frac{\alpha-2}{2}}\Gamma\left(\dfrac{\alpha}{2}\right)\Gamma\left[\dfrac{n+n'-\alpha+2}{2}\right]\Gamma(\alpha+1)}{\alpha\Gamma\left(-\dfrac{\alpha}{2}\right)\Gamma\left(\dfrac{n-n'+\alpha+2}{2}\right)\Gamma\left(\dfrac{n'-n+\alpha+2}{2}\right)\Gamma\left(\dfrac{n+n'+\alpha+4}{2}\right)}\delta_{mm'}\end{aligned} \tag{6.39}$$

其中，n、m、n'、m'分别为 a_i 和 $a_{i'}$对应的 Zernike 多项式的阶数和角频率数；$\delta_{mm'}$为 Kronecker 函数。

非 Kolmogorov 大气湍流中大气相干长度$\tilde{r}_0$表示为[23]

$$\tilde{r}_0 = \left[\frac{2^{-\alpha}\alpha\Gamma(\alpha-1)\Gamma\left(\dfrac{-\alpha}{2}\right)\sin\left[\dfrac{(\alpha-3)\pi}{2}\right]}{(\alpha-1)\Gamma\left(\dfrac{\alpha}{2}\right)}k^2\tilde{C}_n^2 L\right]^{\frac{-1}{\alpha-2}} \tag{6.40}$$

其中，非 Kolmogorov 大气折射率结构常数 $\tilde{C}_n^2$ 可以用 Kolmogorov 大气湍流的大气折射率结构常数 C_n^2 表示为[24]

$$\tilde{C}_n^2 = -\frac{\frac{1}{2}\Gamma(\alpha)(2\pi)^{-11/6+\alpha/2}(\lambda L)^{11/6-\alpha/2}}{\Gamma\left(1-\frac{\alpha}{2}\right)\left[\Gamma\left(\frac{\alpha}{2}\right)\right]^2\Gamma(\alpha-1)\cos\left(\frac{\alpha\pi}{2}\right)\sin\left(\frac{\alpha\pi}{4}\right)}C_n^2 \tag{6.41}$$

其中，当光束斜程进行传输时，大气折射率结构常数C_n^2满足 Hufnagel-Valley 模型。

引入 Karhunen-Loeve 多项式展开波前畸变，用所求得的波前系数向量 A 来产生非 Kolmogorov 大气湍流中的波前畸变。

6.1.4 对比分析

利用波前畸变与无线光相干检测性能指标的理论推导关系，以发射端两光束为例，对 Kolmogorov 大气湍流和非 Kolmogorov 大气湍流中波前畸变引起的接收端无线光相干检测系统的性能变化进行数值仿真。

当发射端多光束传输时，随着功率谱幂律指数α的增大，结合式(6.4)和式(6.6)对接收端系统的混频效率和误码率进行仿真分析，主要仿真条件：波长λ=1550nm，电子电荷 e=1.6×10^{-19}C，光电检测器量子效率 η=0.8，普朗克常量h=6.63×10^{-34}J · s，载波频率 v=1.94×10^{14}Hz，单个比特内接收到的光子数N_p=10，检测器半径 R=100μm，倾斜角 θ_g=2°，振幅 A_{Lo}=1000A_g，初相位φ_g=φ_{Lo}=0，接收孔径 D=200mm，风速 v_w=21m/s，有效噪声带宽为Δf=200MHz，接收天线水平高度 h_0=10m，折射率结构常数 $C_n^2(0)$=1.7×10^{-14}m$^{-2/3}$，传输距离L=10km，天顶角 ψ=π/3。斜程传输时系统混频效率和误码率随功率谱幂律指数α的仿真结果如图 6.3 所示。

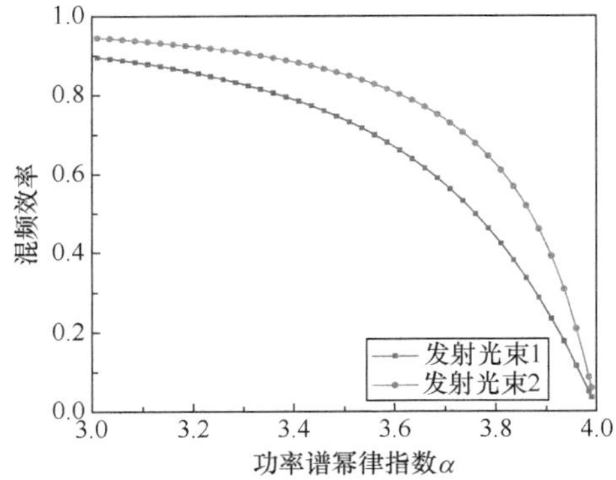

(a) 功率谱幂律指数α对混频效率的影响

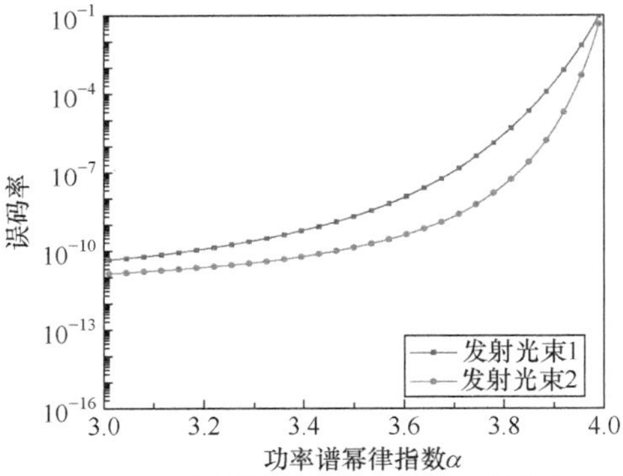

(b) 功率谱幂律指数α对误码率的影响

图 6.3　不同传输光束下功率谱幂律指数α与混频效率和误码率关系曲线

图 6.3(a)、图 6.3(b)分别为发射端多光束传输时，功率谱幂律指数α与接收端无线光相干检测系统混频效率、误码率的变化曲线。由图可以看出，随着发射

光束的增加，系统混频效率得到提高，误码率有效降低，并且随着功率谱幂律指数 α 的增大系统混频效率呈下降趋势。其中，在功率谱幂律指数 $3.6<\alpha<3.8$ 区间内，发射端双光束传输对系统混频效率提高最为显著。当处于 Kolmogorov(功率谱幂律指数 $\alpha=11/3$)大气湍流时，单光束发射混频效率维持在 0.61，误码率趋于 10^{-8} 数量级；双光束发射混频效率维持在 0.76，误码率趋于 10^{-9} 数量级。发射端传输光束数量的增加可以弥补部分随着功率谱幂律指数 α 增大而使接收端无线光相干检测系统混频效率降低和误码率增大的问题。

在非 Kolmogorov 大气湍流中功率谱幂律指数 $\alpha=10/3$ 条件下，改变天顶角 ψ 的大小，其余参数的取值与图 6.3 所给参数相同。结合式(6.4)和式(6.6)，在 Kolmogorov 大气湍流和非 Kolmogorov 大气湍流中，斜程传输时无线光相干检测系统混频效率和误码率随天顶角 ψ 的变化曲线如图 6.4 所示。

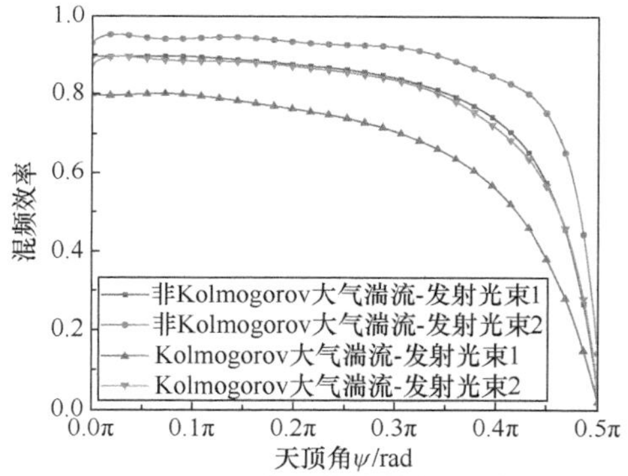

(a) 天顶角 ψ 对混频效率的影响

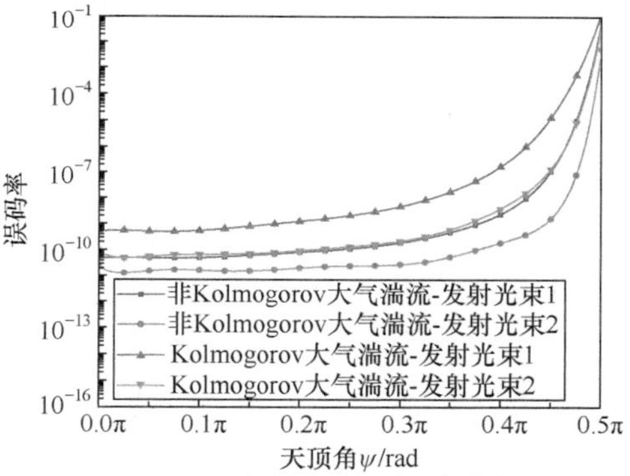

(b) 天顶角 ψ 对误码率的影响

图 6.4　不同传输光束下天顶角 ψ 与混频效率和误码率关系曲线

图 6.4(a)、图 6.4(b)分别为发射端多光束传输时，天顶角 ψ 与接收端无线光相干检测系统混频效率、误码率的变化曲线。由图可以看出，随着天顶角 ψ 的增加，系统混频效率整体呈下降趋势，误码率呈增大趋势。随着发射端传输光束数量的增加，接收端系统混频效率增大，误码率逐渐降低。在发射端单光束和双光束传输情况下，非 Kolmogorov 大气湍流中天顶角 ψ 为 0.3π 时，对应单光束接收端混频效率维持在 0.84，误码率低于 10^{-10} 数量级；而当发射端为双光束时，接收端混频效率为 0.92，误码率低于 10^{-11} 数量级。总结得到发射端传输光束数量的增加可以弥补部分随着天顶角 ψ 增大而使接收端无线光相干检测系统混频效率降低和误码率增大的问题。

在非 Kolmogorov 大气湍流中功率谱幂律指数 $\alpha=10/3$ 条件下，改变传输距离 L，其余参数的取值均使用图 6.3 仿真给出。结合式(6.4)和式(6.6)，在 Kolmogorov 大气湍流和非 Kolmogorov 大气湍流中，斜程传输时无线光相干检测系统混频效率和误码率随传输距离 L 的变化曲线如图 6.5 所示。

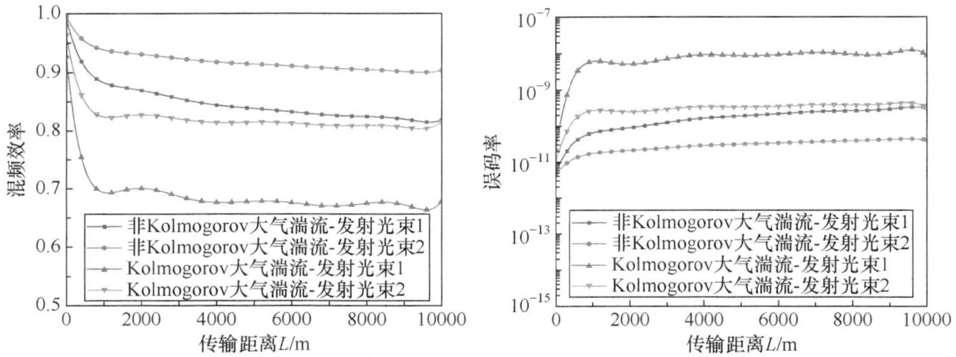

(a) 传输距离L对混频效率的影响　　(b) 传输距离L对误码率的影响

图 6.5　不同传输光束下传输距离 L 与混频效率和误码率关系曲线

由图 6.5(a)、图 6.5(b)可以看出，随着传输距离 L 的增加，Kolmogorov 大气湍流中的混频效率均低于非 Kolmogorov 大气湍流中的混频效率，并且随着发射端传输光束数量的增加，接收端相干检测系统混频效率增大，误码率逐渐降低。其中，在非 Kolmogorov 大气湍流中，当传输距离为 6000m 时，对应发射端单光束传输系统混频效率维持在 0.83，误码率低于 10^{-10} 数量级；而当发射端双光束传输时，系统混频效率为 0.91，误码率趋于 10^{-11} 数量级。总结得到发射端传输光束数量的增加可以弥补部分随着传输距离 L 增加而使接收端无线光相干检测系统混频效率降低和误码率增大的问题。

结合式(6.22)和式(6.24)，在 Kolmogorov 大气湍流和非 Kolmogorov 大气湍流中，参数的取值与图 6.5 仿真给出的参数相一致。斜程传输时无线光相干检测系统混频效率和误码率随菲涅耳区$(\lambda L)^{1/2}$的变化曲线如图 6.6 所示。

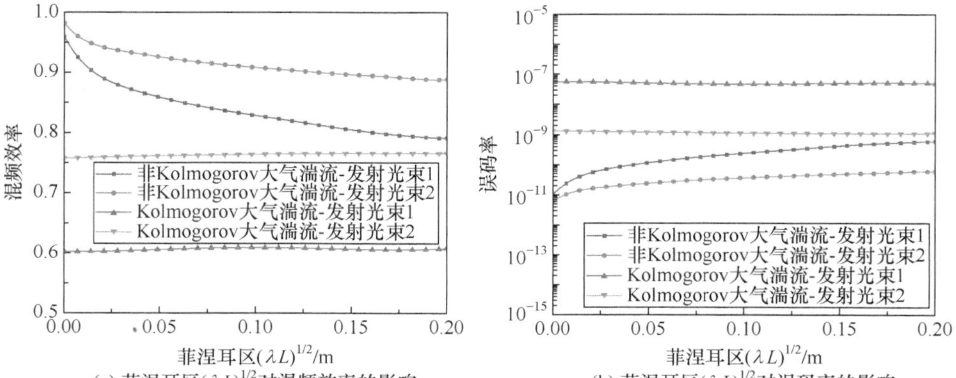

(a) 菲涅耳区$(\lambda L)^{1/2}$对混频效率的影响　　(b) 菲涅耳区$(\lambda L)^{1/2}$对误码率的影响

图 6.6　不同传输光束下菲涅耳区$(\lambda L)^{1/2}$与混频效率和误码率关系曲线

图 6.6(a)、图 6.6(b)分别检验了在不同湍流模型中，当发射端多光束传输时，接收端无线光相干检测系统混频效率、误码率随菲涅耳区$(\lambda L)^{1/2}$的变化关系。由图可以看出，随着菲涅耳区$(\lambda L)^{1/2}$的增大，当处于非 Kolmogorov 大气湍流中时，混频效率逐渐降低，误码率逐渐增大；当处于 Kolmogorov 大气湍流中时，随着菲涅耳区$(\lambda L)^{1/2}$的增大，混频效率基本保持不变。其中，在 Kolmogorov 大气湍流中发射端单光束传输时，系统混频效率约为 0.6；当发射端双光束传输时，混频效率维持在 0.76。在非 Kolmogorov 大气湍流中，发射端单光束和双光束传输情况下，菲涅耳区$(\lambda L)^{1/2}$在 0.15m 时，对应发射端单光束传输系统混频效率维持在 0.8，误码率趋于 10^{-10} 数量级；而当发射端双光束传输时，系统混频效率维持在 0.9，误码率低于 10^{-11} 数量级。总结得到发射端传输光束数量的增加可以弥补部分随着菲涅耳区$(\lambda L)^{1/2}$增大而使接收端无线光相干检测系统混频效率降低和误码率增大的问题。

6.2　波前畸变对光束传输特性的影响

6.2.1　模式法描述的波前畸变

在波前畸变的研究分析中，需要对波前测量数据进行拟合，以便进行后续分析。目前，能够实现模式法波前畸变描述的正交多项式组合主要有 C-Zernike 多项式、Chebyshev 多项式、Legendre 多项式和 S-Zernike 多项式等。其中，C-Zernike 多项式适用于对圆形孔径内的信号光波前畸变进行描述，因为其多项式基底在单位圆上是正交的，能很好地表达波前信息；Chebyshev 多项式、Legendre 多项式或 S-Zernike 多项式均适用于方形孔径内进行波前畸变描述，如柱面镜、光栅等，这类光学系统出射波前可以采用 Chebyshev 多项式、Legendre 多项式或 S-Zernike 多项式对波前畸变进行拟合，这类多项式在单位方形区域上具有正交性。

1. C-Zernike 多项式

由第 2 章内容已知，关于相位失配产生的波前畸变$\Delta\varphi(r,\theta)$可以分解为单位圆内的 Zernike 多项式进行描述，并且 Zernike 多项式在单位圆内具有连续正交性，将其简称为 C-Zernike 多项式，即

$$\Delta\varphi(r,\theta)=\sum_{i=1}^{N}a_i Z_i(r,\theta) \tag{6.42}$$

其中，N 为 Zernike 项数；a_i 为第 i 项 Zernike 多项式的系数；Z_i 为第 i 项 Zernike 多项式。

第 i 项 Zernike 多项式 $Z_i(r, \theta)$可以表示为[25]

$$Z_n^m(r,\theta)=\begin{cases}Z_{\text{odd}\cdot i}(r,\theta)=\sqrt{2(n+1)}R_n^m(r)\sin(m\theta), & m<0\\ Z_{\text{even}\cdot i}(r,\theta)=\sqrt{2(n+1)}R_n^m(r)\cos(m\theta), & m>0\\ Z_i(r,\theta)=\sqrt{n+1}R_n^m, & m=0\end{cases} \tag{6.43}$$

其中，n 为 Zernike 多项式阶数；m 为角向频率；n 和 m 为整数，满足 $m\leqslant n$，$n-|m|=\text{even}$；$Z_{\text{odd}\cdot i}$ 对应含 $\sin(m\theta)$的模式项；$Z_{\text{even}\cdot i}$ 对应含 $\cos(m\theta)$的模式项；径向多项式 $R_n^m(r)$ 表示为

$$R_n^m(r)=\begin{cases}\displaystyle\sum_{s=0}^{\frac{n-m}{2}}\frac{(-1)^s(n-s)!}{s!\left(\frac{n+m}{2}-s\right)!\left(\frac{n-m}{2}-s\right)!}r^{n-2s}, & n-m\text{为偶数}\\ 0, & n-m\text{为奇数}\end{cases} \tag{6.44}$$

Zernike 多项式第 i 项和其阶数 n、角向频率 m 之间的关系为[26]

$$i=\frac{n(n+1)}{2}+|m|+\begin{cases}0, & m>0\wedge n\equiv\{0,1\}(\text{mod}\,4)\\ 0, & m<0\wedge n\equiv\{2,3\}(\text{mod}\,4)\\ 1, & m\geqslant 0\wedge n\equiv\{2,3\}(\text{mod}\,4)\\ 1, & m\leqslant 0\wedge n\equiv\{0,1\}(\text{mod}\,4)\end{cases} \tag{6.45}$$

其中，$|\cdot|$表示取模运算；$\wedge$为相交符号。

表 6.2 给出前 16 阶 C-Zernike 多项式。

表 6.2　前 16 阶 C-Zernike 多项式

项数 i	$Z_i(r,\ \theta)$	项数 i	$Z_i(r,\ \theta)$
1	1	9	$\sqrt{8}\ r^3\sin(3\theta)$
2	$2r\cos\theta$	10	$\sqrt{8}\ r^3\cos(3\theta)$
3	$2r\sin\theta$	11	$\sqrt{5}\ (6r^4-6r^2+1)$
4	$\sqrt{3}\ (2r^2-1)$	12	$\sqrt{10}\ (4r^4-3r^2)\cos(2\theta)$
5	$\sqrt{6}\ r^2\sin(2\theta)$	13	$\sqrt{10}\ (4r^4-3r^2)\sin(2\theta)$
6	$\sqrt{6}\ r^2\cos(2\theta)$	14	$\sqrt{10}\ r^4\cos(4\theta)$
7	$\sqrt{8}\ (3r^3-2r)\sin\theta$	15	$\sqrt{10}\ r^4\sin(4\theta)$
8	$\sqrt{8}\ (3r^3-2r)\cos\theta$	16	$\sqrt{12}\ (10r^5-12r^3+3r)\cos\theta$

在 C-Zernike 多项式中，Z_1 对应于活塞项，表示为常数 1，在存在活塞项的

情况下，很难分析无线光相干检测性能与湍流效应之间的关系，并且 Shack-Hartmann 波前传感器无法检测波前的平移，因此在后续分析中忽略活塞项；Z_2、Z_3 为倾斜项；Z_4 对应离焦项；Z_5、Z_6 对应像散项，Z_7、Z_8 对应彗差项；Z_{11} 为球差项；Z_9、Z_{10} 对应三叶草形像差项；Z_{12}、Z_{13} 对应枕形像差项；Z_{14}、Z_{15} 对应几何畸变；Z_{16} 对应四叶草形像差项。

结合式(6.43)和式(6.44)分析得到，C-Zernike 多项式最主要的两个特性[27]如下。

(1) 在单位圆内，具有正交性，即

$$\iint_S Z_n^m(r,\theta) Z_{n'}^{m'}(r,\theta)\mathrm{d}^2 r = \frac{\pi}{n+1}\delta_{nn'}\delta_{mm'} \tag{6.46}$$

(2) 在单位圆内，C-Zernike 多项式的均方根值为 1，即

$$\sqrt{\frac{\iint_S \left(Z_n^m(r,\theta)\right)^2 r\mathrm{d}r\mathrm{d}\theta}{\iint_S r\mathrm{d}r\mathrm{d}\theta}} = 1 \tag{6.47}$$

根据 C-Zernike 多项式的表达描述，对前 15 阶波前面型进行仿真，如图 6.7 所示。

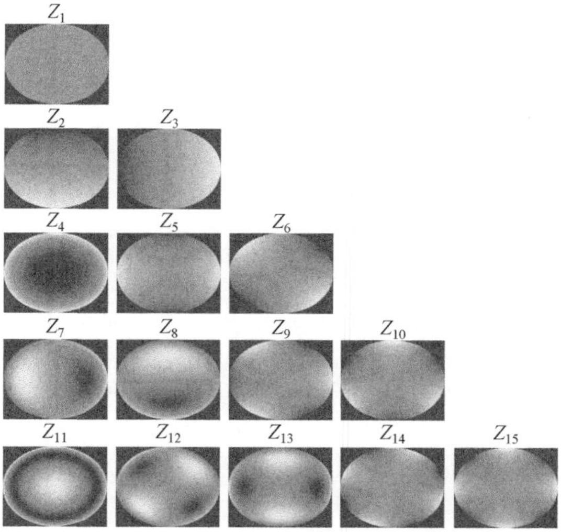

图 6.7　前 15 阶 C-Zernike 多项式面型图

2. Chebyshev 多项式

在自适应光学系统的研究中，C-Zernike 多项式是最普遍的波前描述方法。这主要源于 C-Zernike 多项式本身的特性：首先，其特有的正交性，便于圆形孔

径光学系统中的波前分析和应用；其次，它与经典的 Seidel 光学像差之间存在线性关系。但在使用方形孔径的光学系统中，方形基底上直接使用 C-Zernike 多项式，失去了其自身原有的正交性，而 Chebyshev 多项式和 Legendre 多项式可以用于描述方形孔径内的波前畸变。为了简化描述方形孔径中的波前畸变，采用笛卡儿坐标系。考虑了 Chebyshev 多项式描述的波前畸变，信号光束在经过大气湍流后产生的波前畸变可以表示为[28]

$$\Delta\varphi(x,y)=\sum_{i=1}^{I}b_iC_i(x,y) \tag{6.48}$$

其中，b_i 为第 i 项 Chebyshev 多项式系数；$C_i(x, y)$为第 i 项 Chebyshev 多项式；I 为所采用的 Chebyshev 多项式项数；$x=r\cos\theta$；$y=r\sin\theta$；方形孔径中标准正交的 x 和 y 变量上的 Chebyshev 多项式 $C_i(x, y)$表示为

$$C_i(x,y)=T_n(x)T_m(y) \tag{6.49}$$

其中，i 为一个以 i=1 开始的多项式排序索引；n 和 m 为非负整数。

令 $T_0(x)=1$ 且 $T_1(x)=x$，Chebyshev 多项式的标准正交形式 $T_n(x)$可以递归地得到多项式：

$$T_{n+1}(x)=2xT_n(x)-T_{n-1}(x) \tag{6.50}$$

任意两项 Chebyshev 多项式函数在 $x\in[-1,1]$内的乘积满足

$$\int_{-1}^{1}\frac{1}{\sqrt{1-x^2}}T_n(x)T_m(x)\mathrm{d}x=\begin{cases}0, & n\neq m\\ \pi, & n=m=1\\ \dfrac{\pi}{2}, & n=m\neq 1\end{cases} \tag{6.51}$$

经归一化后其在 $x\in[-1,1]$、$y\in[-1,1]$的方形区域内正交。

另外，由于光束的波前信息在空间内是二维分布的，所以可以认为是在 x 方向和 y 方向上两个独立的过程，从而 Chebyshev 多项式的正交性可以描述为

$$\int_{-1}^{1}\int_{-1}^{1}C_i(x,y)C_{i'}(x,y)\frac{1}{\sqrt{1-x^2}\sqrt{1-y^2}}\mathrm{d}x\mathrm{d}y=\begin{cases}0, & i\neq i'\\ U, & i=i'\end{cases} \tag{6.52}$$

其中，U 为 Chebyshev 多项式归一化的常数值，表示为

$$U=\begin{cases}\pi^2, & n=m=0\\ \dfrac{\pi^2}{4}, & n=m\neq 0\\ \dfrac{\pi^2}{2}, & \text{其他}\end{cases} \tag{6.53}$$

采用在 x 方向和 y 方向上独立的 Chebyshev 多项式来表示波前的空间分布。表 6.3 给出归一化的前 16 阶 Chebyshev 多项式。

表 6.3　前 16 阶 Chebyshev 多项式

项数 i	$C_i(x, y)=T_n(x)T_m(y)$	项数 i	$C_i(x, y)=T_n(x)T_m(y)$
1	1	9	$2xy^2-x$
2	x	10	$4y^3-3y$
3	y	11	$8x^4-8x^2+1$
4	$2x^2-1$	12	$4x^3y-3xy$
5	xy	13	$(2x^2-1)(2y^2-1)$
6	$2y^2-1$	14	$4xy^3-3xy$
7	$4x^3-3x$	15	$8y^4-8y^2+1$
8	$2x^2y-y$	16	$16x^5-20x^3+5x$

3. Legendre 多项式

下面对采用 Legendre 多项式描述的波前畸变进行介绍，方形孔径光学系统中信号光束经过大气湍流后产生的波前畸变可以进一步表示为

$$\Delta\varphi(x,y)=\sum_{i=1}^{L}e_iL_i(x,y) \tag{6.54}$$

其中，e_i 为第 i 项 Legendre 多项式系数；$L_i(x, y)$为第 i 项 Legendre 多项式；L 为所采用的 Legendre 多项式项数。

在方形孔径上标准正交的 x 方向和 y 方向上的 Legendre 多项式可以表示为

$$L_i(x,y)=Q_l(x)Q_m(y) \tag{6.55}$$

其中，i 为一个以 i=1 开始的多项式排序索引；l 和 m 为正整数(包括零)；$n=l+m$。

Legendre 多项式的标准正交形式 $Q_n(x)$为

$$Q_n(x)=\sqrt{2n+1}P_n(x) \tag{6.56}$$

其中，令 $P_0(x)=1$ 且 $P_1(x)=x$，可以递归地得到多项式 $P_n(x)$。

$$P_{n+1}(x)=\frac{2n+1}{n+1}xP_n(x)-\frac{n}{n+1}P_{n-1}(x) \tag{6.57}$$

任意两项 Legendre 多项式函数在 $x\in[-1,1]$内的乘积满足[29]

$$\int_{-1}^{1}P_n(x)P_m(x)\mathrm{d}x=\frac{2}{2n+1}\delta_{nm} \tag{6.58}$$

经归一化后，式(6.58)在 $x\in[-1,1]$、$y\in[-1,1]$的方形区域内正交。另外，由于光束的波前信息在空间内是二维分布的，即能够将其看成在 x 方向和 y 方向上的两个独立过程。因此，Legendre 多项式的正交性可以描述为

$$\frac{1}{4}\int_{-1}^{1}\int_{-1}^{1}L_i(x,y)L_{i'}(x,y)\mathrm{d}x\mathrm{d}y=\delta_{ii'} \tag{6.59}$$

采用在 x 方向和 y 方向上独立的二维 Legendre 多项式来表示波前的空间分布。表 6.4 给出了前 16 阶 Legendre 多项式。

表 6.4　前 16 阶 Legendre 多项式

项数 i	$L_i(x, y)=Q_l(x)\,Q_m(y)$	项数 i	$L_i(x, y)=Q_l(x)\,Q_m(y)$
1	1	9	$\sqrt{15}/2(3xy^2-x)$
2	$\sqrt{3}x$	10	$\sqrt{7}/2(5y^3-3y)$
3	$\sqrt{3}y$	11	$3/8(35x^4-30x^2+3)$
4	$\sqrt{5}/2(3x^2-1)$	12	$\sqrt{21}/2(5x^3y-3xy)$
5	$3xy$	13	$5/4(3x^2-1)\,(3y^2-1)$
6	$\sqrt{5}/2(3y^2-1)$	14	$\sqrt{21}/2(5xy^3-3xy)$
7	$\sqrt{7}/2(5x^3-3x)$	15	$3/8(35y^4-30y^2+3)$
8	$\sqrt{15}/2(3x^2y-y)$	16	$\sqrt{11}/8(63x^5-70x^3+15x)$

4. S-Zernike 多项式

为了适用于方形孔径的光学系统，可以对 C-Zernike 多项式经过正交化处理，得到适用于方形孔径的 S-Zernike 多项式，满足方形区域的正交性。因此，在方形区域首先要对 C-Zernike 多项式进行正交化处理。采用笛卡儿坐标系，信号光波前的 M 项 Zernike 多项式可以表示为

$$\Delta\varphi(x,y)=\sum_{i=1}^{M}a_iZ_i(x,y) \tag{6.60}$$

其中，$Z_i(x,y)$为第 i 项 Zernike 多项式；a_i 为第 i 项 Zernike 多项式的系数。

为了建立方形区域上的标准正交基函数，对多项式集合$\{Z_i(x, y)\}$进行 Gram-Schmidt 正交变换，得到新的正交基多项式$\{S_i(x,y)\}$为

$$S_1(x,y)=\frac{Z_1(x,y)}{\left\|Z_1(x,y)\right\|} \tag{6.61}$$

$$S_2(x,y)=\frac{Z_2(x,y)-\langle Z_2(x,y),S_1(x,y)\rangle S_1(x,y)}{\left\|Z_2(x,y)-\langle Z_2(x,y),S_1(x,y)\rangle S_1(x,y)\right\|} \tag{6.62}$$

$$\vdots$$

$$S_m(x,y)=\frac{Z_m(x,y)-\sum_{i=1}^{m-1}\langle Z_m(x,y),S_i(x,y)\rangle S_i(x,y)}{\left\|Z_m(x,y)-\sum_{i=1}^{m-1}\langle Z_m(x,y),S_i(x,y)\rangle S_i(x,y)\right\|},\quad m=2,3,\cdots,M \tag{6.63}$$

其中，$\langle\cdot\rangle$表示系综平均；$\|\cdot\|$为向量的二范数，得到新正交多项式集合$\{S_i(x,\ y)\}$作为方形区域上的标准正交基。

则方形孔径上的波前用 S-Zernike 多项式描述为

$$\Delta\varphi(x,y)=\sum_{i=1}^{M}c_iS_i(x,y) \tag{6.64}$$

其中，c_i为第 i 项 S-Zernike 多项式系数；$S_i(x,\ y)$为第 i 项 S-Zernike 多项式；M 为所采用的 S-Zernike 多项式项数。

采用 Gram-Schmidt 正交变换式，定义了方形孔径上标准正交的 x 方向和 y 方向上 S-Zernike 多项式，第 i 个 S-Zernike 多项式可以表示为[30]

$$S_i(x,y)=\sum_{j=1}^{i}M_{ij}Z_j(x,y) \tag{6.65}$$

其中，M_{ij}为正交变换矩阵；$Z_j(x,y)$为 Zernike 多项式。

正交变换函数可以表示为

$$M_{ii}(x,y)=\frac{1}{\left[\dfrac{1}{Q}\iint_S\left(\sum_{i^*=1}^{i-1}c_{i,i^*}S_{i^*}+Z_i\right)^2\mathrm{d}x\mathrm{d}y\right]^{1/2}} \tag{6.66}$$

其中，Q 为方形区域面积；i 为正整数；c_{i,i^*}为 S-Zernike 多项式系数，可以表示为

$$c_{i,i^*}=-\frac{1}{Q}\iint_S Z_iS_{i^*}\mathrm{d}x\mathrm{d}y \tag{6.67}$$

正交化处理后的低阶波前畸变项仍具有模式法 C-Zernike 多项式的基本特征，并且 Seidel 光学像差可以与其波前系数转换，用于分析大气湍流传输中引入的波前畸变。表 6.5 给出归一化的前 16 阶 S-Zernike 多项式。

表 6.5 前 16 阶 S-Zernike 多项式

项数 i	$S_i(x,y)$	项数 i	$S_i(x,y)$
1	1	9	$\sqrt{5/31}(27x^2y-35y^3+6y)$
2	$\sqrt{6}x$	10	$\sqrt{5/31}(35x^3-27xy^2-6x)$
3	$\sqrt{6}y$	11	$1/\left(2\sqrt{67}\right)(315x^4+630x^2y^2+315y^4-240x^2-240y^2+31)$
4	$\sqrt{5/2}(3x^2+3y^2-1)$	12	$15/\left(2\sqrt{2}\right)(x^2-y^2)(7x^2+7y^2-3)$
5	$6xy$	13	$\sqrt{42}(5x^3y+5xy^3-3xy)$
6	$3\sqrt{5/2}(x^2-y^2)$	14	$3/\left(4\sqrt{134}\right)(490x^4-360x^2y^2+490y^4-150x^2-150y^2+11)$
7	$\sqrt{21/31}(15x^2y+15y^3-7y)$	15	$5\sqrt{42}(x^3y-xy^3)$
8	$\sqrt{21/31}(15x^3+15xy^2-7x)$	16	$\sqrt{55/1966}(315x^5+630x^3y^2+315xy^4-280x^3-324xy^2+57x)$

根据描述方形孔径光学系统中波前畸变的 Chebyshev 多项式、Legendre 多项式和 S-Zernike 多项式，本节对前 15 项使用 S-Zernike 多项式描述的波前面型进行仿真，前 15 阶 S-Zernike 多项式面型图如图 6.8 所示。

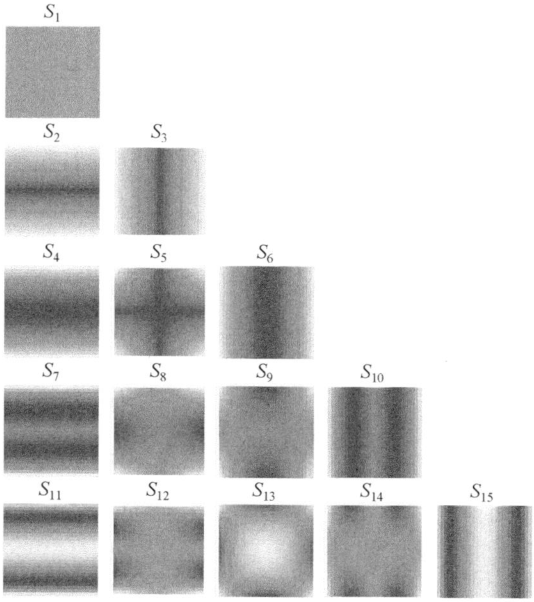

图 6.8 前 15 阶 S-Zernike 多项式面型图

采用模式法描述能够有效地对波前信息进行模式分解，反映出波前信息，并可以对波前畸变进行模式展开后单独按阶提取分析。更为重要的是，模式法正交化的处理使得各阶波前系数分布不随高阶波前畸变变化，从而不影响研究中对特定阶波前畸变的计算使用。

6.2.2　圆形孔径中波前畸变影响下的光场分布模型

在无线光相干通信系统中，基于发射/接收天线位置和工作性质的原因，会受到大气湍流等环境因素的影响，继而导致接收端面上的光斑形状和位置均会发生改变。因此，波前畸变的存在使得光学系统的成像并不理想，并且光学设计中涉及诸如光学结构、孔径形状等参数，均会影响光学系统与预期成像质量需求的偏离。

为了建立波前畸变光束的光场分布模型，模拟大气湍流中信号光束的传输，采用波动理论，光束的传输过程满足菲涅耳衍射条件[31]。接收端平面的光场复振幅分布为

$$U(x,y,z)=-\frac{\mathrm{j}}{2\lambda}\iint_{\Sigma}U(x',y',0)\mathrm{e}^{\mathrm{j}kl}\frac{1+\cos\theta'}{l}\mathrm{d}s' \tag{6.68}$$

其中，$U(x', y', 0)$为初始光场的复振幅；θ'为衍射角；$k=2\pi/\lambda$，λ为波长；l为接收端和初始端之间的距离，可以表示为

$$l=\sqrt{(x-x_1)^2+(y-y_1)^2+z^2} \tag{6.69}$$

$(1+\cos\theta')/l$ 为倾斜因子，$\cos\theta'$可以近似表示为

$$\cos\theta'\cong\frac{z}{l} \tag{6.70}$$

在信号光经过大气湍流等环境因素扰动后，即透过衍射孔径的衍射光束发生波前畸变，产生的相位波前畸变$\Delta\varphi$对传输光束的影响可以用一个畸变相位因子$\mathrm{e}^{\mathrm{j}\Delta\varphi}$乘以原光场分布函数进行描述，表示为

$$U(x,y,z)=-\frac{\mathrm{j}}{2\lambda}\iint_{\Sigma}U(x',y',0)\mathrm{e}^{\mathrm{j}k\Delta\varphi}\mathrm{e}^{\mathrm{j}kl}\frac{1+\cos\theta'}{l}\mathrm{d}s' \tag{6.71}$$

在畸变光束经过衍射穿过透镜表面后，透镜出射顶点上的光场复振幅分布可以描述为

$$U(x,y,z)=-\frac{\mathrm{j}}{2\lambda}\iint_{\Sigma}U(x',y',0)\mathrm{e}^{\mathrm{j}k\Delta\varphi}\mathrm{e}^{\mathrm{j}kR'}\mathrm{e}^{\mathrm{j}kl}\frac{1+\cos\theta'}{l}\mathrm{d}s' \tag{6.72}$$

其中，透镜的曲率半径 R' 可以表示为

$$R' = (n-1)\sqrt{R_l^{\ 2} - (x^2 + y^2)} + d \tag{6.73}$$

其中，n 为透镜折射率；R_l 为透镜凸面的曲率半径；d 为透镜中心厚度。

在波前畸变的影响下，光场分布模型为

$$I(x,y,z) = U(x,y,z) \cdot U^*(x,y,z) = \left|U(x,y,z)\right|^2 \tag{6.74}$$

为了简化，本节只讨论系统传输中单一波前畸变对混频效率的影响。使用模式法 C-Zernike 多项式，根据光束波长 λ=1550nm，接收端和初始端之间的距离 l=1km，透镜折射率 n=1.5062，透镜凸面的曲率半径 R_l=100mm，透镜中心厚度 d=3mm 的条件，圆形孔径光学系统中波前畸变影响下的光场分布仿真结果如图 6.9 所示。

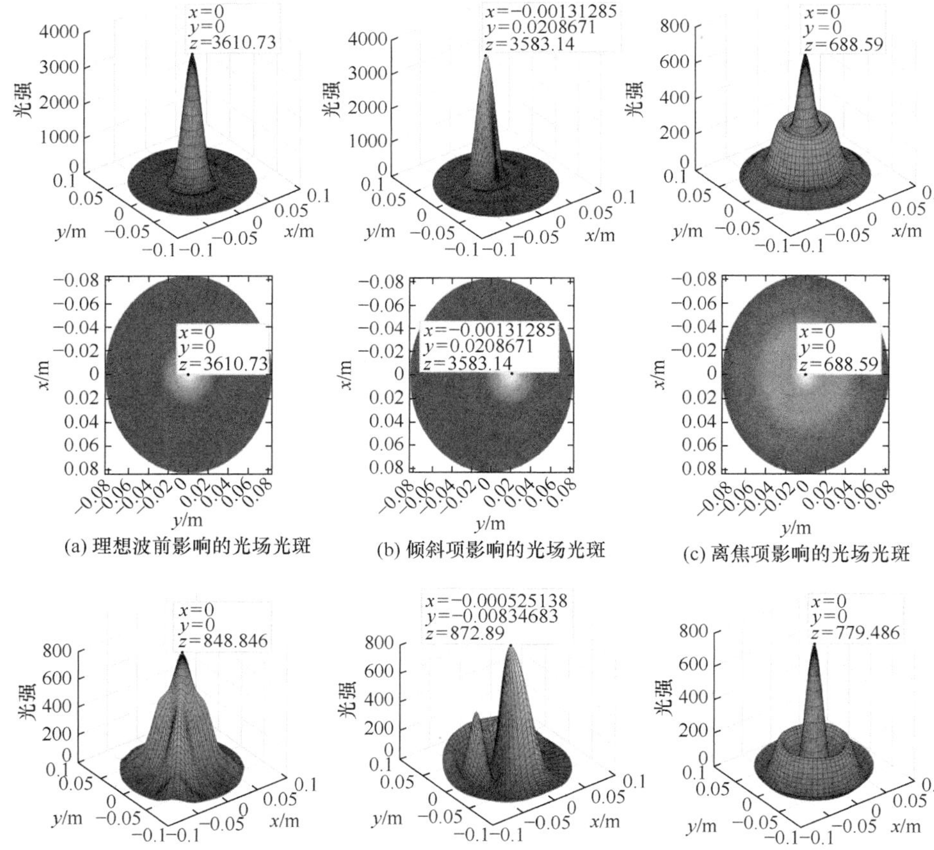

(a) 理想波前影响的光场光斑　　(b) 倾斜项影响的光场光斑　　(c) 离焦项影响的光场光斑

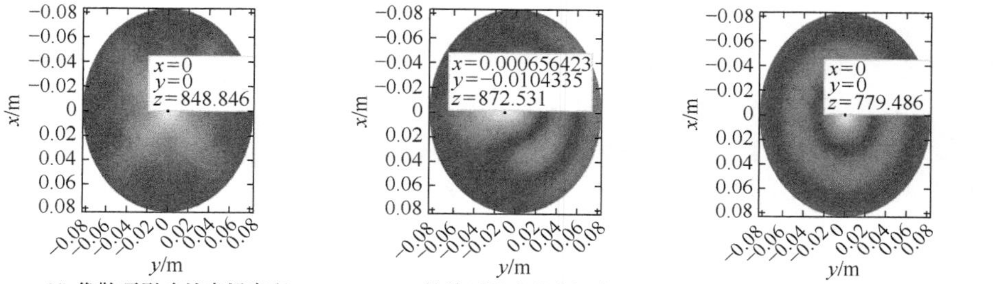

(d) 像散项影响的光场光斑　(e) 彗差项影响的光场光斑　(f) 球差项影响的光场光斑

图 6.9　圆形孔径中引入单一初级波前畸变后的光场分布模型

利用 C-Zernike 多项式对几种初级波前畸变进行描述，得到在单一初级波前畸变影响下通过圆形孔径光学系统的接收端光场分布如图 6.9 所示。当不考虑波前畸变影响时，接收端面上接收到的信号光光场分布如图 6.9(a)所示；图 6.9(b)～图 6.9(f)反映了圆形孔径光学系统中波前畸变影响下信号光束在接收端的光场分布情况。由图 6.9 可以看出，在单一初级波前畸变的影响下，接收端信号光束的光场分布有所改变。其中，引入单一初级波前畸变后不仅会导致信号光束在接收端光场呈不对称分布，且光强也会受到不同程度的影响。如图 6.9(b)所示，倾斜项波前畸变引起了接收端信号光束中心位置的偏移，图 6.9(e)中的彗差项波前畸变使得光场光斑呈非均匀分布。总结得出，倾斜项和彗差项使光场光斑呈现非对称性，离焦项、像散项和球差项使得光斑主瓣能量扩散到旁瓣上，从而导致接收端光场匹配程度下降，进而会影响接收端系统的性能。

6.2.3　方形孔径中波前畸变影响下的光场分布模型

在光学系统方形区域上建立波前畸变影响下的光场分布模型还需要进行进一步的研究。一些激光器采用了方形孔径的光学系统，一些光学元件(如透镜、光阑和光栅)也是以方形孔径来设计的。因此，对于方形孔径中波前畸变影响下的光场分布模型，开展了采用 S-Zernike 多项式模式法描述的波前畸变对方形孔径光学系统中光束传输特性研究。

方形孔径激光器将信号光发出后，在考虑方形孔径光学透镜衍射，以及经过大气湍流后由光学接收天线接收，到达接收端焦平面处，方形孔径光学系统中光束传输结构如图 6.10 所示。其中，Σ为衍射孔径，信号光束沿 z 方向透过方形孔径，入射光透过衍射孔径Σ上一点(x', y')，沿 z 方向到达一点(x, y)处。

使用描述方形孔径光学系统中的模式法 S-Zernike 多项式进行拟合，其中 S-Zernike 多项式分别描述各种初级波前畸变，仿真参数设置与图 6.9 圆形孔径光学系统中的仿真参数一致，得到在单一初级波前畸变影响下的光场分布模型，如图 6.11 所示。图 6.11 反映了光学系统方形孔径上信号光束在接收端畸变光束的光场分布情况。理想情况下，在接收端检测到的信号光光场分布如图 6.11(a)所示；其中，如图 6.11(b)～图 6.11(f)所示，波前畸变倾斜项导致传输信号光斑的位置整体平移，相当于信号光束的传输方向发生了改变，而接收端获得的光场强度无明显衰减；离焦项和像散项均导致信号光光场的光斑呈对称性退化，球差项导致接收端信号光束光斑弥散，并且波前畸变彗差项和球差项引起接收端光场强度衰减较大。

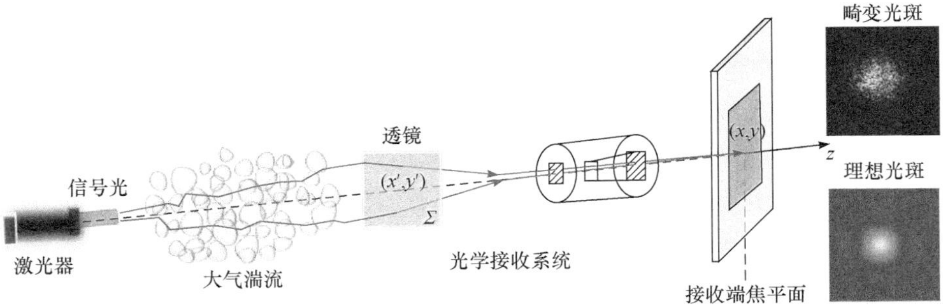

图 6.10　方形孔径光学系统中光束传输结构

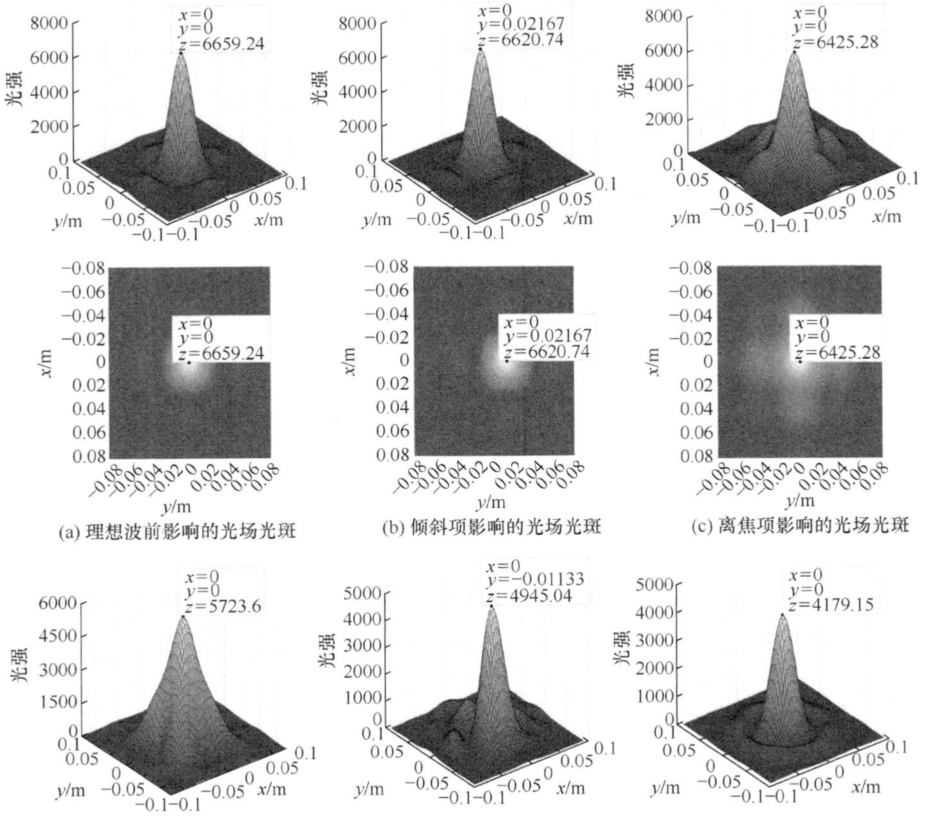

(a) 理想波前影响的光场光斑　(b) 倾斜项影响的光场光斑　(c) 离焦项影响的光场光斑

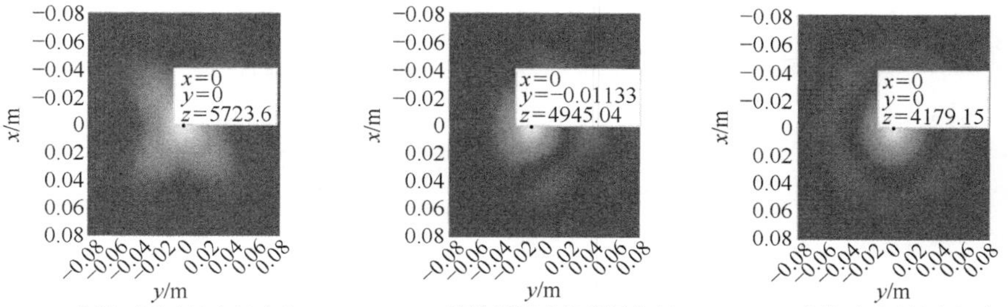

(d) 像散项影响的光场光斑　(e) 彗差项影响的光场光斑　(f) 球差项影响的光场光斑

图 6.11　方形孔径中引入单一初级波前畸变后的光场分布模型

综上所述，倾斜项和彗差项波前畸变会导致信号光光场光斑的非均匀分布，而其他各项波前畸变虽然会影响信号光的光场分布，但重新分布的光场仍是均匀的；其中，彗差项和球差项波前畸变对接收端信号光光强的衰减较大。最后，在相同参数条件下，采用方形孔径的光学系统在接收端获得的光场强度大于传统圆形孔径的光学系统。这是由于采用方形孔径的光学系统更利于信号光的合成布局，并且可以捕获到更多信号光能量，以提高无线光相干检测系统的性能。

6.3　波前畸变对无线光相干检测系统性能的影响

6.3.1　波前畸变引起对准误差

面对大气湍流影响下的无线光相干通信系统，要求接收端对准捕获能力强，光场分布均匀，而大气湍流等环境因素导致到达接收端的信号光对准性能差，严重时将导致无线光相干通信链路的稳定性下降，甚至导致通信链路中断。因此，研究波前畸变引起的对准性能影响，使其能够在实际链路搭建中有效地减小捕获偏差和跟踪偏差，有利于无线光相干通信链路的建立和保持，具有实际意义。

当无线光相干通信系统受到大气湍流的影响时，将导致传输的信号光束产生波前畸变。其中，当波前畸变中存在倾斜项和彗差项畸变分量时，会造成光斑质心位置的偏移。光学系统产生的波前畸变可以通过光线之间的光程差进行定量描述。波前畸变引起的对准误差可以定义为：以光斑中心为原点，有波前畸变与无波前畸变时发射轴偏转的 $\theta(\theta_{X\max},\ \theta_{Y\max})$。对准误差原理图如图 6.12 所示，$P_1(x_1,\ y_1)$为无波前畸变时信号光到达接收端的光强峰值位置，信号光经过大气湍流后到达接收端，信号光光强峰值偏移到 $P_2(x_2, y_2)$处。

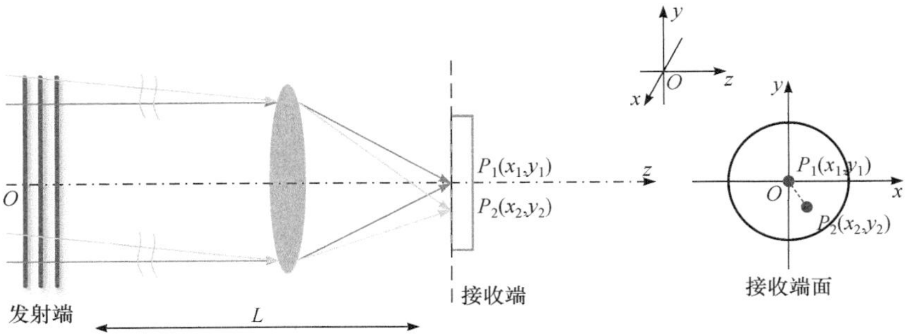

图 6.12　对准误差原理图

平均对准误差$\Delta\theta$定义为接收端信号光光强峰值位置 $P_1(x_1, y_1)$和 $P_2(x_2, y_2)$之间的光程差，波前畸变引起的平均对准误差表达式可以表示为

$$\Delta\theta=\sqrt{\theta_{X\max}^2+\theta_{Y\max}^2} \tag{6.75}$$

其中，$\theta_{X\max}$和$\theta_{Y\max}$分别为对准误差角在 x 方向和 y 方向的误差分量，可以表示为

$$\theta_{X\max}=\frac{x_2-x_1}{L} \tag{6.76}$$

$$\theta_{Y\max}=\frac{y_2-y_1}{L} \tag{6.77}$$

其中，L 为传输距离。

信号光束的中心位置可由光束接收平面上光强分布在 x 方向和 y 方向上的一阶矩质心位置获得，即

$$x_1=\frac{\int_{-\infty}^{+\infty}\int_{-\infty}^{+\infty}xI_0(x,y)\mathrm{d}x\mathrm{d}y}{\int_{-\infty}^{+\infty}\int_{-\infty}^{+\infty}I_0(x,y)\mathrm{d}x\mathrm{d}y} \tag{6.78}$$

$$x_2=\frac{\int_{-\infty}^{+\infty}\int_{-\infty}^{+\infty}xI_{re}(x,y)\mathrm{d}x\mathrm{d}y}{\int_{-\infty}^{+\infty}\int_{-\infty}^{+\infty}I_{re}(x,y)\mathrm{d}x\mathrm{d}y} \tag{6.79}$$

$$y_1=\frac{\int_{-\infty}^{+\infty}\int_{-\infty}^{+\infty}yI_0(x,y)\mathrm{d}x\mathrm{d}y}{\int_{-\infty}^{+\infty}\int_{-\infty}^{+\infty}I_0(x,y)\mathrm{d}x\mathrm{d}y} \tag{6.80}$$

$$y_2=\frac{\int_{-\infty}^{+\infty}\int_{-\infty}^{+\infty}yI_{re}(x,y)\mathrm{d}x\mathrm{d}y}{\int_{-\infty}^{+\infty}\int_{-\infty}^{+\infty}I_{re}(x,y)\mathrm{d}x\mathrm{d}y} \tag{6.81}$$

其中，$I_0(x, y)$为理想情况下接收端面上信号光束的光强分布；$I_{re}(x, y)$为有波前畸变时接收端面上的光强分布，积分区域为$(-\infty, +\infty)$。

在无线光相干检测系统中，对采集到的受波前畸变影响的信号光束，使用质心算法获得其质心位置坐标，通过与理想信号光束质心位置坐标对比计算出信号光束对准误差的位置信息，进而使用跟踪算法调整信号光束进行对准，使无线光相干检测系统接收到的信号光束的光场尽可能分布均匀，光强幅度高。

对系统中各阶波前畸变引起的对准误差影响进行仿真分析。结合式(6.75)～式(6.77)，主要仿真参数设置为：传输距离 L=1km，激光波长 λ=1550nm，接收孔径 D=50mm，光学系统的焦距 f=49.3876mm，透镜折射率 n=1.5062，透镜中心厚度 d=3mm。各波前畸变引起的 x 方向、y 方向和平均对准误差仿真结果如图 6.13～图 6.15 所示。

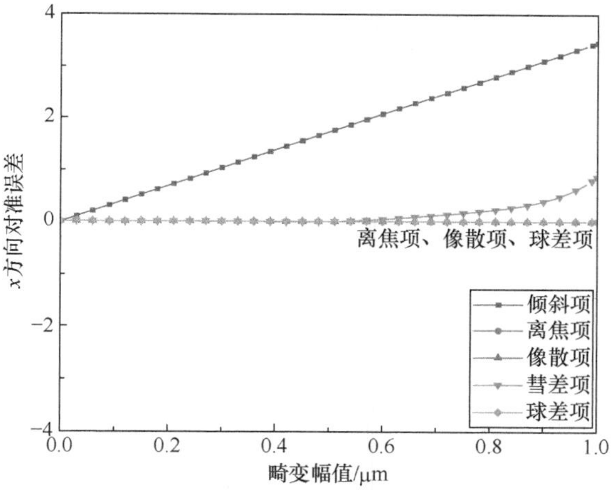

图 6.13　低阶波前畸变引起 x 方向对准误差变化曲线

图 6.13 为低阶波前畸变引起 x 方向对准误差变化曲线。仿真结果表明，由波前畸变倾斜项(Z_2)引起的 x 方向对准误差较明显；随着波前畸变幅值的增加，彗差项(Z_8)引起的 x 方向对准误差发生微小起伏；而离焦项(Z_4)、像散项(Z_6)和球差项(Z_{11})不引起 x 方向的对准误差。

图 6.14 为低阶波前畸变引起 y 方向对准误差变化曲线。仿真结果表明，随着波前畸变幅值的增加，由波前畸变倾斜项(Z_3)、彗差项(Z_7)引起 y 方向的对准误差较明显；而波前畸变离焦项(Z_4)、像散项(Z_5)和球差项(Z_{11})不引起 y 方向的对准误差。

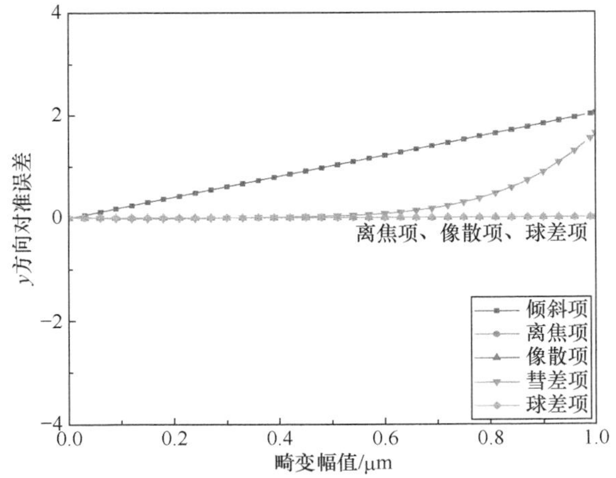

图 6.14　低阶波前畸变引起 y 方向对准误差变化曲线

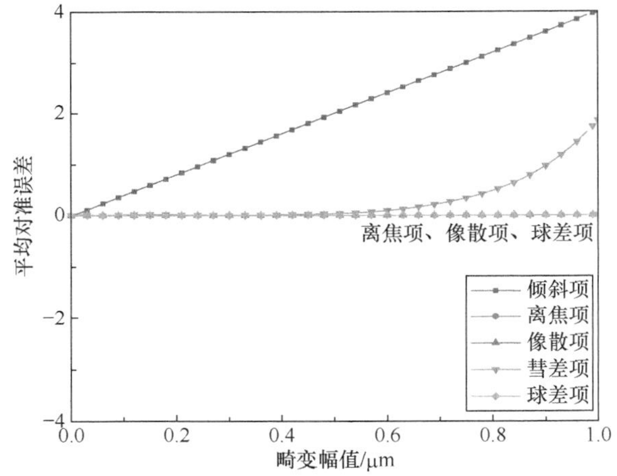

图 6.15　低阶波前畸变引起平均对准误差变化曲线

图 6.15 为低阶波前畸变引起平均对准误差变化曲线。由仿真结果可以看出，随着波前畸变幅值的逐渐增加，由波前畸变倾斜项、彗差项引起的平均对准误差也增大；离焦项、像散项和球差项不引起平均对准误差。结合 6.2 节引入单一初级波前畸变后的畸变光束光场分布模型，总结得到倾斜项和彗差项使信号光的光场光斑分布呈现非对称分布，而离焦项、像散项和球差项使得光斑主瓣能量扩散到旁瓣上，弱化了中心光强能量，但其光斑中心位置未发生变化。

综上所述，当仅受到离焦项、像散项和球差项这类呈对称分布的波前畸变时，所导致的对准误差可以忽略不计；当存在倾斜项、彗差项这类非对称分布的波前畸变时，引入的对准误差较大，并且随着波前畸变幅值的增大，对准误差逐渐增大，需要对其进行波前校正，可以通过算法将波前畸变带来的对准误差消除，能够获得较为准确的信号光束位置信息。

6.3.2　波前畸变对混频效率的影响

在无线光相干通信系统中，湍流信道的存在使得携载信息的信号光束产生波前畸变，使得接收到的信号光束光斑弥散、波前相位失配，进而破坏了接收端无线光相干检测系统中信号光束和本振光束的最佳混频效率，导致系统检测灵敏度降低，误码率增大。受大气湍流等环境因素影响产生的波前畸变成为影响接收端无线光相干检测系统性能的主要因素。

在对各波前畸变引起的接收端对准误差的影响进行分析后，对接收端无线光相干检测系统性能的影响进行了分析，主要仿真条件设置为：接收孔径 D=105mm，光电检测器的量子效率 η=0.8，普朗克常量 h=6.63×10^{-34}J · s，光速 c=2.99×10^{8}m/s，波长 λ=1550nm，信号光功率 P_S=0.36μW，本振光功率 P_{Lo}=0.36mW，有效噪声带宽Δf=200MHz，天顶角 ψ=π/3。当传输距离 L 为 1km 时，随着传输距离的增加，得到外差检测混频效率与各 x 方向波前畸变的变化关系，如图 6.16 所示，以及混频效率与各 y 方向波前畸变的变化关系，如图 6.17 所示。

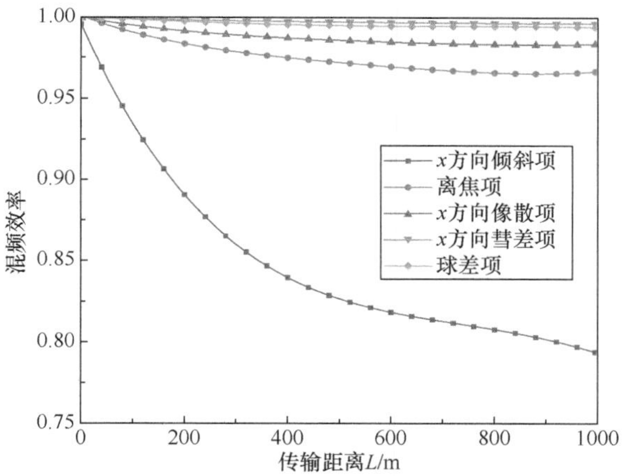

图 6.16　x 方向波前畸变下混频效率随传输距离 L 的变化

从图 6.16 中可以看出，随着传输距离 L 的增加，波前畸变的 x 方向倾斜项、离焦项、x 方向像散项、x 方向彗差项和球差项影响下的系统混频效率整体呈下降趋势。其中，x 方向倾斜项波前畸变对系统混频效率的影响最为明显，这是由于整体倾斜项分量在整个波前畸变中所占比例为 86.99%；此外，离焦项波前畸变对混频效率的影响也较为严重。

在各 y 方向波前畸变的影响下，系统混频效率随传输距离 L 的变化如图 6.17 所

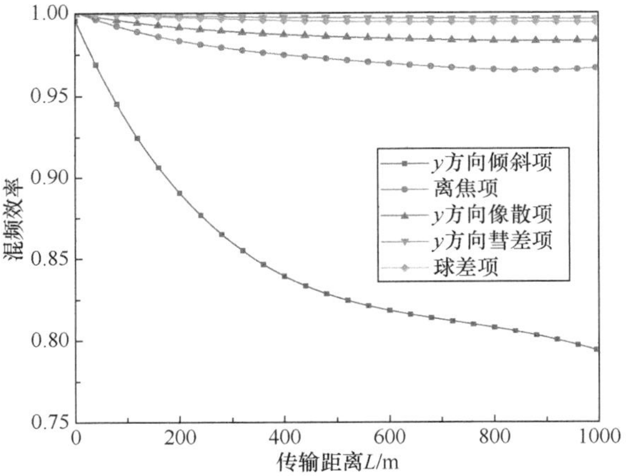

图 6.17　y 方向波前畸变下混频效率随传输距离 L 的变化

示。x 方向和 y 方向上的波前畸变仅存在方向性差异，因此其对接收端无线光相干检测系统混频效率的影响相同。可以看出，在传输距离为 1km 时，y 方向倾斜项波前畸变的影响下混频效率下降了 20.6%。因此，在实际进行波前校正时，有必要对波前畸变倾斜项分量进行单独校正补偿，以提高相干检测性能。

6.3.3　高阶波前畸变的校正补偿算法

大气湍流产生的波前畸变采用 Zernike 多项式模式展开，其中，初级波前畸变主要包含倾斜项(Z_2、Z_3)、离焦项(Z_4)、像散项(Z_5、Z_6)、彗差项(Z_7、Z_8)和球差项(Z_{11})，球差项及以上分量称为高阶波前畸变，它们会导致信号光束光斑扩展、光束能量分布不均，进而对无线光相干检测系统的混频效率产生影响。表 6.6 给出了 Zernike 多项式表示的初级波前畸变。

表 6.6　Zernike 多项式表示的初级波前畸变

项数 i	$Z_i(r,\ \theta)$	名称
1	1	平移
2	$2r\cos\theta$	x 方向倾斜项
3	$2r\sin\theta$	y 方向倾斜项
4	$\sqrt{3}(2r^2-1)$	离焦项
5	$\sqrt{6}r^2\sin(2\theta)$	y 方向像散项
6	$\sqrt{6}r^2\cos(2\theta)$	x 方向像散项
7	$\sqrt{8}(3r^3-2r)\sin\theta$	y 方向彗差项

续表

项数 i	$Z_i(r,\ \theta)$	名称
8	$\sqrt{8}(3r^3-2r)\cos\theta$	x 方向彗差项
9	$\sqrt{8}r^3\sin(3\theta)$	三叶草形 y 方向像差项
10	$\sqrt{8}r^3\cos(3\theta)$	三叶草形 x 方向像差项
11	$\sqrt{5}(6r^4-6r^2+1)$	球差项

式(6.42)为大气湍流引起的相位失配下的波前畸变展开式，其对应的矩阵形式表示为

$$\Delta\varphi(r,\theta)=AZ^{\mathrm{T}} \tag{6.82}$$

其中，A 为 Zernike 多项式的系数向量；$Z=[Z_1(r,\ \theta),\cdots,Z_n(r,\ \theta)]$为各 Zernike 多项式构成的多项式向量；$Z^{\mathrm{T}}$ 为多项式向量的转置。

根据无线光相干检测系统的性能需求，信号光波前畸变经过波前校正后，波前 $\Delta\varphi(r,\ \theta)$表示为

$$\Delta\varphi(r,\theta)+\varphi_{dm}(r,\theta)=\varphi(r,\theta) \tag{6.83}$$

其中，$\varphi_{dm}(r,\theta)$ 为压电变形镜校正补偿的波前。

根据自适应光学系统波前校正技术，波前 $\varphi(r,\ \theta)$越接近零波前，校正效果越好，即理想状态下压电变形镜对信号光波前进行全补偿，即

$$\Delta\varphi(r,\theta)=-\varphi_{dm}(r,\theta) \tag{6.84}$$

波前畸变的校正补偿压电变形镜采用比例-积分-微分(proportional integral differential, PID)算法来实现消除迟滞效应的压电致动器实际控制电压，从而校正实际光学系统的波前畸变[32]。经压电变形镜校正的波前 $\varphi_{dm}(r,\theta)$ 可以表示为

$$\varphi_{dm}(r,\theta)=\sum_{j=1}^{Y}V_jR_j(r,\theta) \tag{6.85}$$

其中，V_j 为第 j 个致动器上的电压值；Y 为正整数；$R_j(r,\ \theta)$为波前影响函数，展开为

$$R_j(r,\theta)=\sum_{i=1}^{N}x_{ji}Z_i(r,\theta) \tag{6.86}$$

其中，x_{ji} 为压电变形镜波前影响函数展开后的 Zernike 多项式系数。

将式(6.86)代入式(6.85)，则经压电变形镜校正后的波前 $\varphi_{dm}(r,\theta)$ 可以表示为

$$\varphi_{dm}(r,\theta)=\sum_{i=1}^{N}\sum_{j=1}^{Y}V_jx_{ji}Z_i(r,\theta) \tag{6.87}$$

对应的矩阵形式可以表示为

$$\varphi_{dm}(r,\theta) = VXZ^{\mathrm{T}} \tag{6.88}$$

其中，$V=[V_1,\cdots,V_j]$为压电变形镜控制电压向量；X 为压电变形镜影响函数 Zernike 多项式的系数矩阵。

系数矩阵 X 可以通过测量获得，对压电致动器逐一施加电压 V_j，其余致动器电压设为零，这样可以得到单个致动器上的影响函数系数。根据式(6.88)和式(6.82)，可得

$$V = -X^{+}A \tag{6.89}$$

其中，X^{+}为压电变形镜影响函数系数矩阵 X 的广义逆矩阵。

光学系统接收端将信号光转换为电信号，即波前传感器输出波前误差量，以电压形式去驱动压电变形镜，产生需要的波前，则波前传感器检测的波前误差量与压电变形镜致动器电压向量 V 及响应函数向量 R 之间的关系可以表示为

$$S = R\cdot V \tag{6.90}$$

图 6.18 给出了压电变形镜 PID 算法校正原理，PID 算法控制信号误差斜率 $e(t)=r(t)-y(t)$，其中，$r(t)$是期望斜率，$y(t)$是检测斜率。比例算法针对系统当前的误差斜率 $e(t)$进行简单、快速的调节响应；积分算法实现系统静态误差斜率 $\int e(t)\mathrm{d}t$ 的消除，进而使系统达到自平衡；微分算法主要负责改善误差斜率的动态特性，根据误差斜率的变化趋势 $\mathrm{d}e(t)/\mathrm{d}t$ 进行控制。输出则是以校正过的误差斜率 $u(t)$进行迭代的闭环反馈控制，施加给压电变形镜来消除波前畸变。加载到压电变形镜的输出控制信号误差 $u(t)$可以表示为

$$u(t) = k_p\left[e(t) + \frac{1}{T_i}\int_0 e(t)\mathrm{d}t + T_d\frac{\mathrm{d}e(t)}{\mathrm{d}t}\right] \tag{6.91}$$

其中，k_p 为比例系数；T_i 为积分时间常数；T_d 为微分时间常数。

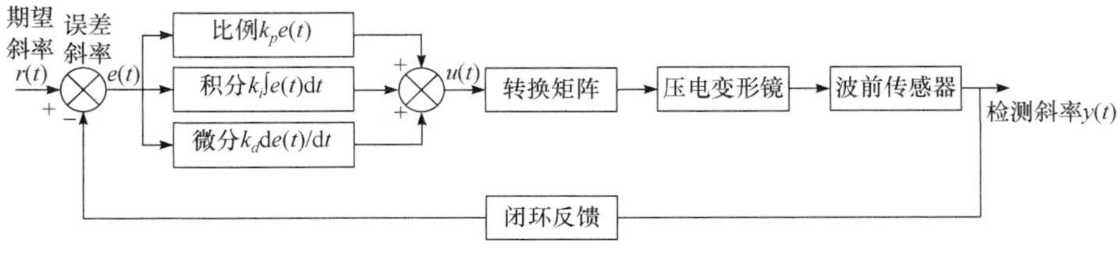

图 6.18　压电变形镜 PID 算法校正原理

第 w 次采样的离散形式 $u(w)$表示为

$$u(w)=k_p e(w)+k_i\sum_{i=0}^{w}e(i)+k_d\left[e(w)-e(w-1)\right] \tag{6.92}$$

其中，k_i、k_d分别为积分系数和微分系数；w 为采样序号；$e(w)$为与 $e(t)$相对应的离散误差量；$e(w-1)$为 $w-1$ 采样时刻的离散误差量。

第 w 采样时刻波前传感器检测的波前误差量转换为驱动电压为

$$V_{dm}(w)=R^{+}\times S_{\text{pid}}(w) \tag{6.93}$$

其中，R^{+}为压电变形镜影响函数矩阵 R 的广义逆矩阵；$S_{\text{pid}}(w)$为第 w 采样时刻经过校正后的波前斜率误差量；$V_{dm}(w)$为获取的对应驱动电压。

经 PID 算法校正后的波前误差可以表示为

$$S_{\text{pid}}(w)=k_p\left[S_e(w)-S_e(w-1)\right]+k_i S_e(w)+k_d\left[S_e(w)-S_e(w-1)\right] \tag{6.94}$$

其中，$S_e(w)$为第 w 采样时刻波前误差量。

压电变形镜通过 PID 算法控制施加每个致动器正电压，模拟电压输入进行反馈，当给每个电极施加最大电压的 1/2 时，压电变形镜表面平坦，可用于波前畸变的校正；在不施加电压或施加最大电压时生成局部凹凸的状态。

将自适应光学系统的波前畸变校正技术与无线光相干检测系统相结合，提出以压电变形镜为无线光相干检测系统接收前端波前校正器，通过校正信号光束高阶波前畸变来提高接收端无线光相干检测系统的性能。

6.3.4　高阶波前畸变及其校正补偿仿真

信号光束校正前 N 阶波前畸变来换取以较小的系统复杂性代价进一步提高无线光相干检测系统的性能，主要仿真条件设置为：接收孔径 D=105mm，光电检测器的量子效率 η=0.8，普朗克常量 $h=6.63\times10^{-34}\text{J}\cdot\text{s}$，光速 $c=2.99\times10^{8}\text{m/s}$，波长 λ=1550nm，信号光功率 P_S=0.36μW，本振光功率 P_{Lo}=0.36mW，有效噪声带宽Δf=200MHz。对信号光束高阶波前畸变进行校正，得到外差检测系统混频效率与大气相干长度 r_0 变化关系，如图 6.19 所示。

由图 6.19 可以观察到，外差检测时，随着波前校正阶数的增加，系统混频效率逐渐提高；其中，相较于波前畸变未校正时的系统混频效率，在大气相干长度 r_0=0.18m 时，校正 3 阶波前畸变，系统混频效率由未校正的 0.70 提高到 0.95，获得了 1.33dB 混频增益；在大气相干长度 r_0=0.08m 时，校正 3 阶波前畸变后，系统混频效率由未校正的 0.50 提高到 0.80，混频增益为 2.03dB。

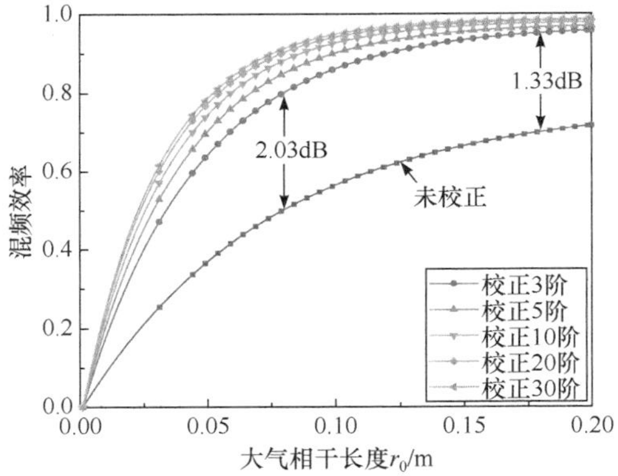

图 6.19　外差检测时大气相干长度 r_0 与混频效率变化关系

选取与图 6.19 相同的仿真参数，对信号光束高阶波前畸变进行波前校正，得到零差检测系统混频效率与大气相干长度 r_0 的变化关系，如图 6.20 所示。

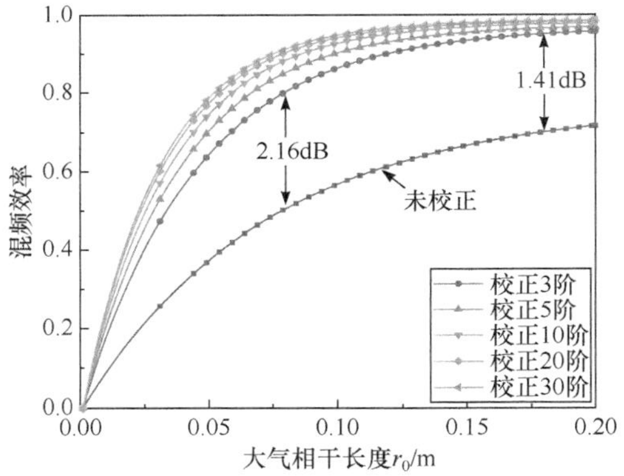

图 6.20　零差检测时大气相干长度 r_0 与混频效率变化关系

由图 6.20 可以看出，零差检测与外差检测中波前校正阶数对系统混频效率的影响趋势基本一致。其中，相较于波前畸变未校正时零差检测系统混频效率，在大气相干长度 r_0=0.18m 时，校正 3 阶波前畸变混频效率由未校正的 0.68 提高到 0.94，混频增益为 1.41dB，校正 5 阶波前畸变后获得了 1.55dB 混频增益，校正 10 阶波前畸变后获得了 1.60dB 混频增益。总结得出：随着波前校正阶数的增加，接收端系统混频效率得到了相应提高，并且低阶波前畸变校正对系统混频效率的提高最为明显。

6.3.5　波前畸变对无线光相干检测系统性能极限的影响

无线光相干检测系统所能达到的最大信噪比，即当系统混频效率达到理想极值时，一般称为无线光相干检测的检测极限，也是无线光相干检测的理论极限。

结合无线光相干检测系统的性能指标，在高阶波前畸变的 Zernike 多项式模式法校正补偿基础上，波前畸变的过补偿和欠补偿导致接收端系统性能的损耗，过补偿增加了系统复杂性和算法冗余度。本节仿真分析了波前畸变最佳校正阶数对大气湍流效应的补偿，进一步提高了接收端无线光相干检测系统性能的极限。

随着大气湍流强度的增加，本节考虑了更大的相位补偿模式来减小波前畸变，从而实现对接收端相干检测系统混频效率的最佳补偿，主要仿真条件设置：接收孔径 D=105mm，对应 D/r_0 分别为 0.2、2、5、8 时，光电检测器的量子效率 η=0.8，普朗克常量 $h=6.63\times10^{-34}\text{J}\cdot\text{s}$，光速 $c=2.99\times10^{8}\text{m/s}$，波长 λ=1550nm，信号光功率 P_S=0.36μW，本振光功率 P_{Lo}=0.36mW，有效噪声带宽 Δf=200MHz。当波前校正阶数 N 变化时，通过数值计算得到外差检测系统混频效率和误码率极限情况，如图 6.21 所示。

图 6.21(a)、图 6.21(b)分别为外差检测中，波前校正阶数与接收端无线光相干检测系统混频效率和误码率的变化关系。其中，随着波前校正阶数的增加，混频效率得到明显提高，并且在校正完低阶波前畸变后，混频效率和误码率影响明显。观察图 6.21(a)、图 6.21(b)可以看出，当外差检测中 D/r_0 为 0.2 时，仅完成 5 阶波前校正，混频效率达到极值，误码率为 5.03×10^{-14}；当 D/r_0 为 2 时，校正 85 阶混频效率达到极值，误码率为 5.01×10^{-14}；当 D/r_0 为 5 时，波前校正 231 阶以下混频效率达到极值，误码率为 5.05×10^{-14}；当 D/r_0 为 8 时，则需要校正 264 阶以下混频效率达到极值，误码率为 5.04×10^{-14}。

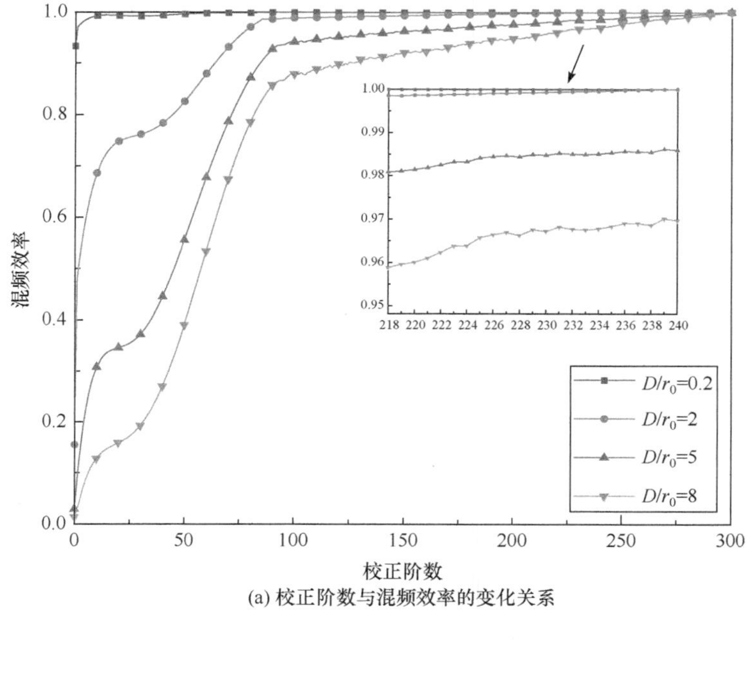

(a) 校正阶数与混频效率的变化关系

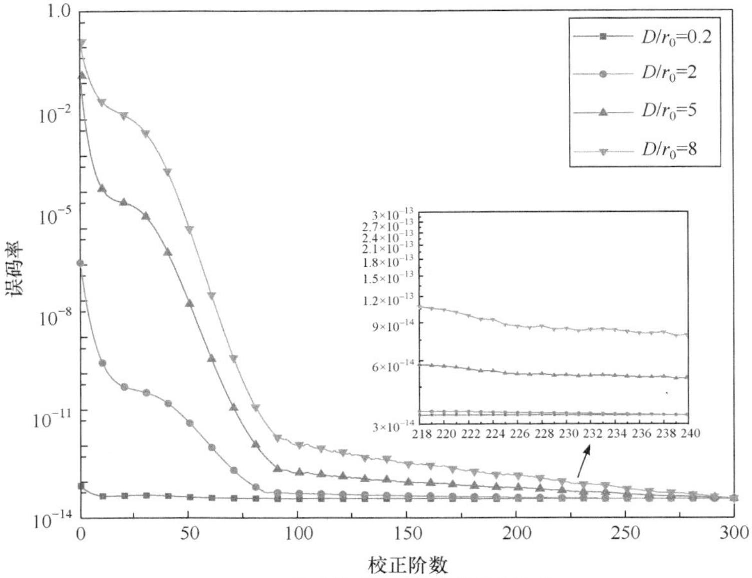

(b) 校正阶数与误码率的变化关系

图 6.21　外差检测中波前校正阶数与混频效率和误码率的变化关系

选取与图 6.21 相同的仿真参数，当 D/r_0 取不同值时，可通过数值计算得到零差检测混频效率和误码率随波前校正阶数变化的关系曲线，如图 6.22 所示。

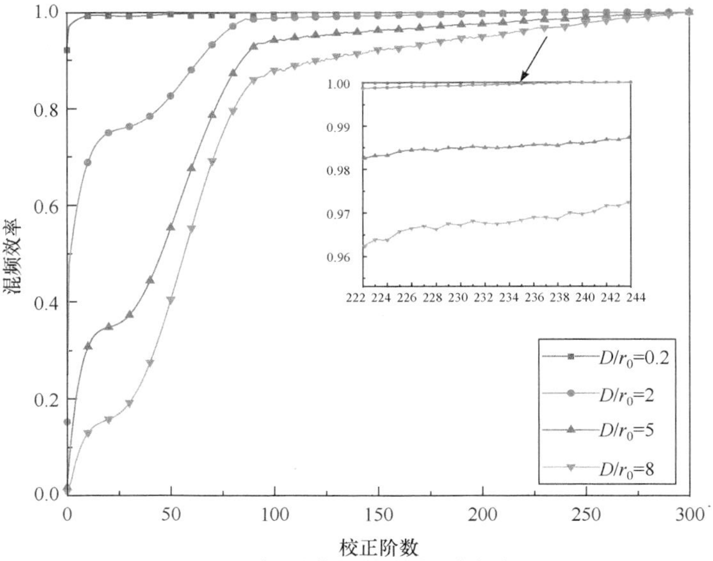

(a) 校正阶数与混频效率的变化关系

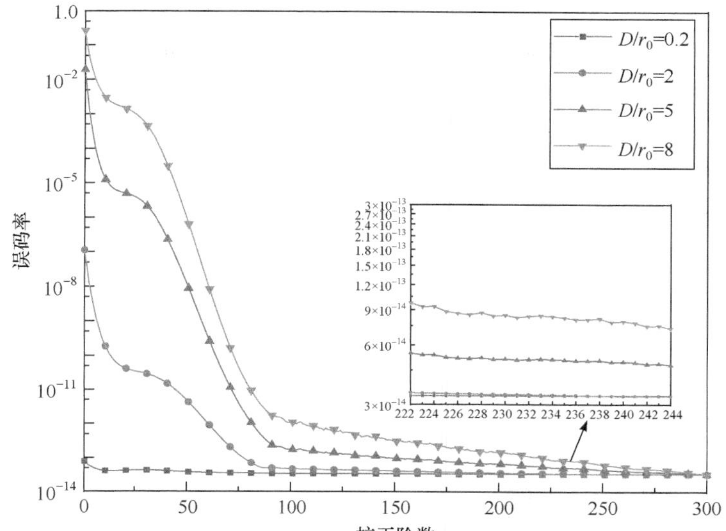

(b) 校正阶数与误码率的变化关系

图 6.22　零差检测中波前校正阶数与混频效率和误码率的变化关系

由图 6.22(a)和图 6.22(b)观察得到，零差检测中低阶波前校正对系统接收端混频效率和误码率的影响与外差检测中基本相同。在 D/r_0 为 0.2 时，与外差检测中的波前校正一致，仅校正 5 阶混频效率收敛至 1，误码率为 5.03×10^{-14}；当 D/r_0 为 2 时，需要校正 87 阶混频效率达到极值，误码率为 5.0×10^{-14}；当 D/r_0 为 5 时，校正 234 阶以下混频效率就达到极值，误码率为 5.07×10^{-14}；当 D/r_0 为 8 时，则需要校正 269 阶以下混频效率才收敛至 1，误码率为 5.0×10^{-14}。

结合图 6.21 和图 6.22，观察发现在大气湍流影响下，零差检测对于空间相位匹配的要求更高，导致零差检测在达到波前畸变校正极限时所需的波前畸变校正阶数均高于外差检测中所需要的波前畸变校正阶数。

根据波前畸变校正补偿与系统混频效率、误码率变化趋势，发现当大气相干长度 r_0 一定，校正特定阶数波前畸变时，存在一个理论最优的接收孔径 D，使得混频增益最大。当考虑不同检测方式时，主要仿真条件设置为：波长 λ=1550nm，信号光功率 P_S=0.36μW，本振光功率 P_{Lo}=0.36mW，大气相干长度 r_0=0.05m。当波前畸变校正阶数 N 变化时，对接收孔径 D 与混频增益变化关系进行数值仿真，外差检测和零差检测中混频增益随接收孔径 D 变化曲线如图 6.23 所示，外差检测和零差检测中最佳混频增益结果如图 6.24 所示。

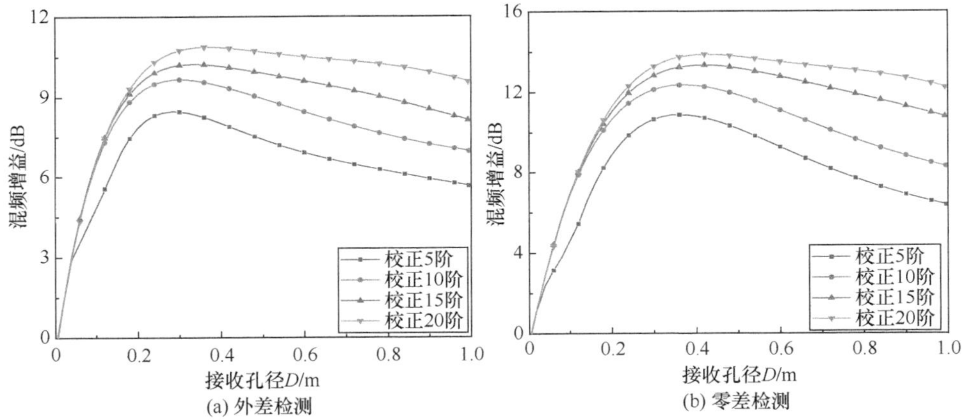

图 6.23　校正阶数不同时混频增益随接收孔径的关系曲线

观察图 6.23 得到，随着波前校正阶数增加，混频增益逐渐增大，并且随着接收孔径 D 的增大，混频增益达到最大，之后呈下降趋势。其中，对比图 6.23(a)和图 6.23(b)可以看出，当接收孔径 D 约为 0.38m 时，校正 5 阶波前畸变外差检测的混频增益维持在 8.5dB，零差检测的混频增益维持在 11.2dB。零差检测得到的混频增益均大于外差检测得到的混频增益，这是由于零差检测本身的检测灵敏度优于外差检测。

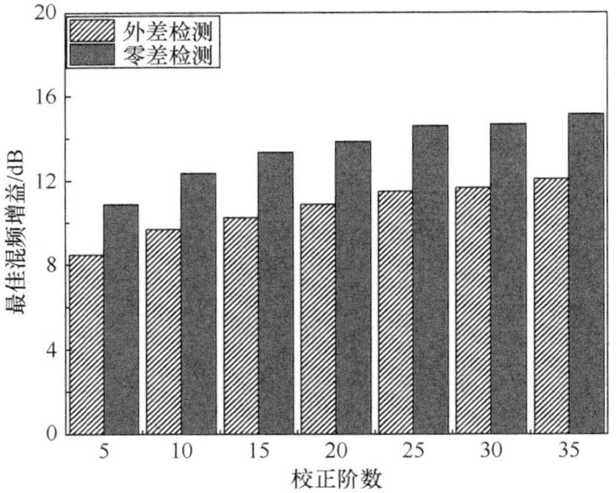

图 6.24　r_0=0.05m 时波前畸变校正阶数与最佳混频增益变化关系

观察图 6.24 得到，D/r_0 比值为 7.6 时，校正 5 阶波前畸变，最佳外差检测混频增益为 8.5dB，最佳零差检测混频增益为 11.2dB，当校正 15 阶以下波前畸变时，最佳外差检测混频增益为 10.3dB，最佳零差检测混频增益为 13.3dB，并且随着波前畸变校正阶数逐渐增大，混频增益越来越大，当波前畸变校正阶数为

35 阶以下时，外差检测混频增益最大升至 12.1dB，零差检测混频增益最大升至 15.1dB；零差检测的最佳混频增益高于外差检测最佳混频增益 3dB 左右。

在考虑不同检测方式时，选取与图 6.23 相同的仿真参数，在大气相干长度 r_0=0.01m 条件下，得到波前畸变校正阶数 N 改变时，外差检测和零差检测中的混频增益随接收孔径 D 变化曲线，如图 6.25 所示，外差检测和零差检测中的最佳混频增益关系如图 6.26 所示。

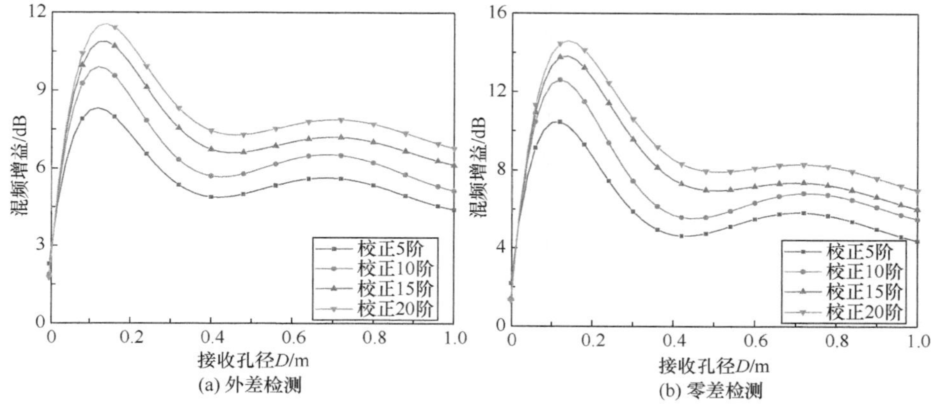

图 6.25　校正阶数不同时混频增益与接收孔径变化关系

观察图 6.25 得到，随着波前畸变校正阶数逐渐增大，混频增益越来越大，并且随着接收孔径 D 的增大，混频增益达到最大，之后随着接收孔径 D 的增大，混频增益出现不同程度的振荡下降。这种不同程度的振荡，主要是因为随着湍流强度的增大，接收端光场匹配程度下降，从而出现了振荡现象。

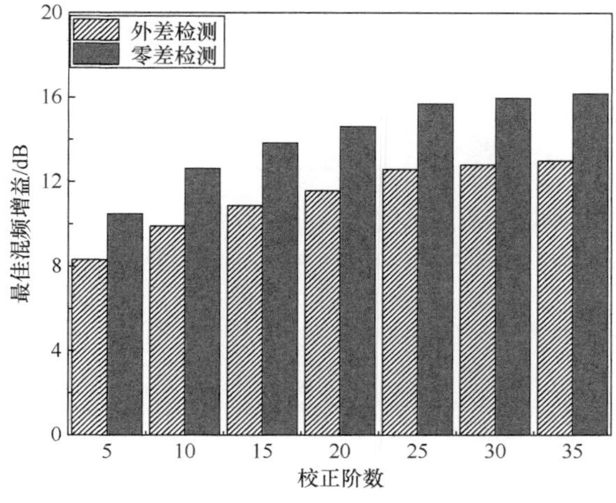

图 6.26　r_0=0.01m 时波前畸变校正阶数与最佳混频增益变化关系

观察图 6.26 发现，随着波前畸变校正阶数逐渐增大，混频增益越来越大。在校正 5 阶波前畸变时，最佳外差检测混频增益为 8.3dB，最佳零差检测混频增益为 11.1dB，在校正 35 阶以下波前畸变时，外差检测混频增益最大升至 12.5dB；零差检测混频增益最大升至 15.5dB；当 D/r_0 比值为 11.5 时，外差检测和零差检测的混频增益达到最佳。对比外差检测中的混频增益，观察发现零差检测中的最佳混频增益普遍高于外差检测中的最佳混频增益 3dB 左右。

结合不同大气湍流条件下波前畸变校正阶数与系统混频增益的关系，总结得出：在特定湍流强度下，根据不同的波前畸变校正阶数，都会有一个合适的接收孔径使得混频增益最大，并且随着湍流强度的增大，接收端无线光相干检测系统对于接收孔径尺寸的选择越来越敏感。选择合适的发射/接收孔径参数能够有效提高接收端系统对于大气湍流中波前畸变的补偿效果，这点为实验中光学系统的选择提供了定量参考。

6.4 实验验证

根据无线光相干检测系统波前畸变的理论分析，搭建实验光路对接收端无线光相干检测系统混频效率和误码率进行测量分析。图 6.27 展示了无线光相干检测系统波前校正的实验原理图。

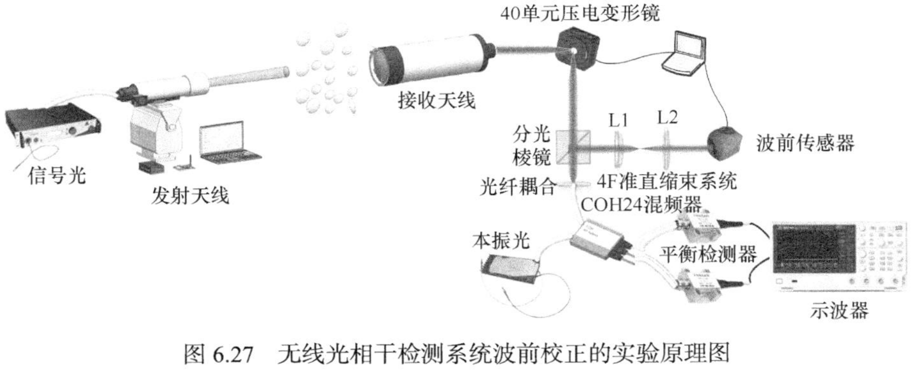

图 6.27　无线光相干检测系统波前校正的实验原理图

如图 6.27 所示，Koheras BasiK Module 激光器经过发射天线发出 1550nm 信号光束，进入大气湍流信道后，由接收天线接收信号光束，进入具有自适应波前畸变校正的接收端相干检测系统。其中，接收天线接收到的信号光束以平行出射方向经 40 单元压电变形镜后被分光棱镜分为两路光束。其中，一路光束穿过透镜 L1 和 L2 组成的 4F 准直缩束系统，经 HASO4-NIR 波前传感器检测波前并将检测的波前信息传输给计算机，从而驱动 40 单元压电变形镜进行波前畸变校正，并构成了自适应光学闭环校正系统；另一路光束在经过自适应光学闭环校正系统后耦合进光纤，再在 COH24 混频器中与本振光进行混频，通过平衡检测器实现光电转换，从而在示波器上显示中频信号。

6.4.1　室内波前畸变校正实验

由理论和仿真分析可知，低阶波前畸变对无线光相干检测系统混频效率和误码率的影响远大于高阶波前畸变。为了进一步验证理论分析中低阶波前畸变校正对系统混频效率和误码率影响的正确性，进行了无线光相干检测系统波前畸变校正实验，选取大气湍流强度 D/r_0=2，采集相对应的 Zernike 系数。实验参数设置为：接收孔径 D=105mm，波长 λ=1550nm，相位屏尺寸为 60mm，网格数为 512×512，积分增益控制系数 k_i=0.05，进行 2000 次迭代，波前畸变分别校正到倾斜项和离焦项后，得到波前 Zernike 系数，如图 6.28 所示。

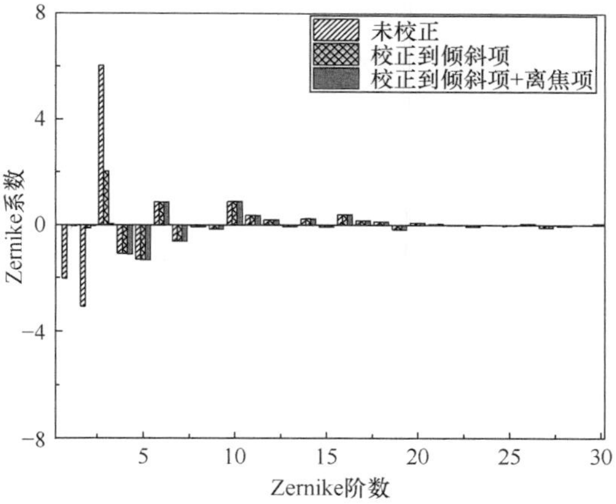

图 6.28　波前畸变校正前后 Zernike 系数

图 6.28 为室内实验中未校正、校正到倾斜项和离焦项后测量所得波前 Zernike 系数分布图。可以看出，在未进行波前畸变校正时，倾斜项、离焦项和球差项的波前系数较大，即所占整体畸变分量较严重，并且由于倾斜项和离焦项占波前畸变的大部分，在采用自适应光学闭环校正系统分别校正到倾斜项和离焦项后，对应的低阶波前校正后波前畸变系数几乎为 0，波前畸变的校正效果良好。光束相位的波前畸变在空间上独立且正交，在分别校正到波前畸变倾斜项和离焦项时，其余阶次不受影响。

图 6.29 为 D/r_0=2 时闭环波前畸变校正后的峰谷值曲线图。观察图 6.29 可以发现，系统开环时刻的峰谷值为 32.85μm，在经过大约 500 次迭代后，系统峰谷值下降至稳定状态。其中，校正到倾斜项后的峰谷值稳定在 13.2μm；校正到倾斜项+离焦项后的峰谷值稳定在 12.6μm；校正到倾斜项+离焦项+像散项后的峰

谷值稳定在 10.1μm。分析得出，随着波前校正阶数的增加，峰谷值逐渐减小，波前校正效果良好。

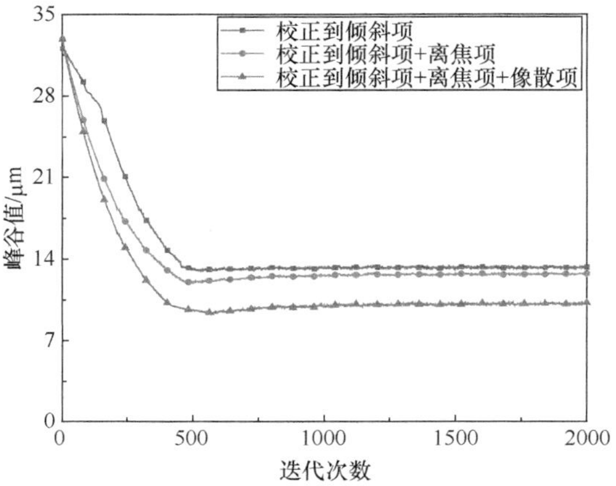

图 6.29 D/r_0=2 时波前畸变校正后的峰谷值

在检测器灵敏度 R=0.6A/W，光速 c=2.99×10^8m/s，量子效率 η=0.8，普朗克常量 h=6.63×10^{-34}J·s，检测器带宽 B=40GHz 的条件下，对波前畸变分别校正到倾斜项、离焦项和像散项后，接收端系统混频效率和误码率曲线如图 6.30 所示。

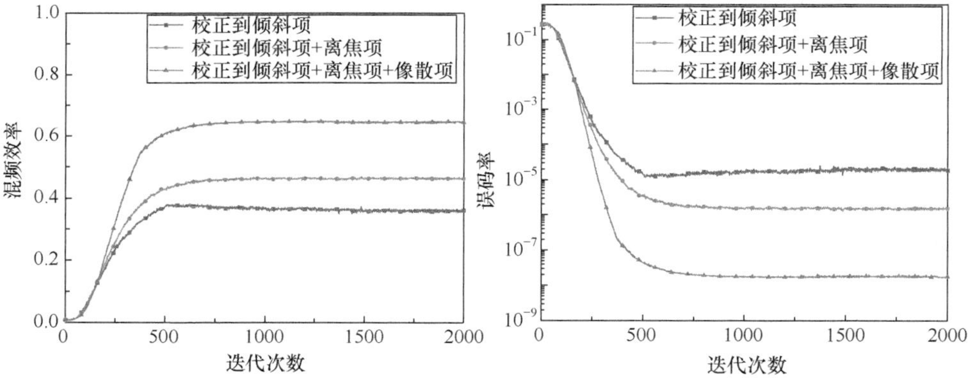

(a) 波前畸变校正后的混频效率　　(b) 波前畸变校正后的误码率

图 6.30 D/r_0=2 时各波前畸变校正与混频效率和误码率关系

图 6.30 分别为进行不同阶波前畸变校正后的无线光相干检测系统混频效率和误码率随迭代次数的变化关系，迭代次数为 2000。可以看出，当迭代次数约为 500 时，系统的混频效率和误码率趋于稳定，其中，校正到倾斜项后的混频效率维持在 36%，误码率维持在 10^{-5} 数量级；校正到倾斜项+离焦项后的混频效率维持在 47%，误码率维持在 10^{-6} 数量级；校正倾斜项+离焦项+像散项后的混频

效率维持在 62%，误码率维持在 10^{-8} 数量级。

当与图 6.30 所给实验环境及参数完全相同时，对不同校正阶数下的中频信号进行采集，所得波前畸变校正前后中频信号幅值变化如图 6.31 所示。

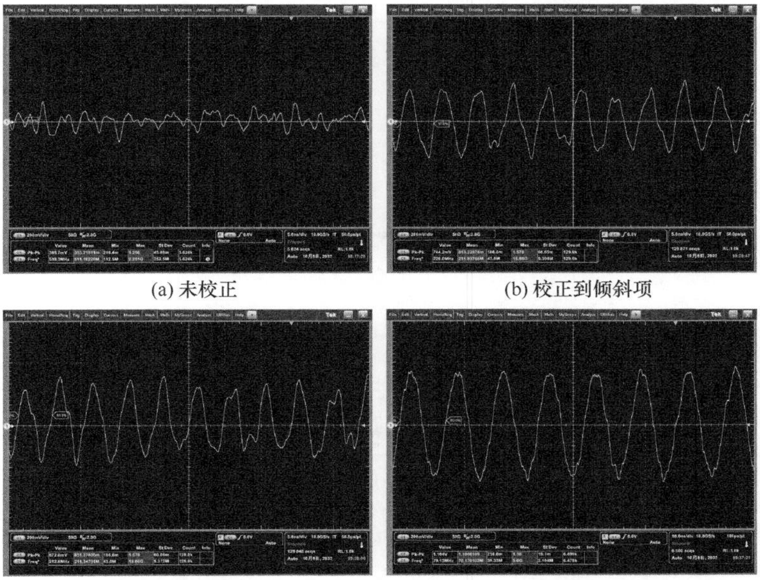

(a) 未校正　(b) 校正到倾斜项

(c) 校正到离焦项　(d) 校正到像散项

图 6.31　波前畸变校正前后中频信号幅值变化

图 6.31(a)为波前畸变未校正的接收端中频信号幅值变化波形，图 6.31(b)～图 6.31(d)分别为波前畸变校正到倾斜项、离焦项和像散项后中频信号幅值变化波形。由图 6.31(a)可以看出，波前畸变未校正时测量的中频信号幅值波形杂乱，中频信号峰-峰值仅有 385.7mV；图 6.31(b)在仅进行倾斜项校正后中频信号幅值波形会有轻微的起伏，中频信号的峰-峰值为 744.2mV；图 6.31(c)中频信号的幅值进行到离焦项校正后波形变化平稳，中频信号的峰-峰值为 872mV；图 6.31(d)中频信号的幅值进行像散项校正后波形平滑，中频信号的峰-峰值为 1.104V，有利于后端的解调信号处理。

6.4.2　外场波前畸变校正实验

为了更准确和更普遍地分析各波前畸变对无线光相干检测系统的影响，依据本章描述的实验链路对波前畸变校正实验中采集的 1.2km 数据进行了完全校正算法分析。实验参数设置为：传输距离 L=1.2km，接收孔径 D=105mm，信号光波长 λ=1550nm，检测器灵敏度 R=0.6A/W，载波频率为 $v=1.94\times10^{14}$ Hz，电子电荷 $e=1.6\times10^{-19}$C，量子效率 η=0.8，普朗克常量 $h=6.63\times10^{-34}$J·s，检测器带宽

B=40GHz，大气相干长度 r_0=0.055m。积分增益控制系数 k_i=0.05，进行了 2000 次迭代，得到闭环状态下不同阶波前畸变校正前后 Zernike 系数变化，如图 6.32 所示。

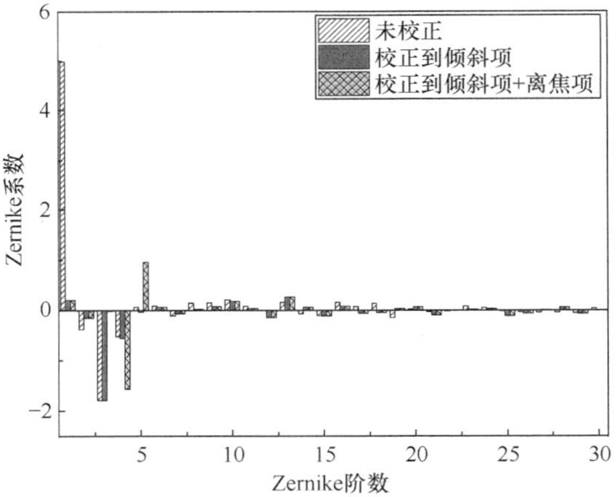

图 6.32　传输距离 1.2km 时波前畸变校正前后 Zernike 系数变化

图 6.32 为传输距离 1.2km 时未校正、校正到倾斜项和离焦项后测量所得波前 Zernike 系数分布图。由图可以看出，在未进行波前畸变校正时，倾斜项、离焦项以及球差项波前 Zernike 系数较大，即所占整体畸变分量较大。由于倾斜项和离焦项占波前畸变的大部分，在分别校正到倾斜项和离焦项后，对应的低阶波前校正后的波前 Zernike 系数衰减明显，但相较室内和 600m 外场实验校正效果存在差异，受到传输距离等不稳定因素影响时校正后的波前 Zernike 系数仍存在起伏。其中，由于波前倾斜和离焦分量占波前畸变分量的大部分比例，所以校正的波前畸变分量主要体现在波前的倾斜项和离焦项上。

当与图 6.32 所给实验环境及参数完全相同时，对不同校正阶数下的波前系数进行采集，波前畸变校正后系统峰谷值曲线如图 6.33 所示，混频效率和误码率变化曲线如图 6.34 所示。

观察图 6.33 可以发现，不同阶波前畸变校正后的峰谷值明显下降，并且在经过 500 次左右迭代后，系统峰谷值趋近稳定状态。分析得出，随着波前畸变校正阶数的增加，峰谷值逐渐减小，波前畸变校正效果越来越好。

由图 6.34(a)可得，在传输距离 1.2km 的外场实验中，当采用自适应光学闭环校正系统校正到倾斜项时，混频效率在迭代次数为 500 时趋于稳定，维持在 36%左右；当波前畸变校正到倾斜项+离焦项时，混频效率趋于 52%左右；当波前畸变校正到倾斜项+离焦项+像散项时，混频效率趋于 70%左右。由图 6.34(b)可以看出，波前畸变仅校正倾斜项后，无线光相干检测系统的误码率由校正前的

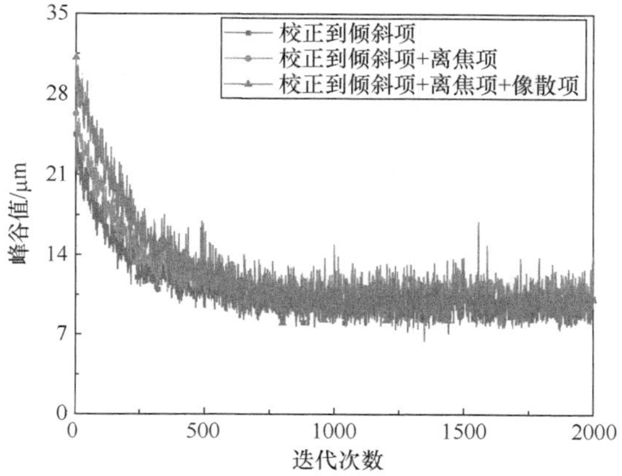

图 6.33　传输距离 1.2km 时波前畸变校正后系统峰谷值曲线

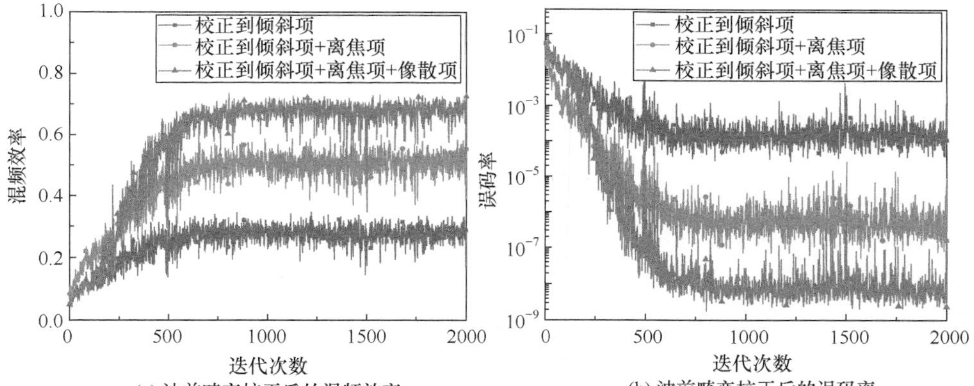

(a) 波前畸变校正后的混频效率　(b) 波前畸变校正后的误码率

图 6.34　传输距离 1.2km 时不同波前畸变校正与混频效率和误码率关系

10^{-1} 数量级降至校正后的 10^{-4} 数量级，校正到倾斜项+离焦项后，误码率趋于 10^{-7} 数量级，在校正到倾斜项+离焦项+像散项后，误码率降至 10^{-8} 数量级。在经过约 500 次迭代时，无线光相干检测系统的混频效率和误码率趋于稳定。

6.4.3　1.3km 多光束传输实验

为了进一步验证理论分析中多光束传输波前畸变校正对接收端系统混频效率和误码率影响的正确性，搭建了无线光相干通信系统波前校正实验。实验链路为西安理工大学教六楼到凯森福景雅苑，通信距离为 1.3km，实验时间为 2022 年 12 月 3 日，天气环境为阴，北风 2 级。在通信距离 L=1.3km，接收孔径 D=105mm，信号光功率约为 1mW，本振光功率约为 10mW 条件下，针对单光束传输和两光束传输，分别测量了校正前后的波前峰谷值和均方根值，如图 6.35 所示。其中，波前传感器内部的自身噪声导致波前斜率和波前相位测量存在部分突触数据。

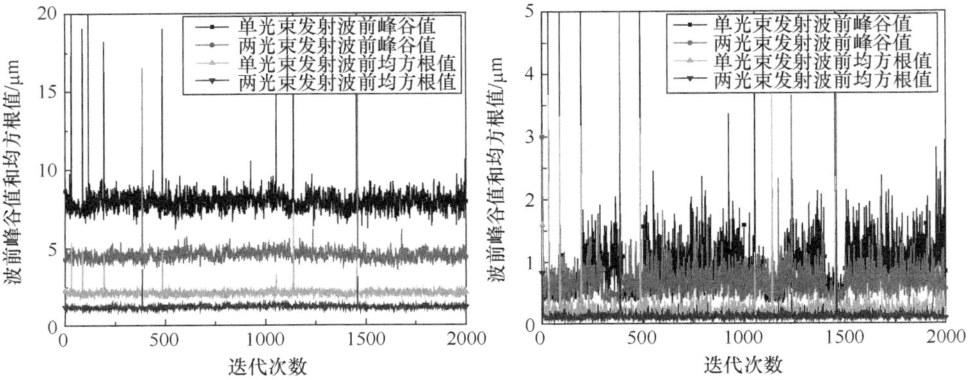

(a) 未校正　　(b) 校正后

图 6.35　单光束和两光束传输的波前峰谷值和均方根值

由图 6.35 可以看出，在未进行波前畸变校正时，单光束传输时波前峰谷值和均方根值的均值分别为 8.06μm 和 2.13μm，方差分别为 1.59μm^2 和 0.06μm^2，两光束传输时波前峰谷值和均方根值的均值分别为 4.56μm 和 1.19μm，方差分别为 0.06μm^2 和 0.01μm^2。进一步表明了两光束传输下的波前平滑效果以及抖动抑制效果均要优于单光束传输，且随着光束传输数量的增加，抑制效果越来越明显；采用 40 单元压电变形镜进行波前校正后，发射端单光束传输时波前峰谷值和均方根值的均值分别为 1.15μm 和 0.22μm，方差分别为 1.68μm^2 和 0.05μm^2，两光束传输时波前峰谷值和均方根值的均值分别为 0.73μm 和 0.19μm，方差分别为 0.23μm^2 和 0.01μm^2。总结得到：采用两光束传输后，接收端经校正的波前收敛程度更大。

当与图 6.35 所给实验环境及实验参数相同时，对单光束传输和两光束传输的波前校正后中频信号进行采集，所得的中频信号幅值变化如图 6.36 所示。

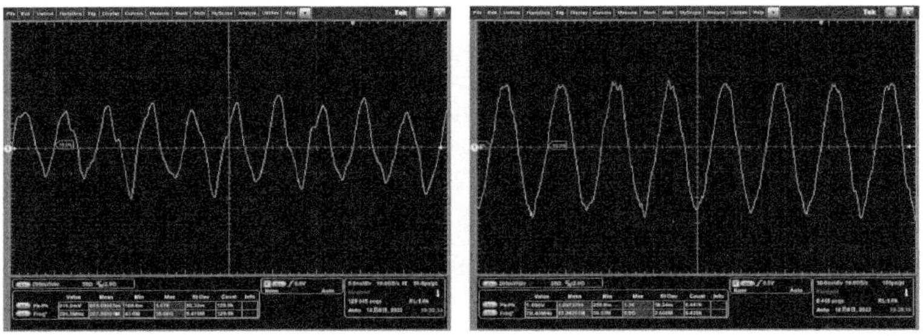

(a) 横向扫描速度为5ns/div时单光束传输　　(b) 横向扫描速度为5ns/div时两光束传输

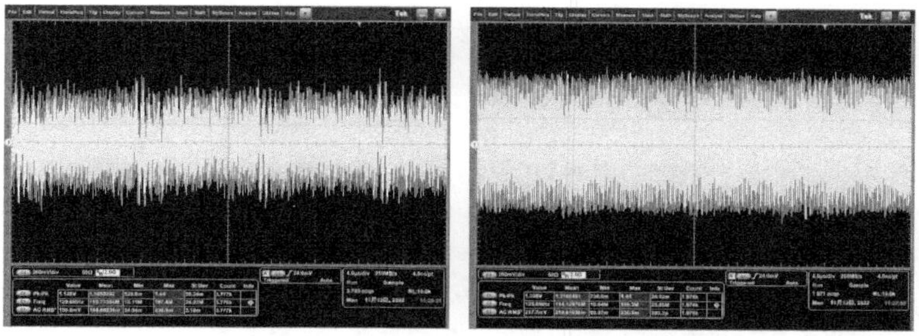

(c) 横向扫描速度为4μs/div时单光束传输　(d) 横向扫描速度为4μs/div时两光束传输

图 6.36　波前校正后的中频信号

图 6.36 为发射端单光束传输以及两光束传输在接收端进行波前校正后检测器输出的中频信号波形。可以看出，当发射端单束光传输时，横向扫描速度为 5ns/div，经校正后所得到的中频信号的正弦波形较为不规整，在横向扫描速度为 4μs/div 时，中频信号的幅值起伏较为明显；当采用两束光传输后横向扫描速度为 5ns/div 时，中频信号的正弦波形规整，在横向扫描速度为 4μs/div 时，中频信号幅值相对稳定。因此，两光束传输所带来的增益可以直接体现在中频信号的幅值稳定程度上，有利于后续的解调处理。

采用单光束传输以及两光束传输，接收端进行波前校正后得到的信噪比和误码率曲线如图 6.37 所示。

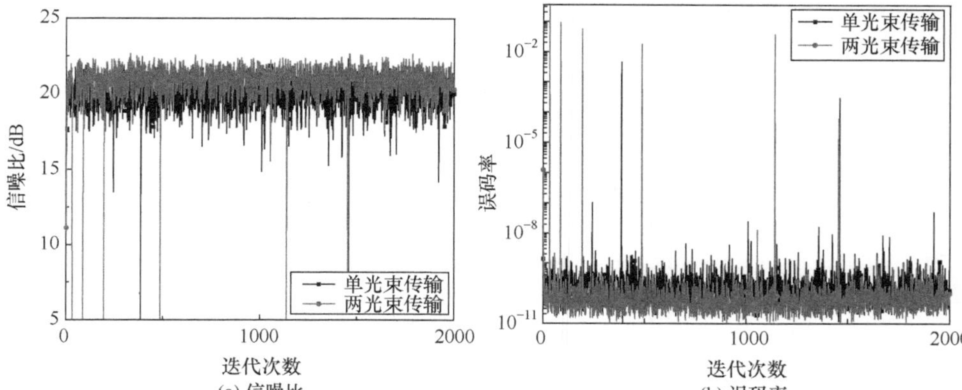

(a) 信噪比　(b) 误码率

图 6.37　单光束和两光束传输波前校正后信噪比和误码率曲线

观察图 6.37 可以看出，采用两光束传输时无论是在获得的信噪比还是误码率方面均要优于单光束传输，且波动更小。其中，在单光束传输时，误码率稳定在 10^{-9} 数量级；在两光束传输时，误码率稳定在 10^{-10} 数量级。进一步证明了两光束传输相较于单光束传输对于提高无线光相干检测系统的增益更大。

参 考 文 献

[1] Wu J L, Ke X Z, Yang S J, et al. Effect of multi-beam propagation on free-space coherent optical communications in a slant atmospheric turbulence[J]. Journal of Optics, 2022, 24(7): 075601.

[2] Hyde M W, Tyler G A. Temporal coherence effects on target-based phasing of laser arrays[J]. Journal of the Optical Society of America, 2016, 33(10): 1931-1937.

[3] 柯熙政, 吴加丽. 无线光相干通信原理及应用[M]. 北京: 科学出版社, 2019.

[4] Liu C, Chen S Q, Li X Y, et al. Performance evaluation of adaptive optics for atmospheric coherent laser communications[J]. Optics Express, 2014, 22(13):15554-15563.

[5] Andrews L C, Phillips R L. Laser Beam Propagation Through Random Media[M]. Washington: SPIE Press, 2005.

[6] Zhai C. A novel idea: Calculating anisotropic turbulence only by Kolmogorov structure constant CN_2[J]. Results in Physics, 2020, 19: 103483.

[7] Davis J I. Consideration of atmospheric turbulence in laser systems design[J]. Applied Optics, 1966, 5(1): 139-147.

[8] 李南, 乔春红, 张鹏飞, 等. 非 Kolmogorov 湍流大气中激光传输及其相位补偿研究[J]. 量子电子学报, 2019, 36(6): 745-751.

[9] 李征, 廖志文, 梁静远, 等. 大气湍流模型的研究与展望[J]. 光通信技术, 2022, 1: 1-14.

[10] 孔英秀, 柯熙政, 杨媛. 大气湍流对空间相干光通信的影响研究[J]. 激光与光电子学进展, 2015, 52(8): 95-101.

[11] 刘宏展, 纪越峰, 刘立人. 像差对星间相干光通信接收系统误码性能的影响[J]. 光学学报, 2012, 32(1): 46-51.

[12] Geng C, Li F, Zuo J, et al. Fiber laser transceiving and wavefront aberration mitigation with adaptive distributed aperture array for free-space optical communications[J]. Optics Letters, 2020, 45(7): 1906-1909.

[13] Konwar S, Boruah B R. Leveraging the orthogonality of Zernike modes for robust free-space optical communication[J]. Communications Physics, 2020, 3: 203.

[14] Noll R J. Zernike polynomials and atmospheric turbulence[J]. Journal of the Optical Society of America, 1976, 66(3):207-211.

[15] Hu P H, Stone J, Stanley T. Application of Zernike polynomials to atmospheric propagation problems[J]. Journal of the Optical Society of America, 1989, 6(10):1595-1608.

[16] Erol B, Altiner B, Adali E, et al. H-infinity Suboptimal controller design for adaptive optic systems[J]. Transactions of the Institute of Measurement and Control, 2019, 41(8): 2100-2113.

[17] Paneva-Konovska J. A family of hyper-Bessel functions and convergent series in them[J]. Fractional Calculus and Applied Analysis, 2014, 17(4): 1001-1015.

[18] Soto-Quiros P, Torokhti A. Optimal transforms of random vectors: The case of successive optimizations[J]. Signal Processing, 2017, 132(16): 183-196.

[19] 王峰. 星地上行激光通信光束相位畸变预补偿研究[D]. 哈尔滨: 哈尔滨工业大学, 2020.

[20] Rao C H, Jiang W H, Ling N. Adaptive-optics compensation by distributed beacons for non-

Kolmogorov turbulence[J]. Applied Optics, 2001, 40(21): 3441-3449.
[21] Cheng M J, Guo L X, Li J T. Effect of aberration correction on beam wander of electromagnetic multi-Gaussian shell-model beams in anisotropic turbulence[J]. Optik, 2017, 144: 613-620.
[22] Tang H, Guo P Z. Phase compensation in non-Kolmogorov atmospheric turbulence[J]. Optik, 2014, 125(3): 1227-1230.
[23] Liu H L, Lü Y F, Xia J, et al. Radial phased-locked partially coherent flat-topped vortex beam array in non-Kolmogorov medium[J]. Optics Express, 2016, 24(17): 19695-19712.
[24] Ata Y, Baykal Y, Gökce M C. Average channel capacity in anisotropic atmospheric non-Kolmogorov turbulent medium[J]. Optics Communications, 2019, 451(6): 129-135.
[25] Area I, Dimitrov D K, Godoy E. Recursive computation of generalised Zernike polynomials[J]. Journal of Computational and Applied Mathematics, 2017, 312: 58-64.
[26] 王奇涛, 佟首峰, 徐友会. 采用 Zernike 多项式对大气湍流相位屏的仿真和验证[J]. 红外与激光工程, 2013, 42(7): 1907-1911.
[27] 武铁凡. 无线光相干通信中波前畸变的预测控制与实验研究[D]. 西安: 西安理工大学, 2021.
[28] Aftab M, Graves L R, Burge J H, et al. Rectangular domain curl polynomial set for optical vector data processing and analysis[J]. Optical Engineering, 2019, 58(9): 095105.
[29] 向汝建. 高能固体板条激光器光束质量主动控制技术研究[D]. 绵阳: 中国工程物理研究院, 2015.
[30] Mahajan V N, Dai G M. Orthonormal polynomials in wavefront analysis: Analytical solution[J]. Journal of the Optical Society of America A, 2007, 24(9): 2994-3016.
[31] Abedin K M, Islam M R, Haider A F M Y. Comment on "Computer simulation of Fresnel diffraction from rectangular apertures and obstacles using the Fresnel integrals approach"[J]. Optics & Laser Technology, 2007, 39(2): 237-246.
[32] 范占斌, 戴一帆, 铁贵鹏, 等. 横向压电驱动变形镜的迟滞特性及其闭环校正[J]. 红外与激光工程, 2018, 47(10): 261-266.

第 7 章　不同波长光信号波前畸变特性分析

光束传输经过大气湍流会产生波前畸变，传输介质的色散效应导致不同波长光束的波前畸变之间存在差异。在双波长自适应光学系统中，畸变差异随着闭环校正系统的传递，最后产生校正残差。因此，研究不同波长光束在大气中的传输规律和畸变差异的变化规律对提高校正精度具有重要意义。

7.1　不同波长光束在大气湍流中的传输

光是一种电磁波，而且光速是目前传输最快的[1]。因此，当分析光在湍流大气中传播的情况时，要从光的波动性本质出发，根据其波动方程解析光的传输。光在湍流大气中传播时起主要作用的是其电分量，对应的麦克斯韦方程组(又称为达朗贝尔方程)为[2]

$$\nabla^2 E + k^2 n^2 E + 2\nabla[E \cdot \nabla \ln n] = 0 \tag{7.1}$$

其中，E 为光电磁矢量中的电分量；$k = \dfrac{2\pi}{\lambda}$ 为波数，λ 为波长；n 为湍流大气的折射率；∇^2 为拉普拉斯算子。

式(7.1)中的第三项表示与光束偏振有关的一项，若光束在湍流大气中传播时忽略了偏振的影响，第三项可以去掉，则电分量可以表示为[3]

$$\nabla^2 E + k^2 n^2 E = 0 \tag{7.2}$$

求解光在大气湍流中传输的达朗贝尔方程的方法一般有四种，分别是几何光学近似方法、广义惠更斯-菲涅耳原理以及微扰动方法、统计光学方法。

7.1.1　激光在大气湍流中的传输分析方法

1. *几何光学近似方法*

几何光学近似方法是假定激光光束在大气中传播时，可以近似不考虑光束衍射现象，只考虑光束在传输介质中折射和反射的一种光束传输分析方法。几何光学近似方法的使用条件为 $\sqrt{\lambda L} \ll l_0$，$\sqrt{\lambda L}$ 是菲涅耳尺度，l_0 是湍流内尺度，L 是光束传输距离。该方法可以用于求解光传输过程中的光斑漂移和到达角起伏等问题。在几何光学近似条件下，光场的标量波动方程为[4]

$$\nabla^2 \ln(E) + [\nabla \ln(E)]^2 + k^2 n^2 = 0 \tag{7.3}$$

将光束的振幅 A_l 和相位 S 代入式(7.3)中，分别得到关于振幅和相位的达朗贝尔方程为

$$\nabla^2 A_l / A_l - (\nabla S)^2 + k^2 n^2 = 0 \tag{7.4}$$

$$\nabla^2 S + 2\nabla \ln A_l \cdot \nabla S = 0 \tag{7.5}$$

将折射率 n、相位 S 以及对数振幅 A_l 的扰动量代入前面的方程中，且光波为沿着 z 方向传播、振幅为 A_0 的平面波，则得到几何光学方程组[5]为

$$\begin{cases} \nabla^2 S_1 + 2k\dfrac{\partial \chi}{\partial z} = 0 \\ \dfrac{\partial S_1}{\partial z} = kn_1 \end{cases} \tag{7.6}$$

其中，S_1 为相位起伏变化量；χ 为振幅起伏变化量；n_1 为传输路径上的折射率分布。

当光波从 z=0 传播到 z=L 时，求解为

$$\begin{cases} S_1(x,y,L) = k\displaystyle\int_0^L n_1(x,y,z)\mathrm{d}z \\ \chi(x,y,L) = \dfrac{1}{2}\left\{\left[n_1(x,y,L) - n_1(x,y,0)\right] - \displaystyle\int_0^L\int_0^z \nabla_\perp^2 n_1(x,y,\xi)\mathrm{d}\xi\mathrm{d}z\right\} \end{cases} \tag{7.7}$$

其中，x、y 分别为接收截面上点的横坐标、纵坐标；L 为光束传输距离。

2. 广义惠更斯-菲涅耳原理

惠更斯-菲涅耳原理指出，在接收平面上任意一点处的光场都是整个光源不同点处光场的叠加[6]。因此，在傍轴近似条件下，使用广义惠更斯-菲涅耳原理表示接收端光场为[7]

$$\begin{aligned} U(x,y,z) = {} & \frac{\mathrm{i}k}{2\pi z}\exp(\mathrm{i}kz)\iint U_0(x_0,y_0) \\ & \cdot\exp\left\{-\frac{\mathrm{i}k}{2z}\left[(x-x_0)^2 + (y-y_0)^2\right]\right\}\mathrm{d}x_0\mathrm{d}y_0 \end{aligned} \tag{7.8}$$

其中，$U(x,y,z)$ 为接收端光场分布；$U_0(x_0,y_0)$ 为发射端点 (x_0,y_0) 处的光场。

二重积分是对整个发射端光场截面上的点光源进行积分，得到点光源叠加之后的接收端光场。同时，$\exp(\mathrm{i}kz)$ 的引入说明了光束传输距离 L 之后接收端光场的相位变化。与距离引入相位变化的原理相同，传输路径上湍流大气导致的扰动也会引起接收端光场的相位变化，根据广义惠更斯-菲涅耳原理，光波在经过湍

流大气之后的相位扰动项为

$$\exp(\chi + \mathrm{i}S_1) \tag{7.9}$$

将式(7.9)代入式(7.8)中，得到光波在湍流大气中传输距离 L 之后接收端光场的表达式为

$$\begin{aligned} U(x,y,z) = & \frac{\mathrm{i}k}{2\pi z}\exp(\mathrm{i}kz)\iint U_0(x_0,y_0) \\ & \cdot\exp\left\{-\frac{\mathrm{i}k}{2z}\left[(x-x_0)^2+(y-y_0)^2\right]\right\}\exp(x+\mathrm{i}S_1)\mathrm{d}x_0\mathrm{d}y_0 \end{aligned} \tag{7.10}$$

广义惠更斯-菲涅耳原理具有很好的延展性，除传输距离、湍流大气扰动之外，其他因素也可以以指数项的形式被考虑进整个传输过程中。

3. 微扰动方法

人们早期广泛关注的两个微扰动理论分别是 Born 近似和 Rytov 近似。Born 近似应用在散射的积分方程中，该方程可以从对应量子体系的薛定谔波动方程中直接推导得到；Rytov 近似最早用来研究声波的传输，后来俄罗斯科学家 Tatarskii 认为其是一种平滑的扰动方法，被拓展迁移到光学近似方法。这两种方法的适用范围都局限于弱湍流区域，而对多数大气条件都适用的方法是抛物型方程法[8]。

在 Born 近似求解波动方程(7.2)时，认为扰动项是加性的，为了便于求解，首先将折射率起伏表示为[9]

$$n^2 = \left[n_0 + n_1\right]^2 \simeq 1 + 2n_1, \quad |n_1| \ll 1 \tag{7.11}$$

其中，n_0 为折射率随机波动的均值，而变化的折射率都是围绕均值小幅度随机起伏；n_1 为变化量，利用泰勒展开式求解出关于变化量的一次函数。

假设折射率起伏满足高斯分布，且均值为 0，光束沿着 z 正方向传播，则在 z=L 处光场可以表示为和的形式，即

$$U = U_0 + U_1 + U_2 + \cdots \tag{7.12}$$

其中，U_0 为无湍流条件下的理想光场；$U_i(i>1)$ 为第 i 阶散射项和湍流扰动项，并且扰动项阶数越高，其分量越小。

Born 近似的优点在于将随机变量及空间依赖系数的波动方程转换成一个齐次方程和一组线性非齐次方程，线性非齐次方程组中的每个非齐次方程都可以用格林函数进行求解。Rytov 近似将弱湍流条件下的电磁波方程表示为

$$U(r,L) = U_0(r,L)\exp\left[\psi(r,L)\right] \tag{7.13}$$

其中，$\psi(r,L)$ 为大气湍流引起的复相位扰动。Rytov 近似可以直接用来求解波传

导方程，获得一阶和二阶的方程解。

早期 Rytov 近似的理论工作仅采用一阶微扰项，其正比于一阶 Born 近似，也称为单次散射近似。一阶微扰项已经足够用来计算一些感兴趣的统计量，如对数振幅方差、相位方差、强度和相位相关函数以及波结构函数。

4. 统计光学方法

几何光学方法和 Rytov 微扰动方法具有一定的局限性，对于各向均匀同性的弱湍流区域内的光束传输分析得比较准确合理。但是针对更为复杂的强湍流区域，这两种分析方法的局限性显现出来。因此，针对强湍流区域的光传输问题，求解相关系数和相关统计矩阵的方式更为准确，且符合实验数据验证。

一阶统计矩阵代表振幅的变化均值情况，假设经过大气信道传输之后的光场表达式为 $U(x,y,z)$，发射端的光场表达式为 $U_0(x_0,y_0,0)$，则传输之后的光场振幅一阶统计矩阵为[10]

$$U(x,y,z)=U_0(x_0,y_0,0)\exp\left[-\int_0^t\alpha(z')\mathrm{d}z'\right] \tag{7.14}$$

其中，$\alpha(z')$ 为大气湍流对光场的衰减、散射以及反射等造成的衰减和光束相干性退化，主要取决于大气湍流本身的特征，如湍流强度、湍流内尺度和湍流外尺度等参数。

单点二阶统计矩阵则表示光强的平均值，根据光强是振幅平方的关系，光强的二阶统计矩阵为[10]

$$I(x,y,z)=I_0(x,y,0)\exp\left[-2\int_0^z\alpha(z')\mathrm{d}z'\right] \tag{7.15}$$

光强二阶统计矩阵之间互相关系数的数值越大，相干性越强。四阶统计矩阵通常代表光场上多个点之间两两进行比较的相关性，可用于表征光场的空间相关性，两点的四阶统计矩阵为[11]

$$\begin{aligned}M_4&=\left\langle u(\rho_1,z)u(\rho_2,z)u^*(\rho_1,z)u^*(\rho_2,z)\right\rangle\\&=\left\langle I(\rho_1,z),I(\rho_2,z)\right\rangle\end{aligned} \tag{7.16}$$

7.1.2　平面波相位起伏差异分析

大气信道中波长分别为 λ_1 和 λ_2 的两束平面波传输至接收端，由接收孔径为 D 的接收天线接收。在接收孔径平面上测量得到的两束光的波前相位分别为 ϕ_1 和 ϕ_2，相位随时间进行不规则起伏变化，在时刻 t 的波前相位起伏可以定义为[12]

$$\theta_i(x,y)=\phi_i(x,y)-\frac{1}{A}\iint \mathrm{d}x\mathrm{d}y\phi_i(x,y)W(x,y),\quad i=1,2 \tag{7.17}$$

其中，$\theta_i(x,y)$ 为平面波在接收孔径平面上的波前相位起伏；A 为接收孔径区域的面积；函数 $W(x,y)$ 定义了直径为 D 的接收孔径：

$$W(y)=\begin{cases}1, & |y|<D/2\\ 0, & |y|>D/2\end{cases} \tag{7.18}$$

定义两个不同波长光束相位起伏方差的均方值为

$$\overline{\Delta\theta^2}=\frac{1}{A}\iint[\theta_1(x,y)-\theta_2(x,y)]^2W(x,y)\mathrm{d}x\mathrm{d}y \tag{7.19}$$

其中，$\overline{\Delta\theta^2}$ 为两个不同波长平面波在接收孔径上同一点处波前相位起伏之间相位差的均方值。

大气湍流具有时变特性，因此对此均方值取系综平均之后得到相位起伏之间相位差的方差[13]为

$$\begin{aligned}\sigma_\theta^2&=\overline{\left\langle\Delta\theta^2\right\rangle}\\&=\frac{1}{A^3}\iiint \mathrm{d}x\mathrm{d}y\mathrm{d}t\cdot W(x,y)W(t)\times\langle[\phi_1(x,y)-\phi_2(x,y)]\\&\quad\times[\phi_1(x,y)-\phi_1(t)-\phi_2(x,y)+\phi_2(t)]\rangle\end{aligned} \tag{7.20}$$

其中，$\langle[\phi_1(x,y)-\phi_2(x,y)]\rangle$ 为两个波长之间的相位起伏差值的互协方差函数，即

$$C_\phi(x-y;\lambda_1,\lambda_2)=\langle\phi_1(x)\phi_2(y)\rangle \tag{7.21}$$

根据互协方差函数，可以得到不同波长平面波在接收孔径上同一点处相位起伏差值的结构函数[13]为

$$D_\phi(x-y;\lambda_1,\lambda_2)=2[C_\phi(0;\lambda_1,\lambda_2)-C_\phi(x-y;\lambda_1,\lambda_2)] \tag{7.22}$$

将式(7.21)代入式(7.20)并计算整理之后，可以得到

$$\begin{aligned}\sigma_\theta^2&=\frac{1}{A^2}\iint \mathrm{d}x\mathrm{d}yW(x)W(y)\\&\quad\times\left[\frac{1}{2}D_\phi(x-y;\lambda_1,\lambda_1)+\frac{1}{2}D_\phi(x-y;\lambda_2,\lambda_2)-D_\phi(x-y;\lambda_1,\lambda_2)\right]\end{aligned} \tag{7.23}$$

根据参考文献[14]中得到的结果，相位结构函数是一个与波长有关的函数，因此两个波长之间的互协方差对应的相位结构函数为[14]

$$
\begin{aligned}
D_{\phi}(x-y;\lambda_1,\lambda_2) &= \frac{1}{k_1 k_2} D_{\Omega}(x-y;\lambda_1,\lambda_2) \\
&= \frac{8.16k^2(1-\nu^2)}{2\pi}\int_0^L \mathrm{d}z C_n^2(z) \\
&\times \int_0^{+\infty} \mathrm{d}\kappa \kappa^{-8/3}[1-\mathrm{J}_0(\kappa\rho)] \\
&\times \left[\cos\left(\frac{\kappa^2}{k}\frac{\nu}{1-\nu^2}L-z\right)+\cos\left(\frac{\kappa^2}{k}\frac{L-z}{1-\nu^2}\right)\right]
\end{aligned} \tag{7.24}
$$

其中，$k=\frac{k_1+k_2}{2}$，$k_1=\frac{2\pi}{\lambda_1}$、$k_2=\frac{2\pi}{\lambda_2}$；$\nu=\frac{|k_1-k_2|}{k_1-k_2}$；$\kappa$ 为空间波数；z 为光信号传输距离；L 为总传输距离；$\mathrm{J}_0(\kappa\rho)$ 为关于空间波数和平面向量的贝塞尔函数；$\rho=x-y$；$C_n^2(z)$ 为传输路径上的大气折射率结构常数，用于表征大气湍流强度。

将 $\upsilon=\frac{|k_1-k_2|}{k_1-k_2}$ 代入公式并展开，得到关于不同波长光束的表达式[15]为

$$
\begin{aligned}
D_{\phi}(x-y,\lambda_1,\lambda_2) &= \frac{1}{k_1 k_2} D_{\Omega}(x-y,\lambda_1,\lambda_2) \\
&= \frac{8.16k^2(1-\nu^2)}{2\pi}\int_0^L \mathrm{d}Z C_n^2(z) \\
&\times \int_0^{+\infty} \mathrm{d}\kappa \kappa^{-8/3}[1-\mathrm{J}_0(\kappa\rho)] \\
&\times \left\{\cos\left[\frac{(L-z)\kappa^2}{2}\frac{k_1-k_2}{k_1k_2}\right]+\cos\left[\frac{(L-z)\kappa^2}{2}\frac{k_1+k_2}{k_1k_2}\right]\right\}
\end{aligned} \tag{7.25}
$$

将式(7.25)代入式(7.23)中，得到

$$
\begin{aligned}
\sigma_\theta^2 = \frac{1}{A}\int \mathrm{d}\bar{\rho}\left[\frac{1}{2}D_\phi(\rho;\lambda_1)+\frac{1}{2}D_\phi(\rho;\lambda_2)-D_\phi(\rho;\lambda_1,\lambda_2)\right] \\
\times \frac{2}{\pi}\left\{\arccos\left(\frac{\rho}{d}\right)-\frac{\rho}{d}\left[1-\left(\frac{\rho}{d}\right)^2\right]^{1/2}\right\}
\end{aligned} \tag{7.26}
$$

其中，ρ 为接收截面上一点到圆心的距离；d 为接收截面的半径。

利用相位结构函数在圆接收孔径上的旋转对称性，将式(7.26)进一步化简之后可以得到[16]

$$\sigma_\theta^2 = \frac{16}{\pi d^2}\int_0^d \rho \mathrm{d}\rho \times \left[\frac{1}{2}D_\phi(\rho;\lambda) + \frac{1}{2}D_\phi(\rho;\lambda_2) - D_\phi(\rho;\lambda_1,\lambda_2)\right]$$
$$\times\left\{\arccos\left(\frac{\rho}{d}\right) - \frac{\rho}{d}\left[1-\left(\frac{\rho}{d}\right)^2\right]^{1/2}\right\} \tag{7.27}$$

将式(7.25)代入式(7.27)中，并利用三角函数对称性化简合并同类项，并在整个结构孔径上对 ρ 进行积分之后得到

$$\sigma_\theta^2 = \frac{4.08}{\pi}\int_0^L C_n^2(z)\mathrm{d}z\int_0^{+\infty}\kappa^{-8/3}\mathrm{d}\kappa$$
$$\times\left\{1-\left(\frac{4}{\kappa D}\right)^2\left[\mathrm{J}_1\left(\frac{\kappa D}{2}\right)\right]^2\right\} \tag{7.28}$$
$$\times\left\{\cos\left[\frac{(L-z)\kappa^2}{2k_1}\right] - \cos\left[\frac{(L-z)\kappa^2}{2k_2}\right]\right\}$$

其中，D 为接收孔径；L 为光束传输距离；κ 为空间波数；$C_n^2(z)$ 为大气折射率结构常数；k_1 和 k_2 分别为对应波长为 λ_1 和 λ_2 的波数；$\mathrm{J}_1\left(\frac{\kappa D}{2}\right)$ 为一类贝塞尔函数[17]，即

$$\mathrm{J}_1(x) = \sum_{m=0}^{+\infty}\frac{(-1)^m}{m!\Gamma(m+2)}\left(\frac{x}{2}\right)^{2m+1} \tag{7.29}$$

计算之后得到

$$\mathrm{J}_1(\kappa D) = 1 - \Gamma_0(\kappa D)\frac{z}{L} \tag{7.30}$$

式(7.28)最后一项中的余弦函数根据和差化积公式以及泰勒级数展开式计算得到

$$\cos\left[\frac{(L-z)\kappa^2}{2k_1}\right] - \cos\left[\frac{(L-z)\kappa^2}{2k_2}\right] = -\frac{\kappa^4(L-z)^2(k_1^2-k_2^2)}{8k_1^2k_2^2} \tag{7.31}$$

并将湍流功率谱代入之后可以计算得到不同波长平面波的波前畸变之间的差异计算表达式。

当波长不同的两束平面波在水平传输路径上传输时，受到大气湍流的影响产生波前相位畸变和相位起伏。在式(7.20)中将两个波长光束对应的波前相位起伏做差之后取均方值，用来衡量两束光之间相位起伏差异的大小，经过计算得到如式 (7.28)所示的表达式，从式(7.28)可以看出，相位起伏之间的差异主要受到波

长的影响，还与传输距离、大气折射率结构常数、接收孔径大小以及空间波数等因素有关。

7.1.3　球面波相位起伏差异分析

双波长自适应光学校正系统是一种间接测量获得波前相位信息的校正方式，实际工作中采用球面波光束作为信号光与信标光的情况比较多见，因此在前面平面波分析的基础上对不同波长球面波之间的相位起伏误差进行分析。

发射端和接收端波前相位示意图如图 7.1 所示，在传输距离为 L 的水平大气信道链路中，ρ 是发射端在两个波相位面上的标记点，ρ_1 是在接收端面上对两个波相位面上的标记点，两个标记点之间存在一定的距离。在相同点处计算两波长光束相位畸变之间的差值，再通过两个点之间的对比计算得到不同波长球面波之间的相位色差在接收孔径上的结构函数。

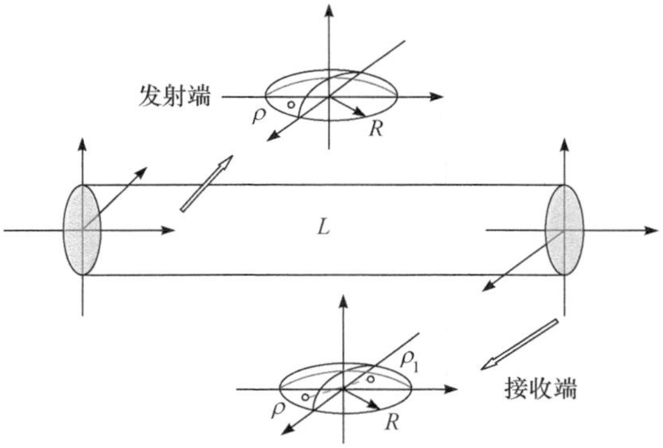

图 7.1　发射端和接收端波前相位示意图

接收端接收到的光场(波前函数)为[18]

$$
\begin{aligned}
U(\rho)=&\frac{k}{2\pi \mathrm{i}L}\iint_{-\infty}^{+\infty}\mathrm{d}^2\rho_1 U_0(\rho_1)\\
&\times\exp\left[\mathrm{i}\frac{k}{2L}(\rho-\rho_1)^2+\chi_L(k,\rho,\rho_1)+\mathrm{i}S_L(k,\rho,\rho_1)\right]
\end{aligned}
\tag{7.32}
$$

其中，$[\chi_L(k,\rho,\rho_1)+\mathrm{i}S_L(k,\rho,\rho_1)]$ 为波前相位函数的复振幅表达式，是波长为 $\lambda=2\pi/k$ 的球面波从发射端平面 ρ 处到接收端平面 ρ_1 处的复相位起伏函数；$U_0(\rho)$ 为发射端的原始相位函数，与信号光共光路发射一个波长为 $\lambda_2=2\pi/k_2$ 的球面波信标光。

在相同的传输条件下，接收端信标光的相位函数为[19]

$$
\varphi_S(\rho_1)=\left(\frac{k_2}{2_L}\right){\rho_1}^2+S_L(k_2,0,\rho_1)
\tag{7.33}
$$

自适应光学系统校正的基本原理为：产生畸变相位的复共轭相位并与畸变相位进行叠加，将信号光的复共轭相位与信号光叠加之后，得到校正之后的信号光场相位，复共轭相位叠加过程的表达式为

$$\Delta S(\rho)=S_L(k,0,\rho)-S_{-L}(k_2,0,\rho) \tag{7.34}$$

其中，$S_L(k,0,\rho)$为信号光波前畸变相位；$S_{-L}(k_2,0,\rho)$为信标光测量得到波前相位的复共轭相位。

$\Delta S(\rho)$是由波长不同产生的相位偏差，也即自适应光学系统校正之后的相位残差。对$\Delta S(\rho)$的均方值取系综平均，以便于在湍流时变特性下观察其变化情况，其表达式为

$$d_{\Delta S}(\rho_1,\rho_2)=\left\langle\left[\Delta S(\rho_1)-\Delta S(\rho_2)\right]^2\right\rangle \tag{7.35}$$

其中，ρ_1和ρ_2分别为不同时刻波前起伏相位差值的取值点。

在各向同性的湍流中，根据 Rytov 方差微扰动近似理论[20]给出了由波长不同产生相位起伏相位差的均方值表达式为

$$\begin{aligned}d_{\Delta S}(\rho_1,\rho_2)=&4\pi^2\int_0^L \mathrm{d}x\int_0^{+\infty}\mathrm{d}\kappa\kappa\phi_n(\kappa)\\&\times\left[1-\Gamma_0(\kappa|\rho_1-\rho_2|)\frac{x}{L}\right]\\&\times\left[k\cos\frac{\kappa^2(L-x)x}{2kL}-k_2\cos\frac{\kappa^2(L-x)x}{2k_2L}\right]^2\end{aligned} \tag{7.36}$$

其中，Γ_0为 gamma 函数；L 为通信链路光信号传输距离；κ为空间波数；$k_1=2\pi/\lambda_1$为信号光的波数；$k_2=2\pi/\lambda_2$为信标光的波数。

将 Kolmogorov 大气湍流功率谱代入式(7.36)中[20]，则 Kolmogorov 大气湍流功率谱为

$$\varPhi_n(k)=0.033C_n^2\kappa^{-11/3},\quad 2\pi/L_0<\kappa<2\pi/l_0 \tag{7.37}$$

其中，C_n^2为大气折射率结构常数；L_0和l_0分别为湍流外尺度和湍流内尺度，其计算表达式[21]为

$$d_{\Delta S}(\rho)\cong\begin{cases}a_1C_n^2(k-k_2)^2\kappa_m 7/3L^3\rho^2, & \kappa_m\rho\ll 1\\ a_2C_n^2(k-k_2)^2L\rho^{5/3}, & \kappa_m\rho>1\end{cases} \tag{7.38}$$

其中，$\rho=\rho_1-\rho_2$，当$\rho_1=\rho_2$时为信号光和信标光在接收平面上同一点处的相位起伏数值；C_n^2为大气折射率结构常数；$\kappa_m=5.92/l_0$，l_0为湍流内尺度；a_1和a_2分别为两个表达式的数值计算常数，分别表示准直光束的等效宽度。

在圆形接收孔径中，将系统接收到的波长分别为 λ_1 和 λ_2 的信号光和信标光波前畸变相位之间差值的均方值，作为不同波长光束经过大气湍流之后产生波前色差大小的衡量标准，同时也是自适应光学系统根据信标光波前相位信息校正信号光之后的校正残差。

7.2　自适应光学系统校正残差分析

自适应光学系统在天文、医疗和通信等各个学科领域中的应用发挥了巨大作用，但同时自身系统的测量误差、校正误差等也限制了其校正精度，成为限制系统性能的瓶颈[22]。因此，对自适应光学系统的校正误差系统进行分析，并说明误差的来源及其影响是一个必要问题，根据其在医学、激光通信和成像等领域的具体应用选择合适的设计参数具有指导意义[23]。

7.2.1　自适应光学系统误差模型

自适应光学系统中几种主要误差的来源分别是系统带宽误差、光锥效应、非等晕误差和噪声误差等[24]。对于双波长空间激光通信系统，其主要包括信号光与信标光合束发射和接收光学系统、波前传感器、变形镜以及控制系统等。其中，信号光与信标光是否共光路发射、波前传感器的测量误差、变形镜的拟合面差，以及信号光与信标光因大气色散导致的色散非等晕误差等都是系统校正残差的来源。通过这些误差产生的波前相位起伏的均方差来衡量误差大小，假设误差之间相互独立，总的计算误差可以按照如下公式计算：

$$\sigma_{\text{sum}} = \sqrt{\sigma_{\text{noise}}^2 + \sigma_{\text{fit}}^2 + \sigma_{\text{xcr}}^2 + \sigma_{\text{iso}}^2 + \sigma_{\text{cone}}^2} \tag{7.39}$$

其中，σ_{sum} 为系统总的校正残差；σ_{noise} 为电子噪声以及系统机械振动产生的误差；σ_{fit} 为变形镜的面型拟合误差；σ_{xcr}^2 为波前传感器测量误差；σ_{iso} 为非等晕误差，包括色散非等晕误差以及天顶角折射导致的非等晕误差；σ_{cone} 为非共光路误差。

系统拟合误差、测量误差以及频率匹配导致的误差是自适应光学系统的主要误差，下面对这几项主要误差进行介绍，并对其中由波长不同导致的测量误差进行详细介绍。

7.2.2　变形镜的面型拟合误差

波前校正器的作用是产生畸变相位的反共轭相位，是自适应光学系统中的核心组件。波前校正器在系统控制下产生校正面型或者改变传输介质的折射率，进而改变光波前的光程，达到相位校正的目的[25]。

为保证自适应光学系统对波前畸变校正的准确性，要求波前畸变校正器有足够大的空间自由度，能够很好地拟合所要校正的像差，而且响应速度是否远超扰动波前的时间频率、镜面分辨率的空间频率是否满足 Greenwood 频率[26]等都决定了变形镜校正精度的高低。可以将变形镜视作一个滤波器，像差的功率谱中空间频率高于以奈奎斯特采样准则确定的截止频率的部分将无法得到校正[27]。由文献[26]可以得到面型拟合误差的计算公式为

$$\sigma_{\text{fit}}^2 = 0.274(D/r_0)^{5/3} N_a^{-5/6} \tag{7.40}$$

其中，D 为接收孔径；r_0 为大气相干长度；N_a 为变形镜的子镜数目。

考虑到变形镜的形状有方形、圆形等，常用的马卡天线存在遮拦比等问题，式(7.40)可以简化为[28]

$$\sigma_{\text{fit}}^2 = \mu(d/r_0)^{5/3} \tag{7.41}$$

其中，μ 为与面型相关的常数，方形镜为 0.335，六角拼接镜为 0.339，连续致动变形镜一般为 0.221[29]。

对闭环系统测试偏移量取均值，之后根据重构矩阵和系统响应矩阵，运算得到校正之后的面型矩阵，将均值与响应面型均值方差做差之后得到误差偏移量。根据误差偏移量画出误差面型，进而得到误差面型的均方根值，即可得到由面型拟合导致的误差[30]。

7.2.3 非共光路误差

在对较暗的目标进行检测时，需要设置参考星，以间接检测大气湍流对波前相位造成的扰动。为了便于捕获跟踪对准子系统瞄准跟踪，空间激光通信特意选取面对复杂大气情况透过性比较好波段的光束作为信标光，以间接获得波前相位畸变信息。

常用的信标光有瑞利信标、钠导星等类型，但信标光线和目标源光线通过大气湍流的路线不同，波前传感器测量得到的信标光波前相位与信号光相位并不吻合；在空间激光通信中，信号光与信标光的非共光路发射也会导致相同的问题。钠导星和目标之间存在一定的角度误差，导致传输过程中的大气湍流也不完全一样，信号光与信标光之间的误差角度可以表示为[31]

$$\theta_0 = \left[2.91\kappa^2 \sec^{8/3} \zeta \int C_n^2(h_t) h_t^{5/3} \mathrm{d}h_t\right]^{-3/5} \tag{7.42}$$

其中，θ_0 为误差角度；ζ 为方位角；κ 为空间波数；h_t 为传输路径长度；C_n^2 为大气折射率结构常数。

则对应的非等晕误差可以根据如下公式计算[26]：

$$\sigma_{\text{iso}}^2 = a(\theta/\theta_0)^{5/3} \tag{7.43}$$

其中，$a = KD/2$，D 为接收孔径；θ 为信号光与信标光之间的角距离。

根据 Mellin 变换[32]得到比式(7.43)更为详细的表达式为

$$\sigma_{\text{iso}}^2 = 2.606k_0^2\int_0^{+\infty}\mathrm{d}h_t C_n^2(h_t)\int \mathrm{d}\kappa\kappa^{-8/3}\left(1-\mathrm{J}_0[\kappa\theta h_t]\right) \tag{7.44}$$

其中，J_0 为零阶贝塞尔函数，其他参数同前。

以上是由钠导星和目标光源之间非共光路导致的误差，但同时非等晕误差还包括色散非等晕误差，即钠导星和目标光源之间的波长不同，由大气色散导致两束光之间的波前畸变存在一定误差。

7.2.4　波前传感器测量误差

波前传感器将波前相位起伏转变成测量平面上光斑质心相对于标定点之间的偏移量输出，根据偏移量生成波前重构矩阵。其测量误差来源为：子孔径数目有限，空间分辨率较低；检测器噪声，检测器本身也是一种电子元器件，其内部的电子噪声和暗电流也会影响接收光子数目；相机输出过程的噪声等因素。

波前传感器中的透镜子阵列将光斑成像在焦平面上，形成子光斑阵列。在传感器读取光斑阵列斜率信息的过程中存在读出噪声，包括前置放大器噪声、模数电路转换噪声等。像素采样噪声 σ_{xcr} 可以表示为方差的形式[33]，即

$$\sigma_{\text{xcr}}^2 = \frac{\sigma_A^2}{V} + \frac{\sigma_r^2}{V^2}ML\left(\frac{N^2-1}{12} + X_c^2\right) \tag{7.45}$$

其中，σ_{xcr}^2 为读出噪声和光子起伏噪声引起的质心检测误差方差；σ_A^2 为光斑的等效高斯宽度；σ_r^2 为读出噪声方差；M 和 N 为每一个子透镜在焦平面上的采样窗口区域；V 为窗口内的总光子事件数。

在波前传感器的输出信号中，包含一定数值的暗电平信号，其对检测精度的影响和随机噪声的影响相当，并且会同时对质心检测的系统误差和随机误差产生影响。质心检测的系统误差可以表示为

$$\varDelta_{xc}^2 = \left(\overline{x_c} - \overline{x_p}\right)^2 \tag{7.46}$$

其中，$\varDelta_{xc}^2$ 为质心检测的系统误差；$\overline{x_c}$ 为检测位置；$\overline{x_p}$ 为光斑质心的实际位置。

可以计算出质心位置的方差为

$$\sigma_{xc}^2 = \left(\frac{\mathrm{SNR}}{1+\mathrm{SNR}}\right)^2\sigma_{xp}^2 + \left(\frac{1}{1+\mathrm{SNR}}\right)^2\sigma_{xn}^2 \tag{7.47}$$

其中，σ_{xp}^2 为自身系统检测误差的方差；σ_{xn}^2 为背景电平质心位置方差；SNR 为系统信噪比。

因此，可以准确描述在背景电平的影响下，波前传感器质心检测系统误差。质心检测产生的随机误差可以表示为

$$\sigma_{xc}^2=\left(\frac{\mathrm{SNR}}{1+\mathrm{SNR}}\right)^2\frac{K_{\mathrm{A/D}}\sigma_A^2}{V_p}+\left(\frac{1}{1+\mathrm{SNR}}\right)^2\frac{\sigma_r^2}{V_n^2}\left[\frac{NM(N^2-1)}{12}+NMx_n^2\right] \tag{7.48}$$

其中，σ_{xc}^2 为随机检测误差方差；$K_{\mathrm{A/D}}$ 为一个光子引起的模数转换单位个数；σ_A^2 为光斑的等效高斯宽度；σ_r^2 为读出噪声方差；V_p 为窗口内系统读出噪声的光电子事件数；V_n 为窗口内的背景总光子事件数。

通过两者结合，得到在背景电平噪声影响下总的质心检测误差 σ_x^2 为

$$\begin{aligned}\sigma_x^2&=\sigma_{xc}^2+\varDelta_{xc}^2\\&=\left(\frac{1}{1+\mathrm{SNR}}\right)^2\left\{(\mathrm{SNR})^2\frac{K_{\mathrm{A/D}}\sigma_A^2}{V_p}+\frac{\sigma_r^2}{V_n^2}\left[\frac{NM(N^2-1)}{12}+NMx_n^2\right]+(\overline{x_c}-\overline{x_p})^2\right\}\end{aligned} \tag{7.49}$$

同时，波前传感器的有效光敏面积越大，截断阈值选择也会影响传感器的检测精度，在系统噪声遵循高斯分布的前提下，有效光敏面积越大，系统信噪比越高，检测误差越小，检测阈值的选择太大或者太小都会增大检测误差，因此参数的选取要衡量多个方面的性能，折中取最优数值[34]。总之，波前传感器误差主要有截断误差、采样误差、光子噪声误差和读出噪声误差、暗电平噪声误差四大类[35]。

7.2.5 光学元件偏振色差误差

自适应光学系统中有大量光学元件和表面镀膜元件，镀膜可以增大光束通过效率，减少反射光，如光学天线的镀膜增透玻璃、光路中的镀膜增反镜和偏振分光棱镜等。当光线呈一定角度入射到镀膜元件表面时，会产生一定量的偏振效应，造成接收焦平面处光传输延迟和光能量衰减。

光束在介质分界面上的反射与折射[22]如图 7.2 所示(N_0 和 N_1 分别为入射界

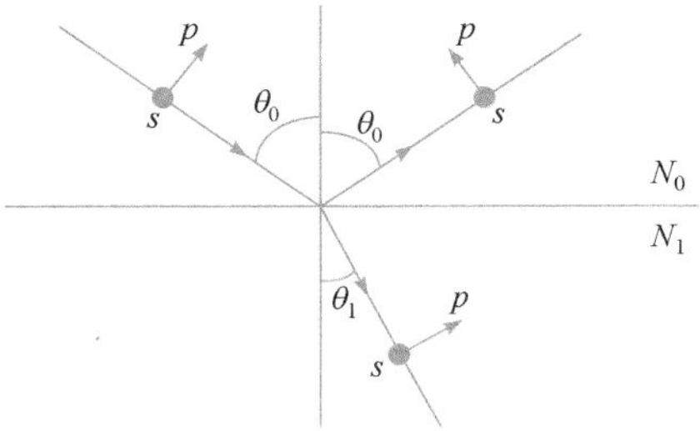

图 7.2　光束在介质分界面上的反射与折射[22]

面上两侧的介质折射率)，以垂直纸面和平行纸面方向建立三维坐标，入射光电矢量分为 s 分量和 p 分量，s 分量的振动方向始终垂直纸面，p 分量中绝大多数电矢量的振动方向平行纸面，但 p 分量中包含部分 s 分量。介质对 s 分量和 p 分量的折射率不同，造成两个偏振分量之间的波前色差，称为偏振色差[36,37]。

以图 7.2 中的反射光为例，s 分量和 p 分量的反射系数可以分别计算为

$$r_s = \frac{-\sin(\theta_0 - \theta_1)}{\sin(\theta_0 + \theta_1)} = |r_s|\exp(\mathrm{i}\phi_s) \tag{7.50}$$

$$r_p = \frac{\tan(\theta_0 - \theta_1)}{\tan(\theta_0 + \theta_1)} = |r_p|\exp(\mathrm{i}\phi_p) \tag{7.51}$$

其中，r_p 和 r_s 分别为光束 p 分量和 s 分量在分界面上的反射率；θ_1 和 θ_0 分别为反射角和入射角；ϕ_p 和 ϕ_s 分别为反射光 s 偏振光和 p 偏振光的波前相位。

根据式(7.50)和式(7.51)，当光线呈一定角度入射时，s 偏振光和 p 偏振光的反射率及反射相位如图 7.3 所示，从图中可以看出，p 偏振光和 s 偏振光之间的相位差异会随着波长和入射角的增加不断增大。

以卡塞格林光学天线为例，分析其偏振色差。在空间激光通信系统中，经常使用马卡天线或者卡塞格林光学天线发射光信号，卡塞格林光学天线的反射镜式抛物面的光线大多以一定角度入射到镜面上，为了增大反射率，会在抛物反射面上镀膜，这两个因素造成了偏振像差。卡塞格林光学天线[38]如图 7.4 所示，平行光线入射到主反射镜之后汇聚到次级反射镜，主反射镜由边缘到中心角度逐渐增大，入射光线和法线之间的夹角(即入射角)逐渐增大，根据如图 7.4 所示的光学天线结构进行分析，随着入射角度的增大，p 分量和 s 分量之间的相位差增加。

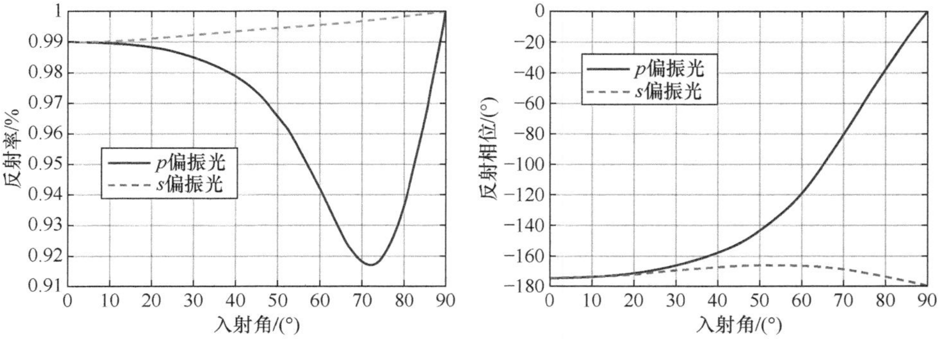

图 7.3　高反膜 p 偏振光和 s 偏振光反射率及反射相位随入射角的变化曲线[22]

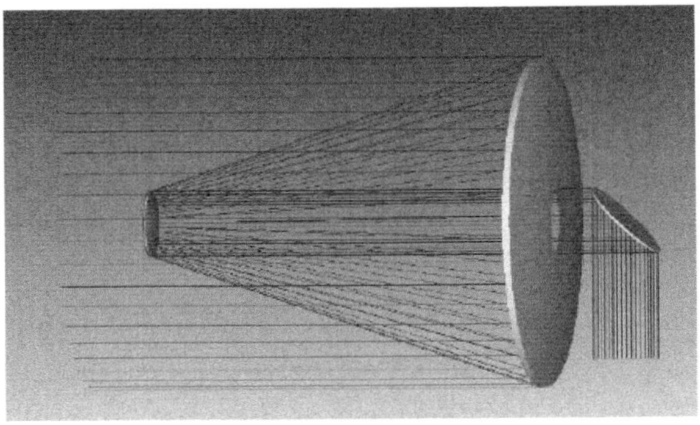

图 7.4　卡塞格林光学天线[38]

偏振像差是波长的函数，不同波长条件下系统产生的偏振色差存在差异。波面重构残差图[22]如图 7.5 所示，分别为 589nm 和 1300nm 光束的波前偏振色差，589nm 波前偏振色差的均方根值为 0.0180rad，1300nm 波长光束的波前偏振色差的均方根值为 0.0189rad，短波较长波的偏振色差小。两个波长之间的离焦色差达到了 1.144rad，成为校正残差中的主要成分。

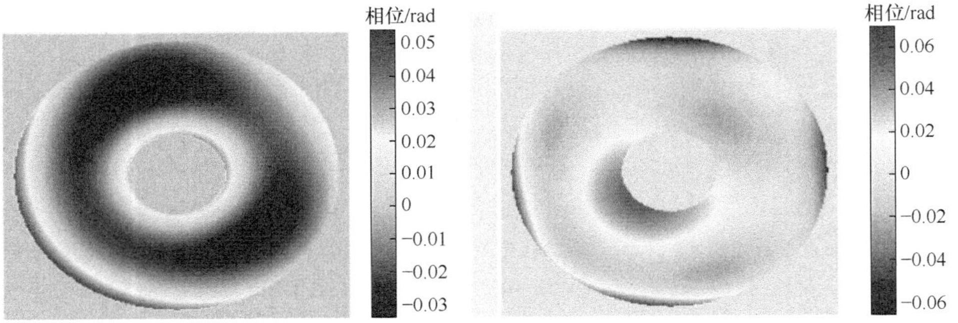

(a) 589nm光束波前重构　　(b) 1300nm光束波前重构

图 7.5　波面重构残差图[22]

除了以上误差外，造成自适应光学系统校正误差的还有混叠误差、光强闪烁误差、检测器标定误差等[38]。

7.3　弱湍流区域不同波长光束波前畸变差异分析

7.3.1　到达角起伏

大气湍流对激光光束的影响与光束波形、光束直径、湍流强度、内外尺度等因素有关。其影响本质是光束相干性退化导致一系列的宏观物理表现，即光强闪烁、光束漂移、光斑拓展和到达角起伏等[39]。其中，当湍流较弱时，湍流内部的大尺度湍流较多，其对光束的主要影响是使光束的传播方向产生随机偏折，同时发生衍射，在接收截面上产生到达角起伏现象[40]。到达角起伏产生光斑抖动如图 7.6 所示，发射信号光束在大气信道中传输之后经过接收光学天线，在接收焦平面上的光斑受其影响发生随机抖动，影响了接收光束能量和光纤耦合效率。

到达角起伏是光束在湍流的影响下波前包络相位面的法线与未受湍流影响激光波前包络相位面法线之间的夹角随时间围绕均值起伏的现象，光束在大气中传输产生到达角如图 7.7 所示，受湍流影响，光矢量在传输过程中产生随机偏振，在接收截面处其传播方向会偏离原始传播方向[41]。

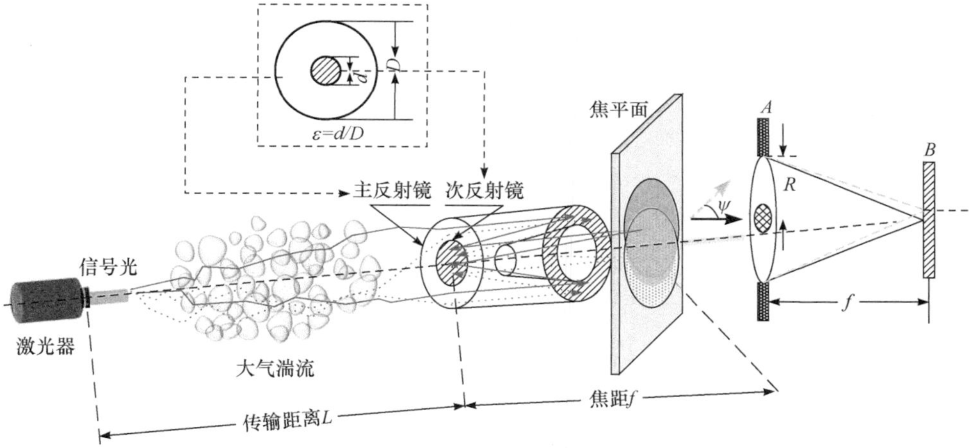

图 7.6　到达角起伏产生光斑抖动

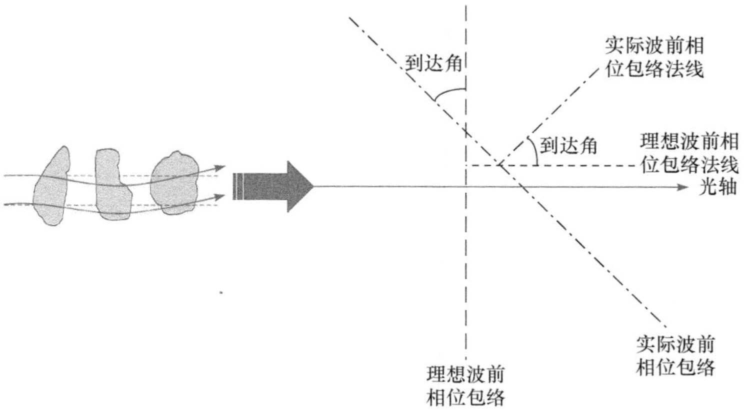

图 7.7　光束在大气中传输产生到达角

在接收平面上某点处取半径为 r 的微小圆形区域，圆心和圆周上任一点之间

的相位差为 ΔS，因此位于圆心处的一点对应的到达角 α 为

$$\alpha = \Delta S/(kr) \tag{7.52}$$

当圆形区域的半径 r 足够小时，得到圆心处的到达角数值大小，因此对到达角定义式(7.52)取极限可得

$$\alpha = \lim_{\rho\to 0} \Delta S/(kr) \tag{7.53}$$

实际波前相位曲面是一种不规则随机起伏状态，所以不同位置点处的到达角都是随机且任意的。对于实际情况，可以通过波前相位斜率来计算到达角度，即

$$\alpha = \lim_{r\to 0}\frac{1}{k}\cdot\frac{\partial D_S(r)}{\partial r} \tag{7.54}$$

其中，$D_S(r)$ 为波前相位结构函数。

平面波、球面波或者高斯光束的波前相位结构函数存在差异[42]，在不同的大气湍流功率谱条件下，波前相位结构函数也不同[43]。因此，可以得到一个到达角起伏方差的通项表达式[44]为

$$\begin{aligned}\sigma_{\mathrm{AF}}^2 &= \lim_{\rho\to 0}\frac{1}{k^2}\cdot\frac{\partial^2 D_S(r)}{\partial r^2}\\ &= \pi^2 L\int_0^1 \mathrm{d}\xi\int_0^{+\infty}\mathrm{d}\kappa^3 \Phi_n(\kappa)h(\kappa,\xi)\kappa\end{aligned} \tag{7.55}$$

其中，σ_{AF}^2 为到达角起伏方差；L 为光信号传输距离；$\Phi_n(\kappa)$ 为湍流功率谱；$h(\kappa,\xi)$ 为有关平面波、球面波或者高斯光束的不同波形权重函数，表达式为[44]

$$\begin{cases} h_p(\kappa,\xi) = \left[1+\dfrac{k}{\kappa^2 L}\sin\left(\dfrac{\kappa^2 L}{k}\right)\right]A\left(\dfrac{D_C\kappa}{2}\right)\\ h_s(\kappa,\xi) = \left\{1+\cos\left(\dfrac{\kappa^2\xi(1-\xi)L}{k}\right)\right\}\xi^2 A\left(\dfrac{D_G\kappa\xi}{2}\right)\end{cases} \tag{7.56}$$

其中，下标“p”为平面波；“s”为球面波；A 则为对应圆形接收孔径的孔径函数；D_C 为平面波的波前相位结构函数；D_G 为球面波的波前相位结构函数。

高斯光束对应的具体形式可以表现为

$$\begin{cases} h_p(\kappa,\xi) \approx 2A\left(\dfrac{D_G\kappa}{2}\right)\\ h_s(\kappa,\xi) \approx 2\xi^2 A\left(\dfrac{D_G\kappa\xi}{2}\right)\end{cases} \tag{7.57}$$

到达角起伏是一种低阶像差，在空间激光通信系统的波前像差中占据70%～85%[45]，会引起光斑在检测器表面的随机抖动，影响 APT 系统的跟踪瞄准[46]，还会影响有限接收孔径中接收光信号的功率[47]，甚至会影响尾部信号光纤耦合过程中的光纤耦合效率[48]，基于以上原因，科研人员对到达角起伏这一湍流光学效应进行了大量研究。

2003 年，Consortini 等[49]针对湍流内外尺度和到达角闪烁这一简单关系建立了数学模型，并通过到达角闪烁和光强闪烁对湍流内外尺度进行了实验室测量。2007 年，Italo 等[50]指出了在弱湍流谱 Kolmogorov 谱线下的相位结构常数以及到达角起伏谱，并且建立了普遍适用的湍流谱以及相应的相位结构函数，还有相应的到达角闪烁谱。2008 年，Conan 等[51]根据协方差函数推导出到达角的时空相关函数，分析了到达角起伏时空相关性。2018 年，Voelz 等[52]通过光线追迹和波动光学的方法对强弱湍流区域产生的到达角进行了分析，并且说明了孔径滤波效应对到达角的影响，最后通过计算机数值模拟仿真分析证明了结论的正确性[53]。

7.3.2　不同波长高斯光束到达角起伏互相干函数

波长分别为 λ_1 和 λ_2 的高斯光束在经过相同的大气信道传输之后，在接收端光束的到达角起伏分别为 α_{λ_1} 和 α_{λ_2}，两者之间的相关性可以用互相干函数来描述[54]，即

$$\begin{aligned}\left\langle \alpha_{\lambda_1}\alpha_{\lambda_2}\right\rangle = & \frac{F^2}{4k_1k_2\omega_0^2}\int \mathrm{d}^4\rho \exp\left(-\frac{2\rho^2}{\omega_0^2}\right)\\ & \times\left\langle \frac{\partial s_1(F,\rho_1,\lambda_1)}{\partial \rho_1}\cdot\frac{\partial s_2(F,\rho_2,\lambda_2)}{\partial \rho_2}\right\rangle T(\rho)\end{aligned} \tag{7.58}$$

$$T(\rho)=\begin{cases}1, & \rho\leqslant D\\ 0, & \rho>D\end{cases} \tag{7.59}$$

其中，$\left\langle \alpha_{\lambda_1}\alpha_{\lambda_2}\right\rangle$ 为两个波长光束对应到达角起伏之间的互协方差；$F=\dfrac{L}{1+(L/f)^2}$ 为光束波阵面曲率半径，L 为光束传输距离，f 为光束参数；$k_1=\dfrac{2\pi}{\lambda_1}$ 和 $k_2=\dfrac{2\pi}{\lambda_2}$ 分别为不同波长光束的波矢；ω_0 为束腰半径；D 为接收孔径；$\rho=\rho_1-\rho_2$ 为波阵面上 ρ_1 和 ρ_2 两点间的距离，当 $\rho=0$ 时，两点重合。

式(7.58)中 $\langle\cdot\rangle$ 表示系综平均，其具体表达式为[55]

$$\left\langle \frac{\partial s_1(F,\rho_1,\lambda_1)}{\partial \rho_1} \cdot \frac{\partial s_2(F,\rho_2,\lambda_2)}{\partial \rho_2} \right\rangle = D_S''(\rho,\lambda_1,\lambda_2)\frac{\eta^2}{\rho^2} + D_S'(\rho,\lambda_1,\lambda_2)\left(1-\frac{\eta^2}{\rho^2}\right) \tag{7.60}$$

$$D_S = (L,\rho,\lambda_1,\lambda_2) = \frac{1}{1-h^2}\left[D_S(L,\rho,\lambda) - \frac{1}{h}D_x(Lh,\rho,\lambda)\right] \tag{7.61}$$

其中，$D_S(\rho,\lambda_1,\lambda_2)$ 为双频相位结构函数；$h=\dfrac{k_1-k_2}{k_1+k_2}$；$\lambda=\dfrac{2\pi}{k}$；$k=\dfrac{2k_1k_2}{k_1+k_2}$；$D_x$ 为对数振幅结构函数；$D_S(L,\rho,\lambda)$ 为相位结构函数。

将式(7.60)和式(7.61)代入式(7.58)中，整理后得到不同波长高斯光束到达角起伏的互相关系数为

$$\begin{aligned} G_\alpha(L,\lambda_1,\lambda_2) &= \sigma_\alpha^2(\lambda_1,\lambda_2) \\ &= \frac{0.101\pi^2\Gamma(1/6)}{7.963\sqrt{2}} C_n^2 F^3 (LR)^{-1/3} \times \frac{16}{17} \\ &\quad \times \mathrm{Re}\left[\frac{F\left(1,1/6,23/6;\dfrac{1}{1+\mathrm{i}g_1}\right)}{(1+\mathrm{i}g_1)^{1/6}} + \frac{F\left(1,1/6,23/6;\dfrac{1}{1+\mathrm{i}g_2}\right)}{(1+\mathrm{i}g_2)^{1/6}}\right] \end{aligned} \tag{7.62}$$

其中，$G_\alpha(L,\lambda_1,\lambda_2)$ 为不同波长高斯光束到达角起伏之间的互相关系数；$g_1=\dfrac{F(k_1+k_2)}{k_1k_2\alpha_0^2}$；$g_2=\dfrac{F(k_1-k_2)}{k_1k_2\alpha_0^2}$；$F$ 为高斯超几何函数；R 为波前等效曲率半径；C_n^2 为大气折射率结构常数。

7.3.3　不同波长高斯光束波前相位数值关系

对光束经过大气信道之后产生的波前相位畸变利用几何光学方法进行分析，需要满足一定的条件：

(1) 在大气湍流内部有大尺寸涡旋和小尺寸涡旋，大尺寸涡旋会使经过它的光束产生偏折，而小尺寸涡旋则使光束发射衍射。当湍流强度较弱时，内部大尺寸的涡旋数量较多，此时可以利用几何光学方法[56]对高斯光束产生的相位畸变进行分析。

(2) 对波前相位畸变的分析以及统计数据特征的计算是长时间观察的结果，满足稳态过程标准[57]。

(3) 在中强度或弱湍流区域，湍流功率谱满足 Kolmogorov 谱线，介质内部满足各向同性条件。

因此，本节使用几何光学方法对不同波长高斯光束的傍轴区域[58]的波前相位畸变之间的差异进行分析。

如图 7.8 所示，入射光沿着 z 轴正向入射，整个波面分布在 XOY 平面之内。波前测量面 S 垂直于 z 轴，入射光在测量线位置的相位分布函数为 $\varphi=f(y)$，P 点为测量波面上的一点，由于波前相位畸变，波面上 P 点与周围邻近位置之间存在相位差。假定信号光波长为 λ_1，信标光波长为 λ_2，在 P 点附近分别沿着两束光波前等相位面选取一点 N_1 和 N_2，PN_1 和 PN_2 两点间距离为 ρ，光束传输距离为 L。

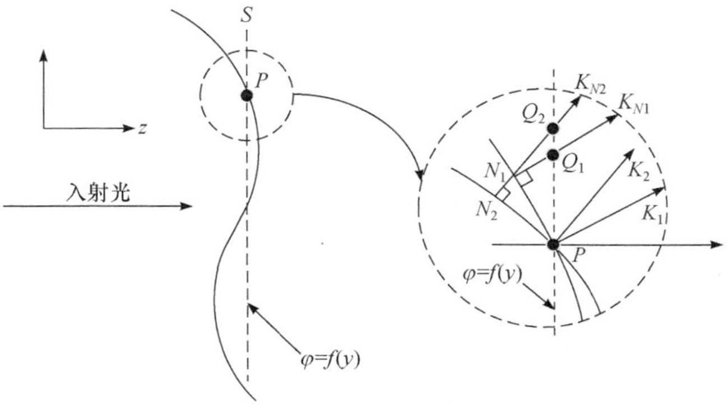

图 7.8　入射波前截面示意图

过点 N_1 和 N_2 分别做两个波长光束等相位面的垂线，即 N_1 和 N_2 点处波面的传播方向分别为 K_{λ_1} 和 K_{λ_2}，两个传播矢量分别交测量面 S 于点 Q_1 和点 Q_2，当 ρ 很小且趋近于 0 时，可以将三角形 N_1Q_1P 和三角形 N_2Q_2P 认为是直角三角形，则 Q_1P 两点、Q_2P 两点之间的相位差分别为信标光和信号光对应的波前相位差，对应信号光波前相位差为 φ_{λ_1}，信标光波前相位差为 φ_{λ_2}，在上述条件下信号光和信标光的波前畸变相位可以分别表示为

$$\varphi_{\lambda_2}=\varphi_P-\varphi_{Q_2}=\frac{2\pi}{\lambda_2}N_2Q_2=\frac{2\pi}{\lambda_2}(n_P-n_{Q_2})L \tag{7.63}$$

$$\varphi_{\lambda_1}=\varphi_P-\varphi_{Q_1}=\frac{2\pi}{\lambda_1}N_1Q_1=\frac{2\pi}{\lambda_1}(n_P-n_{Q_1})L \tag{7.64}$$

由于信号光和信标光沿着相同路径传输，对应点位置之间的空气折射率变化量相同，所以有

$$n_P-n_{Q_1}=n_P-n_{Q_2} \tag{7.65}$$

当信号光和信标光在相同大气信道中传输时，大气湍流中折射率随机变化对不同波长高斯光束的调制作用不同，波前起伏畸变之间也存在一定的差异，即 PQ_2 点和 PQ_1 点之间的相位差不相同，对应的波前畸变相位差为

$$\begin{aligned}\Delta &= \left|\varphi_{\lambda_1} - \varphi_{\lambda_2}\right| \\ &= (\varphi_P - \varphi_{Q_2}) - (\varphi_P - \varphi_{Q_1}) \\ &= 2\pi(n_P - n_Q)L\left|\frac{\lambda_1 - \lambda_2}{\lambda_1\lambda_2}\right|\end{aligned} \tag{7.66}$$

进而 P 点处信号光波前相位 φ_{λ_1} 和信标光波前相位 φ_{λ_2} 之间的关系为

$$\varphi_{\lambda_1} = \frac{\dfrac{2\pi}{\lambda_2}(n_P - n_Q)L \pm \Delta}{\dfrac{2\pi}{\lambda_2}(n_P - n_Q)L} \cdot \varphi_{\lambda_2} \tag{7.67}$$

将式(7.65)和式(7.66)代入式(7.67)中，得到不同波长高斯光束畸变相位之间的关系为

$$\varphi_{\lambda_1} = \left(\frac{\lambda_2}{\lambda_1} \pm \left|\frac{\lambda_1 - \lambda_2}{\lambda_1\lambda_2}\right|\right)\varphi_{\lambda_2} \tag{7.68}$$

根据此关系，在已知信号光和信标光波长、光束传输距离、折射率变化的基础上，可以计算出不同波长光束波前畸变相位差，也可以根据信标光的波前畸变测量值计算出信号光的波前畸变测量值。

7.3.4　数值仿真

1. 不同波长高斯光束在大气信道中的传输特性

在湍流外尺度 $L_0 = 5\text{m}$，湍流内尺度 $l_0 = 0.1\text{m}$，大气折射率结构常数 $C_n^2 = 1\times10^{-20}\text{m}^{-2/3}$ 的大气湍流条件下[59]，波长分别为 1550nm、850nm、632.8nm 和 530nm 的高斯光束在传输距离 L=10km 的相同大气信道传输之后，波前相位畸变仿真结果如图 7.9 所示。从图 7.9 中可以看出，在相同传输条件下，高斯光束相

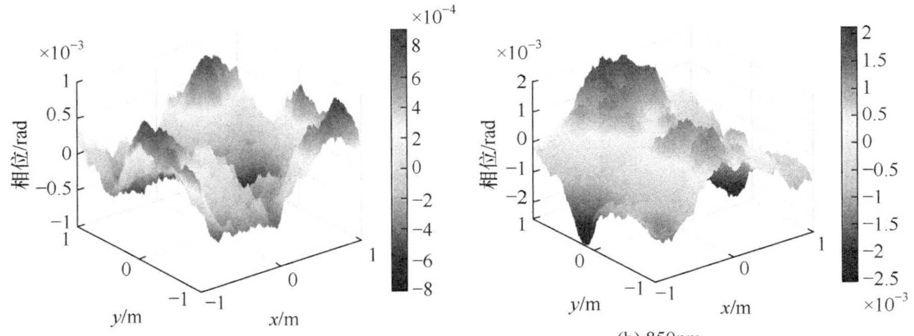

(a) 1550nm　　(b) 850nm

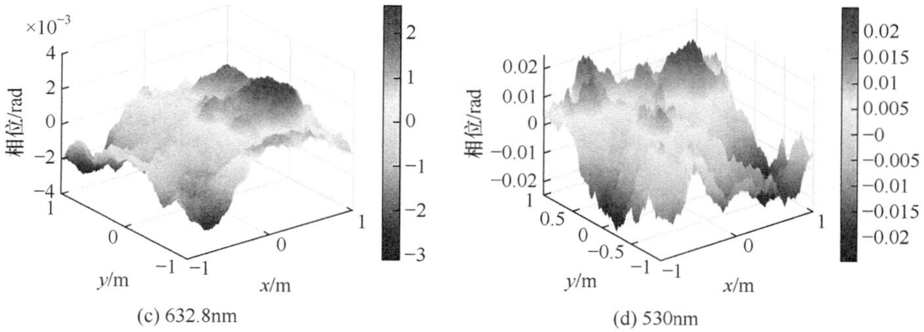

图 7.9　不同波长高斯光束经大气湍流传输后波前相位畸变仿真结果

位畸变程度随波长的不同而产生明显的差异，这一现象说明大气湍流对不同波长高斯光束的调制不同。

高斯光束波前相位起伏均方根值与波长关系曲线如图 7.10 所示。从图 7.10 中可以看出，波前相位起伏均方根值随着波长的增加逐渐降低，说明大气湍流对长波长的扰动小于短波长，即短波长的相位起伏程度要大于长波长。如果使用长波长信标光校正短波长信号光，则将存在校正不足的问题，而且校正残差随着两者之间波长差的增加而增大，最后补偿效果趋于消失；如果使用短波长信标光校正长波长信号光，则校正量大于实际相位畸变量，校正残差随着波长的增加迅速增大，最后当波长差到达某一数值时，校正残差会达到没有校正时的相位畸变误差。

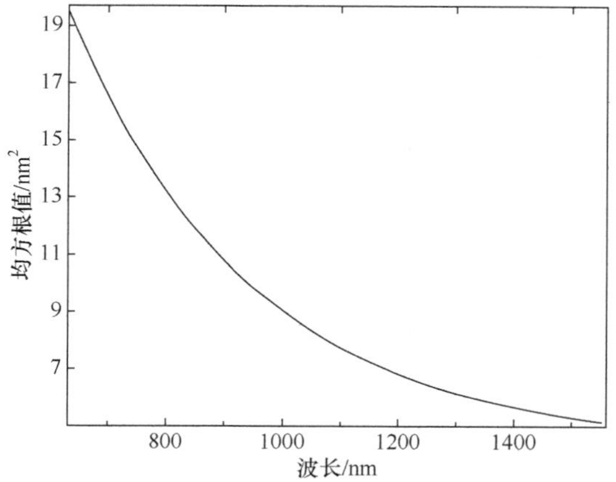

图 7.10　波前相位起伏均方根值与波长关系曲线

图 7.11 是不同高斯光束波前相位畸变差值与波长差关系图，其中信号光波长为 1550nm。从图 7.11 中可以看出，信号光和信标光之间的波长差越小，畸变

相位差越小，说明只有当信号光和信标光波长很接近时，才将信标光波前畸变量近似为信号光波前畸变量。此外，还可以得出结论：当信号光波长大于信标光波长时，两个波长光束相位关系式中应该取“–”号；当信号光波长小于信标光波长时，关系式中应该取“+”号。

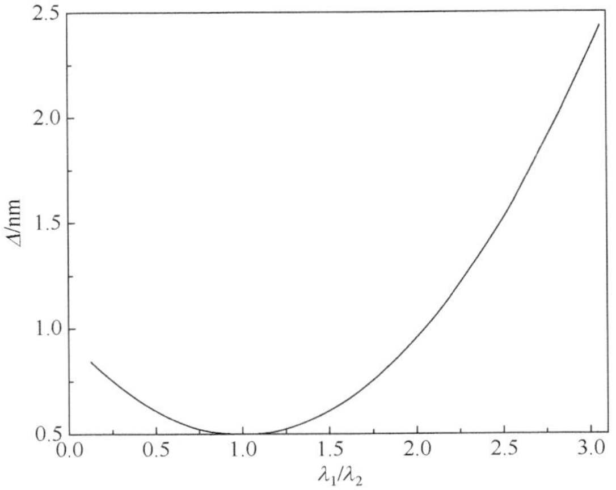

图 7.11　不同高斯光束波前相位畸变差值随波长差变化趋势

2. 不同波长高斯光束到达角起伏相关性

到达角起伏相关性与传输距离、大气折射率结构常数、束腰半径、波长和波前空间中两点之间的距离等多重因素有关，本节将分析传输距离、光束波长差以及湍流强度等因素对相关性的影响，如无特殊说明，仿真参数取值为：传输距离 L=10km，信号光波长为 1550nm，信标光波长分别为 632.8nm、750nm、950nm 和 1280nm，大气折射率结构常数 $C_n^2=1\times10^{-20}\sim1\times10^{-18}\text{m}^{-2/3}$。

当束腰半径 $\omega_0=0.01\text{m}$、大气折射率结构常数 $C_n^2=1\times10^{-20}\text{m}^{-2/3}$ 时[59]，不同波长到达角起伏之间互相关系数随传输距离的变化曲线如图 7.12 所示。由图 7.12 可知，随着传输距离的增加，不同波长到达角起伏之间的互相关系数逐渐增加，这一现象产生的原因是处于同一湍流扰动的不同波长的波前畸变之间产生了统计学相关性。在相同距离条件下，两束光之间的波长差越小，对应到达角起伏之间的互相关系数越大。

不同波长高斯光束的到达角起伏互相关系数随大气湍流强度的变化曲线如图 7.13 所示。从图 7.12 可以看出，不同波长高斯光束到达角起伏之间的互相关系数随着大气折射率结构常数的减小而逐渐上升。信标光和信号光之间的波长差越小，不同波长高斯光束对应到达角起伏之间的互相关系数越大，进而可以说明不同波长到达角起伏之间的畸变信息一致性越高。

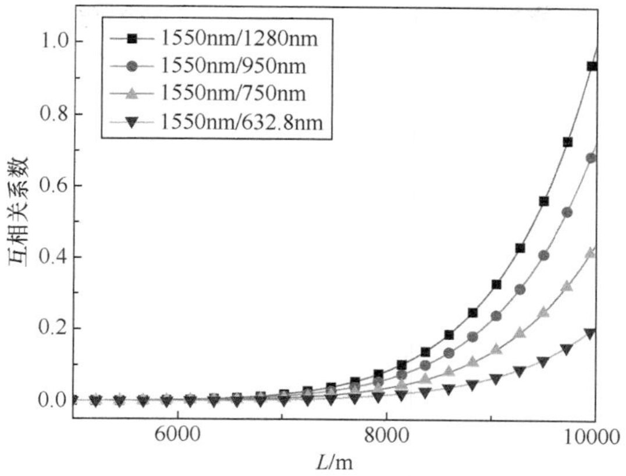

图 7.12　不同波长到达角起伏之间互相关系数随传输距离的变化曲线

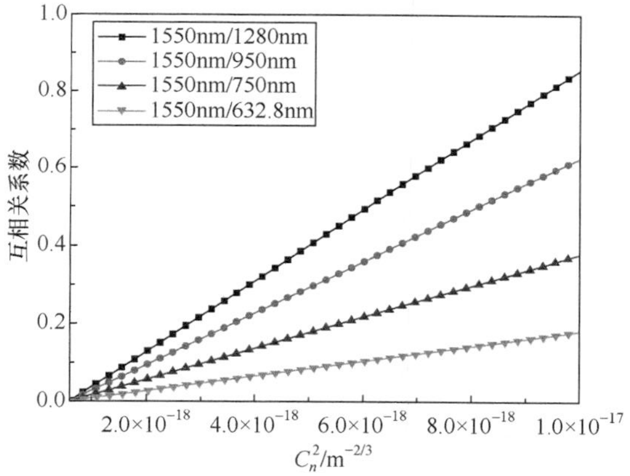

图 7.13　不同波长高斯光束的到达角起伏互相关系数随大气湍流强度的变化曲线

图 7.14 为束腰半径对不同波长高斯光束到达角起伏之间相关性的影响，纵轴为取对数 10 之后的互相关系数。从图 7.14 可以看出：不同波长高斯光束到达角起伏之间的互相关系数随着束腰半径的增加而逐渐减小，同时，两束光之间的波长差越小，互相关系数越大。

由上述分析可知，不同波长高斯光束到达角起伏之间的相关性会随大气折射率结构常数的增加而下降，在相同传输距离和大气折射率结构常数的条件下，短波到达角起伏波动程度要高于长波；同时在波长相同的条件下，到达角起伏对于传输距离的敏感性要远高于对于大气折射率结构常数的敏感性。

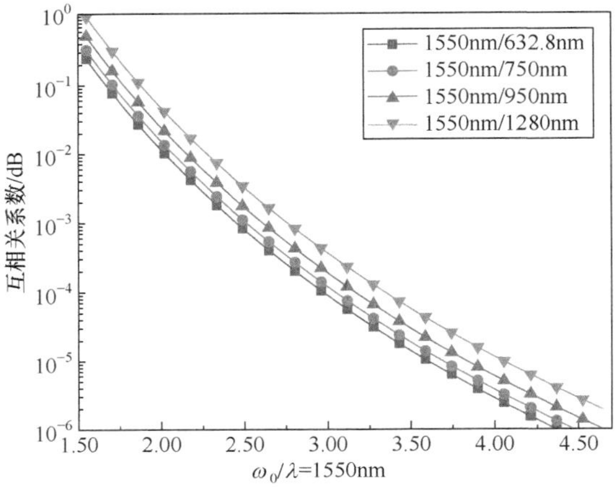

图 7.14　不同波长到达角起伏之间互相关系数随束腰半径的变化曲线

7.4　强湍流区域不同波长光束波前畸变差异分析

湍流光学效应的本质是空气介质温度和压强不稳定引起的折射率随机分布，折射率在不同空间中随时间不断分配再分配。湍流内部涡旋所承载的能量随涡旋尺寸的不断减小也不断被分散直至耗尽。因此，湍流也分为强湍流、中强度湍流和弱湍流[60]。第 4 章已经分析了弱湍流区域高斯光束之间的相关性和相位关系，本节对强湍流区域中不同波长高斯光束之间的相位差及相关性进行分析。

7.4.1　强湍流

在湍流理论中，使用折射率结构函数 $D_n(r)$ 描述大气湍流内部折射率的空间分布情况[61]：

$$D_n(r) = C_n^2 r^{2/3} \tag{7.69}$$

其中，r 为湍流内部空间中的两点；C_n^2 为大气折射率结构常数，与高度、温度、大气压强及风速等环境因素有关，可以衡量湍流强度。

当 $C_n^2 < 10^{-17}\text{m}^{-2/3}$ 时，大气湍流为弱湍流；当 $C_n^2 \geqslant 10^{-13}\text{m}^{-2/3}$ 时，大气湍流为强湍流或更高水平。在水平高度不变的情况下，其数值变化不大，但是斜程路径、上行链路和下行链路中断、高度变化对大气折射率结构常数的影响不可忽略，且需要进行具体分析[62]。

当湍流位于强湍流区域时，湍流内部尺寸较小的涡旋数量更多，耗散区的时间变化速度和空间变化速度更快，此时湍流产生的衍射效应更强，需要同时考虑湍流的内尺度和外尺度。第 4 章中使用 Kolmogorov 大气湍流谱描述湍流[63]：

$$\Phi_n(\kappa)=0.033C_n^2\kappa^{-11/3},\quad 1/L_0\ll\kappa\ll 1/l_0 \tag{7.70}$$

其中，$\Phi_n(\kappa)$为湍流功率谱；κ为空间波数；l_0和L_0分别为湍流的内尺度和外尺度。

该湍流功率谱考虑空间波数在介质分布各向同性区域内，对惯性区域内的描述较为准确，但是对于强湍流区域并不完全适用，描述误差较大。当不能忽略湍流内尺度、外尺度在计算中的影响，且耗散范围进一步扩大到非惯性子区域时，在 Kolmogorov 大气湍流谱的基础上引入一个 e 指数系数[64]：

$$\Phi_n(\kappa)=0.033C_n^2\kappa^{-113}\exp\left(-\frac{\kappa^2}{\kappa_m^2}\right),\quad \kappa\gg 1/l_0,\quad \kappa_m=5.92/l_0 \tag{7.71}$$

但是，该谱线在输入区域内取极值时具有奇异性，并且是各向异性的，因此在实际使用过程中再次对 Tatarskii 谱加以改进，使其在强湍流区域内也可以维持各向同性均匀的性质，改进之后的模型为[65]

$$\Phi_n(\kappa)=\begin{cases}\dfrac{0.033C_n^2}{\left(\kappa^2+\kappa_0^2\right)^{1/6}},\quad 0\leqslant\kappa\ll 1/l_0\\[2ex] 0.033C_n^2\dfrac{\exp\left(-\kappa^2/\kappa_m^2\right)}{\left(\kappa^2+\kappa_0^2\right)^{1/6}},\quad 0\leqslant\kappa<\infty\end{cases} \tag{7.72}$$

其中，$\kappa_0=2\pi/L_0$。

式(7.72)中的第一个谱模型只包含了湍流外尺度，第二个谱模型既包含了湍流内尺度，又包含了湍流外尺度，对于第二个包含湍流外尺度的公式，其指数形式为

$$\Phi(k)=0.033C_n^2\kappa^{-11/3}[1-\exp(-\kappa^2/\kappa_0^2)],\quad 0\ll\kappa\ll 1/l_0 \tag{7.73}$$

其中，参数κ_0^2与湍流外尺度参数有关，$\kappa_0=c_0/L_0$，c_0为比例参数，取值与实际应用大小有关，在强湍流区域，其取值一般为8π。

该谱线在输入区任意取值之后的积分仍是收敛的，并且满足各向同性的性质，在波数合理取值范围内，统计性质和各向同性的性质都是相同的，因此本章强湍流区域的高斯光束波前相位畸变差异分析也是使用该谱线。

根据以上关于强湍流功率谱的讨论，总结几点强湍流区域相较弱湍流区域自身的特点，如下所示：

(1) 强湍流区域的折射率分布更加复杂，随机性更高，同时强湍流区域湍流的时变频率更高。

(2) 通过其中信号光束的波前形状更加尖锐和复杂，不再满足积分区域或者积分曲线平滑条件和几何光学分析条件。

(3) 在强湍流区域，除了相位畸变之外，还会在接收端出现强度闪烁现象，光斑被撕裂成一系列小的碎片化的散斑[66]。

(4) 波前相位不再连续，出现许多波前相位零点，导致无法复原出连续且平滑的波前相位。

基于以上强湍流区域的特点，对不同波长光束波前相位畸变之间的误差分析不能使用几何光学方法，转而采用相位结构函数的方法进行分析；分析过程计算相关函数和相位结构函数采用适用于强湍流区域的湍流功率谱，分析湍流内尺度与外尺度、空间波数等因素对差异数值的影响。

7.4.2 强湍流区域不同波长信号光波前畸变差异误差结构函数

在强湍流区域，波长为 λ_1 的信号光和波长为 λ_2 的信标光共光路发射，空间光通信系统使用马卡天线发射光束，高斯光束经过天线之后可以近似为在接收截面上各部分强度相等的均匀分布，并且强湍流区域的相位被撕裂成不连续的散斑分布在接收截面上，为了便于理解和计算，根据 Markov 近似：

$$\langle n(R_1)n(R_2)\rangle = B_n(R_1 - R_2) = \delta(z)A(r_1 - r_2) \tag{7.74}$$

其中，$n(\cdot)$ 为传输路径截面上某点处的空气折射率；$B_n(\cdot)$ 为不同点之间的互相干函数；$A(r_1 - r_2)$ 为比例系数，在保证各项均匀同性的前提下，在强湍流区域其值暂定为 1。

本节接收端的信号光与信标光波前相位函数可以近似成相位受到湍流调制的响应函数，其表达式分别为

$$\phi_{\lambda_1} = k_1\int_0^L \delta_n(r,z)\mathrm{d}z \tag{7.75}$$

$$\phi_{\lambda_2} = k_2\int_0^L \delta_n(r,z)\mathrm{d}z \tag{7.76}$$

其中，ϕ_{λ_1} 和 ϕ_{λ_2} 分别为波长为 λ_1 和 λ_2 的波前相位函数；L 为传输距离；r 为接收截面上的位置矢量；$\delta(r,z)$ 为冲击响应函数；k_1 和 k_2 分别为对应波长为 λ_1 和 λ_2 的波数。

由前面两个波前相位的表达式可以看出，接收截面上某点处相位函数对大气湍流的响应结果是由后面的冲击响应函数 $\delta(r,z)$ 和前面的 $K = 2\pi/\lambda$ 波数组成的，因此不同波长通过湍流之后的波前相位畸变是不一样的。不同波长光束相位之间的畸变误差 $\Delta\phi$ 可以由对应波前相位作差得到，即

$$\begin{aligned}\Delta\phi(r) &= \phi_{\lambda_1} - \phi_{\lambda_2} \\ &= k_1\int_0^L \delta_n(r,z)\mathrm{d}z - k_2\int_0^L \delta_n(r,z)\mathrm{d}z\end{aligned} \tag{7.77}$$

由式(7.77)可以看出，不同波长光束波前畸变之间的误差受到波长差值、传输距离、接收截面上两点间的距离以及大气湍流的影响。在强湍流区域，波前相位变化迅速，进而导致两个波前之间的畸变差异快速随机变化，并不能满足严格平稳的随机过程条件，其平均值只能在相当短的时间内保持不变，为了解决这个问题，并不对差值 $\Delta\phi(r)$ 本身进行研究，而是对差值的变化量 $\Delta\phi(r)-\Delta\phi(r,\Delta t)$ 进行研究，可以认为相对变化量是满足平稳随机过程的，这个具有缓慢变化过程的数值可以用相位结构函数来描述，即

$$D_{\Delta\phi}(r)=\left\langle[\Delta\phi(\rho+r)-\Delta\phi(r)]^2\right\rangle \tag{7.78}$$

不同波长光束波前畸变差异总量由稳定量和小部分的微小变化量组成，其在接收截面上的空间分布表达式为

$$\begin{aligned}D_{\Delta\phi}(r)&=\left\langle[\Delta\phi(\rho+r)-\Delta\phi(r)]^2\right\rangle\\&=2[B_{\Delta\phi}(\rho)-B_{\Delta\phi}(r)]\end{aligned} \tag{7.79}$$

其中，B 为互相干函数。

因为相位响应函数定义为均匀分布在接收截面上的冲击响应，所以此时大气湍流对光相位面的影响等效为折射率的分布情况，进而可以得到相位结构函数与折射率随机分布结构函数之间的关系为

$$\begin{aligned}D_{\Delta\phi}(r)&=\left\langle\left\{\left[k_1\int_0^L\delta_n(r_1,z)\mathrm{d}z\right]-\left[k_2\int_0^L\delta_n(r_2,z)\mathrm{d}z\right]\right\}^2\right\rangle\\&=(k_1-k_2)^2\left\langle\left\{\left[\int_0^L\delta_n(r_1,z)\mathrm{d}z\right]-\left[\int_0^L\delta_n(r_2,z)\mathrm{d}z\right]\right\}^2\right\rangle\\&=(k_1-k_2)^2D_n(r)\end{aligned} \tag{7.80}$$

其中，$D_n(r)$ 为大气湍流的相位结构函数，根据湍流功率谱和相位结构函数之间的关系，其表达式为

$$\begin{aligned}D_n(\rho)&=2[B_n(r+\rho)-B_n(r)]\\&=8\pi\int_0^{+\infty}\kappa^2\Phi(\kappa)\left[1-\frac{\sin(k\rho)}{k\rho}\right]\mathrm{d}\pi\end{aligned} \tag{7.81}$$

其中，$B_n(r)$ 为光斑上两点之间的互相关系数；ρ 为接收截面上两点之间的位置矢量；κ 为空间波数；$\Phi(\kappa)$ 为湍流的空间功率谱。

根据 7.4.1 节的讨论，强湍流区域的空间功率谱采用校正之后的 Kolmogorov 功率谱，具体表达式形式如式(7.72)所示。将式 $1-\dfrac{\sin(k\rho)}{k\rho}$ 进行麦克劳林级数展

开处理，麦克劳林级数的表达式为

$$f(x)=\sum_{n=0}^{+\infty}\frac{f^{(n)}(0)}{n!}x^n \tag{7.82}$$

展开之后结果的偶数项在实数区域上收敛，因此对收敛域上前 n 项求和可得

$$\left[1-\frac{\sin(k\rho)}{k\rho}\right]=\sum_{n=1}^{+\infty}\frac{(-1)^{n-1}}{(2n+1)!}(k\rho)^{2n} \tag{7.83}$$

将结果代入折射率结构函数表达式中，并且计算积分，得到

$$\begin{aligned}D_n(\rho)&=8\pi\int_0^{+\infty}\kappa^2\Phi(\kappa)[1-\frac{\sin(k\rho)}{k\rho}]\mathrm{d}\pi\\&=1.685C_n^2\kappa_l^{-2/3}\left\{{}_1F_1\left[-\frac{1}{3};\frac{3}{2};\frac{\kappa_l^2\rho^2}{4}\right]-1+2.470\left[1-{}_1F_1\left[\frac{1}{6};\frac{2}{3};-\frac{\kappa_l^2\rho^2}{4}\right]\right]\right.\\&\left.\quad-0.071\left[1-{}_1F_1\left[\frac{1}{4};\frac{2}{3};-\frac{\kappa_l^2\rho^2}{4}\right]\right]\right\}\end{aligned} \tag{7.84}$$

其中，$\kappa_l=3.3/l_0$，为有关湍流内尺度的参数；C_n^2 为大气折射率结构常数；${}_1F_1(a;b;x)$ 为一类合流超几何函数，对其采用近似计算的方式，依据变量的相对数值大小来确定其近似表达式，当接收截面上两点间距离 ρ 满足 $l_0\ll\rho\ll L_0$ 条件时，采用大参数近似，即

$${}_1F_1(a;c;x)\sim\frac{\Gamma(c)}{\Gamma(c-a)}x^{-a} \tag{7.85}$$

其中，$\Gamma(\cdot)$ 为伽马函数，将近似公式应用到式(7.84)中，得到近似结果为

$$\begin{aligned}D_n(\rho)&=1.685C_n^2\kappa_l^{-2/3}\left\{\left[0.9420\left(\frac{\kappa_l^2\rho^2}{4}\right)^{\frac{1}{3}}-1\right]+\left\{2.470\left[1-0.7639\left(-\frac{\kappa_l^2\rho^2}{4}\right)^{-\frac{1}{6}}\right]\right\}\right.\\&\left.\quad+0.071\left[1-0.6364\left(-\frac{\kappa_l^2\rho^2}{4}\right)^{-\frac{1}{4}}\right]\right\}\end{aligned} \tag{7.86}$$

当接收截面上两点间距离 ρ 满足 $\rho\ll l_0$ 条件时，采用小参数近似，即

$${}_1F_1(a;b;x)\sim 1-\frac{a}{c}x \tag{7.87}$$

将近似公式应用到式(7.84)后，得到近似结果为

$$D_n(\rho)=1.685C_n^2\kappa_l^{-2/3}\left(\left[\frac{2}{9}\left(\frac{\kappa_l^2\rho^2}{4}\right)\right]+\left\{2.470\left[1-\left(1-\frac{1}{4}\frac{\kappa_l^2\rho^2}{4}\right)\right]\right\}\right.$$
$$\left.-0.071\left[1-\left(1-\frac{3}{8}\frac{\kappa_l^2\rho^2}{4}\right)\right]\right) \tag{7.88}$$
$$=0.8131\frac{\kappa_l^2\rho^2}{4}$$

将得到的折射率结构函数代入折射率结构函数与相位结构函数关系式(7.80)中，得到不同波长光束波前畸变误差结构函数的表达式为

$$D_{\Delta\phi}(r)=(k_1-k_2)^2D_n(r)$$
$$=\begin{cases}1.685(k_1-k_2)^2C_n^2\kappa_l^{-2/3}\left(\left[0.9420\left(\dfrac{\kappa_l^2\rho^2}{4}\right)^{\frac{1}{3}}-1\right]+\left\{2.470\left[1-0.7639\left(-\dfrac{\kappa_l^2\rho^2}{4}\right)^{-\frac{1}{6}}\right]\right\}\right.\\ \left.+0.071\left[1-0.6364\left(-\dfrac{\kappa_l^2\rho^2}{4}\right)^{-\frac{1}{4}}\right]\right),\quad l_0\ll\rho\ll L_0\\ 1.685(k_1-k_2)^2C_n^2\kappa_l^{-2/3}\left(\left[\dfrac{2}{9}\left(\dfrac{\kappa_l^2\rho^2}{4}\right)\right]+\left\{2.470\left[1-\left(1-\dfrac{1}{4}\dfrac{\kappa_l^2\rho^2}{4}\right)\right]\right\}\right.\\ \left.-0.071\left[1-\left(1-\dfrac{3}{8}\dfrac{\kappa_l^2\rho^2}{4}\right)\right]\right),\quad \rho\ll l_0\end{cases} \tag{7.89}$$

由式(7.89)可以看出，不同波长高斯光束波前畸变误差在整个接收孔径上的分布会受到两束光波长、湍流内外尺度、大气折射率结构常数和两点间距离的影响，但是上述公式中不显性含有湍流外尺度参数，因此将式(7.72)代入式(7.81)中，得到显性含有湍流外尺度的波前畸变差异结构函数表达式为

$$\begin{aligned}D_n(R)=&1.685C_n^2\kappa_m^{-2/3}\left[{}_1F_1\left(-\frac{1}{3};\frac{3}{2};-\frac{\kappa_m^2R^2}{4}\right)-1\right]\\&+1.050C_n^2\kappa_0^{-2/3}\left[1-{}_0F_1\left(-\frac{1}{4};\frac{2}{3};-\frac{\kappa_0^2R^2}{4}\right)\right],\quad \kappa_0\ll\kappa_m\end{aligned} \tag{7.90}$$

其中，$\kappa_m=5.92/l_0$。

根据 7.5.1 节中的讨论，$\kappa_0=8\pi/L_0$，结构函数成立的条件为$\kappa_0\ll\kappa_m$，所以要求湍流外尺度和内尺度之间的关系为$L_0\gg l_0$。将其代入差异结构函数和折

射率结构函数关系式中，得到

$$
\begin{aligned}
D_{\Delta\phi}(r) &= 1.685C_n^2(k_1+k_2)^2\kappa_m^{-2/3}\left[{}_1F_1\left(-\frac{1}{3};\frac{3}{2};-\frac{\kappa_m^2\rho^2}{4}\right)-1\right] \\
&\quad +1.050C_n^2(k_1+k_2)^2\kappa_0^{-2/3}\left[1-{}_1F_1\left(-\frac{1}{4};\frac{2}{3};-\frac{\kappa_0^2\rho^2}{4}\right)\right],\quad \kappa_0 \ll \kappa_m
\end{aligned}
\tag{7.91}
$$

以上理论分析可以说明，在不同光束波前畸变之间存在一定的差异，同时相比较弱湍流区域，强湍流区域内的情况更加复杂，因此分析条件和计算过程也更为烦琐。由计算结果可以说明，光束波前畸变之间的差异与湍流内外尺度、光束波长等因素有关，因此在 7.4.3 节中根据计算结果将各个因素对差异的影响通过仿真图的形式更为直观地展现出来。

7.4.3　仿真分析

在湍流外尺度 L_0 = 20m、湍流内尺度 l_0 = 0.1m、大气折射率结构常数 $C_n^2 = 1\times10^{-10}\text{m}^{-2/3}$ 的大气条件下[54]，波长分别为 1550nm、850nm、632.8nm 和 530nm 的高斯光束在传输距离 L=50km 的相同大气信道传输之后波前相位畸变仿真结果如图 7.15 所示。

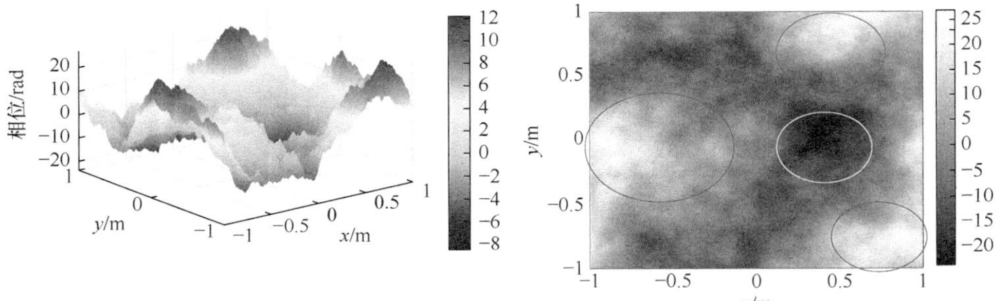

(a) 530nm

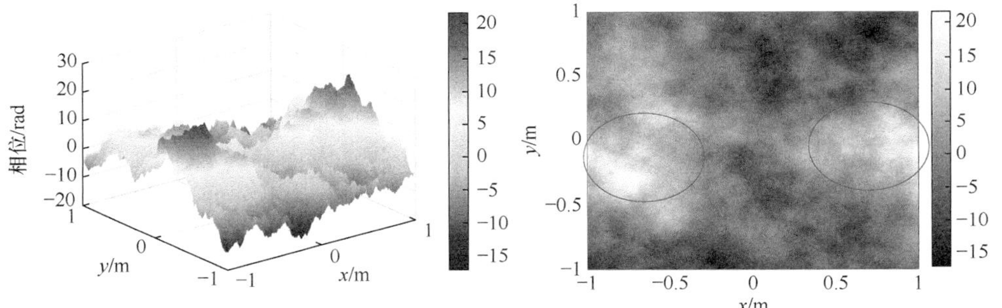

(b) 632.8nm

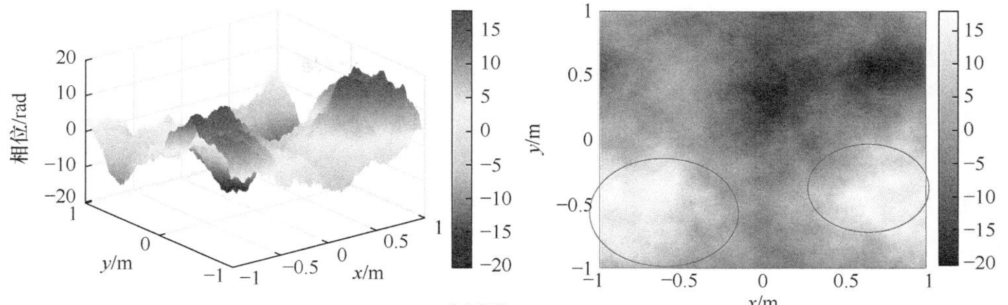

(c) 850nm

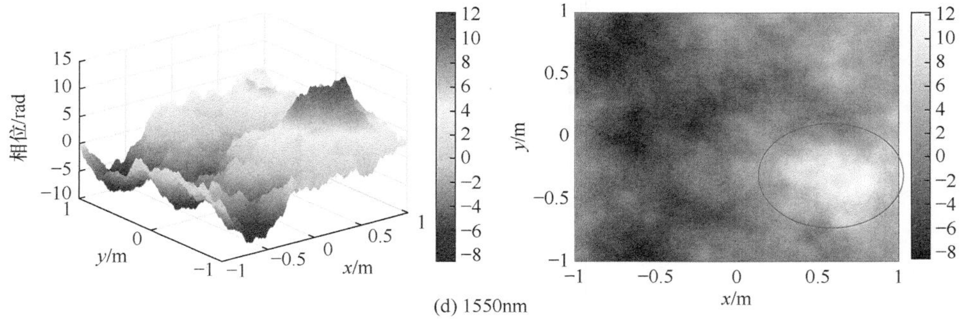

(d) 1550nm

图 7.15　强湍流区域内不同波长高斯光束经大气湍流传输后波前相位畸变
左图波前相位畸变三维图；右图传输截面光斑灰度图

比较不同波长光束的波前相位畸变三维图示，图 7.15(a)～图 7.15(d)波长逐渐增加，波前相位起伏的程度逐渐降低，仍然是短波光束的畸变要强于长波；同时与弱湍流区域的波前畸变相比较，强湍流区域的波前畸变的变化范围更大，且相位之间断裂严重，难以测量到较为连续的波前相位，如图 7.15(a)～图 7.15(d)右图的光斑灰度图所示，红色区域是光斑的主要能量集中区，黄色区域为断裂区域，且没有光斑能量分布，纵向比较来看，完整光斑被撕裂成几块散斑的形式分布，光斑之间断断续续分布一些能量。根据前面的仿真说明，在强湍流区域，波前传感器无法测量到连续的相位分布，因此也无法通过相位之间的关系校正波前畸变之间的差异。因为没有连续的相位分布，也无法使用几何光学方法对不同波长的波前相位进行分析，所以选择统计光学方法也就是相位结构函数方法。

系综平均又称为集合平均，在满足广义随机平稳过程的前提条件下，可以认为系综平均和一次随机过程时间的时间平均是相等的。式(5.10)中求得了两束光波前畸变误差的均方值，根据系综平均和均方根的定义，对其开方之后得到不同波长光束之间误差的均方根值为

$$\mathrm{RMS} = \sqrt{D_{\Delta\phi}(r)} \tag{7.92}$$

经过 Zernike 多项式拟合后，斯特列尔比(Strehl ratio，SR)和均方根值的关系可以近似为

$$\mathrm{SR} \approx \exp(-\mathrm{RMS}^2) \tag{7.93}$$

对不同因素影响波前畸变误差均方根值的变化趋势进行分析。在湍流外尺度分别为 L_0 = 20m、L_0 = 30m、L_0 = 50m、L_0 = 60m、L_0 = 80m，湍流内尺度 l_0 = 0.1m[67]，大气折射率结构常数 $C_n^2 = 1\times10^{-10}\mathrm{m}^{-2/3}$ 的大气条件下[54]，波长为 1550nm 的信号光与波长为 632.8nm 的信标光共光路在大气信道中传输 L=50km 之后，接收截面上不同点之间波前相位畸变差异均方根值受到湍流外尺度的影响，如图 7.16 所示。

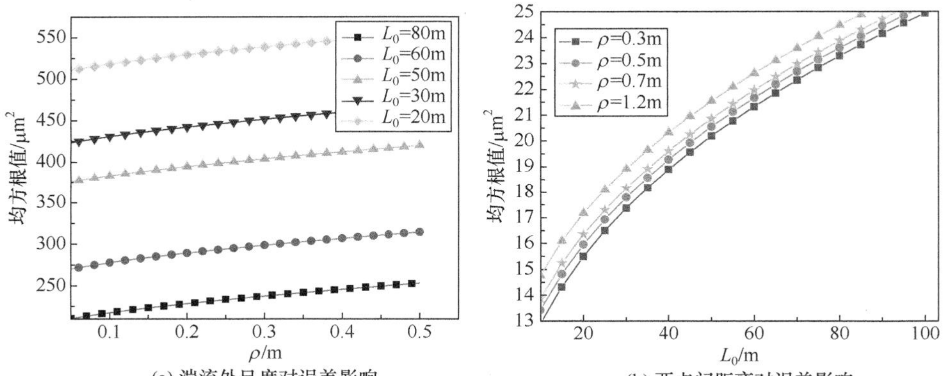

(a) 湍流外尺度对误差影响　　(b) 两点间距离对误差影响

图 7.16　强湍流区域内不同波长高斯光束经大气湍流传输后湍流外尺度对波前畸变差异影响

观察图 7.16(a)的横向变化可以发现，在接收截面上，两点间距离对光束波前畸变差异的影响不大，整体变化不大，略有增长趋势，此现象在图 7.16(b)的纵向数值变化趋势上也有体现，因此说明光束波前畸变差异在整个接收截面上的分布较为均匀，不同位置间的差异数值相差不大；纵向观察可以发现，随着湍流外尺度的增加，接收截面上的光束波前畸变差异逐渐增大，对此将 0～80m 的湍流外尺度对应的波前畸变差异进行仿真，得到曲线如图 7.16(a)所示，随着湍流外尺度的增加，波前畸变差异增加，但曲线斜率逐渐减小，说明随着湍流外尺度的增加，其对光束的调制影响逐渐下降，最后对波前畸变差异的影响趋于稳定，收敛于稳定数值。

在湍流内尺度分别为 l_0 = 0.01m、l_0 = 0.03m、l_0 = 0.05m、l_0 = 0.10m、l_0 = 0.15m、l_0 = 0.20m、l_0 = 0.25m、l_0 = 0.30m、l_0 = 0.35m、l_0 = 0.40m，湍流外尺度 L_0 = 40m，大气折射率结构常数 $C_n^2 = 1\times10^{-10}\mathrm{m}^{-2/3}$ 的大气条件下[54]，波长为 1550nm 的信号光与波长为 632.8nm 的信标光共光路在大气信道中传输 L=50km

之后，接收截面上不同点之间波前相位畸变差异均方根值受到湍流内尺度的影响，如图 7.17 所示。

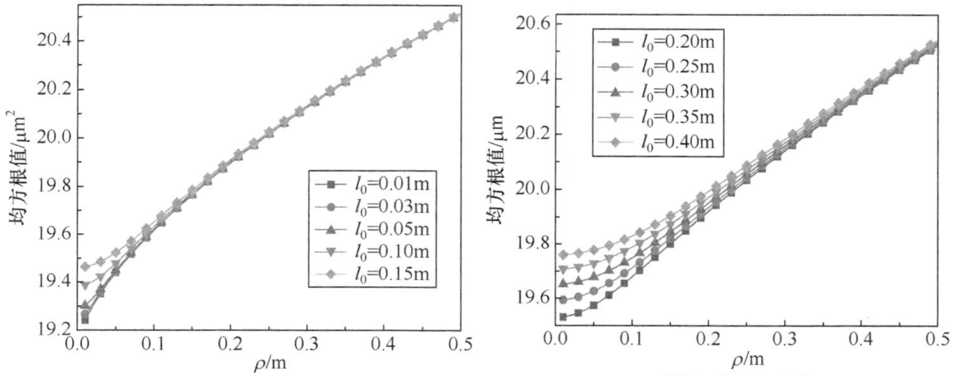

(a) l_0=0.01m~0.15m　　(b) l_0=0.20m~0.40m

图 7.17　强湍流区域不同波长高斯光束经大气湍流传输后湍流内尺度对波前畸变差异影响

观察图 7.17(a)和图 7.17(b)可以发现，当两点间距离小于湍流内尺度时，不同数值湍流内尺度对波前畸变差异的影响比较明显；随着两点间距离的不断增大且逐渐靠近湍流内尺度，不同数值湍流内尺度对差异数值的影响开始趋同，曲线逐渐开始拟合成一条曲线；当两点之间距离超过湍流内尺度时，不同数值对其影响几乎一样，斜率不再发生变化。以上现象可以说明，湍流内尺度对小于其尺寸范围内的影响较大，这是因为小尺度湍流内部的光束发生衍射现象较为严重，当距离超出湍流内尺度时，光线发生折射，小尺寸湍流对光束的影响能力下降，所以不同尺寸的湍流内尺度影响趋同。

在湍流内尺度 l_0 = 0.10m、湍流外尺度 L_0 = 50m、大气折射率结构常数 $C_n^2 = 1\times10^{-10}\text{m}^{-2/3}$ 的大气条件下，波长为 1550nm 的信号光与波长分别为 632.8nm、530nm、850nm、950nm、1280nm 的信标光共光路在大气信道中传输 L=50km 之后，接收截面上不同点之间波前相位畸变差异均方根值受波长差的影响，如图 7.18 所示。

从图 7.18(a)中可以看出，在接收截面上，两点间距离的变化对不同波长光束之间的波前畸变差异影响不大，始终维持在稳定水平；竖向对比由上到下，信标光波长与信号光波长之间的差值逐渐降低，对应的波前畸变差异也逐渐减小，当信标光波长为 1280nm 时，信号光与信标光波前畸变之间差异的数值近似可以忽略。如图 7.18(b)所示，随着信号光与信标光之间波长差的减小，波前畸变相位差异均方根值也降低，当信号光与信标光为同一个波长时，波前相位差异为零。

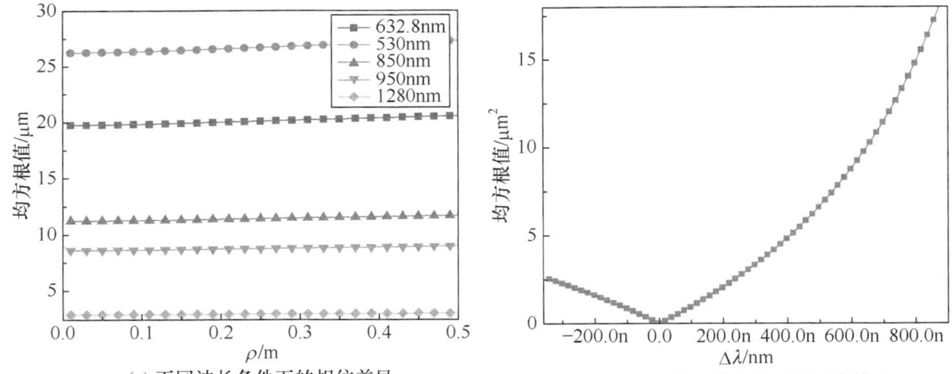

(a) 不同波长条件下的相位差异　(b) 不同波长差条件下的相位差异

图 7.18　强湍流区域内不同波长高斯光束经大气湍流传输后波长差对波前畸变差异影响

以上仿真和结果说明波长是决定波前畸变之间差异均方根值变化的主要因素，只有当信号光和信标光的波长很接近时，才能进一步保证自适应光学系统对波前校正的精度。同时对比波前畸变差异均方根值随波长差的变化曲线可以看出，畸变差异与波长差有关，与信号光与信标光的波长本身无关，说明在选择信标光波长时，要综合考虑其在实际应用中的影响，其与信号光之间的波长差要作为一个重要因素考虑。

7.4.4　无波前传感测量误差补偿校正

1. 无波前传感自适应光学系统

在强湍流区域，光束传输产生的相位和对数振幅起伏远强于弱湍流区域，光波前相位面被大气湍流撕裂成一系列小的散斑，相位面不连续，出现大量相位奇点，且光强闪烁严重。此时，波前传感器无法测量到完整准确的波前相位分布，测量误差较大，产生共轭相位校正的效果下降严重[68]。无波前校正系统使用电荷耦合器件相机测量激光光束的光斑能量、斯特列尔比等光束参量作为控制程序的优化指标，并转换成变形镜的控制信号[69]，不需要测量波前相位，不受光强闪烁的影响，成功解决了上述问题。

空间激光通信系统中的无波前校正一般有两种方式，如图 7.19(a)所示为应用于接收端的无波前传感校正系统，电荷耦合器件相机等光电检测器测量接收光束的性能指标作为反馈信息，控制算法将反馈信息作为程序内的优化参量，并产生变形器件的控制电压，完成相位校正过程[70]；如图 7.19(b)所示为应用于发射端的无波前传感校正系统，信号光首先经过光电传感器和未加校正电压的波前传感器到达接收端，接收端将一部分接收信号以时分或者波分的方式返回到发射端的光电检测器，此时光电检测器读取反馈信号，控制算法生成控制电压信号，将需要校正的相位畸变提前加载到发射端信号光波上，这样的校正方式存在一定的时间延迟，校正效果差于接收端的校正方式。

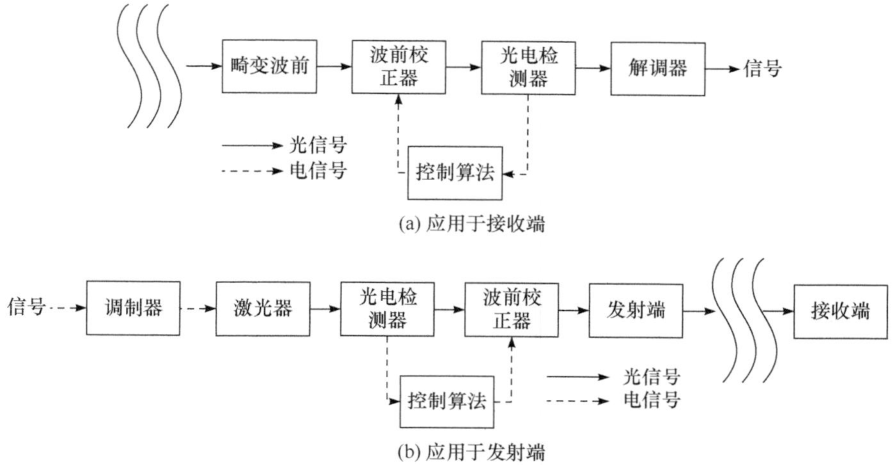

图 7.19　通信系统中无波前传感自适应光学系统模型[71]

2. 无波前校正算法及 Zernike 多项式拟合

无波前自适应光学校正常用的算法有随机并行梯度下降(stochastic parallel gradient descent，SPGD)算法[72]、遗传算法(genetic algorithm，GA)[73]、模拟退火(simulated annealing，SA)算法[74]和模式法[75]等。遗传算法根据生物种群进化法则，对 Zernike 多项式系数不断进行选择、交叉和变异，然后根据评价函数确定最佳拟合系数；模拟退火算法是在固体退火算法的基础上发展而来的，固体受热之后加剧了内部粒子的无序运动，冷却之后又回归到有序排列，模拟退火算法在此基础上随机寻找目标函数最优解；随机并行梯度下降算法随机生成符合伯努利分布的随机扰动电压信号，正向、反向施加电压之后计算目标函数，最后不断迭代计算得到需要的电压信号。

无论哪种算法，主要都是通过 Zernike 多项式拟合波前畸变，控制变形镜，根据光束的性能指标变化对控制算法进行优化，以达到最佳校正效果。Zernike 多项式是单位圆内一组相互正交的多项式，多项式的系数作为基函数的线性组合可以精确地描述不同类型的波前畸变。波前像差 $\phi(\rho,\theta)$ 表示为 Zernike 多项式的线性组合[71]，即

$$\phi(\rho,\theta)=\sum_{i=1}^{N}a_i z_i(\rho,\theta) \tag{7.94}$$

其中，N 为总的像差阶数；a_i 为第 i 阶 Zernike 多项式的系数；(ρ,θ) 为极坐标；

$z_i(\rho,\theta)$ 为第 i 阶 Zernike 多项式在极坐标下的表现形式：

$$Z_{\text{even}j}(\rho,\theta)=\sqrt{n+1}\sqrt{2}R_n^m(\rho)\cos(m\theta),\quad m>0 \tag{7.95}$$

$$Z_{\text{odd}j}(\rho,\theta)=\sqrt{n+1}\sqrt{2}R_n^m(\rho)\sin(m\theta),\quad m<0 \tag{7.96}$$

$$Z_j(\rho,\theta)=\sqrt{n+1}R_n^0(\rho),\quad m=0 \tag{7.97}$$

其中

$$R_n^m(\rho)=\sum_{s=0}^{(n-m)/2}\frac{(-1)^s(n-s)!}{s![(n+m)/2-s]![(n-m)/2-s]!}\rho^{n-2s} \tag{7.98}$$

m 和 n 分别为 Zernike 多项式极坐标下的角向数和径向数；j 为 Zernike 多项式的阶数，且与 m、n 有关。

Zernike 多项式的阶数越高，波前相位畸变的面型越复杂，对应波前畸变的空间频率越高。因此，在使用 Zernike 多项式拟合波前相位畸变时，Zernike 多项式的阶数越高，考虑的像差种类越多，拟合精度越高。

使用 Zernike 多项式拟合波前畸变相位的关键在于，确定 Zernike 多项式的阶数和 Zernike 多项式的各阶系数，根据参考文献[75]，大气湍流产生的波前相位扰动对应 Zernike 多项式的系数满足零均值、一定方差下的高斯分布[75]，一个波前相位畸变的 Zernike 多项式的系数向量 A 为

$$A=\left[a_2,a_3,\cdots,a_N\right]^{\mathrm{T}} \tag{7.99}$$

系数向量 A 乘以其转置向量得到协方差矩阵 C 为

$$C=E\left[A\cdot A^{\mathrm{T}}\right]=\begin{bmatrix} E(a_1,a_1) & E(a_1,a_2) & \cdots & E(a_1,a_N) \\ E(a_2,a_1) & E(a_2,a_2) & \cdots & E(a_2,a_N) \\ \vdots & \vdots & & \vdots \\ E(a_N,a_1) & E(a_N,a_2) & \cdots & E(a_N,a_N) \end{bmatrix} \tag{7.100}$$

其中，矩阵主对角线上的元素 $E(a_j,a_j)$ 为第 j 阶 Zernike 多项式系数的自协方差矩阵；$E(a_i,a_j)$ 为第 i 阶 Zernike 多项式和第 j 阶 Zernike 多项式系数之间的互协方差矩阵[71]：

$$E(a_i,a_j)=\frac{2.2698(-1)^{(n+n'-2m)}\sqrt{(n+1)(n'+1)}\delta_z\Gamma[(n+n'-5/3)/2](D/r_0)^{5/3}}{\Gamma[(n+n'-17/3)/2]\Gamma[(n'+n-17/3)/2]\Gamma[(n+n'+23/3)/2]} \tag{7.101}$$

其中，$\Gamma(\cdot)$ 为伽马函数；m、n 和 m'、n' 分别为 Zernike 多项式对应的角向数和径向数；D 为接收孔径；r_0 为大气相干长度；δ_z 为 Kronecker 符号，其表达式为

$$\delta_z = (m = m') \cap (\overline{\overline{\text{parity}(i,i')} \cup (m = 0)})$$
$$= \begin{cases} 1, & m = m' \neq 0 \\ 0, & m \neq m' \text{或} m = 0 \end{cases} \tag{7.102}$$

协方差矩阵 C 是厄米矩阵，存在一个酉矩阵可以将矩阵 C 转换为对角矩阵，因此首先对协方差矩阵 C 进行奇异值分解：

$$C = XSX^{\mathrm{T}} \tag{7.103}$$

其中，X 为协方差矩阵 C 的酉矩阵。

另外一个与 A 同维的波前 Zernike 多项式线性组合的系数向量 B 为 $B = [b_2, b_3, \cdots, b_N]^{\mathrm{T}}$，$A$ 的各项 Zernike 多项式系数可由下面的关系求出：

$$A = X \cdot B \tag{7.104}$$

3. 无波前校正测量误差补偿系数矩阵

在空间激光通信系统中，无波前自适应光学系统根据测量信标光的光束性能指标，对信号光波前进行校正。大气湍流色散、空气中粒子在不同波长下的吸收、散射差异导致信号光与信标光之间的光束指标存在差异，此时自适应光学系统存在一定的校正残差。

在校正阶段，使用 Zernike 多项式分别对信号光和信标光的波前进行拟合，在同阶 Zernike 多项式模式下，两束光对应的 Zernike 多项式系数矩阵存在差异。波长为 λ_1 信号光和波长为 λ_2 信标光对应的波前 Zernike 多项式系数分别为[76]

$$a_1(\lambda_1), a_2(\lambda_1), a_3(\lambda_1), \cdots, a_j(\lambda_1) \tag{7.105}$$

$$a_1(\lambda_2), a_2(\lambda_2), a_3(\lambda_2), \cdots, a_j(\lambda_2) \tag{7.106}$$

同阶的 Zernike 多项式系数之间可以通过波长函数建立起数值关系[76]，即

$$\begin{gathered} a_1(\lambda_1) = f_1[a_1(\lambda_2), \lambda_1] \\ a_2(\lambda_1) = f_2[a_2(\lambda_2), \lambda_1] \\ \vdots \\ a_j(\lambda_1) = f_j[a_j(\lambda_2), \lambda_1] \end{gathered} \tag{7.107}$$

根据激光通信的实际传输过程，建立传输过程中的模式分析模型，得到多项式系数之间的函数关系。选取波前相位面一个无穷小的区域 $\Delta\delta$，信号光与信标光两者共光路发射，假设波前相位面完全重合，所以对应 $\Delta\delta$ 在大气信道传输过程中的路径完全相同，经历的折射率起伏变化也完全相同。

根据 Rytov 冻结假说，选取某一 t 时刻作为分析时刻，t 时刻内光束传输距

离内的大气折射率起伏的叠加可以等效为一个折射率不均匀分布的透镜，此时可以使用工程上常用的材料折射率色散公式进行分析，根据参考文献[75]，Zernike 多项式系数和波长之间的关系为[77]

$$a_i = A_i + \frac{B_i}{\lambda} + \frac{C_i}{\lambda^{3.5}} \tag{7.108}$$

其中，a_i 为第 i 阶 Zernike 多项式的系数；A_i、B_i 和 C_i 分别为 Conrady-Zernike 多项式的系数。

波长不同的两个系数之间的关系为

$$a_i(\lambda_1) = \left(A_i + \frac{B_i}{\lambda_1} + \frac{C_i}{\lambda_1^{3.5}} / A_i + \frac{B_i}{\lambda_2} + \frac{C_i}{\lambda_2^{3.5}} \right) a_i(\lambda_2) \tag{7.109}$$

信号光和信标光对应的第 i 阶 Zernike 多项式系数之间的比例校正系数为

$$Z_i = A_i + \frac{B_i}{\lambda_1} + \frac{C_i}{\lambda_1^{3.5}} / A_i + \frac{B_i}{\lambda_2} + \frac{C_i}{\lambda_2^{3.5}} \tag{7.110}$$

以 15 阶 Zernike 多项式为例，信标光对应的 Zernike 多项式系数向量为

$$A_{15}(\lambda_2) = \left[a_1, a_2, a_3, \cdots, a_{15} \right]^{\mathrm{T}} \tag{7.111}$$

将信标光的系数向量乘以对应的系数校正向量，得到的结果为

$$\begin{aligned} A'_{15}(\lambda_2) &= \begin{bmatrix} z_1, 0, 0, \cdots, 0 \\ 0, z_2, 0, \cdots, 0 \\ \vdots \\ 0, 0, 0, \cdots, z_{15} \end{bmatrix} \left[a_1, a_2, a_3, \cdots, a_{15} \right]^{\mathrm{T}} \\ &= \left[z_1 a_1, z_2 a_2, z_3 a_3, \cdots, z_{15} a_{15} \right]^{\mathrm{T}} \end{aligned} \tag{7.112}$$

将校正后的系数向量代入式(7.100)中，计算协方差矩阵，计算结果为

$$\begin{aligned} C' &= E\left[A'_{15}(\lambda_2) \cdot A'^{\mathrm{T}}_{15}(\lambda_2) \right] \\ &= \begin{bmatrix} E(z_1 a_1, z_1 a_1) & E(z_1 a_1, z_2 a_2) & \cdots & E(z_1 a_1, z_N a_N) \\ E(z_2 a_2, z_1 a_1) & E(z_2 a_2, z_2 a_2) & \cdots & E(z_2 a_2, z_N a_N) \\ \vdots & \vdots & & \vdots \\ E(z_N a_N, z_1 a_1) & E(z_N a_N, z_2 a_2) & \cdots & E(z_N a_N, z_N a_N) \end{bmatrix} \end{aligned} \tag{7.113}$$

对矩阵 C' 进行奇异值分解之后，得到

$$C' = X' S X'^{\mathrm{T}} \tag{7.114}$$

则对应信号光波前相位畸变 Zernike 多项式系数可以通过式(7.115)求出，即

$$A' = X' \cdot B \tag{7.115}$$

当信号光波长为 1550nm、信标光波长为 632.8nm 时，在强湍流区域共光路发射信号光和信标光，传输之后得到波前相位畸变，使用 9～15 阶 Zernike 多项式分别对两个波前畸变进行拟合并计算斯特列尔比，进而计算得到 Zernike 多项式系数之间满足的色散关系，无波前校正色散非等晕误差校正原理如图 7.20 所示。

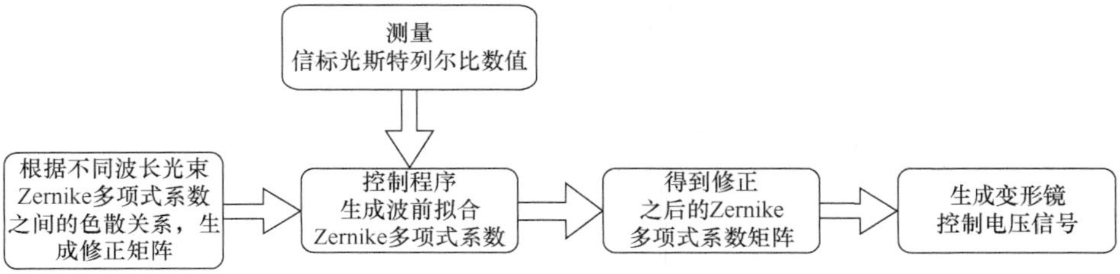

图 7.20　无波前校正色散非等晕误差校正原理

如图 7.20 所示，根据信标光的斯特列尔比数值生成 Zernike 多项式系数矩阵，同时根据信号光波长、信标光波长和湍流参数得到系数色散关系式，生成校正矩阵，对生成的信标光多项式系数矩阵进行校正，最后根据校正之后的 Zernike 多项式系数矩阵生成变形镜的电压控制信号。校正之后，可以进一步减小校正残差，在相同情况下，还可以减少程序的迭代次数，缩短程序的运行时间。

7.5　实 验 验 证

本节对外场实验进行介绍，包括实验设计思路、实验设备和实验结果及分析。基于空间激光通信系统和新的补偿校正方法进行室外激光通信实验，对畸变的信号光进行波前校正。新的补偿校正方法与之前相比较，校正残差更小，系统校正精度得到了明显改善，同时说明本章理论分析的正确性。

7.5.1　双波长通信系统波前畸变差异补偿校正仿真实验

根据 7.4.3 节不同波长高斯光束波前畸变相位之间的数量关系计算出校正矩阵，对测量得到的信标光波前重构矩阵进行校正，从而 256 获得信号光的波前重构矩阵对信号光进行校正。畸变波前 $W(x,y)$ 可以表示为

$$W(x,y) = W'(x,y) - W_0(x,y) = \sum_{j=0}^{\max} W_j Z_j(x,y) \tag{7.116}$$

其中，Z_j 为 Zernike 多项式；W_j 为 Zernike 多项式的系数；j 为 Zernike 多项式的阶数；$W'(x,y)$ 为测量波前；$W_0(x,y)$ 为参考平面波前，两者做差得到畸变波前。

波长为 λ_2 的高斯光束作为信标光与波长为 λ_1 的信号光共光路发射，夏克-哈特曼波前传感器测量信标光波前得到包含畸变的信标光梯度矩阵为

$$\begin{bmatrix} b_{\lambda_2}(x,y)\big|_1 \\ b_{\lambda_2}(x,y)\big|_2 \\ \vdots \\ b_{\lambda_2}(x,y)\big|_k \\ c_{\lambda_2}(x,y)\big|_1 \\ c_{\lambda_2}(x,y)\big|_2 \\ \vdots \\ c_{\lambda_2}(x,y)\big|_k \end{bmatrix} = \begin{bmatrix} g_1(x,y)\big|_1 & g_2(x,y)\big|_1 & \cdots & g_{j\max}(x,y)\big|_1 \\ g_1(x,y)\big|_2 & g_2(x,y)\big|_2 & \cdots & g_{j\max}(x,y)\big|_2 \\ & & \vdots & \\ g_1(x,y)\big|_k & g_2(x,y)\big|_k & \cdots & g_{j\max}(x,y)\big|_k \\ h_1(x,y)\big|_1 & h_2(x,y)\big|_1 & \cdots & h_{j\max}(x,y)\big|_1 \\ h_1(x,y)\big|_2 & h_2(x,y)\big|_2 & \cdots & h_{j\max}(x,y)\big|_2 \\ & & \vdots & \\ h_1(x,y)\big|_k & h_2(x,y)\big|_k & \cdots & h_{j\max}(x,y)\big|_k \end{bmatrix} \cdot \begin{bmatrix} W_1 \\ W_2 \\ \vdots \\ W_{j\max} \end{bmatrix} \tag{7.117}$$

其中，$\left.\dfrac{\Delta x(x,y)}{f}\right|_{\lambda_2}\bigg|_k = b_{\lambda_2}(x,y)\big|_k$，$\left.\dfrac{\Delta y(x,y)}{f}\right|_{\lambda_2}\bigg|_k = c_{\lambda_2}(x,y)\big|_k$。根据式(7.68)，对两个不同波长高斯光束畸变在传感器测量面上的偏移梯度进行计算，可以得到

$$\left.\frac{\Delta x(x,y)}{f}\right|_{\lambda_1}\bigg|_k = \frac{1}{\gamma}\cdot\left.\frac{\Delta x(x,y)}{f}\right|_{\lambda_2}\bigg|_k = b_{\lambda_1}(x,y)\big|_k \tag{7.118}$$

$$\left.\frac{\Delta y(x,y)}{f}\right|_{\lambda_1}\bigg|_k = \frac{1}{\gamma}\cdot\left.\frac{\Delta y(x,y)}{f}\right|_{\lambda_2}\bigg|_k = c_{\lambda_1}(x,y)\big|_k \tag{7.119}$$

其中，$\dfrac{1}{\gamma} = \dfrac{\lambda_2}{\lambda_1}\cdot\left[\cos(A\theta_2) + \dfrac{\sin(A\theta_2)}{\tan\theta_2}\right]$，根据此关系可以得到一个系数校正矩阵为

$$\gamma = \begin{bmatrix} \gamma_1,\ 0,\ \cdots,\ 0_k \\ 0,\ \gamma_2,\ \cdots,\ 0_k \\ \\ 0,\ 0,\ \cdots,\ \gamma_k \end{bmatrix} \tag{7.120}$$

信标光的波前重构矩阵乘以系数校正矩阵之后得到信号光的波前重构矩阵。自适应光学系统中分别采用信标光波前重构矩阵和校正之后得到的信标光波前重构矩阵对信号光波前畸变进行校正，含信标光校正系数的闭环控制系统结构框图

如图 7.21 所示。

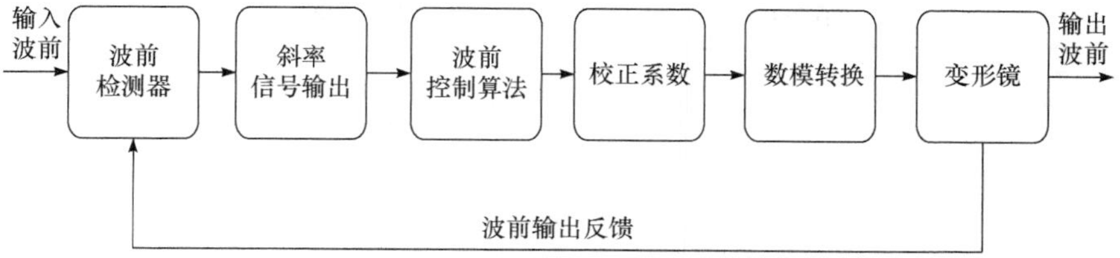

图 7.21　含信标光校正系数的闭环控制系统结构框图

在通信传输距离 L=10km，信号光和信标光波长分别为 1550nm 和 632.8nm，大气折射率结构常数 $C_n^2 = 1\times10^{-20}\text{m}^{-2/3}$ 的条件下进行校正程序数值仿真实验。在校正程序中加入校正系数之后，仿真实验中得到的信号光斯特列尔比如图 7.22 所示。

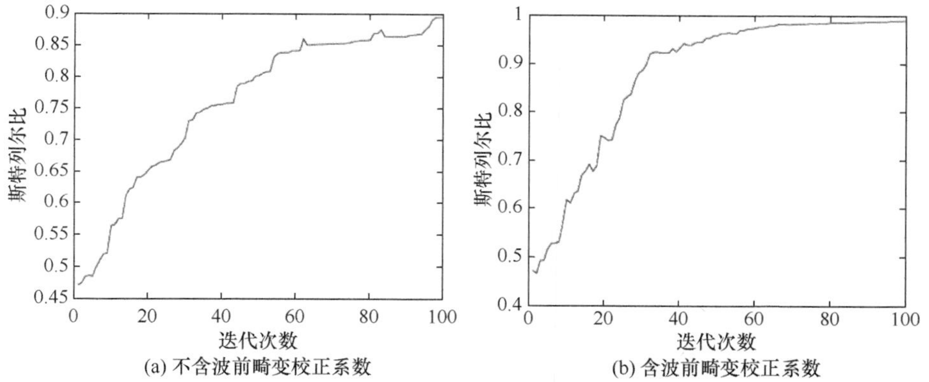

图 7.22　信标光波前畸变校正信号光波前畸变

图 7.22 是校正过程中系统斯特列尔比值变化曲线，图 7.22(a)是将信标光波前畸变量直接作为信号光波前畸变量进行校正时的斯特列尔比曲线，图 7.22(b)是将信标光波前畸变量在利用式(7.68)校正后的波前相位矩阵作为信号光波前畸变量进行校正时的斯特列尔比曲线。从图中可以看出，校正之后的波前重构矩阵校正的斯特列尔比收敛于 1，相较波前重构矩阵未校正之前收敛于 0.9 的情况，整体斯特列尔比提升了 10%。当信标光波前畸变矩阵校正后来校正信号光时，系统斯特列尔比收敛快，迭代次数为 80 次时斯特列尔比趋于稳定，而且斯特列尔比的抖动明显减小，验证了式(7.68)所推导的信号光和信标光波前相位关系的正确性。

7.5.2　1.2km 实验装置及实验光路

为验证理论分析的正确性，作者课题组在西安理工大学北学科楼 7 楼和教五楼 7 楼之间搭建了 1.2km 实验光路，实验原理图如图 7.23 所示。信号光与信标光经过合束器共光路发射后，经过相同大气信道传输到达北学科楼 7 楼，经由平面反射镜反射之后传输至教五楼 7 楼的接收天线处，合束后的光束经变形镜和反射镜反射后入射到偏振分束镜，分束镜将信号光和信标光分开，波前传感器分别检测信标光和信号光的波前畸变量，经过自适应 PID 算法控制后校正信号光波前畸变量。实验中，信号光波长为 1550nm，信标光波长为 650nm，图 7.24 是实验实物光路图，表 7.1 是所对应的实验设备参数。

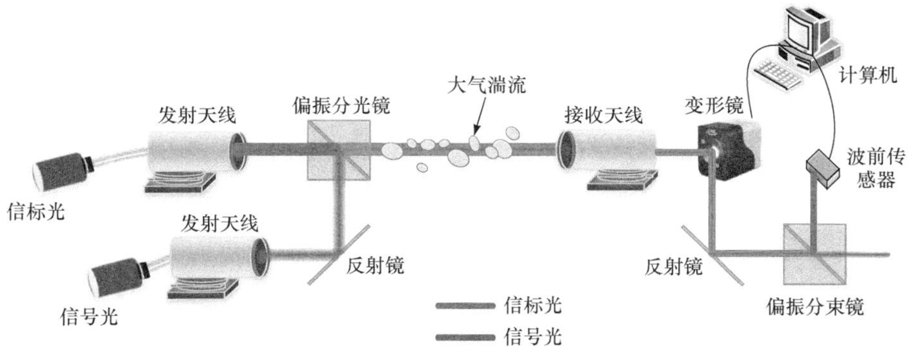

图 7.23　实验原理图

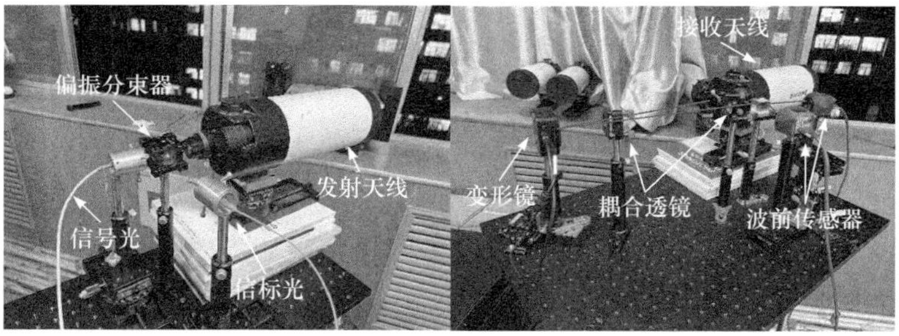

(a) 发射端　　(b) 接收端

图 7.24　实验实物光路图

表 7.1　实验设备参数

设备名称	型号	设备参数
波前传感器	THORLABS-HASO4-NIR	测量波长范围：1500～1600nm 微透镜分辨率：32×40
波前传感器	THORLABS-HASO4-FIRST	测量波长范围：400～1100nm 微透镜分辨率：32×40

续表

设备名称	型号	设备参数
信标光激光器	MW-GX-650	波长：650nm，线宽：0～3nm，输出功率：35mW
信号光激光器	KOHERA-BASIK-Module	波长：1550nm，线宽：0.1kHz，输出功率：0～200mW
变形镜	ALPAO-DM	致动器数量：69，有效孔径：10.5mm，频率：800Hz
光学天线	马克苏托夫-卡塞格林	直径：25mm，焦距：300mm

7.5.3　10km 自适应光学校正实验

在前面 1.2km 实验的基础上，搭建距离为 10.3km 的激光通信链路，并且在接收端进行自适应光学校正。发射端位于白鹿原肖家寨，接收端位于西安理工大学教六楼，外场实验链路在地图上的图示如图 7.25 所示。图 7.26(a)为发射端激光器和光学天线示意图，图 7.26(b)是接收端光学天线和自适应光学校正设备。

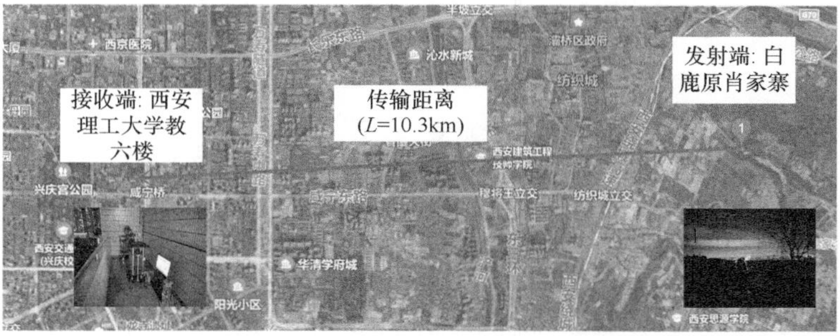

图 7.25　无线光通信 10.3km 外场实验传输链路图

(a) 发射端　　(b) 接收端

图 7.26　10.3km 无线光通信系统实物图

7.5.4　100km 自适应光学校正实验

在青海湖上空搭建了 100km 实验链路，光学信号的发射端和其接收端分别位于青海湖二郎剑景区和刚察县泉集乡。图 7.27 是搭建的外场实验传输链路图，图 7.28 为发射端和接收端实物图，其中，图 7.28(a)为发射端，图 7.28(b)为接收端。

图 7.27　无线光通信 100km 外场实验

(a) 发射端　　(b) 接收端

图 7.28　100km 无线光通信系统实物图

7.5.5　实验结果分析

根据表 7.1 中波前传感器参数，波前斜率矩阵大小为 32×40，为了便于说明，此处选择波前斜率的部分矩阵(5×9)的部分数值进行分析，测量得到波长为 632.8nm 信标光的波前斜率矩阵为

$$\begin{bmatrix} 1.695649 & -232.678101 & -1.534530 & 1.373472 & 138.319489 \\ 1.534544 & -211.494125 & -1.695635 & 1.212480 & 121.542297 \\ 1.373486 & -190.090836 & -1.856775 & 1.051585 & 104.993004 \\ 1.212495 & -168.520920 & -1.534530 & 0.890840 & 88.660545 \\ 1.051600 & -146.797195 & -1.695635 & 0.730341 & 72.538742 \\ 0.890854 & -124.913033 & -1.212480 & 0.645228 & 53.086140 \\ 0.730355 & -102.856323 & -1.373472 & 0.483921 & 37.272217 \\ 0.645228 & -99.355789 & -156.190491 & -0.645228 & -0.730355 \\ 0.483921 & -77.025246 & -142.710129 & 172.641388 & 155.343063 \end{bmatrix}$$

测量得到 1550nm 信号光的波前斜率矩阵为

$$\begin{bmatrix} 1.035649 & -150.956345 & -0.956818 & 0.927685 & 100.935940 \\ 1.036523 & -140.412547 & -0.968546 & 0.689754 & 85.229863 \\ 0.879471 & -110.029023 & -1.125849 & 0.993528 & 65.498232 \\ 1.214295 & -98.659436 & -1.134262 & 0.995635 & 62.348757 \\ 0.706035 & -70.426181 & -0.749565 & 0.436325 & 40.962742 \\ 0.546754 & -70.336354 & -0.561424 & 0.413361 & 30.726241 \\ 0.420319 & -55.986219 & -0.956341 & 0.352981 & 22.954864 \\ 0.431875 & -65.952561 & -80.683419 & -0.356591 & -0.530355 \\ 0.687421 & -48.736929 & -73.289416 & 100.569631 & 122.598361 \end{bmatrix}$$

计算校正矩阵在信号光波长为 680nm、信标光波长为 1550nm 条件下校正矩阵中 $\gamma = 0.53$，校正矩阵乘以信标光波前斜率矩阵之后得到校正的信标光波前斜率矩阵为

$$\begin{bmatrix} 0.898693 & -123.478393 & -0.813300 & 0.727940 & 79.309359 \\ 0.813303 & -112.091886 & -0.898686 & 0.642614 & 61.417417 \\ 0.727947 & -100.748143 & -0.984090 & 1.051585 & 55.646292 \\ 0.642622 & -89.316087 & -0.813300 & 0.472145 & 46.990088 \\ 0.557348 & -77.802486 & -0.898686 & 0.387080 & 38.445533 \\ 0.472152 & -66.203907 & -0.642614 & 0.341970 & 28.135654 \\ 0.387088 & -54.513851 & -0.727940 & 0.256478 & 19.754275 \\ 0.341970 & -52.658568 & -82.783302 & -0.331370 & -0.387088 \\ 0.256478 & -40.823380 & -75.636368 & 91.499935 & 82.331823 \end{bmatrix}$$

分别计算信号光波前斜率矩阵与校正前后的信标光波前斜率矩阵之间的互相关系数，信号光与未校正前信标光波前斜率矩阵之间的互相关系数为 0.8163，信

号光与校正之后信标光波前斜率矩阵之间的互相关系数为 0.8944。互相关系数的增加说明信号光与信标光波前一致性的增大。

在之后的实验中，分别使用校正前后的信标光波前斜率矩阵作为依据校正信号光，观察波前峰谷值均方根值的变化。信标光校正波前重构矩阵校正信号光如图 7.29 所示，图中为校正过程中的 PV 和均方根值的变化。

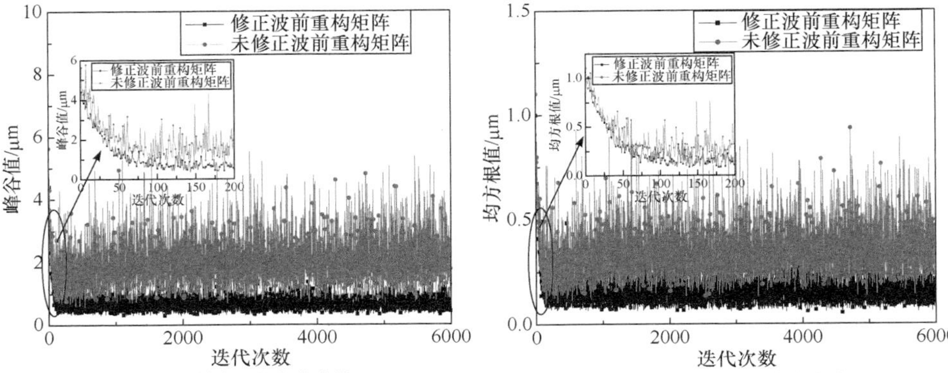

(a) 波前峰谷值变化曲线　　(b) 波前均方根值变化曲线

图 7.29　信标光校正波前重构矩阵校正信号光

校正前后信号光的波前峰谷值和波前相位起伏均方根值稳定后的数值分别如图 7.30 和图 7.31 所示。

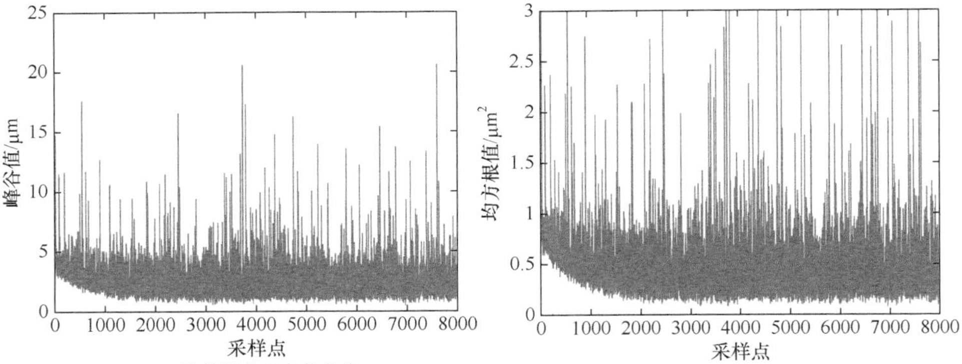

(a) 波前峰谷值变化曲线　　(b) 波前均方根值变化曲线

图 7.30　信标光校正信号光

信标光畸变数据直接对信号光校正之后，信号光的波前峰谷值的均值为 2.08μm，峰谷值的方差为 0.90μm^2；波前起伏均方根值均值为 0.40μm^2，起伏方差为 0.04μm^2。随后，将信标光的波前重构矩阵乘以系数校正矩阵得到信号光的波前重构矩阵，自适应光学系统根据信号光的波前重构矩阵对信号光进行波前校正，得到信号光的波前峰谷值和波前相位起伏均方根值情况，如图 7.31 所示。

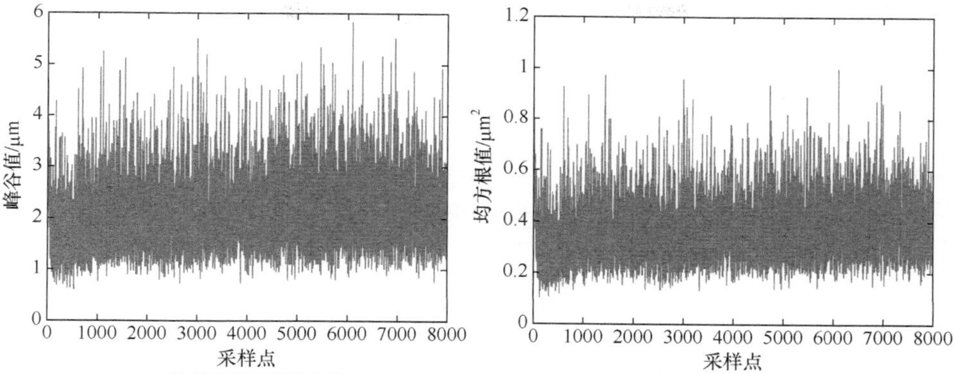

(a) 波前峰谷值变化曲线　(b) 波前均方根值变化曲线

图 7.31　信号光校正波前重构矩阵校正信号光

采用信标光校正波前重构矩阵校正信号光波前之后，信号光波前的峰谷值的均值为 2.05μm，方差为 0.46μm²；波前相位起伏均方根值的均值为 0.35μm²，波前相位起伏均方根值的方差为 0.01μm²。与波前重构矩阵校正之前相比，信号光重构矩阵校正模式下波前峰谷值的方差下降了 49.05%，波前相位起伏均方根值的方差下降了 35.58%。

参 考 文 献

[1] 朗道, 栗弗席兹. 连续媒质电动力学—上册[M]. 周奇译. 北京：人民教育出版社, 1963.
[2] Schlichting H. Boundary-Layer Theory[M]. 7th ed. New York: McGraw-Hill, 1979.
[3] 潘契夫. 随机函数和湍流[M]. 谈镐生等译. 北京：科学出版社, 1976.
[4] Dubovikov M M, Tatarskii V I. The calculation of the asymptotics of the spectrum of locally isotropic turbulence in the viscous range[J]. Zhurnal Eksperimental'noi i Teoreticheskoi Fiziki,1987,93(1):1992-2001.
[5] 李雅倩. 超连续谱激光在湍流大气中传输特性的数值仿真与实验研究[D]. 合肥：中国科学技术大学, 2021.
[6] 饶瑞中. 光在湍流大气中的传播[M]. 合肥:安徽科学技术出版社, 2005.
[7] Fante R L. Wave propagation in random media: A system approach[J]. Progress in Optics, 1985, 22: 341-398.
[8] Rytov S M, Kravtsov Y A, Tatarskii V I. Principles of Statistical Radio Physics 4-wave Propagation through Random Media[M]. Berlin: Springer-Verlag, 1989.
[9] Andrews L C. An analytical model for the refractive index power spectrunm and its application to optical scintillations in the atmosphere[J]. Journal of Modern Optics, 1992, 39(9): 1849-1853.
[10] Tatarskii V I. The effects of the turbulent atmosphere on wave propagation[J]. Jerusalem: Israel

Program for Scientific Translations, 1971, 19(7):1-6.
[11] Andrews L C, Phillips R L. Laser Beam Propagation through Random Media[M]. Washington: SPIE Press, 2005.
[12] 周仁忠, 阎吉祥. 自适应光学理论[M]. 北京: 北京理工大学出版社, 1996.
[13] Ishimaru A. Wave Propagation and Scattering in Random Media[M], New York: Academic Press, 1978.
[14] Lukin V P. Efficiency of some correction systems[J]. Optics Letters, 1979, 4(1): 15-17.
[15] Sasiela R J. Electromagnetic Wave Propagation in Turbulence: Evaluation and Application of Mellin Transforms[M]. Berlin: Springer, 1994.
[16] Fried D L. Spectral and angular covariance of scintillation for propagation in a randomly inhomogeneous medium[J]. Applied Optics, 1971, 10(4): 721-731.
[17] 吴健, 杨春平, 刘建斌. 大气中的光传输理论[M]. 北京: 北京邮电大学出版社, 2005.
[18] 饶瑞中. 现代大气光学[M]. 北京:科学出版社, 2005.
[19] Hogge C B, Butts R R. Effects of using different wavelengths in wave-front sensing and correction[J]. Journal of the Optical Society of America, 1982, 72(5): 606-609.
[20] Medecki H, Tejnil E, Goldberg K A, et al. Phase-shifting point diffraction interferometer[J]. Optics Letters, 1996, 21(19): 1526-1528.
[21] 赵子云. 自适应光学系统的建模和误差分析[D]. 无锡: 江南大学, 2021.
[22] 赵子云, 顾虎, 马文超, 等. 自适应光学系统误差分析与参数优化研究[J]. 液晶与显示, 2021, 36(5): 663-672.
[23] 饶长辉,姜文汉. 2.16m 望远镜红外自适应光学系统的误差和性能分析[J]. 天体物理学报, 1996, 12(4):428-437.
[24] Rigaut F J, Veran J P, Lai O. Analytical model for Shack-Hartmann-based adaptive optics systems[C]. International Society for Optics and Photonics, Waikoloa, 1998: 1038-1048.
[25] Chipman R A. Polarization Aberrations[M]. Tucson Arizona: University of Arizona Press, 1987.
[26] Jeganathan M, Monacos S. Performance analysis and electronics packaging of the optical communications demonstrator[J]. SPIE Free-Space Laser Communication Technologies, 1998, 32(66): 33-41.
[27] Greenwood D P. Mutual coherence function of a wave front corrected by zonal adaptive optics[J]. Journal of the Optical Society of America, 1979, 69(4): 549-554.
[28] Hudgin R. Wave-front compensation error due to finite corrector-element size[J]. Journal of the Optical Society of America, 1977, 67(3): 393-395.
[29] Parenti R R, Sasiela R J. Laser-guide-star systems for astronomical applications[J]. Journal of the Optical Society of America, 1994, 11(1): 288-309.
[30] Porter J, Queener H, Lin J, et al. Adaptive Optics for Vision Science: Principles, Practices, Design, and Applications[M]. Hoboken: John Wiley & Sons, 2006.
[31] Fried D L. Anisoplanatism in adaptive optics[J]. Journal of the Optical Society of America, 1982, 72(1): 52-61.
[32] Cao G R, Yu X. Accuracy analysis of a Hartmann-Shack wavefront sensor operated with a faint object[J]. Optical Engineering, 1994, 33(7):2331-2335.

[33] 黄晨曦. 沙克哈特曼波前传感器关键技术研究[D]. 杭州：浙江大学, 2013.

[34] 姜文汉，鲜浩，沈锋. 夏克-哈特曼波前传感器的检测误差[J]. 量子电子学报，1998，15(2): 218-227.

[35] Sasiela R J. Electromagnetic Wave Propagation in Turbulence: Evaluation and Application of Mellin Transforms[M]. Berlin: Springer Science & Business Media, 2012.

[36] Breckinridge J B, Lam W S T, Chipman R A. Polarization aberrations in astronomical telescopes: The point spread function[J]. Publications of the Astronomical Society of the Pacific, 2015, 127(951): 445-468.

[37] 徐百威. 波前旋转和偏振色差对自适应光学系统校正能力的影响[D]. 成都: 中国科学院大学(中国科学院光电技术研究所), 2020.

[38] Chipman R A. Polarization Aberrations[M]. Tucson Arizona: University of Arizona Press, 1987.

[39] Stotts L B. Free Space Optical Systems Engineering Design and Analysis[M]. Hoboken: Wiley-IEEE Press, 2017.

[40] Toselli T, Andrews L, Phillips R L, et al. Free space optical system performance for a Gaussian beam propagating through non-Kolmogorov weak turbulence[J]. IEEE Transactions on Antennas and Propagation, 2009, 57(6): 1783-1788.

[41] 高超. 湍流信道中高斯光束传输特性及光学参数估计方法研究[D]. 成都：电子科技大学, 2018.

[42] Cui L, Xue B D. Influence of asymmetry turbulence cells on the angle of arrival fluctuations of optical waves in anisotropic non-Kolmogorov turbulence[J]. Journal of the Optical Society of America, 2015, 32(9): 1691-1699.

[43] Cui L Y. Analysis of angle-of-arrival fluctuations for optical waves' propagation through weak anisotropic non-Kolmogorov turbulence[J]. Optics Express, 2015, 23(5): 6313-6325.

[44] Du W, Yu S, Tan L, et al. Angle-of-arrival fluctuations for wave propagation through non-Kolmogorov turbulence[J]. Optics Communications, 2009, 282(5): 705-708.

[45] Devaney N, Goncharov A V, Dainty J C. Chromatic effects of the atmosphere on astronomical adaptive optics[J]. Applied Optics, 2008, 47(8): 1072-1081.

[46] 杨光强. 对流层大气湍流中激光波束扩展和漂移特性研究[D]. 西安: 西安电子科技大学, 2007.

[47] 李泽民,田文艳,齐文宗. 大气中激光到达角起伏引起跟踪系统角误差的研究[J]. 光学与光电技术, 2010, 8(2): 58-61.

[48] 覃智祥. 大气湍流对空间光—单模光纤耦合效率影响研究[D]. 哈尔滨: 哈尔滨工业大学, 2010.

[49] Consortini A, Sun Y Y, Innocenti C, et al. Measuring inner scale of atmospheric turbulence by angle of arrival and scintillation[J]. Optics Communications, 2003, 216(1-3): 19-23.

[50] Italo T, Andrews L C, Phillips R L, et al. Angle of arrival fluctuations for free space laser beam propagation through non-Kolmogorov turbulence[J]. Atmospheric Propagation, 2007, 6551: 149-160.

[51] Conan R, Borgnino J, Ziad A, et al. Analytical solution for the covariance and for the decorrelation time of the angle of arrival of a wave front corrugated by atmospheric

turbulence[J]. Journal of the Optical Society of America, 2000, 17(10): 1807-1818.
[52] Voelz D G, Wijerathna E, Muschinski A, et al. Computer simulations of optical turbulence in the weak- and strong-scattering regime: Angle-of-arrival fluctuations obtained from ray optics and wave optics[J]. Optical Engineering, 2018, 57(10): 104102.
[53] Zhang Y X. Arrival angle of beam wave propagation in turbulent atmosphere[J]. Chinese Journal of Quantum Electronics, 1987, 12(1): 70-75.
[54] 顾德门. 统计光学[M]. 秦克城等译. 北京: 科学出版社, 1992.
[55] Gao L, Li X F. Effects of inner and outer scale on beam spreading for a Gaussian wave propagating through anisotropic non-Kolmogorov turbulence [J]. Optica Application, 2017, 47(1): 63-74.
[56] Gao L, Li X F. An analytic expression for the beam wander of a Gaussian wave propagating through scale dependent anisotropic turbulence [J]. Iranian Journal of Science and Technology, Transactions A: Science, 2018, 42(2): 975-982.
[57] 姚启钧. 光学教程[M]. 3 版. 北京：高等教育出版社, 2002.
[58] Andrews L C, Phillips R L, Young C Y. Laser Beam Scintillation with Applications[M]. Washington: SPIE press 2001.
[59] 汤汇. 强湍流效应中光束漂移特性的研究[D]. 合肥：中国科学技术大学, 2021.
[60] 宋正方. 应用大气光学基础: 光波在大气中的传输与遥感应用[M]. 北京: 气象出版社, 1990.
[61] 王玲丽. 大气湍流中光束的漂移和扩展特性的研究[D]. 西安：西安电子科技大学，2012.
[62] Kolmogorov A N. The local structure of turbulence in incompressible viscous fluid for very large Reynolds numbers[J]. Proceedings of the Royal Society of London. Series A: Mathematical and Physical Sciences, 1991, 434(1890): 9-13.
[63] Collett E, Foley J T, Wolf E. On an investigation of Tatarskii into the relationship between coherence theory and the theory of radiative transfer[J]. Journal of the Optical Society of American, 1977, 67(4): 465-467.
[64] van Le N. The von karman integral method as applied to a turbulent boundary layer[J] Journal of the Aeronautical Sciences, 1952, 19(9): 647-648.
[65] Primmerman C A, Price T R, Humphreys R A, et al. Atmospheric-compensation experiments in strong scintillation conditions[J]. Applied Optics, 1995, 34(12): 2081-2088.
[66] 王姣. 大气湍流中部分相干涡旋光束的传输及衍射特性研究[D]. 西安: 西安理工大学, 2020.
[67] 杨慧珍,蔡冬梅,陈波,等. 无波前传感自适应光学技术及其在大气光通信中的应用[J]. 中国激光, 2008, (5): 680-684.
[68] 吴加丽, 柯熙政, 无波前传感器的自适应光学校正[J]. 激光与光电子学进展, 2018, 55(3): 133-139.
[69] 汪洲. 大气光通信中波前畸变补偿算法研究[D]. 武汉: 华中科技大学, 2009.
[70] 何煦. 自由空间光通信中的无波前传感校正算法研究[D]. 长春：吉林大学, 2019.
[71] 柯熙政,张云峰,张颖,等. 无波前传感自适应波前校正系统的图形处理器加速[J]. 激光与光电子学进展, 2019, 56(7): 96-104.

[72] Ping Y, Wu M, Yuan L, et al. Adaptive optics genetic algorithm based on zernike mode coefficients[J]. Chinese Journal of Lasers, 2008, 35(3): 367-372.

[73] Li Z K, Cao J T, Zhao X H, et al. Atmospheric compensation in free space optical communication with simulated annealing algorithm[J]. Optics Communications, 2015, 338: 11-21.

[74] Spall J C. Multivariate stochastic approximation using a simultaneous perturbation gradient approximation[J]. IEEE Transactions on Automatic Control, 1992, 37(3): 332-341.

[75] Roddier N A. Atmospheric wavefront simulation using Zernike polynomials[J]. Optical Engineering, 1990, 29(10): 1174-1180.

[76] 张齐元, 韩森, 唐寿鸿, 等. 透射波前 Zernike 系数与波长的函数关系研究[J]. 光学学报, 2018, 38(2): 170-177.

[77] 王文生, 刘冬梅, 向阳, 等, 应用光学[M]. 武汉: 华中科技大学出版社, 2010.

第 8 章　多校正器波前畸变校正解耦控制

自适应光学作为一种光机电一体化技术，变形镜作为自适应光学系统的核心器件，通过改变自身的面型分布来改变入射波前传感器的光程差完成波前校正。变形镜的行程分辨率与变形镜的行程量直接决定了波前校正精度以及波前校正范围。单个变形镜的校正能力通常无法满足强湍流环境、激光大功率输出、光学系统大孔径接收等条件下引起的光波大幅度波前畸变，且促动器在长时间接近满行程工作状态下会缩短使用寿命。引入快速反射镜或多级变形镜，使用快速反射镜或大行程变形镜校正波前低阶成分，小行程变形镜校正波前高阶成分，实现无线光通信系统中的波前校正。

8.1　问题的提出

随着自适应光学技术应用领域的不断拓展，在像差校正精度和校正幅度上，更为苛刻的应用需求随之而来。其中，实现对大行程和高空间频率波前像差的高精度校正是当前诸多应用领域亟待解决的共性问题。不同类型的波前校正器受到材料、工艺、系统集成复杂度等技术的限制，单一波前校正器的自适应光学系统常常难以满足大行程和高空间频率像差的校正需求。因此，利用不同性能的波前校正器相互配合来实现对大幅值低空间频率像差和小幅值高空间频率像差的同步校正成为当前解决上述问题最有效的途径之一。

为了在现有波前校正器的发展水平下，实现对大行程高空间频率像差的补偿，国内外学者提出了一种利用多个不同类型波前校正器进行组合的自适应光学解决方案，其中最为典型的是 Woofer-Tweeter 双变形镜自适应光学系统：Woofer 为具备大行程低驱动器密度的低阶变形镜，用于校正波前畸变中的大行程低空间频率像差成分，Tweeter 为具备小行程高驱动器密度的高阶变形镜，用于校正波前畸变中的小行程高空间频率像差成分。理论上，选择适当的 Woofer 和 Tweeter 变形镜进行组合，便可实现对大行程高空间频率像差的充分补偿，而且当待校正波前像差的幅值和空间频率组成更为复杂时，只需根据像差行程与空间频率的分布增加具备不同行程和空间频率的波前校正器即可。包含多个波前校正器的自适应光学系统成为减缓研制具备高空间频率大行程波前校正器压力的有效途径，并且在多个应用领域取得了优于单个波前校正器的像差补偿效果。多级波前校正器的引入，必然带来波前校正器之间的耦合问题，如果相互之间的耦合作用过大，则会造成系统工作的不稳定，并且会影响系统的校正性能。因此，如何实现解耦成为多波前校正器自适应光学系统研究的重点[1]。

目前，典型的多波前校正器自适应光学系统是双变形镜自适应光学校正系统，双变形镜自适应光学校正系统能利用不同变形镜在行程和空间频率上的特征来提高自适应光学校正系统对波前像差的校正精度与行程，但自适应光学校正系统中的两个变形镜都具有校正像差的能力，在工作时可能会产生方向相反的相位补偿量，即人们常说的耦合作用[2]，导致变形镜的像差校正能力相互抵消，最终使双变形镜自适应光学校正系统的像差校正能力大幅下降，甚至导致系统崩溃，并且哈特曼传感器无法测量出这种耦合作用，只能测量出校正后的残余像差，浪费变形镜的行程，影响系统的稳定性。因此，为了实现使用双变形镜同步校正像差这一目标，消除变形镜相互之间潜在的耦合作用是很有必要的，从而使它们高效地协同工作，充分发挥双变形镜自适应光学校正系统的优势，进一步提升双变形镜自适应光学校正系统的性能。

8.2 快速反射镜和变形镜

快速反射镜是采用反射镜面在光源和接收器之间精确控制光束方向的一种装置。快速反射镜使用压电陶瓷或音圈电机对光束进行快速微小角度位移的偏转。

快速反射镜是光电精密跟踪系统中的重要部分，用来精确控制光束方向。快速反射镜响应速度快，控制精度高，可以用来校正光路中的倾斜误差，也可以用来稳定光束的指向，还可以用于快速跟踪系统中。快速反射镜在驱动元件作用下控制反射镜面的快速高频转动，实现光束的高速精确指向、稳定和跟踪[3]。

压电陶瓷驱动器是快速反射镜理想的驱动方式。压电陶瓷驱动的快速反射镜由反射镜、柔性铰链、压电陶瓷驱动器、基座、电阻应变片式传感器和电路结构等组成。在快速反射镜中使用的压电陶瓷需要纳米级别的高分辨率。压电陶瓷的使用可以显著提高谐振频率和灵敏度，压电陶瓷的工作利用了压电效应。当某些物质受到外力时，不仅几何尺寸发生变化，而且内部发生极化，表面出现电荷并形成电场。当外力消失时，又重新恢复到不带电状态，这种效应称为正压电效应。相反地，当对压电晶体施加电场时，不仅产生了极化，还产生了形变，这种效应称为逆压电效应。当给压电陶瓷施加电压时，压电陶瓷会有一个可以达到纳米量级的位移，这个位移与所施加的电压大致成正比。在实际应用中，为了增大位移和输出力，常采用堆叠型压电陶瓷执行器。与传统电机结构相比，压电陶瓷不需要传动机构，位移控制精度高；响应速度快，无机械吻合间隙，可实现电压随动式位移控制；有较大的力输出；功耗低，且位置保持情况下几乎无功耗；固体器件，容易与电源、传感器、微型计算机等实现闭环控制。

变形镜是一种通过改变自身的面型分布来改变入射波前传感器的光程差，从而完成波前校正的器件。对于波前畸变，可将其看作一个滤波器，即通过滤除低频成分、保留高频成分的方式达到对波前相位扰动的校正。变形镜主要有两种分类依据，分别是镜面形状和驱动方式[4]。

1. 以镜面形状划分

根据镜面形状，变形镜可分为两种：分立镜面变形镜和连续镜面变形镜。分立镜面变形镜由多个独立的子镜面构成。每个子镜面受驱动器驱动，通过平移或倾斜运动构成所需面型。此类变形镜控制简单，易于装配，但各个独立镜面之间的缝隙会导致光能量损失，影响检测精度且尺寸较大。连续镜面变形镜则是通过磁力驱动、压电驱动等方式使得连续镜面产生位移，从而改变其面型的。由于不存在镜面缝隙，这类变形镜不会造成光能量损失，保证了相位连续，所以相较分立镜面变形镜具有较高的校正精度。

2. 以驱动方式划分

根据驱动方式，变形镜可分为静电驱动、压电驱动、电磁驱动等类型。静电驱动变形镜通过极板间自由电荷的库仑力作用产生镜面形变，由于静电吸合现象，这种变形镜的形变量较小，大大限制了其应用范围。压电驱动变形镜则以单压电变形镜和压电微机电变形镜为代表。前者结构简单、价格低且体积较小、便于移动，但是只针对低阶像差有较好的校正精度；后者冲程较短且存在滞后现象，因此必须采用一定的算法消除影响，以保证系统的校正精度，这使得系统的算法复杂度有所增加，降低了系统的实时性。电磁驱动变形镜的关键部件是电磁圈和永磁铁，通过上电使得电磁圈与永磁铁产生作用力，推动镜面产生偏移，具有大冲程，校正范围广，因此广泛应用于光通信系统中[5]。

8.3　采用多校正器校正波前畸变

8.3.1　算法原理

Zernike 多项式在单位圆内具有正交特性[6]，即

$$\int W(r)\cdot Z_i\cdot Z_{i'}\mathrm{d}^2r=\delta_{jj'},\quad \begin{cases}W(r)=\dfrac{1}{\pi}, & r\leqslant 1\\ W(r)=0, & r>1\end{cases} \tag{8.1}$$

采用快速反射镜或低分辨率变形镜作为 Woofer 校正低阶像差，使用小行程变形镜作为 Tweeter 校正高阶像差，两者之间互不串扰。图 8.1 为基于 Zernike 模式采用多校正器自适应光学闭环控制算法原理图。

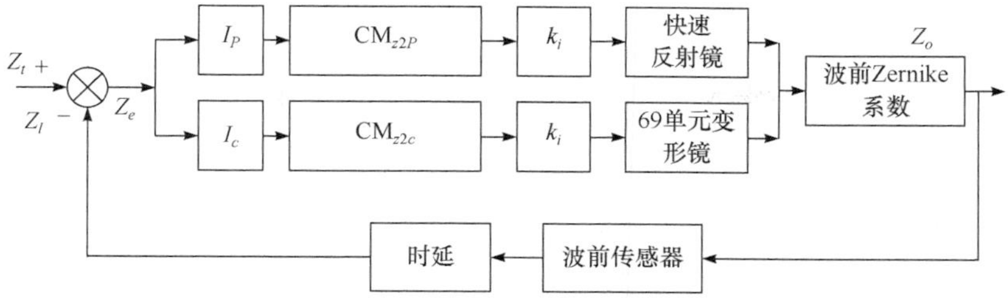

图 8.1　基于 Zernike 模式采用多校正器自适应光学闭环控制算法原理图

依据推拉法原理，由 Woofer 和 Tweeter 组成的自适应光学系统，Woofer 校正低阶像差，Tweeter 校正高阶像差，分别求解 Woofer 到波前传感器和 Tweeter 到波前传感器的响应矩阵，求解其中任一响应矩阵均需要另一校正器处于初始位置的静止平面反射状态，分别记为 IM_{P2z} 和 IM_{c2z}[7]:

$$\mathrm{IM}_{P2z} = \mathrm{PZT}^{-1} \cdot Z \tag{8.2}$$

$$\mathrm{IM}_{c2z} = \mathrm{cmd}^{-1} \cdot Z \tag{8.3}$$

其中，PZT 和 cmd 分别为施加在 Woofer 和 Tweeter 的指令系数矩阵；上标−1 为矩阵的逆；Z 为波前传感器采集的 Zernike 系数矩阵；IM_{P2z} 和 IM_{c2z} 矩阵大小分别为 2×30 和 69×30。

在完成响应矩阵的计算后，分别计算对应的命令矩阵[8]:

$$\mathrm{CM}_{z2P} = (\mathrm{IM}_{P2z})^{-1} \tag{8.4}$$

$$\mathrm{CM}_{z2c} = (\mathrm{IM}_{c2z})^{-1} \tag{8.5}$$

图 8.1 中，$Z_t = 0$ 为 1×30 的零矩阵，Z_l 为当前状态下波前传感器采集的 Zernike 1×30 系数矩阵。Z_e 为误差 Zernike 系数矩阵，30 阶对角矩阵 I_P 和 I_c 将 Zernike 系数的倾斜分量和其余分量进行分离，通过对应的命令矩阵 CM_{z2P} 和 CM_{z2c} 转换后经积分运算分别发送给 Woofer 和 Tweeter，波前传感器再次采集入射波前 Zernike 系数，经时延处理后完成下一次迭代运算。波前传感器第 k 次采集的波前 Zernike 系数矩阵记为 Z_l^k 以及波前相位 Phase_l^k，依据积分控制算法原理，第 k 次自适应光学系统的闭环迭代表达式为[9]

$$\begin{aligned}\mathrm{Phase}_I^{k+1} = \mathrm{Phase}_I^k &+ \left[\mathrm{PZT}^k + k_i \cdot (-Z_I^k) \cdot I_P \cdot \mathrm{CM}_{z2P}\right] \cdot \mathrm{IF}_{P2p} \\ &+ \left[\mathrm{cmd}^k + k_i \cdot (-Z_I^k) \cdot I_c \cdot \mathrm{CM}_{z2c}\right] \cdot \mathrm{IF}_{c2p}\end{aligned} \tag{8.6}$$

其中，PZT^k 和 cmd^k 分别为第 k 次施加在 Woofer 的指令矩阵和施加在 Tweeter 的指令矩阵；k_i 为积分控制系数；IF_{P2p} 和 IF_{c2p} 分别为 Woofer 和 Tweeter 的面型影响函数。

30 阶对角矩阵 I_P 和 I_c 分别为

$$I_P = \begin{bmatrix} 1 & & & & \\ & 1 & & & \\ & & 0 & & \\ & & & \ddots & \\ & & & & 0 \end{bmatrix}, \quad I_c = \begin{bmatrix} 0 & & & & \\ & 0 & & & \\ & & 1 & & \\ & & & \ddots & \\ & & & & 1 \end{bmatrix} \tag{8.7}$$

当 $I_c = 0$ 时，Woofer 处于闭环状态；当 $I_P = 0$ 时，Tweeter 处于闭环状态；当 I_c 和 I_P 为式(8.7)时，Woofer 和 Tweeter 同时处于闭环状态。

图 8.2 为采用多校正器校正波前畸变的自适应光学系统。图中，一种是快速反射镜与 69 单元变形镜相组合；另一种是 69 单元变形镜和 292 单元变形镜相组合。

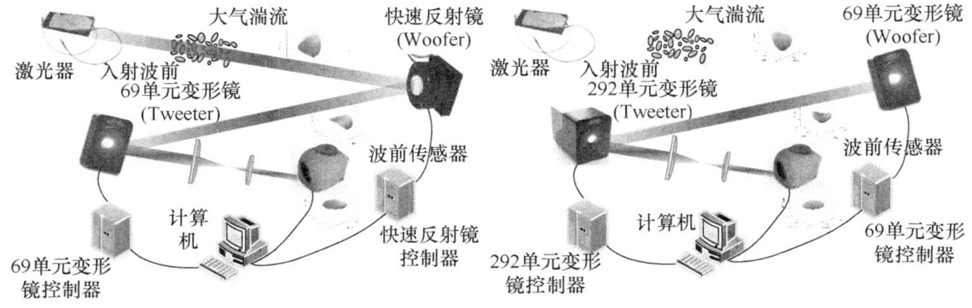

(a) 快速反射镜和69单元变形镜　　(b) 69单元变形镜和292单元变形镜

图 8.2　采用多校正器校正波前畸变的自适应光学系统

8.3.2　快速反射镜和变形镜工作原理

快速反射镜、69 单元变形镜和 292 单元变形镜的面型分布如图 8.3 所示，其中，快速反射镜的面型直径为 25.4mm(1in)，采用 4 点驱动的电气连接方式，由两对相互独立的压电陶瓷驱动，位于 $x(y)$轴的两个压电陶瓷通过电压改变自身形变量来改变以 $y(x)$轴为滚轴方向的波前倾斜量。快速反射镜采用压电陶瓷驱动基于无摩擦柔性铰链差分并联导向结构做倾斜偏摆运动，以实现分辨率微弧度量级的精密角度调节。快速反射镜具有很高的谐振频率，扫描速度快、分辨率高、稳定性好、运动无摩擦。在实际计算中，通过对通道 x 和通道 y 分别发送角度指令经内部换算为施加在对应压电陶瓷电压后产生对应 x 轴和 y 轴的面型角度倾斜量。

69 单元变形镜和 292 单元变形镜分别为驱动单元数为 69 和 292 的电磁式连续面型变形镜，通光口径均为 10.5mm，促动器间隔分别为 1.15mm 和 0.52mm，倾斜量波前调制最大量均为 60μm，非线性误差均小于 3%，工作温度为−10～35℃。69 单元变形镜和 292 单元变形镜的驱动器施加的归一化电压范围均为−1～1V[10,11]。电磁式连续面型变形镜由基底、促动器和反射镜(镜面)三部分组成。其中，反射镜采用连续的薄镜片，薄镜片的表面形状随着促动器位移的变化而变化。为了使促动器的运动效果大部分表现在薄镜片上，当促动器运动时，基底不发生变形，而与促动器相连接的反射镜会发生相应变形，这就要求反射镜的硬度要比基底的硬度小得多，基底可以采用硬度大的金属材料制成。分离促动器连续面型变形镜的促动器一般选择压电材料($Pb(Zr,Ti)O_3$)或者电致伸缩材料($Pb(Mg,Nb)O_3$)。当向变形镜施加驱动电压时，促动器位移发生改变，导致与其对应位置连接的反射镜表面发生变形，其相邻促动器上反射镜的表面也会发生变形，这种变形类似于高斯函数[12]。

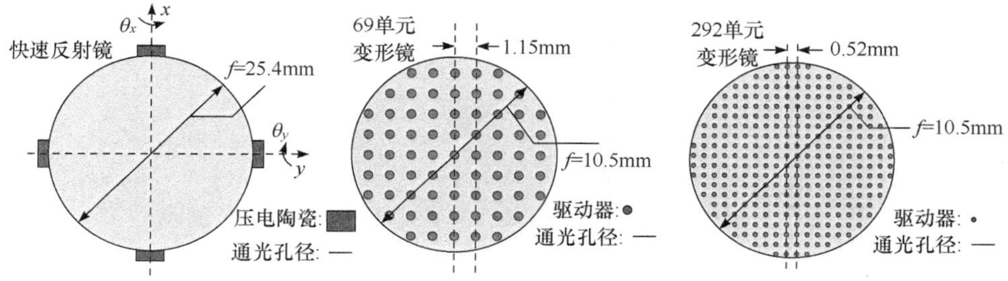

(a) 快速反射镜　(b) 69单元变形镜　(c) 292单元变形镜

图 8.3　波前校正器面型分布

8.3.3　采用快速反射镜和 69 单元变形镜组合的自适应光学系统

本节采用快速反射镜和 69 单元变形镜组合的自适应光学系统进行数值仿真，仿真参数如下：k_i = 0.05，Zernike 系数阶次取 1～30 阶，大气湍流强度 D/r_0 = 0.1，69 单元变形镜命令矩阵 CM_{z2c} 由 Alpao 公司提供，得到相应仿真曲线，如图 8.4 所示。

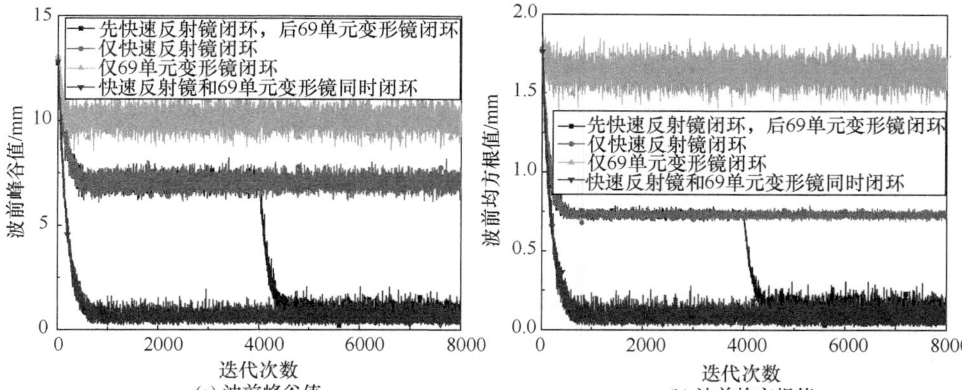

(a) 波前峰谷值　(b) 波前均方根值

图 8.4　采用快速反射镜和 69 单元变形镜组合的自适应光学系统闭环曲线

仅快速反射镜闭环，波前峰谷值由 13.04μm 降至 7.03μm，波前均方根值由 1.82μm 降至 0.75μm；仅 69 单元变形镜闭环，波前峰谷值由 13.04μm 降至

10.05μm，波前均方根值由 1.82μm 降至 1.63μm；快速反射镜和 69 单元变形镜同时闭环，波前峰谷值由 13.04μm 降至 0.08μm，波前均方根值由 1.82μm 降至 0.13μm。这表明，波前倾斜分量所占比例要大于高阶分量的比例，同时采用快速反射镜和 69 单元变形镜同时闭环的波前校正效果要优于单独快速反射镜以及单独 69 单元变形镜的闭环校正效果。

图 8.5 为采用快速反射镜和 69 单元变形镜组合的自适应光学系统闭环电压分布。仅 69 单元变形镜闭环，变形镜总功率为 0.7011；当快速反射镜和 69 单元变形镜同时闭环时，变形镜总功率为 0.4362。因此，引入快速反射镜，降低了 69 单元变形镜驱动器的输出功率。

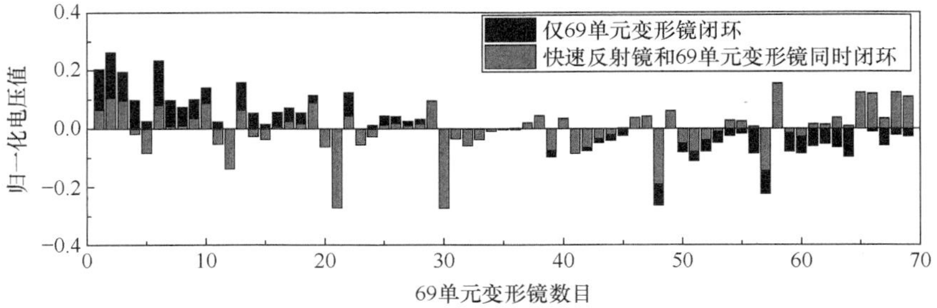

图 8.5　采用快速反射镜和 69 单元变形镜组合的自适应光学系统闭环电压分布

8.3.4　采用 69 单元变形镜和 292 单元变形镜组合的自适应光学系统

当采用 69 单元变形镜和 292 单元变形镜进行组合时，69 单元变形镜作为 Woofer，用于校正低阶像差，292 单元变形镜作为 Tweeter，用于校正高阶像差。算法原理与快速反射镜和 69 单元变形镜组成的自适应光学系统相同，只是将快速反射镜的位置置换为 69 单元变形镜，69 单元变形镜的位置置换为 292 单元变形镜。

针对采用 69 单元变形镜和 292 单元变形镜组合的自适应光学系统进行仿真，仿真参数如下：$k_i = 0.05$，Zernike 系数阶次取 1～30 阶，大气湍流强度 $D/r_0 = 0.1$，292 单元变形镜命令矩阵 CM_{z2c} 由 Alpao 公司提供，得到相应仿真曲线，如图 8.6 所示。

仅 69 单元变形镜闭环，波前峰谷值由 10.92μm 降至 4.98μm，波前均方根值由 1.25μm 降至 0.49μm；仅 292 单元变形镜闭环，波前峰谷值由 10.92μm 降至 6.95μm，波前均方根值由 1.25μm 降至 1.15μm；当双变形镜同时闭环时，波前峰谷值由 10.92μm 降至 0.82μm，波前均方根值由 1.25μm 降至 0.13μm。这说明，同时采用 69 单元变形镜以及 292 单元变形镜闭环的波前校正效果要优于单独闭环校正效果，且校正效果相较于快速反射镜与 69 单元变形镜组合的自适应光学系统并无明显区别。

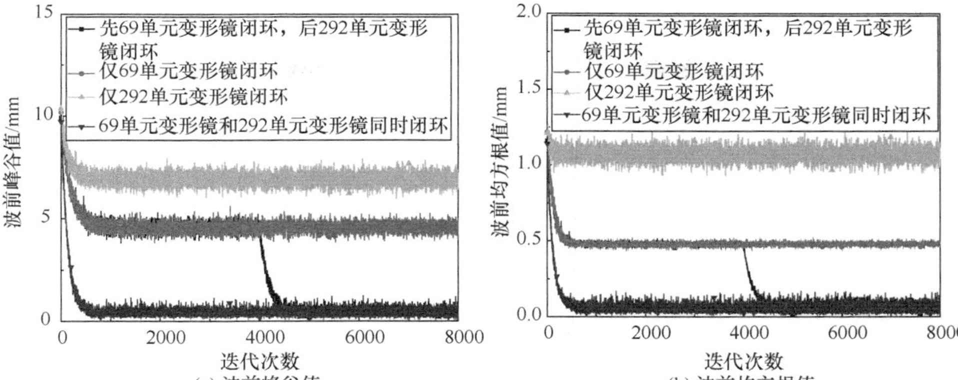

(a) 波前峰谷值 (b) 波前均方根值

图 8.6 采用 69 单元变形镜和 292 单元变形镜组合的自适应光学系统闭环曲线

图 8.7 为采用 69 单元变形镜和 292 单元变形镜组合的自适应光学系统闭环电压分布。当仅 292 单元变形镜闭环时，292 单元变形镜总功率为 28.55；当 69 单元变形镜和 292 单元变形镜同时闭环时，总功率为 4.98。因此，引入 69 单元变形镜，降低了 292 单元变形镜驱动器的输出功率。

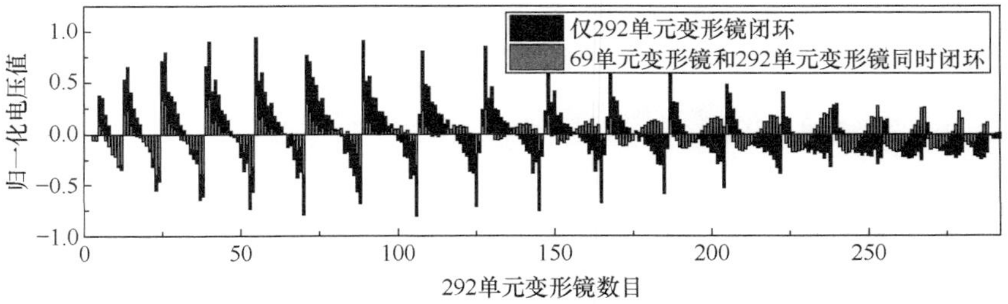

图 8.7 采用 69 单元变形镜和 292 单元变形镜组合的自适应光学系统闭环电压分布

8.4 采用多波前校正器解耦算法校正波前畸变

8.4.1 算法原理

哈特曼传感器可以对斜率进行测量，在双变形镜校正系统中，其斜率矩阵可以表示为

$$g=g_w+g_t \tag{8.8}$$

其中，g 为哈特曼传感器直接测量的斜率矩阵，维度为 $2m\times1$，m 为哈特曼传感器的子孔径数目；g_w 为低阶变形镜将校正的斜率；g_t 为高阶变形镜将校正的斜率。

由 Zernike 模式法的波前重构原理可知，斜率矩阵 g 可以表示为

$$g=Z\cdot \text{Zernike} \tag{8.9}$$

将式(8.9)改写为

$$\text{Zernike}=Z^{+}\cdot g \tag{8.10}$$

其中，Zernike 为 Zernike 系数，维度为 30×1；Z 为波前重构矩阵，维度为 $2m\times 30$；Z^{+}为 Z 的广义逆矩阵。

低阶变形镜校正低阶像差，并为其分配像差，表达式为

$$\text{Zernike}_w = I_w\cdot \text{Zernike} = I_w\cdot Z^{+}\cdot g \tag{8.11}$$

其中，I_w 为 30×30 对角矩阵。

举例说明，如果低阶变形镜校正 1～2 阶像差，则 I_w 的表达式为

$$I_w=\begin{bmatrix} 1 & & & & & \\ & 1 & & & & \\ & & 0 & & & \\ & & & \ddots & & \\ & & & & 0 & \\ & & & & & 0 \end{bmatrix} \tag{8.12}$$

低阶变形镜校正的斜率可以表示为

$$g_w = \text{IM}_w\cdot \text{Zernike}_w = \text{IM}_w\cdot I_w\cdot Z^{+}\cdot g \tag{8.13}$$

根据式(8.13)可以得到低阶变形镜的初始控制电压为

$$\text{cmd}_w = \text{IM}_w^{+}\cdot g_w = \text{IM}_w^{+}\cdot \text{IM}_w\cdot I_w\cdot Z^{+}\cdot g \tag{8.14}$$

其中，cmd_w 为低阶变形镜的控制电压；IM_w 为低阶变形镜的斜率响应矩阵；IM_w^{+}为 IM_w 的广义逆矩阵。

然后采用增量式比例积分控制器求解低阶变形镜最终的控制电压，并发送给低阶变形镜，使其工作。为了精确求取低阶变形镜的控制电压，低阶变形镜的控制电压表达式为

$$\text{CMD}_w(k+1)=\text{CMD}_w(k)+k_{i\_w}\cdot \text{cmd}_w(k)+k_{p\_w}\cdot\left[\text{cmd}_w(k)-\text{cmd}_w(k-1)\right] \tag{8.15}$$

其中，k_{i_w} 为增量式比例积分控制器的积分参数；k_{p_w} 为增量式比例积分控制器的比例参数。

高阶变形镜校正的斜率表达式为

$$g_t = g - g_w = (I-\text{IM}_w\cdot I_w\cdot Z^{+})g \tag{8.16}$$

根据直接斜率法可以得到高阶变形镜的控制电压，其表达式为

$$\mathrm{cmd}_t = \mathrm{IM}_t^+ \cdot g_t = \mathrm{IM}_t^+ \cdot (I - \mathrm{IM}_w \cdot I_w \cdot Z^+) g \tag{8.17}$$

其中，cmd_t 为高阶变形镜的控制电压；IM_t 为高阶变形镜的斜率响应矩阵；IM_t^+ 为 IM_t 的广义逆矩阵。

变形镜对不同阶次的 Zernike 模式均存在拟合误差，当高阶变形镜与低阶变形镜同时工作时，会产生耦合作用，所以构造约束矩阵 C 来重置高阶变形镜的控制电压，以抑制两个变形镜之间的耦合作用。

如果高阶变形镜的控制电压中不含有与低阶变形镜耦合的成分，则有

$$\mathrm{IM}_{tw} V_t = 0 \tag{8.18}$$

此时两个变形镜之间的耦合作用最小。其中，IM_{tw} 为投影系数矩阵。

根据高阶变形镜每个促动器的影响函数与每阶 Zernike 多项式对应系数的相关性，构造高阶变形镜的投影系数矩阵 IM_{tw}，表达式为

$$\mathrm{IM}_{tw}(i,j) = k \frac{\iint f_i(x,y) Z_j(x,y) \mathrm{d}s}{\iint Z_j(x,y) Z_j(x,y) \mathrm{d}s} \tag{8.19}$$

其中，$f_i(x,y)$ 为高阶变形镜第 i 个促动器的影响函数；$Z_j(x,y)$ 为第 j 阶 Zernike 多项式对应的 Zernike 系数；k 为耦合抑制因子，用于调节高阶变形镜的耦合抑制程度。

对式(8.18)进行推导，得到解耦后高阶变形镜的控制电压表达式为

$$\begin{bmatrix} I \\ \mathrm{IM}_{tw} \end{bmatrix} \mathrm{CMD}_t' \approx \begin{bmatrix} \mathrm{CMD}_t \\ 0 \end{bmatrix} \tag{8.20}$$

$$\mathrm{CMD}_t' = \begin{bmatrix} I \\ \mathrm{IM}_{tw} \end{bmatrix}^+ \begin{bmatrix} \mathrm{CMD}_t \\ 0 \end{bmatrix} = C \begin{bmatrix} \mathrm{CMD}_t \\ 0 \end{bmatrix} \tag{8.21}$$

则式(8.21)还可以表示为

$$\mathrm{CMD}_t(k+1) = C \times \left\{ \mathrm{CMD}_t(k) + k_{i\_t} \cdot \mathrm{cmd}_t(k) + k_{p\_t} \cdot \left[\mathrm{cmd}_t(k) - \mathrm{cmd}_t(k-1) \right] \right\} \tag{8.22}$$

其中，k_{i_t} 为增量式比例积分控制器的积分参数；k_{p_t} 为增量式比例积分控制器的比例参数。

此时，消除了高阶变形镜与低阶变形镜之间的耦合作用，且高阶变形镜的最终控制电压不含有与低阶变形镜耦合的电压成分。

与 k_{i_w} 和 k_{i_w} 仿真参数设置相同，有

$$C = \begin{bmatrix} I \\ k \times \mathrm{IM}_{tw} \end{bmatrix}^+ \tag{8.23}$$

由式(8.15)和式(8.22)可以得到低阶变形镜和高阶变形镜的最终控制电压，并得到校正后的波前相位，记为 phase^k，则第 k 次校正后的迭代相位表达为

$$\text{phase}^{k+1} = \text{phase}^{k+1} + (\text{CMD}_w^k \cdot \text{IF}_w) + (\text{CMD}_t^k \cdot \text{IF}_t) \tag{8.24}$$

其中，IF_w 为低阶变形镜的面形影响函数；IF_t 为高阶变形镜的面形影响函数。

在实际应用中，通常采用多次推拉求平均的方法先对 IM_w、IM_t 、IM_w^+ 和 IM_t^+ 进行测定和计算，并进行保存，在校正过程中直接调用即可，以简化程序，大大缩短程序的运行时间。

双变形镜自适应光学校正系统如图 8.8 所示，在自适应光学系统中，可将偏摆镜视为一种仅产生倾斜补偿量的特殊变形镜，则一个系统是由偏摆镜和 69 单元变形镜组合的双变形镜自适应光学校正系统；另一个系统是由 69 单元变形镜和 69 单元变形镜组合的双变形镜自适应光学校正系统。

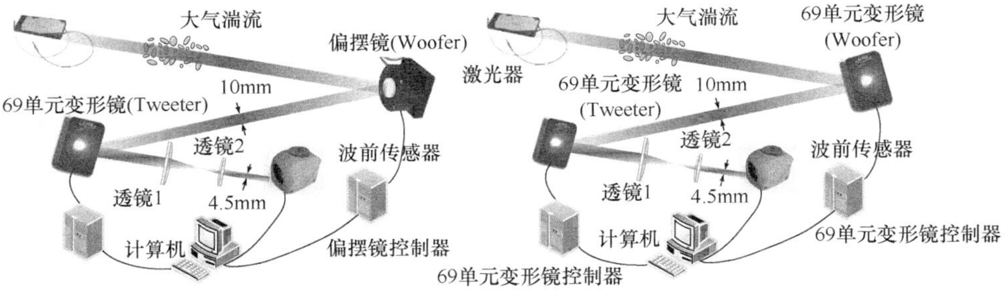

(a) 偏摆镜和69单元变形镜 (b) 69单元变形镜和69单元变形镜

图 8.8 双变形镜自适应光学校正系统

8.4.2 偏摆镜和 69 单元变形镜组合的双变形镜校正系统

本节采用偏摆镜和 69 单元变形镜组合的双变形镜校正系统进行仿真，哈特曼传感器无法测出波前像差的平移项，且平移项不影响波前的畸变程度，因此模拟 30 阶(除平移项外，所有一阶系数都对应 x 方向倾斜像差)不同大气湍流畸变波前的 Zernike 系数，采用多波前校正器解耦算法对不同湍流强度下的波前畸变进行校正，偏摆镜校正倾斜像差，69 单元变形镜校正除倾斜像差外的其余像差。D 为接收孔径，r_0 为大气相干长度。在弱湍流条件下，D/r_0 约为 2。在中等湍流条件下，D/r_0 约为 10。对于相对较强的湍流条件，D/r_0 约为 20。

当 D/r_0=2 时，图 8.9 为弱湍流条件下波前相位图，采用多波前校正器解耦算法对该湍流强度下的波前畸变进行校正，图 8.10 为校正过程中的波前峰谷值和波前均方根值。

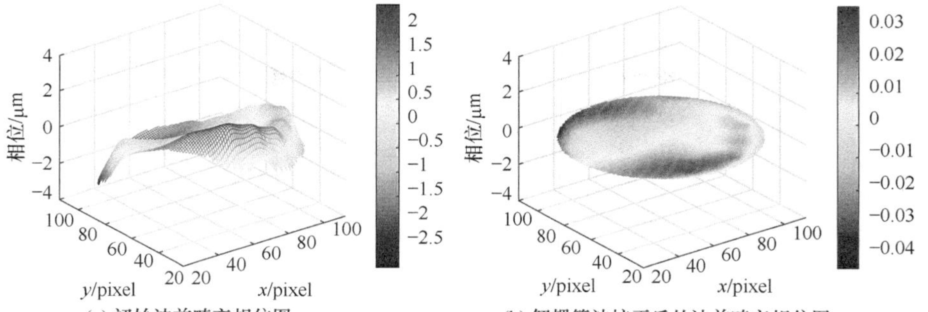

(a) 初始波前畸变相位图 (b) 解耦算法校正后的波前畸变相位图

图 8.9 弱湍流条件下波前相位图

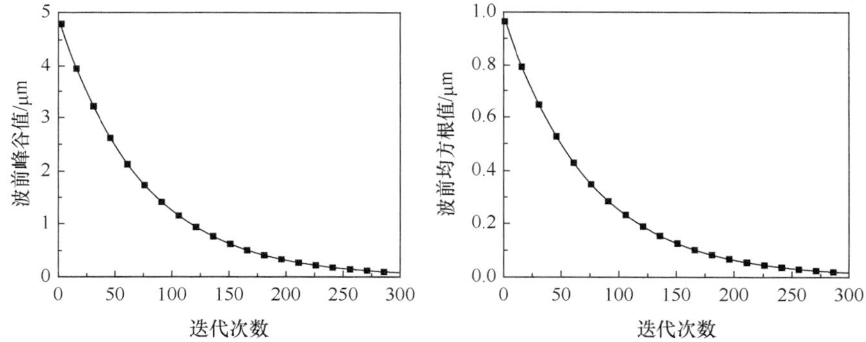

(a) 波前峰谷值 (b) 波前均方根值

图 8.10 弱湍流条件下解耦算法校正后波前峰谷值和波前均方根值变化曲线图

观察图 8.9 和图 8.10 可以看出，采用解耦算法校正后的波前相位图比较平坦。在偏摆镜和变形镜组合的自适应光学系统中，随着迭代次数的增加波前峰谷值由 5.4224μm 降为 0.0809μm，波前均方根值由 1.0887μm 降为 0.0163μm。这表明，在弱湍流环境干扰下，解耦算法能够较好地校正波前畸变，具有很强的波前校正能力。

当 D/r_0=10 时，采用多波前校正器解耦算法对中等湍流条件下的波前畸变进行校正，校正后的波前相位图以及初始波前畸变相位图如图 8.11 所示。校正过程中的波前峰谷值和波前均方根值如图 8.12 所示。

图 8.11(a)的波前峰谷值约为 23.3928μm，波前均方根值约为 5.4480μm；图 8.11(b)的波前峰谷值约为 0.1505μm，波前均方根值约为 0.0335μm。从图 8.12 的变化曲线图可以看出，波前峰谷值和波前均方根值都随着迭代次数的增加而减少，表明在中等湍流干扰下，该解耦算法仍然能很好地校正波前畸变，校正后的波前峰谷值和波前均方根值比较低，具有一定的波前校正能力。

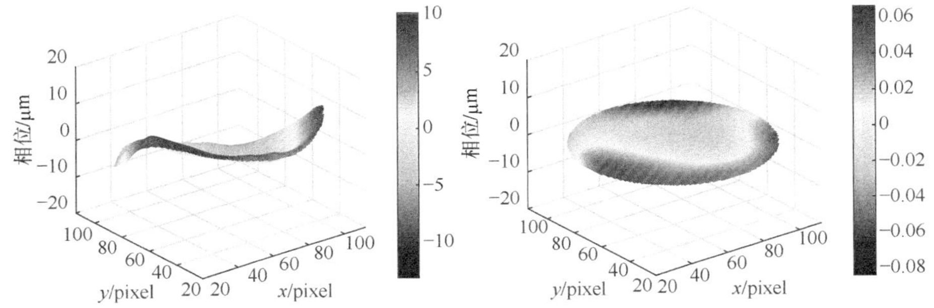

(a) 初始波前畸变相位图　　(b) 解耦算法校正后的波前畸变相位图

图 8.11　中等湍流条件下波前相位图

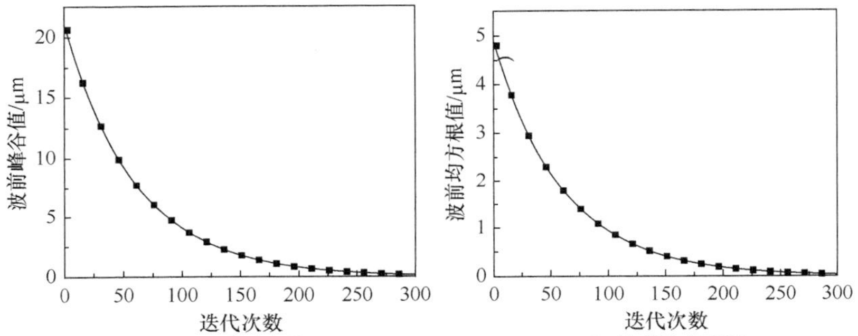

(a) 波前峰谷值　　(b) 波前均方根值

图 8.12　中等湍流条件下解耦算法校正后波前峰谷值和波前均方根值变化曲线图

当 $D/r_0=20$ 时，图 8.13 给出了强湍流条件下波前相位图以及采用多波前校正器解耦算法对强湍流条件下的波前畸变进行校正，图 8.14 给出了校正后残余的波前峰谷值和波前均方根值。

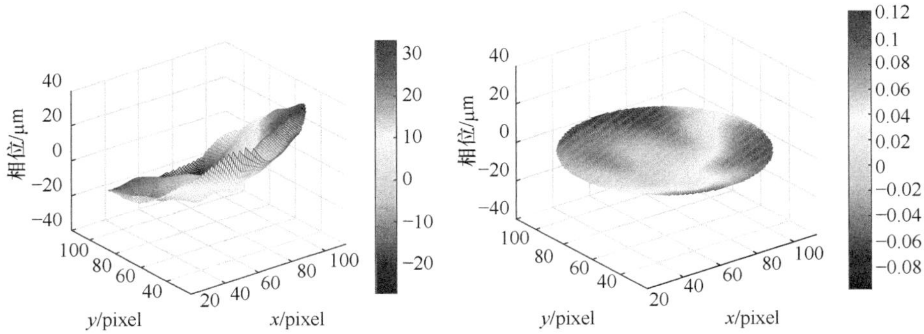

(a) 初始波前畸变相位图　　(b) 解耦算法校正后的波前畸变相位图

图 8.13　强湍流条件下波前相位图

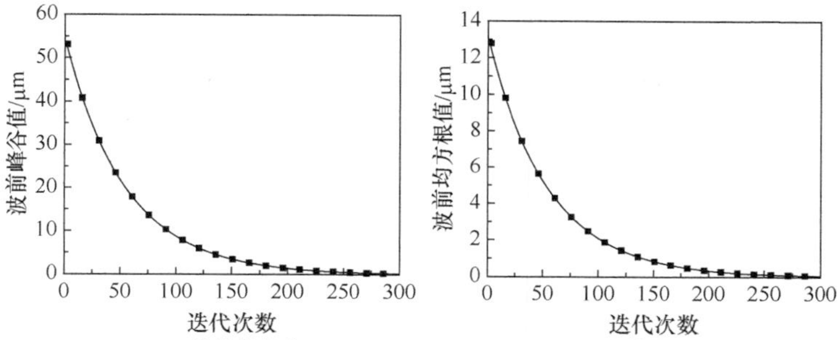

(a) 波前峰谷值　(b) 波前均方根值

图 8.14　强湍流条件下解耦算法校正后波前峰谷值和波前均方根值变化曲线图

从图 8.13 的仿真结果可以看到，在强湍流条件下，采用该解耦算法校正后的波前非常平坦。从图 8.14 的变化曲线图可以看出，随着迭代次数的增加，波前峰谷值由 53.1531μm 降为 0.22012μm，波前均方根值由 12.7908μm 降为 0.05268μm。这表明，在强湍流条件下，该解耦算法仍然具有很好的波前校正能力。

与此同时，验证了在不同湍流强度下，该解耦算法的耦合抑制能力。偏摆镜与变形镜自适应光学系统闭环校正过程中耦合系数变化曲线图如图 8.15 所示。

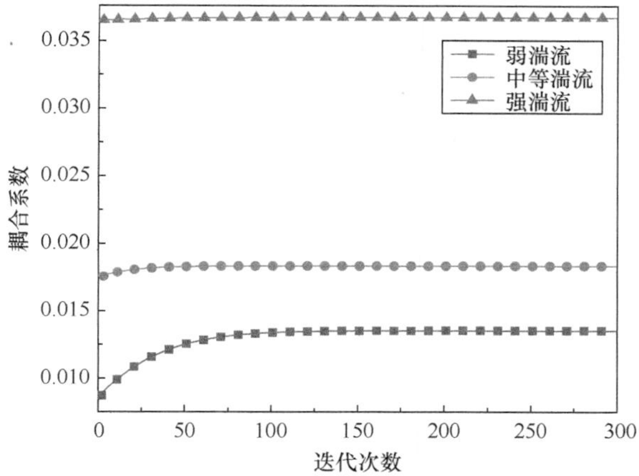

图 8.15　偏摆镜与变形镜自适应光学系统闭环校正过程中耦合系数变化曲线图

随着迭代次数的增加，系统的耦合系数先增加再稳定到一定值，在弱湍流条件下，耦合系数稳定在 0.015 左右。在中等湍流条件下，耦合系数稳定在 0.020 左右。在强湍流条件下，耦合系数稳定在 0.04 左右，且都小于 0.05，表明该解耦算法具有良好的抑制耦合能力，耦合系数并不会随着迭代次数的增加而增大。

8.4.3　69 单元变形镜和 69 单元变形镜组合的双变形镜校正系统

倾斜像差通常采用快速反射镜或偏摆镜进行校正，因此采用 69 单元变形镜和 69 单元变形镜组合的双变形镜校正系统校正除倾斜像差以外的其余像差。将 8.4.1 节模拟的 Zernike 系数的第 1、2 节系数值置于 0，低阶变形镜校正 3～6 阶像差，高阶变形镜校正其余像差。

当 $D/r_0=2$ 时，图 8.16 为弱湍流条件下去除倾斜像差的波前相位图和采用多波前校正器解耦算法以及变形镜与变形镜组合的双变形镜自适应光学系统对该湍流强度下的波前畸变校正后的残余波前相位图，图 8.17 为 69 单元变形镜与 69 单元变形镜组合的自适应光学系统闭环校正过程中的波前峰谷值和波前均方根值。

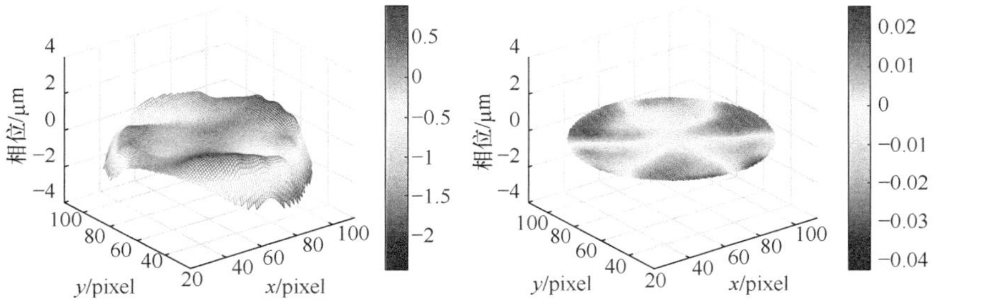

(a) 去除倾斜像差后波前畸变相位图　　(b) 69单元变形镜与69单元变形镜组合的自适应光学系统校正后的波前畸变相位图

图 8.16　弱湍流条件下残余波前相位图

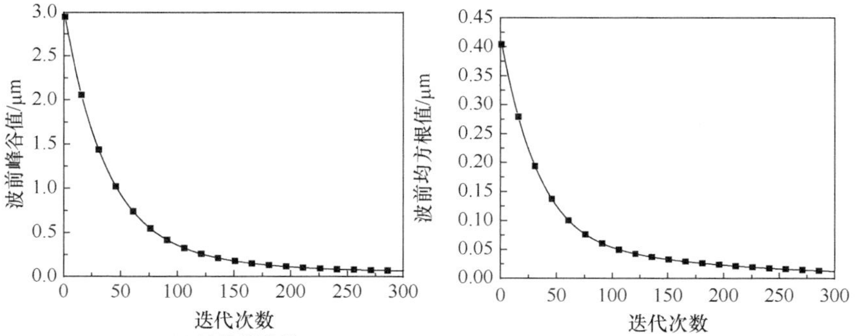

(a) 波前峰谷值　　(b) 波前均方根值

图 8.17　弱湍流条件下 69 单元变形镜与 69 单元变形镜组合的自适应光学系统闭环校正的波前峰谷值和波前均方根值变化曲线图

由图 8.16(a)可以看出，波前的倾斜程度非常小，几乎没有倾斜。采用解耦算法以及 69 单元变形镜与 69 单元变形镜组合的自适应光学系统闭环校正，由图 8.17 可知，随着迭代次数的增加，波前峰谷值由 2.94004μm 降为 0.0681μm，波前均方根值由 0.4040μm 降为 0.0124μm。这表明，该解耦算法在弱湍流条件下同样适用于 69 单元变形镜与 69 单元变形镜组合的自适应光学系统。

当 D/r_0=10 时，中等湍流条件下的初始波前相位图及采用解耦算法对该湍流强度下的波前畸变进行校正后的波前相位图如图 8.18 所示，69 单元变形镜与 69 单元变形镜闭环校正的波前峰谷值和波前均方根值如图 8.19 所示。

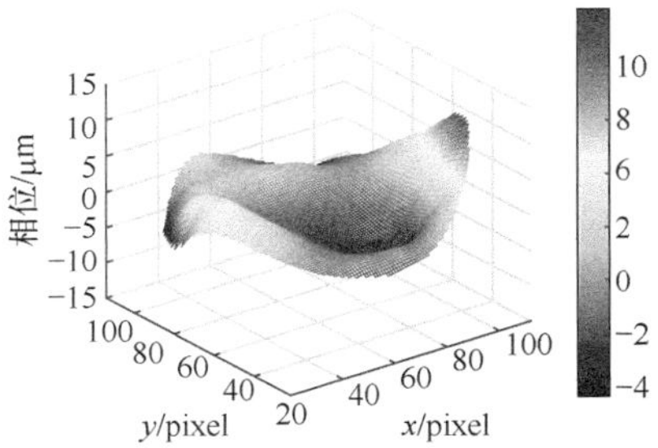

(a) 去除倾斜像差后波前畸变相位图

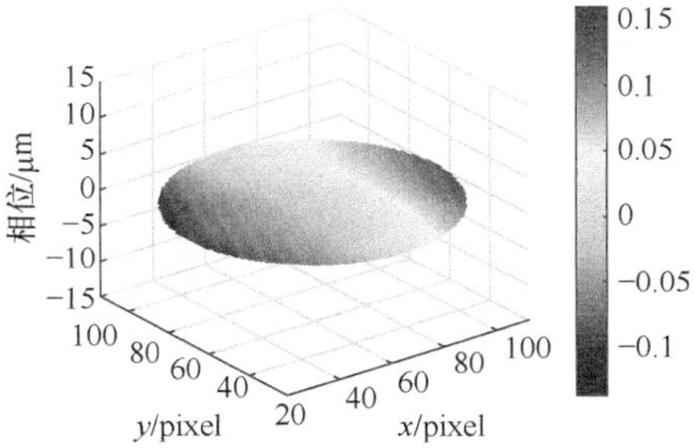

(b) 69单元变形镜与69单元变形镜组合的自适应光学系统校正后的波前畸变相位图

图 8.18　双变形镜校正时中等湍流条件下波前相位图

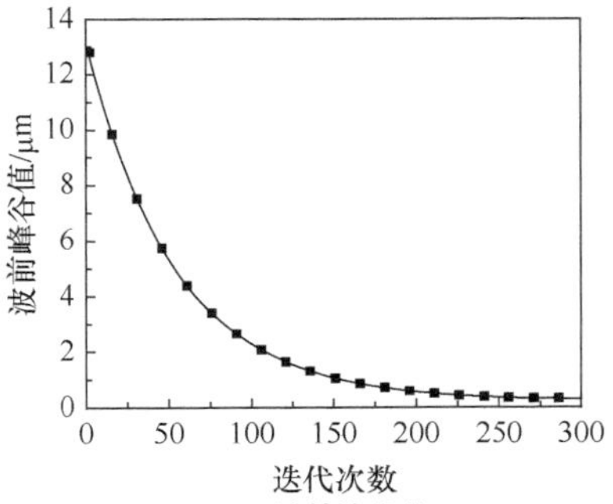

(a) 波前峰谷值

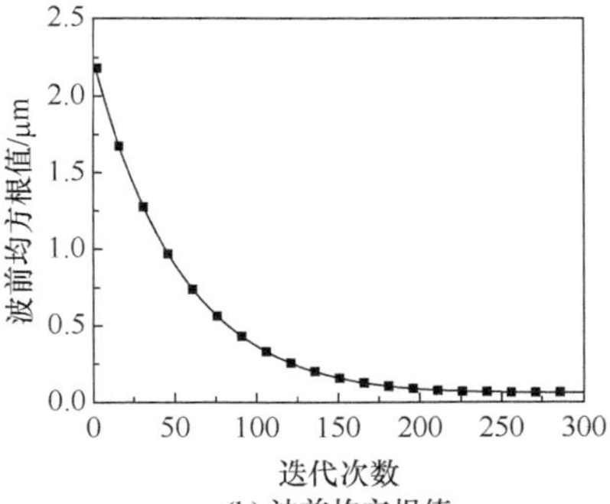

(b) 波前均方根值

图 8.19　中等湍流条件下 69 单元变形镜与 69 单元变形镜组合的自适应光学系统闭环校正的波前峰谷值和波前均方根值变化曲线图

图 8.19(a)的波前峰谷值约为 23.3928μm，波前均方根值约为 5.4480μm；图 8.19(b)的波前峰谷值约为 0.1505μm，波前均方根值约为 0.0335μm。从图 8.20 的变化曲线图可以看出，波前峰谷值和波前均方根值都随着迭代次数的增加而减小，表明在中等湍流条件下，该解耦算法仍然能很好地校正波前畸变，校正后的波前峰谷值和波前均方根值比较低，具有一定的波前畸变校正能力。

当 D/r_0=20 时，图 8.20 展示了强湍流条件下波前相位图以及采用多波前校正器解耦算法对强湍流条件下的波前畸变进行校正，图 8.21 给出了校正后残余波前的波前峰谷值和波前均方根值。

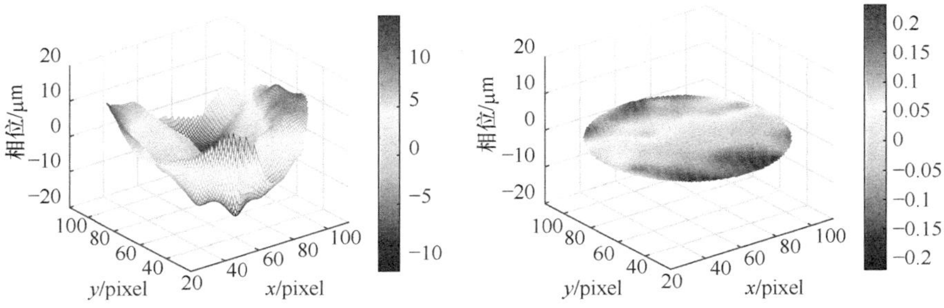

(a) 去除倾斜像差后波前畸变相位图

(b) 69单元变形镜与69单元变形镜组合的自适应光学系统校正后的波前畸变相位图

图 8.20　双变形镜校正时强湍流条件下波前相位图

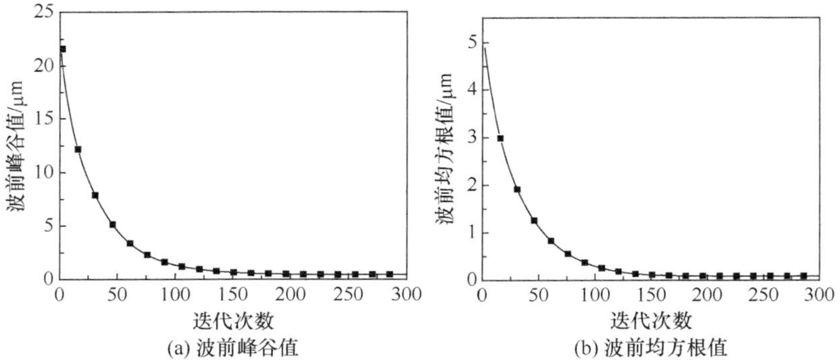

(a) 波前峰谷值

(b) 波前均方根值

图 8.21　强湍流条件下 69 单元变形镜与 69 单元变形镜组合的自适应光学系统闭环校正的波前峰谷值和波前均方根值变化曲线图

图 8.20(a)展示了初始波前畸变相位图，即波前峰谷值为 26.3215μm，波前均方根值为 5.8760μm。图 8.20(b)为采用 69 单元变形镜与 69 单元变形镜组合的自适应光学系统校正后的波前相位图，此时波前峰谷值为 0.4534μm，波前均方根值为 0.0929μm。从图 8.21 的变化曲线图可以看出，波前峰谷值和波前均方根值都随着迭代次数的增加而减小，表明在强湍流条件下，该算法仍然能很好地校正波前畸变，校正后的残余波前非常平坦，具有一定的波前畸变校正能力。

本节对变形镜与变形镜之间的耦合作用进行了相关研究，验证了在不同湍流强度下，该解耦算法的耦合抑制能力。图 8.22 给出了 69 单元变形镜与 69 单元变形镜组合的自适应光学系统闭环校正过程中耦合系数变化曲线图。

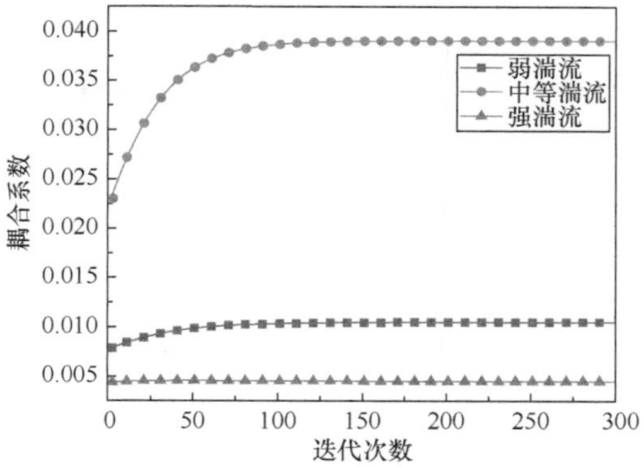

图 8.22　69 单元变形镜与 69 单元变形镜组合的自适应光学系统闭环校正过程中耦合系数变化曲线图

由图 8.22 的变化曲线图可知，随着迭代次数的增加， 在不同湍流条件下，耦合系数都先增加再稳定到一定值，当 D/r_0=2 时，耦合系数最终稳定在 0.010 左右。当 D/r_0=10 时，耦合系数稳定在 0.04 左右。当 D/r_0=20 时，耦合系数稳定在 0.04 左右，且都小于 0.05，表明该算法在不同湍流环境条件下，都具有良好的耦合抑制能力，耦合系数随着迭代次数的增加趋于稳定。

8.5　实验验证

69 单元变形镜和 292 单元变形镜的造价成本相对于快速反射镜高，因此实际系统选用快速反射镜和 69 单元变形镜进行组合，来验证理论结果的重要性。本节主要搭建典型自适应光学系统的双变形镜校正系统(即快速反射镜和 69 单元变形镜组合的双变形镜校正系统)实验平台来校正波前畸变。采用快速反射镜和 69 单元变形镜组合的自适应光学波前校正系统实验装置如图 8.23 所示。

8.5.1　采用多波前校正器校正波前畸变实验验证

采用多波前校正器校正波前畸变的相应实验结果如图 8.24 所示。当仅快速反射镜闭环时，波前峰谷值由 9.21μm 降至 4.63μm，波前均方根值由 2.41μm 降至 1.27μm；当仅 69 单元变形镜闭环时，波前峰谷值由 9.21μm 降至 1.38μm，波前均方根值由 2.41μm 降至 0.26μm；当快速反射镜和 69 单元变形镜同时闭环时，波前峰谷值由 9.21mm 降至 0.84μm，波前均方根值由 2.41μm 降至 0.26μm；快速反射镜和 69 单元变形镜同时闭环要优于单独快速反射镜或单独 69 单元变形镜的闭环校正。而采用快速反射镜和 69 单元变形镜同时闭环校正效果要略逊于单独采用 69 单元变形镜来完全校正波前畸变，这是因为快速反射镜的

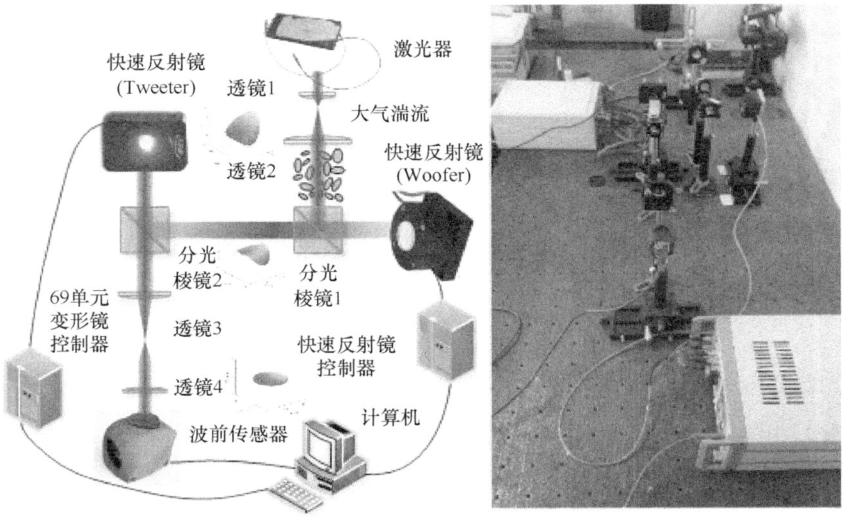

(a) 原理光路图　　(b) 实物图

图 8.23　采用快速反射镜和 69 单元变形镜组合的自适应光学波前校正系统实验装置

引入会增加自适应光学系统的复杂程度，各个器件装调误差的引入会逐级影响到最终的闭环校正效果。

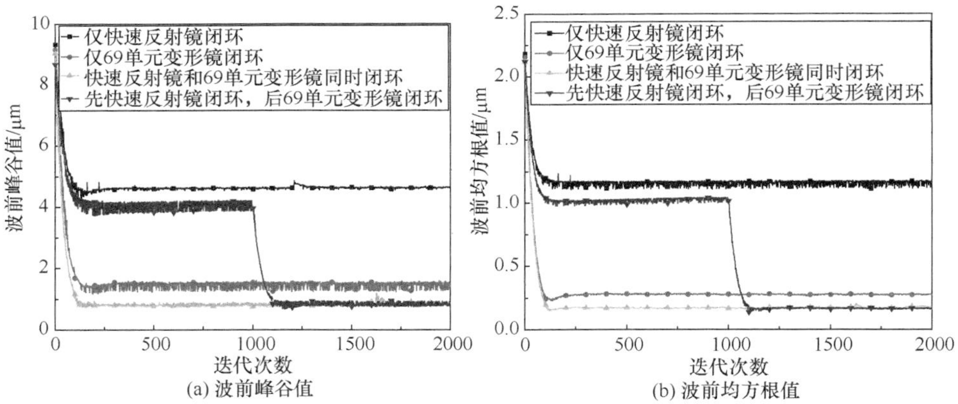

(a) 波前峰谷值　　(b) 波前均方根值

图 8.24　采用快速反射镜和 69 单元变形镜组合的实验结果

8.5.2　采用多波前校正器解耦算法校正波前畸变实验验证

采用多波前校正器解耦算法进行闭环校正，校正过程的波前峰谷值和波前均方根值如图 8.25 所示。

由图 8.25 的纵坐标数值可以看出，随着迭代次数的增加，波前峰谷值由 9.23μm 降低为 0.18μm，波前均方根值由 2.34μm 降低为 0.04μm。由变化曲线图的趋势来看，校正后残余波前的波前峰谷值和波前均方根值曲线图的收敛性和稳定性都比较好，表明该解耦算法具有很好的校正能力。

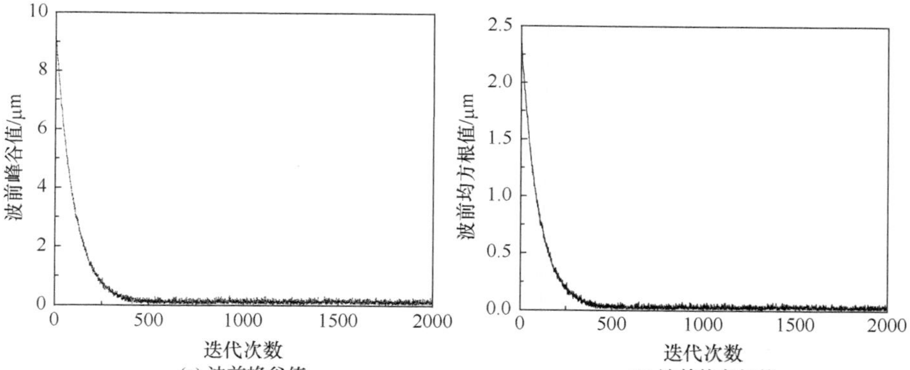

(a) 波前峰谷值　(b) 波前均方根值

图 8.25　闭环校正波前畸变的波前峰谷值和波前均方根值变化曲线图

图 8.26 给出了闭环校正过程中系统的耦合系数。图 8.26(a)为迭代次数为 2000 时的耦合系数，对系统进行长时间(20000 次)的闭环校正，耦合系数如图 8.26(b)所示。可以看出，耦合系数随着闭环时间的增加趋于稳定，并不会增加系统的耦合作用，影响双变形镜自适应光学校正系统的稳定性，表明该算法具有良好的耦合抑制能力。

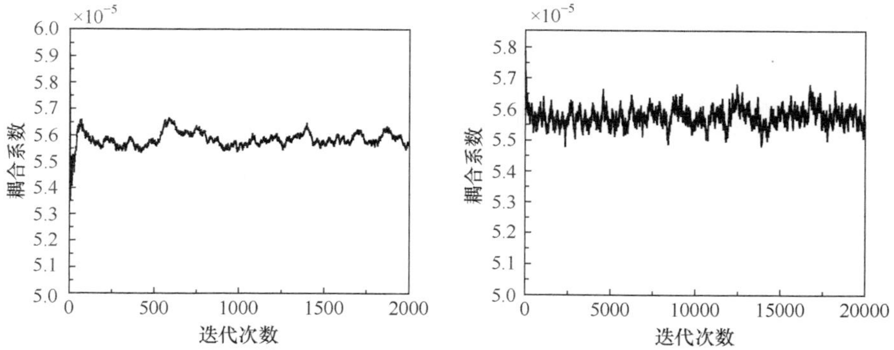

(a) 2000次　(b)20000次

图 8.26　不同迭代次数闭环校正过程中的耦合系数

参 考 文 献

[1] 刘文劲. 多波前校正器解耦控制技术研究[D].成都：中国科学院研究生院(光电技术研究所), 2014.

[2] Liu W J, Dong L Z, Yang P, et al. Zonal decoupling algorithm for dual deformable mirror adaptive optics system[J]. Chinese Optics Letters, 2016,14(2): 020101.
[3] 饶长辉, 朱磊, 张兰强, 等. 太阳自适应光学技术进展[J]. 光电工程, 2018, 45(3): 22-32.
[4] 王玉坤, 曹召良, 李大禹, 等. 液晶-变形镜自适应光学系统的数据采集与处理软件设计[J]. 光学精密工程, 2018, 26(6): 1507-1516.
[5] 韩立强, 王祁, 信太克归, 等. 基于自适应光学补偿的自由空间光通信系统性能研究[J]. 应用光学, 2010, 31(2): 301-304.
[6] Greenwood D P . Bandwidth specification for adaptive optics systems[J]. Journal of the Optical Society of America, 1977, 67(3): 390-393.
[7] Li M , Cvijetic M . Coherent free space optics communications over the maritime atmosphere with use of adaptive optics for beam wavefront correction[J]. Applied Optics, 2015, 54(6): 1453-1462.
[8] Doble N, Miller D T, Yoon G, et al. Requirements for discrete actuator and segmented wavefront correctors for aberration compensation in two large populations of human eyes[J]. Applied Optics, 2007, 46(20): 4501-4514.
[9] Zou W Y, Qi X F, Burns S A. Woofer-Tweeter adaptive optics scanning laser ophthalmoscopic imaging based on Lagrange-multiplier damped least-squares algorithm[J]. Biomedical Optics Express, 2011, 2(7): 1986-2004.
[10] Hu S J, Xu B, Zhang S J, et al. Double-deformable-mirror adaptive optics system for phase compensation[J]. Applied Optics, 2006, 45(12): 2638-2642.
[11] Li Z K, Cao J T, Zhao X H, et al. Combinational-deformable-mirror adaptive optics system for atmospheric compensation in free space communication[J]. Optics Communications, 2014, 320: 162-168.
[12] 程涛, 刘文劲, 杨康健, 等. 基于拉普拉斯本征函数的 Woofer-Tweeter 自适应光学系统解耦控制算法[J]. 中国激光, 2018, 45(9): 295-304.

第 9 章　部分相干光外差检测系统

光束经过大气湍流传输后，光束的特性会发生变化，使得其在无线光相干外差检测系统中与本振光进行相干混频时，造成信号光的模式、偏振态等与本振光不匹配，降低了外差效率，严重影响了整个通信系统的性能。本章总结部分相干光外差检测系统的研究现状，简要介绍部分相干高斯-谢尔模型(Gaussian-Schell model，GSM)光束的基本理论，以高斯-谢尔模型光束为研究对象，讨论大气湍流、失配角、检测器尺度、光场参数等因素不同时部分相干光外差检测效率的变化情况，并从理论和实验两个方面分析光束模式对部分相干光外差检测系统性能的影响，为部分相干光相干检测研究提供理论参考和实践参考。

9.1　部分相干光外差检测系统研究现状

20 世纪 60 年代，人们开始注意到光在大气湍流中的传输变化，对部分相干光外差检测的研究尚未出现。

1960 年，Chernov[1] 利用几何光学近似法处理了随机连续介质的波动方程，但并未考虑波束的有限大小，因此该方法的适用范围有限。

1961 年，Tatarskii[2]提出了一种新的方法来研究光束在湍流下的传输现象。他在 Kolmogorov 现代湍流理论的基础上，采用 Rytov 近似方法，利用指数的形式表示电场并将其展开成级数求解，从而使得相位和振幅的求解过程更为简易。这一方法成功地对弱湍流条件下的光束传输现象进行了解释，并一直沿用至今，成为目前研究弱湍流条件下光传输问题的经典理论。

进入 20 世纪 70 年代后，人们开始对各种波源进行大量的实验研究，包括声波、激光、无线电波等，在研究过程中出现的一些新的现象并不能用 Tatarskii[2]的经典理论来解释。为了解决这个问题，人们又提出了一些适用于强湍流环境的理论方法，如 Markov 近似法[3]、广义 Huygens-Fresnel 原理[4]、路径积分法[5]、启发式理论[6,7]、薄屏理论[8]等。同时，也逐渐开展了有关部分相干光外差检测系统性能的研究工作。

1970 年，Lahti 等[9]基于部分相干准直光束的外差检测系统计算了系统平均信噪比，在理论上解释了孔径饱和效应，并根据给定信号光的参数给出了获得最优系统信噪比时对应的本振光光斑尺寸和相干区域面积。

1979 年，Chiou[10]根据辐射光场的交叉谱函数分析了光场的时间相干性和空间相干性对外差检测效率的影响，给出了外差检测效率随空间相干函数变化的基本结果。

1992 年，Tanaka 等[11]理论分析了部分相干高斯信号光和本振光的外差检测系统的外差效率。分析结果发现，外差效率会随着信号光的相干性变差而下降，并明确指出光束参数与检测器孔径之间存在一个最优的效率关系。

2002 年，Ricklin 等[12]通过推导得出了在大气湍流条件下单色高斯光束的平均光强、相位曲率半径以及波前相干长度的数学表达式，探讨了湍流强度和空间相干性对无线光通信链路的作用。同年他们又进一步发现使用部分相干光束可以降低在接收器焦平面因光强闪烁引起的系统误码率[13]。

2004 年，Salem 等[14]根据光束相干-偏振统一理论给出了随机电磁光束用于外差检测时系统的信噪比及外差效率的表达式，分析了信噪比随检测器尺度的变化。

2008 年，Salem 等[15]基于随机电磁光束分析了在自由空间传输时光束相干特性和偏振特性对外差检测性能的影响。

2010 年，Salem 等[16]基于部分高斯-谢尔模型光束的外差检测系统，分析了空间失配角、检测器半径及光束重叠参数对混频效率的影响，得出部分相干光束虽然受到外差效率下降的影响比完全相干光束大，但受准直误差的影响比完全相干光束小。

2011 年，濮莉莉等[17]以强度均匀分布的部分相干光束为信号光，高斯型完全相干光束为本振光，研究了激光雷达远距离检测时空间相干特性和接收口径尺寸对外差检测的归一化载噪比和视场角的影响。

2012 年，Ren 等[18]推导了信号光与本振光均为部分相干高斯-谢尔模型光束的外差检测系统混频效率闭合表达式，讨论了部分相干光理论和大气相干长度对空间光通信系统的性能影响，指出利用大气湍流条件和检测器半径来调整两束重叠光束的半径可以使得混频效率最大。

2015 年，Li 等[19]建立了信号光与本振光均为部分相干高斯-谢尔模型光束的外差检测模型，讨论了大气湍流、失配角、检测器尺度、光场参数等对系统外差效率的影响。结果表明，大气湍流、失配角对检测性能的影响较大。

2016 年，Wang 等[20]推导了信号光与本振光均为部分相干高斯-谢尔模型光束且存在失配角时的混频效率和信噪比表达式，分析了偏振变化对外差检测系统性能的影响，得出混频效率与光束的初始偏振态密切相关的结论。

2019 年，谭振坤[21]基于广义惠更斯-菲涅耳原理和非相干模分解理论，推导了部分高斯-谢尔模型光束在接收端权重因子的表达式，并结合实际外差检测系统在 1.3km 外场通信链路上进行了实验验证。

综上所述，部分相干光外差检测系统还处于研究阶段。一方面，由于实际应用中激光器发射的光束几乎都是部分相干光束，且大气湍流效应会对光束的强度、质量、方向性、光谱特性、偏振特性、相干特性和等效曲率半径有一定的影响；另一方面，当激光在强湍流环境下进行远距离传输时，其相干性会严重受损，退化成部分相干光。因此，研究部分相干光经过大气湍流后外差检测系统性能的影响变得尤为重要。

9.2　部分相干高斯-谢尔模型光束

光束相干性包含其空间相干性与时间相干性。在通常情况下，将随时间变化的随机相位和随机振幅分布叠加于完全相干光的光场上，产生了部分相干光源，该随机相位和随机振幅分布分别反映了光场的空间相干性和时间相干性。将随机相位和随机振幅分布视为一个随机相位屏，设 $U_0(x,y)$ 为完全相干光源光场分布初始值，令随机函数 $\varphi(x,y;t)=\exp\left[\mathrm{i}\xi(x,y;t)\right]$ 为随时间变化的振幅和相位分布，则发射处部分相干光的光场分布可写为[22]

$$U_0(x,y;t)=U_0(x,y)\varphi(x,y;t) \tag{9.1}$$

其中，$\xi(x,y;t)$ 为随机相位，用于表征光场的部分相干性。

部分相干光源的两点交叉谱密度函数(cross spectral density function，CSDF)定义为[23]

$$W_0(\rho_1,\rho_2)=\left\langle U_0^*(\rho_1)U_0(\rho_2)\right\rangle=U_0^*(\rho_1)U_0(\rho_2)\left\langle\exp\left[\mathrm{i}\xi_1(\rho_1,t)\right]\exp\left[\mathrm{i}\xi_2(\rho_2,t)\right]\right\rangle \tag{9.2}$$

其中，$\rho_1=({x_1}^2+{y_1}^2)^{1/2}$；$\rho_2=({x_2}^2+{y_2}^2)^{1/2}$；$\rho=\left|\rho_1-\rho_2\right|$ 为光源平面处的二维向量。

对于部分相干谢尔光束，其 CSDF 表示为

$$W_0(\rho_1,\rho_2)=\sqrt{I_0(\rho_1)}\times\sqrt{I_0(\rho_2)}\mu_0(\rho_2-\rho_1) \tag{9.3}$$

其中，$I_0(\rho)$ 为平均光强；$\mu_0(\rho_2-\rho_1)$ 为光束在 z=0 处的相干程度。

若光束满足

$$I_0(\rho)=A\exp\left(-\frac{2\rho^2}{w_0^2}\right)，\ \mu_0(\rho)=\exp\left(-\frac{\rho^2}{2\sigma_g^2}\right) \tag{9.4}$$

则称为部分相干高斯-谢尔模型光束。其中，A 为常数；w_0 为初始光束半径；σ_g 为光束的相干程度，σ_g 越大，相干程度越高，反之，光束的相干程度越低。

9.2.1　空间-时间域

在空间-时间域，一般用互相干函数(mutual coherent function，MCF) $R(\rho_1,\rho_2,\tau)$

来描述部分相干光场的相干性，定义为[24]

$$R(\rho_1,\rho_2,\tau)=\left\langle U(\rho_1,t+\tau)U^*(\rho_2,t)\right\rangle \tag{9.5}$$

其中，$U(\rho_1,t+\tau)$ 和 $U^*(\rho_2,t)$ 分别为光场在空间、时间点($\rho_1,t+\tau$)和点(ρ_2,t)的复振幅；$\langle\cdot\rangle$ 为系综平均；$\rho=(x,y,z)$ 为空间位置矢量，当光束沿 z 轴传播时，z 为常数。

假设辐射场具有各态历经性，T 是测量时间，则有

$$\left\langle U(\rho_1,t+\tau)U^*(\rho_2,t)\right\rangle=\lim\frac{1}{2T}\int_{-T}^{T}U(\rho_1,t+\tau)U^*(\rho_2,t)\mathrm{d}t \tag{9.6}$$

令式(9.6)中 $\rho_1=\rho_2=\rho$，$\tau=0$，可得点 ρ 处的平均光强为

$$I(\rho)=\left\langle U(\rho,t)U^*(\rho,t)\right\rangle=R(\rho,\rho,0) \tag{9.7}$$

将 MCF 归一化后变为复相干度，即

$$\gamma(\rho_1,\rho_2,\tau)=\frac{R(\rho_1,\rho_2,\tau)}{\sqrt{R(\rho_1,\rho_1,0)}\sqrt{R(\rho_2,\rho_2,0)}}=\frac{R(\rho_1,\rho_2,\tau)}{\sqrt{I(\rho_1)}\sqrt{I(\rho_2)}} \tag{9.8}$$

通过复相干度的模 $|\gamma(\rho_1,\rho_2,\tau)|$ $(0\leqslant|\gamma(\rho_1,\rho_2,\tau)|\leqslant 1)$ 可以确定干涉条纹的可见度，从而判断光束的相干性，当 $|\gamma(\rho_1,\rho_2,\tau)|$=1 时，光束为完全相干光，当 $0<|\gamma(\rho_1,\rho_2,\tau)|<1$ 时，光束为部分相干光，当 $|\gamma(\rho_1,\rho_2,\tau)|$=0 时，光束为完全非相干光。

一般情况下，$\gamma(\rho_1,\rho_2,0)$ 和 $\gamma(\rho,\rho,\tau)$ 分别可以用来表示光束的空间相干性和时间相干性，后者称为自相干函数，则有

$$R(\tau)=R(\rho,\rho,\tau)=\left\langle U^*(\rho,t)U(\rho,t+\tau)\right\rangle \tag{9.9}$$

则平均光强为 $I(\rho)=R(\rho,\rho,0)=R(0)$，归一化的自相干函数 $\gamma(\tau)=R(\tau)/R(0)$，$\gamma(0)=1$，$0\leqslant\gamma(\tau)\leqslant 1$。

当光源谱宽小于平均频率，即光场为准单色场时，互强度 $J(\rho_1,\rho_2)$ 可以替代互相干函数 $R(\rho_1,\rho_2,0)$ 来描述光场的空间相干性：

$$J(\rho_1,\rho_2)=R(\rho_1,\rho_2,0)=\left\langle U^*(\rho_1,t)U(\rho_2,t)\right\rangle \tag{9.10}$$

当 $\rho_1=\rho_2=\rho$ 时，平均光强为

$$I(\rho)=R(\rho,\rho,0)=\left\langle U^*(\rho_1,t)U(\rho_2,t)\right\rangle \tag{9.11}$$

将互强度归一化后即为复相干系数，为

$$\gamma(\rho_1,\rho_2)=\frac{J(\rho_1,\rho_2)}{\sqrt{J(\rho_1,\rho_1)}\sqrt{J(\rho_2,\rho_2)}}=\frac{J(\rho_1,\rho_2)}{\sqrt{I(\rho_1)}\sqrt{I(\rho_2)}},\quad 0\leqslant\gamma(\rho_1,\rho_2)\leqslant 1 \tag{9.12}$$

9.2.2　空间-频率域

在空间-频率域，通常采用交叉谱密度函数来描述光场的相干性，其定义为

$$W(\rho_1,\rho_2,\omega)=\left\langle \hat{U}^*(\rho_1,\omega)\hat{U}(\rho_2,\omega)\right\rangle \tag{9.13}$$

其中，$\hat{U}(\rho_{j=1,2},\omega)$为场变量$U(\rho_{j=1,2},t)$的傅里叶变换，即

$$\hat{U}(\rho_j,\omega)=\int U(\rho_j,t)\exp(2\pi i\omega t)dt \tag{9.14}$$

那么 CSDF 与 MCF 就变为傅里叶变换对，有

$$\begin{cases} W(\rho_1,\rho_2,\omega)=\int_{-\infty}^{+\infty}R(\rho_1,\rho_2,\tau)\exp(2\pi i\omega\tau)d\tau \\ R(\rho_1,\rho_2,\tau)=\int_{0}^{+\infty}W(\rho_1,\rho_2,\omega)\exp(-2\pi i\omega\tau)d\omega \end{cases} \tag{9.15}$$

当$\rho_1=\rho_2=\rho$时，场点的谱密度函数为$S(\omega)=W(\rho,\rho,\omega)$，与自相干函数$R(\tau)$是一个傅里叶变换对。部分相干光即使在自由空间中传输，谱密度函数$S(\omega)$也会发生变化，即沃尔夫(Wolf)效应[25]。

对 CSDF 归一化后得到描述空间-频率域中光场相干性的谱相干度为

$$\mu(\rho_1,\rho_2,\omega)=\frac{W(\rho_1,\rho_2,\omega)}{\sqrt{W(\rho_1,\rho_1,\omega)}\sqrt{W(\rho_2,\rho_2,\omega)}}=\frac{W(\rho_1,\rho_2,\omega)}{\sqrt{S(\rho_1,\omega)}\sqrt{S(\rho_2,\omega)}},\quad 0\leqslant\mu(\rho_1,\rho_2,\omega)\leqslant 1 \tag{9.16}$$

对于准单色场，$\hat{U}(\rho,\omega)=U(\rho)\exp(2\pi i\omega t)$，则对应的 CSDF 为

$$W(\rho_1,\rho_2)=\left\langle \hat{U}^*(\rho_1,\omega)U(\rho_2,\omega)\right\rangle=\left\langle U^*(\rho_1)U(\rho_2)\right\rangle \tag{9.17}$$

此时，交叉谱密度函数$W(\rho_1,\rho_2)$可以用来描述光场的相干性，与 9.2.1 节中的互相干函数$J(\rho_1,\rho_2)$不同的是，CSDF 描述的是空间-频率域的光场相干性，而互相干函数描述的则是空间-时间域的光场相干性。

9.3　部分相干光外差检测系统性能分析

9.3.1　部分相干光外差检测原理

外差检测是相干检测的一种，其本质是信号光与本振光在检测器表面发生混频(相干叠加)，检测器响应光混频并输出中频信号，光外差检测系统如图 9.1 所示。

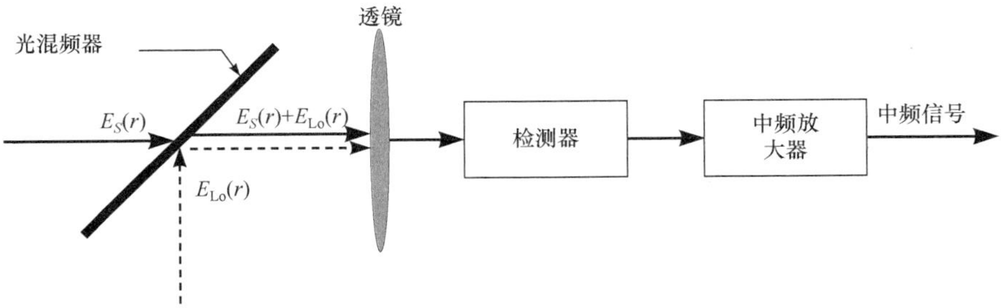

图 9.1　光外差检测系统

设信号光与本振光的偏振方向相同、波前一致，两光束相互重合且传输方向平行于光轴并垂直检测器表面入射，对应的光电场可以分别表示为[26]

$$E_S = A_S \cos(\omega_S t + \varphi_{S\_out}) \tag{9.18}$$

$$E_{Lo} = A_{Lo} \cos(\omega_{Lo} t + \varphi_{Lo}) \tag{9.19}$$

其中，A_S、ω_S、φ_{S_out} 和 A_{Lo}、ω_{Lo}、φ_{Lo} 分别为信号光和本振光的振幅、角频率和相位，若信号光是相位调制，则 $\varphi_{S\_out} = \varphi_S + s(t)\pi$，$\varphi_S$ 为信号光的初始相位，$s(t)$为电场调制二进制基带信号，即{0，1}。

光混频器的光敏面面积为 S，在光敏面上两束光相干合成的总光强为 $|E_S + E_{Lo}|$，根据检测器电流 i_p 与总光强的平方成正比，在检测器光敏面上的电流可以表示为[26]

$$\begin{aligned} i_p &= R\overline{\left[E_S(t) + E_{Lo}(t)\right]^2} \\ &= R\left\{\overline{A_S^2 \cos^2(\omega_S t + \varphi_{S\_out})} + \overline{A_{Lo}^2 \cos^2(\omega_{Lo} t + \varphi_{Lo})}\right. \\ &\quad + \overline{A_S A_{Lo} \cos\left[(\omega_S + \omega_{Lo})t + (\varphi_{S\_out} + \varphi_{Lo})\right]} \\ &\quad \left.+ \overline{A_S A_{Lo} \cos\left[(\omega_S - \omega_{Lo})t + (\varphi_{S\_out} - \varphi_{Lo})\right]}\right\} \end{aligned} \tag{9.20}$$

其中，$R = e\eta/(hv)$ 为检测器响应度。

设在检测器整个光敏面上的量子效率各处均为 η，e 表示电子电荷，h 为普朗克常量，v 为载波频率。式(9.20)中的第一项和第二项是直流项，余弦函数平方的均值为 1/2，第三项是和频项，检测器对该高频的光波无法响应，第四项是差频项，令角频率差 $\Delta\omega = \omega_S - \omega_{Lo}$，初相位差 $\Delta\varphi = \varphi_{S\_out} - \varphi_{Lo}$，当 $\Delta\omega$ 低于检测器的截止频率时，光电检测器就有频率为 $\Delta\omega / 2\pi$ 的光电流输出，即输出的光电流由直流项和差频项两部分构成。

$$i_p = R\left[\frac{A_S^2}{2} + \frac{A_{\mathrm{Lo}}^2}{2} + A_S A_{\mathrm{Lo}}\cos(\Delta\omega t + \Delta\varphi)\right] \tag{9.21}$$

若把中频信号的频率限制在差频通带范围内，式(9.21)中的直流项将被滤除，则可以得到通过以 $\Delta\omega$ 为中心频率的带通滤波器输出的中频电流为

$$\begin{aligned} i_{\mathrm{IF}} &= RA_S A_{\mathrm{Lo}}\cos(\Delta\omega t + \Delta\varphi) \\ &= RA_S A_{\mathrm{Lo}}\cos\left[(\omega_S - \omega_{\mathrm{Lo}})t + (\varphi_{S\_\mathrm{out}} - \varphi_{\mathrm{Lo}})\right] \end{aligned} \tag{9.22}$$

从式(9.22)中可以看出，中频电流的振幅 $RA_S A_{\mathrm{Lo}}$ 、频率 $\Delta\omega$ 和相位 $\Delta\varphi$ 都随着信号光的 A_S 、 ω_S 、 φ_{S_out} 变化，由此可以说明，信号光的振幅、频率和相位均可以通过相干检测方法检测出来。换言之，相干检测方法可以解调幅度调制、频率调制和相位调制的光信号。对于式(9.22)，还可以从功率的角度进行表示，即[27]

$$\begin{aligned} i_{\mathrm{IF}} &= 2R\sqrt{P_S P_{\mathrm{Lo}}}\cos(\Delta\omega t + \Delta\varphi) \\ &= 2R\sqrt{P_S P_{\mathrm{Lo}}}\cos\left[(\omega_S - \omega_{\mathrm{Lo}})t + (\varphi_{S\_\mathrm{out}} - \varphi_{\mathrm{Lo}})\right] \end{aligned} \tag{9.23}$$

在式(9.22)中，当差频项 $\Delta\omega \neq 0$ 时，即 $\omega_S \neq \omega_{\mathrm{Lo}}$ ，此时的相干检测方式称为外差检测。外差检测输出的中频电流的表达形式与式(9.22)和式(9.23)一致。对于外差检测技术，信号光与本振光垂直入射到光混频器之前，要保证两光束的偏振方向和波前曲率严格一致。此外，还需要保证两光束的单色性，在一般情况下，光谱宽度越窄，单色性越好。

9.3.2 信噪比和外差效率

在光外差检测系统中，通常使用信噪比和外差效率来评估其性能的好坏，前者主要衡量光外差检测系统抑制内在噪声的能力，后者用来衡量检测器表面本振光与信号光的混频效率。

设信号光与本振光均平行于光轴且垂直于检测器表面入射，在检测器表面的两光场可以表示为[19]

$$U_{\mathrm{Lo}}(\rho,t) = U_{\mathrm{Lo0}}(\rho,t)\exp(\mathrm{j}\omega_{\mathrm{Lo0}}t) \tag{9.24}$$

$$U_S(\rho,t) = U_{S0}(\rho,t)\exp(\mathrm{j}\omega_{S0}t) \tag{9.25}$$

其中， U_{Lo0} 、 U_{S0} 、 ω_{Lo0} 、 ω_{S0} 分别为本振光和信号光的初始光场分布和频率。

基于外差检测原理，检测器输出的中频信号功率可以根据检测器的平方率特性计算。设信号光和本振光的偏振方向与波前一致，则在检测器表面的混合光场可以表示为

$$U(\rho,t) = U_{\mathrm{Lo0}}(\rho,t)\exp(\mathrm{j}\omega_{\mathrm{Lo0}}t) + U_{S0}(\rho,t)\exp(\mathrm{j}\omega_{S0}t) \tag{9.26}$$

信号光与本振光两光场的相干过程产生混频电流，且该电流在检测器表面任意点 ρ 处的值可以表示为[28]

$$\mathrm{d}i(\rho,t)=\mathcal{R}(\rho)\left[U(\rho,t)\times U^*(\rho,t)\right]\mathrm{d}^2\rho \tag{9.27}$$

其中，$\mathcal{R}(\rho)=e\eta(\rho)/(hv)$ 为在检测器表面 ρ 处的响应能力，$\eta(\rho)$ 为对应的量子效率，e 为电子电荷，hv 表示光子能量；*表示复共轭。

将式(9.26)代入式(9.27)中，滤除其中的直流部分，则检测器输出的中频信号电流为

$$\begin{aligned}i_{\mathrm{IF}}(t)=\iint\mathcal{R}(\rho)\Big\{&U_{\mathrm{Lo0}}(\rho)U_{S0}^*(\rho)\exp\left[\mathrm{j}(\omega_{\mathrm{Lo0}}-\omega_{S0})t\right]\\&+U_{S0}(\rho)U_{\mathrm{Lo0}}^*(\rho)\exp\left[-\mathrm{j}(\omega_{\mathrm{Lo0}}-\omega_{S0})t\right]\Big\}\mathrm{d}^2\rho\end{aligned} \tag{9.28}$$

中频信号的功率可以表示为

$$\mathrm{p}_{\mathrm{IF}}=\overline{i_{\mathrm{IF}}(t)i_{\mathrm{IF}}^*(t)}R_L \tag{9.29}$$

其中，R_L 表示检测器的负载电阻。

式(9.29)中只对光场进行了时间的平均，然而信号光受大气湍流等随机因素的影响，混合光场在空间上存在随机性。所以，中频信号功率应为整个湍流条件下中频信号的系综平均，即

$$P_{\mathrm{IF}}=\left\langle p_{\mathrm{IF}}\right\rangle \tag{9.30}$$

将式(9.28)和式(9.29)代入式(9.30)中，最终可以整理为

$$\begin{aligned}P_{\mathrm{IF}}=\iiiint\mathcal{R}(\rho_1)\mathcal{R}(\rho_2)\times\Big[&\left\langle U_{\mathrm{Lo0}}^*(\rho_1)U_{S0}(\rho_1)U_{S0}^*(\rho_2)U_{\mathrm{Lo0}}(\rho_2)\right\rangle\\&+\left\langle U_{\mathrm{Lo0}}(\rho_1)U_{\mathrm{Lo0}}^*(\rho_2)U_{S0}(\rho_2)U_{S0}^*(\rho_1)\right\rangle\Big]\mathrm{d}^2\rho_1\mathrm{d}^2\rho_2\end{aligned} \tag{9.31}$$

信号光从发送端经湍流随机介质传输至接收端，而在接收端的本振光未受到湍流效应的影响。因此，可以认为两光场是相互独立的，式(9.31)可进一步化简为

$$P_{\mathrm{IF}}=\iiiint\mathcal{R}(\rho_1)\mathcal{R}(\rho_2)\times\mathrm{Re}\left[R_{\mathrm{Lo0}}(\rho_1,\rho_2)\times R_S^*(\rho_1,\rho_2,L)\right]\mathrm{d}^2\rho_1\mathrm{d}^2\rho_2 \tag{9.32}$$

其中，$R_{\mathrm{Lo0}}(\rho_1,\rho_2)$ 和 $R_S(\rho_1,\rho_2)$ 分别为本振光和信号光的互相干函数。

外差检测系统中的主要噪声来源为本振光产生的散粒噪声，使用互相干函数的形式表示为[19]

$$N=2eB\iint\mathcal{R}(r)\,R_{\mathrm{Lo0}}(r,r)\mathrm{d}r^2 \tag{9.33}$$

其中，B 为检测器的接收带宽。

根据式(9.32)给出的中频信号有效光功率和式(9.33)给出的散粒噪声，可以定义部分相干高斯-谢尔模型光束的外差检测系统的信噪比为

$$\mathrm{SNR}_{\mathrm{GSM}}=\frac{\iiiint\mathcal{R}(\rho_1)\mathcal{R}(\rho_2)\times\mathrm{Re}\left[R_{\mathrm{Lo0}}(\rho_1,\rho_2)\cdot R_S^*(\rho_1,\rho_2,L)\right]\mathrm{d}^2\rho_1\mathrm{d}^2\rho_2}{2\mathrm{eB}\iint\mathcal{R}(\rho)R_{\mathrm{Lo0}}(\rho,\rho)\mathrm{d}r^2} \tag{9.34}$$

为了便于分析，假设检测器光敏面上的检测响应度$\mathcal{R}$是常量，式(9.34)中的常量不影响 $\mathrm{SNR_{GSM}}$ 的变化趋势。因此，可以进一步化简为

$$\mathrm{SNR}'_{\mathrm{GSM}}=\frac{\iiiint \mathrm{Re}\left[R_{\mathrm{Lo0}}(\rho_1,\rho_2)\cdot R_S^*(\rho_1,\rho_2,L)\right]\mathrm{d}^2r_1\mathrm{d}^2r_2}{\iint R_{\mathrm{Lo0}}(\rho,\rho)\mathrm{d}r^2} \tag{9.35}$$

比较式(9.34)和式(9.35)，可以看出 $\mathrm{SNR}'_{\mathrm{GSM}}=2eB\mathrm{SNR}_{\mathrm{GSM}}/\mathcal{R}$，很明显，$\mathrm{SNR}'_{\mathrm{GSM}}$ 与光束参数和检测器参数有关。

根据外差效率的定义，部分相干高斯-谢尔模型光束的外差效率表达式为

$$\eta_{\mathrm{het\_GSM}}=\frac{\iiiint \mathcal{R}(\rho_1)\mathcal{R}(\rho_2)\times\mathrm{Re}\left[R_{\mathrm{Lo0}}(\rho_1,\rho_2)\cdot R_S^*(\rho_1,\rho_2,L)\right]\mathrm{d}^2\rho_1\mathrm{d}^2\rho_2}{\iint \mathcal{R}(\rho)R_{\mathrm{Lo0}}(\rho,\rho)\mathrm{d}r^2\iint \mathcal{R}(\rho)R_{S0}(\rho,\rho)\mathrm{d}r^2} \tag{9.36}$$

其中，$R_{S0}(\rho_1,\rho_2)$为信号光源场的互相干函数。

为了便于分析，设检测器光敏面上的量子效率$\eta(\rho)$是常数，则式(9.36)可进一步简化为

$$\eta'_{\mathrm{het\_GSM}}=\frac{\iiiint \mathrm{Re}\left[R_{\mathrm{Lo0}}(\rho_1,\rho_2)\cdot R_S^*(\rho_1,\rho_2,L)\right]\mathrm{d}^2\rho_1\mathrm{d}^2\rho_2}{\iint R_{\mathrm{Lo0}}(\rho,\rho)\mathrm{d}r^2\iint R_{S0}(\rho,\rho)\mathrm{d}r^2} \tag{9.37}$$

当信号光与本振光在源场均为部分相干高斯-谢尔模型光束时，对应的互相关函数为[16]

$$R_\alpha(r_1,r_2,0)=I_\alpha\exp\left[-\frac{r_1^2+r_2^2}{4\sigma_\alpha{}^2}-\frac{(r_1-r_2)^2}{2\delta_\alpha{}^2}\right] \tag{9.38}$$

其中，r_1、r_2 为在源场 L=0 处任意两点的位置矢量；I_α 为光强；σ_α 为束腰半径；δ_α 为空间相干长度，用于描述光波的部分相干特性；下标α为 $L0$ 和 $S0$ 时分别对应本振光和信号光。

9.3.3　影响部分相干光外差检测性能的因素分析

1. 失配角

在接收天线的焦平面与检测器表面重合、本振光垂直检测器表面入射的前提下，信号光与本振光光轴之间的夹角 θ 称为失配角。假设信号光波矢的方向与光轴 Z 轴成 θ 角，其中，K_{Lo} 为本振光垂直入射的光失，K_S 为信号光倾斜入射的光失。设倾斜入射的信号光在检测器光敏面上任意点的相位可以表示为 $kr\cos\varphi\sin\theta$，其积分公式为

$$\int_0^{2\pi}\exp(\mathrm{i}kr\cos\varphi\sin\theta)\mathrm{d}\varphi=2\pi\mathrm{J}_0(kr\sin\theta) \tag{9.39}$$

由于失配角很小，可将 $\sin\theta$ 近似看成 θ，最后通过化简可得到含有失配角的外差效率表达式[21]为

$$\eta_{\text{het}\theta} = \frac{4}{{\omega_0}^2} \frac{\left| \int_0^{+\infty} \exp(-\mathrm{i}kf) \exp\left(-\frac{\mathrm{i}kr^2}{2f} \right) \exp\left(-\frac{r^2}{\omega_0^2} \right) \mathrm{J}_1\left(\frac{\pi Dr}{\lambda f} \right) \mathrm{J}_0(kr\theta) \mathrm{d}r \right|^2}{\int_0^{+\infty} \left[\mathrm{J}_1\left(\frac{\pi Dr}{\lambda f} \right) \right]^2 \Big/ r\mathrm{d}r} \tag{9.40}$$

当其他条件一定时，不同失配角的外差效率随相对孔径的变化关系曲线[21]如图 9.2 所示。从图 9.2 中可以看出，随着失配角的增大，外差效率降低，且存在一个最佳孔径使得外差效率达到最大。

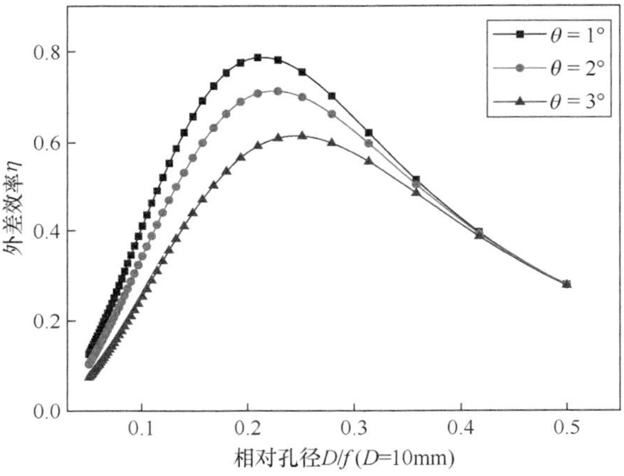

图 9.2　外差效率随相对孔径的变化关系曲线[21]

2. 大气湍流和检测器孔径

大气湍流和检测器孔径对外差系统检测效率的影响很大，具体表现为[29]：当混频光场失配角为 0°时，大气湍流强度越大，外差效率越低；当存在失配角时，外差效率下降速度更快，且下降到一定程度后，强湍流区域外差系统的检测效率相比弱湍流区域变化速度更为缓慢，这可能是由湍流出现的光束扩展导致的；随着检测器孔径的增大，检测效率逐渐降低，当存在失配角时，这种变化更为明显；当检测器尺度较小时，允许的失配角范围较大。因此，在实际中必须选择合适的检测器孔径，以此来改善失配角、湍流等因素对外差效率的影响。

3. 光场参数

当信号光和本振光的光束半径不同时，外差检测效率变化也不同。有研究表明[19]：当信号光的光束半径保持不变时，可通过调整本振光的光束半径来保证

两混频光场更好地匹配，从而使得检测效率最大；当检测器尺度一定，两光场的光束半径大于或等于检测器尺度，失配角较小时，系统仍能以较高的检测效率工作。此外，信号光和本振光的横向长度变化也会影响检测效率：当信号光的横向相干长度较小时，随着本振光的横向相干长度的增加，检测效率变化不大；当信号光的横向相干长度大于检测器尺度时，改变本振光的横向相干长度，检测效率变化较为明显；当本振光的横向相干长度增加到一定数值时，信号光的横向相干长度对检测效率几乎没有影响。

9.4　光束模式对部分相干光外差检测系统性能的影响

9.4.1　模式分解

部分相干高斯-谢尔模型光束的一维光强可表示为模式间相互独立的厄米-高斯(Hermitian-Gaussian,H-G)光束一维光强的叠加[28]。根据非相干模分解理论，部分相干光束在接收端 M^2 因子的表达式为[21]

$$M^2 = \sum_{n=0}^{+\infty} (2n+1)\lambda_n \tag{9.41}$$

其中，λ_n 为权重因子，可表示为

$$\lambda_n = \frac{c_n}{\sum_{n=0}^{+\infty} c_n} \tag{9.42}$$

其中，c_n 为模式系数；n 为阶数。

部分相干高斯-谢尔模型光束在源场处的模式分解[21]如图 9.3 所示。从图 9.3(a)

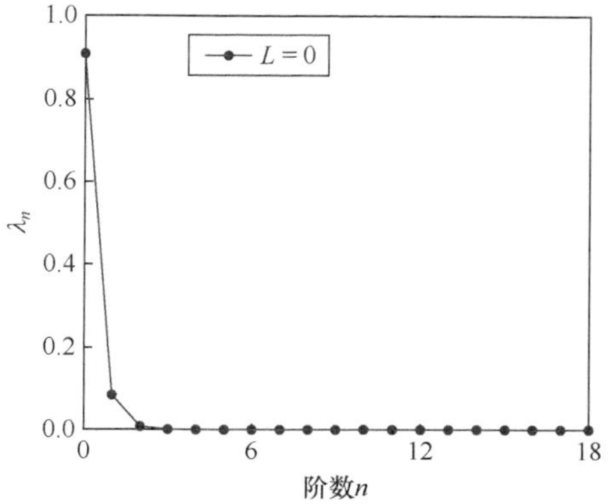

(a) 权重因子随阶数的变化

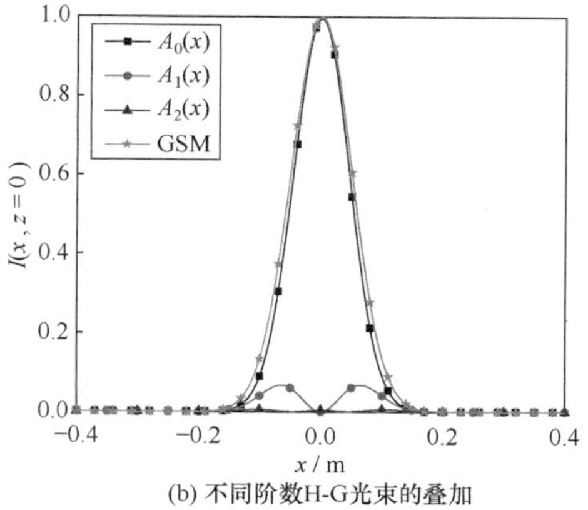

(b) 不同阶数H-G光束的叠加

图 9.3　部分相干高斯-谢尔模型光束在源场处的模式分解[21]

中可以看出，源场处模式以基模和一阶模为主，占比分别为 91%和 8.3%。图 9.3(b)表示部分相干高斯-谢尔模型光束的一维光强分布及其被分解后对应的每阶 H-G 光束的一维光强分布，$A_0(x)$ 表示零阶 H-G 光束，即基模高斯光束，$A_1(x)$ 表示一阶 H-G 光束，$A_2(x)$ 表示二阶 H-G 光束，星点线(GSM)描述的是三种模式叠加后的高斯-谢尔模型光束的光强。从图中可以看出，$A_0(x)$ 光强曲线与星点线(GSM)几乎重合，说明源场处部分相干高斯-谢尔模型光束中基膜所占比例最大。

9.4.2 光束模式对外差检测性能的影响

高斯-谢尔模型信号光束沿上行链路在大气湍流中传输至接收端与高斯-谢尔模型本振光相干混频后，光源参数(包括光束的相干长度以及束腰半径)不同时基模含量对外差效率的影响[21]如图 9.4 所示。从图 9.4(a)和图 9.4(b)可以看出，基模含量越多，外差效率越大。随着部分相干长度的增加，基模含量增多，对应的外差效率增大。当信号光束腰半径逐渐增大时，基模含量先增大后减少，这是因为当信号光的束腰半径增大到与本振光束腰半径相匹配时，外差效率最大，对应的基模含量也最多。这说明，存在一个信号光的束腰半径，使得外差效率最大，检测系统性能最优。

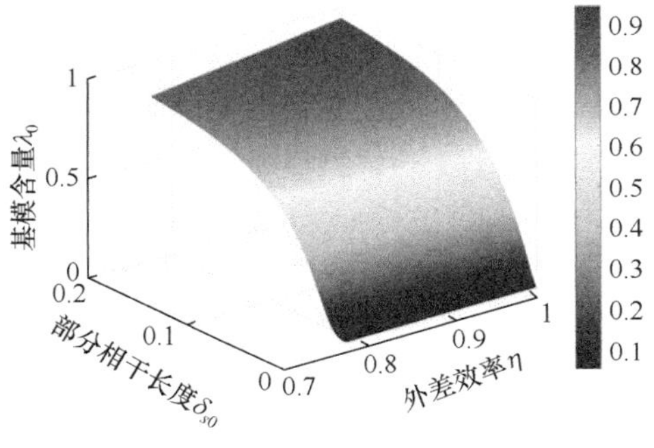

(a) 相干长度

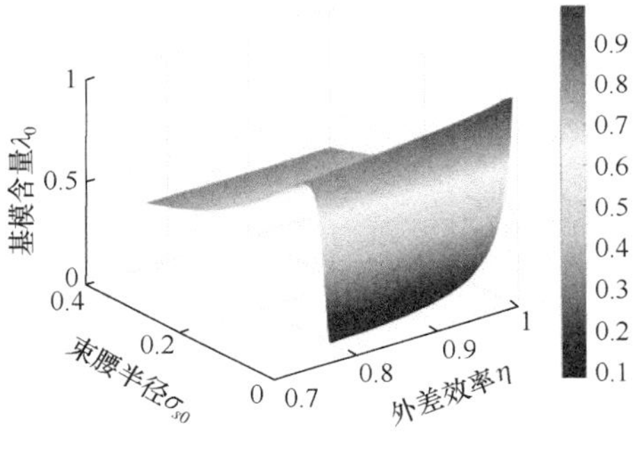

(b) 束腰半径

图 9.4 光源参数不同时基模含量对外差效率的影响[21]

除了受到光源参数的影响外，归一化 M^2 因子和外差效率还会受到湍流内尺度、外尺度、天顶角和湍流强度的影响[21]，分别如图 9.5 所示。可以看出，随着湍流内尺度的减小、湍流外尺度的增大、天顶角的增大、湍流强度的增强，归一化 M^2 因子增大，光束质量变差，该结论与文献[30]相符。此外，外尺度对归一化 M^2 因子和外差效率的影响要远小于内尺度对归一化 M^2 因子和外差效率的影响。也就是说，随着大气湍流强度的增加，光束发生衍射的现象越严重，对应的模式阶数增加，归一化 M^2 因子增大，光束质量下降，最终导致外差效率降低。

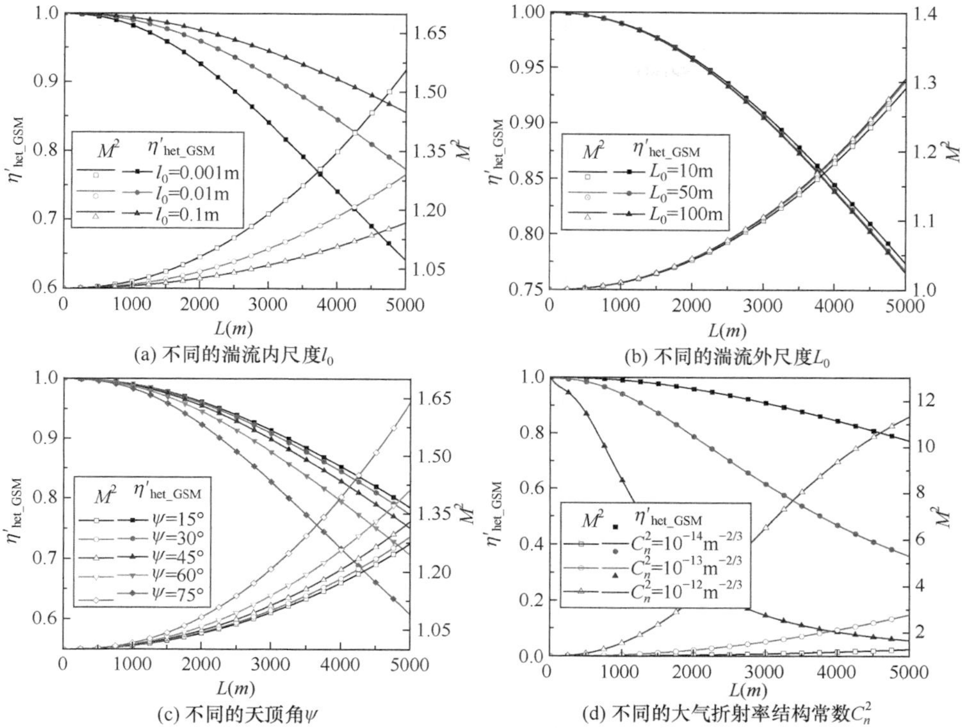

(a) 不同的湍流内尺度l_0　(b) 不同的湍流外尺度L_0

(c) 不同的天顶角ψ　(d) 不同的大气折射率结构常数C_n^2

图 9.5　大气湍流对归一化 M^2 因子和外差效率的影响[21]

9.4.3　1.3km 外差检测系统实验

在陕西省西安市东二环凯森福景雅苑小区 11 楼与西安理工大学教六楼 8 楼之间建立了 1.3km 的外场实验通信链路，其外差检测通信系统实验图[21]如图 9.6 所示，图中所用仪器如表 9.1 所示。在发射端，相位调制器将高清视频数字信息调制到 1550nm 的信号光载波上，经掺铒光纤放大器对带有调制信息的信号光功率放大后由光学天线发出；在接收端，使用变形镜对畸变波前进行校正，校正后

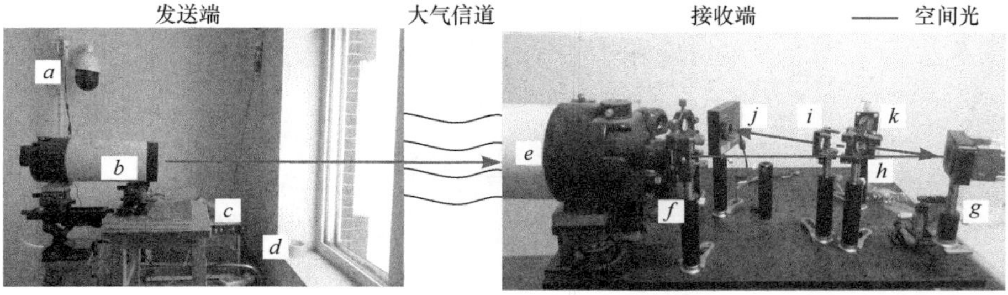

图 9.6　1.3km 外差检测通信系统实验图[21]

的光束通过二色分向镜，一路为信标光，一路为信号光，使用耦合透镜将信号光耦合到单模光纤中用于外差检测。在这次实验中，在 j 处放置 Spiricon 光束分析仪，测量波长为 632.8nm，采集了不同天气情况下的光斑、高斯吻合度及高斯粗糙度等相关实验数据。

表 9.1　外差检测实验所用仪器

发射端				接收端						
a	*b*	*c*	*d*	*e*	*f*	*g*	*h*	*i*	*j*	*k*
高清摄像头	发射光学系统	掺铒光纤放大器	发射箱	接收光学系统	100mm 聚焦透镜	变形镜	二色分向镜	175mm 聚焦透镜	Spiricon 光束分析仪	125mm 聚焦透镜

在实验中，由于受测量仪器的限制，只能间接通过高斯吻合度[21]和高斯粗糙度[21]这两个量来反映光束传输后基模所占比例。基模含量越多，对应的高斯吻合度越高，高斯粗糙度越小，表明光束的高斯粗糙度越小。

同一天不同时刻、不同天气条件下的光斑分布测量结果[21]如图 9.7 所示，图 9.7(a)、图 9.7(b)分别表示中雨、小雨时测得的光强分布，图 9.7(c)、图 9.7(d)

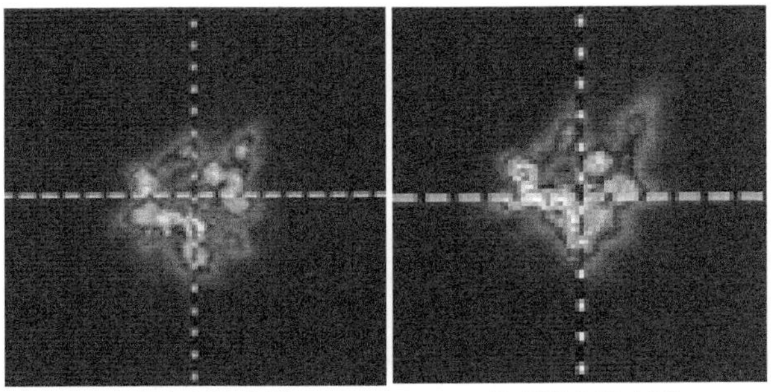

(a) 下午4:30 中雨　(b) 下午5:30 小雨

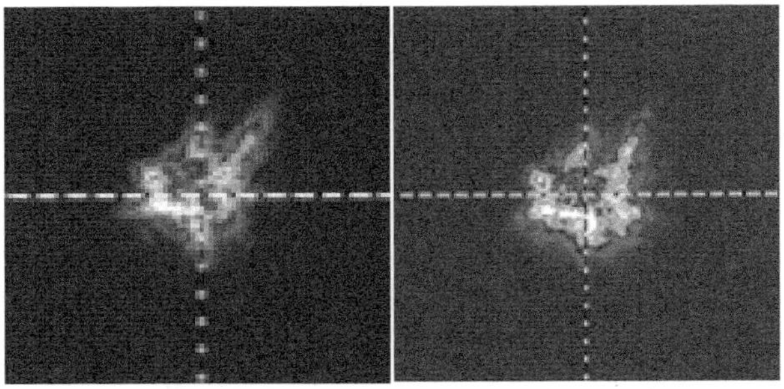

(c) 晚上8:30 无雨　(d) 夜间10:30 多云

图 9.7　2018 年 5 月 2 日不同时间段的光斑分布测量结果[21]

分别表示雨停后晚上和夜间测得的光强分布。通过对比可以看出，中雨天的光斑分布最分散，光强分布最不均匀，随着降雨量的减少，光斑能量逐渐增强，到夜间光斑质量最好。

表 9.2 为与图 9.7 对应的不同时刻光强二维拟合吻合度和二维拟合粗糙度[21]，从表中也可以看出，随着降雨量的减少，拟合吻合度逐渐增大，相反的拟合粗糙度逐渐减小。这可以反映出，随着降雨量的减少，光束中基模所占比例逐渐增大。

表 9.2　2018 年 5 月 2 日不同时间段的高斯拟合吻合度和粗糙度结果[21]

实验时间	下午 4: 30 中雨	下午 5: 30 小雨	晚上 8: 30 无雨	夜间 10: 30 多云
二维高斯拟合吻合度	42%	65%	72%	78%
二维高斯拟合粗糙度	99.7%	85.1%	81.4%	71%

9.5　光束偏振态对部分相干光外差检测灵敏度的影响

在 4.6 节中详细探讨了部分相干 EGSM 光束在大气湍流下斜程传输时外差检测系统灵敏度的问题。本节主要讨论水平传输情况下外差检测系统中信号光和本振光均为 EGSM 光束，二者偏振态不同时，相干检测灵敏度的变化情况。找出两种光束的最佳偏振态组合，使得混频性能最佳，可以为设计相干检测系统提供重要的理论依据。

9.5.1　部分相干 EGSM 光束用于相干检测时的检测灵敏度

当光束水平传输至接收端时，式(4.78)中的波结构函数可以表示为[19]

$$\left\langle \exp\left[\psi^*(\rho_1,r_1,z_\beta)+\psi(\rho_2,r_2,z_\beta)\right]\right\rangle \cong \exp\left[-\frac{1}{2}(Mr_d^2+r_d\rho_d+\rho_d^2)\right] \tag{9.43}$$

其中，$\rho_d=\rho_1-\rho_2$；$r_d=r_1-r_2$；M 可以表示为[19]

$$M=\frac{1}{3}\pi^2k^2z\int_0^{+\infty}\kappa^3\Phi_n(\kappa)\mathrm{d}\kappa \tag{9.44}$$

其中，$\Phi_n(\kappa)$ 采用非 Kolmogorov 大气湍流谱，即式(4.81)。

现有的非 Kolmogorov 大气湍流功率谱由于未考虑非 Kolmogorov 大气湍流折射率结构常数和 Kolmogorov 大气湍流折射率结构常数的等价性，其得到的湍流统计量随功率谱幂律指数α的变化关系十分复杂。为使问题简化，本节用C_n^2作为表征大气湍流强度的物理量，同时考虑到$\tilde{C}_n^2$和C_n^2之间的等价性，建立了水平链路的非 Kolmogorov 大气湍流折射率起伏功率谱模型[31]:

$$\Phi_n(\kappa)=h(\alpha)\frac{\exp\left[\left(-\kappa^2/\kappa_m^2\right)\right]}{(\kappa^2+\kappa_0^2)^{\alpha/2}},\quad 0\leqslant\kappa<+\infty, 3<\alpha<4 \tag{9.45}$$

其中，

$$h(\alpha)=-\frac{\Gamma(\alpha)(k/z)^{\alpha/2-11/6}C_n^2}{8\pi^2\Gamma(1-0.5\alpha)[\Gamma(0.5\alpha)]^2\sin(0.25\pi\alpha)} \tag{9.46}$$

那么在非 Kolmogorov 大气湍流下，M为

$$\begin{aligned}M=&-\frac{1}{3}\pi^2k^2z\frac{1}{2(\alpha-2)}\cdot\frac{\Gamma(\alpha)(k/z)^{\alpha/2-11/6}C_n^2}{8\pi^2\Gamma(1-0.5\alpha)[\Gamma(0.5\alpha)]^2\sin(0.25\pi\alpha)}\\&\times\left[\kappa_m^{2-\alpha}\beta\exp\left(\frac{\kappa_0^2}{\kappa_m^2}\right)\Gamma\left(2-\frac{\alpha}{2},\frac{\kappa_0^2}{\kappa_m^2}\right)-2\kappa_0^{4-\alpha}\right]\end{aligned} \tag{9.47}$$

其中，$\beta=2\kappa_0^2-2\kappa_m^2+\alpha\kappa_m^2$。

将式(9.43)代入式(4.77)中，并通过积分运算可得

$$\begin{aligned}J_{\beta ij}(\rho_1,\rho_2,z_\beta)=&\frac{I_{\beta ij}}{\Delta_{\beta ij}}\exp\left\{-\left[\frac{1}{2\theta_{\beta ij}^2\Delta_{\beta ij}}+\left(1+\frac{2}{\Delta_{\beta ij}}\right)M-\frac{{M_2}^2{z_\beta}^2}{2w_\beta^2k^2\Delta_{\beta ij}}\right](\rho_1-\rho_2)^2\right\}\\&\times\exp\left[-\frac{1}{8w_\beta^2\Delta_{\beta ij}}(\rho_1+\rho_2)^2\right]\times\exp[-\mathrm{i}kT_{\beta ij}({\rho_1}^2-{\rho_2}^2)]\end{aligned} \tag{9.48}$$

其中，

$$\begin{aligned}&\Delta_{\beta ij}=1+\left(\frac{z_\beta}{kw_\beta\theta_{\beta ij}}\right)^2+\frac{2{z_\beta}^2M}{k^2w_\beta^2}\\&\frac{1}{\theta_{\beta ij}^2}=\frac{1}{4w_\beta^2}+\frac{1}{\delta_{\beta ij}^2},\quad T_{\beta ij}=\frac{k^2w_\beta^2\Delta_{\beta ij}+M_2{z_\beta}^2-k^2w_\beta^2}{k^2z_\beta w_\beta^2\Delta_{\beta ij}}\end{aligned} \tag{9.49}$$

将式(9.48)代入式(4.72)中，通过极坐标运算得到中频信号的功率为

$$\begin{aligned}P_{\mathrm{IF}ij}=&2R^2\int_0^{2\pi}\int_0^{2\pi}\int_0^{D/2}\int_0^{D/2}\mathrm{Re}[J_{oij}(\rho_1,\rho_2,z_\beta)\\&\times {J_{sij}}^*(\rho_1,\rho_2,z_\beta)]\rho_1\rho_2\mathrm{d}\rho_1\mathrm{d}\rho_2\mathrm{d}\varphi_1\mathrm{d}\varphi_2\end{aligned} \tag{9.50}$$

在计算中，同样利用关系式[19]：$W^2=D^2/8$，则式(9.50)可以表示为

$$
\begin{aligned}
P_{\mathrm{IF}ij} = {} & 2R^2\frac{I_{\mathrm{Lo}ij}I_{Sij}}{\varDelta_{\mathrm{Lo}ij}\varDelta_{Sij}}\int_0^{2\pi}\int_0^{2\pi}\int_0^{+\infty}\int_0^{+\infty}\mathrm{Re}\left\{\frac{I_{\mathrm{Lo}ij}}{\varDelta_{\mathrm{Lo}ij}}\exp\left\{-\left[\frac{1}{2\theta_{\beta ij}^2\varDelta_{\beta ij}}+\left(1+\frac{2}{\varDelta_{\beta ij}}\right)M\right.\right.\right.\\
& \left.\left.-\frac{{M_2}^2{z_\beta}^2}{2w_\beta^2k^2\varDelta_{\beta ij}}\right](\rho_1-\rho_2)^2\right\}\times\exp\left[-\frac{1}{8w_{\mathrm{Lo}}^2\varDelta_{\mathrm{Lo}ij}}(\rho_1+\rho_2)^2\right]\times\exp[-\mathrm{i}kT_{\mathrm{Lo}ij}(\rho_1^2-\rho_2^2)]\\
& \times\frac{I_{Sij}}{\varDelta_{Sij}}\exp\left\{-\left[\frac{1}{2\theta_{\beta ij}^2\varDelta_{\beta ij}}+\left(1+\frac{2}{\varDelta_{\beta ij}}\right)M-\frac{{M_2}^2{z_\beta}^2}{2w_\beta^2k^2\varDelta_{\beta ij}}\right](\rho_1-\rho_2)^2\right\}\\
& \left.\times\exp\left[-\frac{1}{8w_S^2\varDelta_{Sij}}(\rho_1+\rho_2)^2\right]\times\exp[\mathrm{i}kT_{Sij}(\rho_1^2-\rho_2^2)]\exp\left(-\frac{\rho_1^2+\rho_2^2}{W^2}\right)\right\}\\
& \times\rho_1\rho_2\mathrm{d}\rho_1\mathrm{d}\rho_2\mathrm{d}\varphi_1\mathrm{d}\varphi_2
\end{aligned}
\tag{9.51}
$$

再由关系式 $\rho_1\rho_2=\rho_1\rho_2\cos(\varphi_1-\varphi_2)$，式(9.50)可以整理为

$$
\begin{aligned}
P_{\mathrm{IF}ij} = {} & 2R^2\frac{I_{\mathrm{Lo}ij}I_{Sij}}{\varDelta_{\mathrm{Lo}ij}\varDelta_{Sij}}\int_0^{2\pi}\int_0^{2\pi}\int_0^{+\infty}\int_0^{+\infty}\mathrm{Re}\{\exp[-a_{ij}(\rho_1^2+\rho_2^2)]\\
& \times\exp[\mathrm{i}c_{ij}(\rho_1^2-\rho_2^2)]\\
& \times\exp[2b_{ij}\rho_1\rho_2\cos(\varphi_1-\varphi_2)]\}\rho_1\rho_2\mathrm{d}\rho_1\mathrm{d}\rho_2\mathrm{d}\varphi_1\mathrm{d}\varphi_2
\end{aligned}
\tag{9.52}
$$

其中，

$$
\begin{aligned}
a_{ij} = {} & \frac{1}{2}\left(\frac{1}{\theta_{\mathrm{Lo}ij}^2\varDelta_{\mathrm{Lo}ij}}+\frac{1}{\theta_{Sij}^2\varDelta_{Sij}}\right)+2M\left(1+\frac{1}{\varDelta_{\mathrm{Lo}ij}}+\frac{1}{\varDelta_{Sij}}\right)-\frac{1}{2}\left(\frac{{M_2}^2{z_{\mathrm{Lo}}}^2}{w_{\mathrm{Lo}}^2k^2\varDelta_{\mathrm{Lo}ij}}+\frac{{M_2}^2{z_S}^2}{w_S^2k^2\varDelta_{Sij}}\right)\\
& +\frac{1}{8}\left(\frac{1}{w_{\mathrm{Lo}}^2\varDelta_{\mathrm{Lo}ij}}+\frac{1}{w_S^2\varDelta_{Sij}}\right)+\frac{1}{W^2}\\
b_{ij} = {} & \frac{1}{2}\left(\frac{1}{\theta_{\mathrm{Lo}ij}^2\varDelta_{\mathrm{Lo}ij}}+\frac{1}{\theta_{Sij}^2\varDelta_{Sij}}\right)+2M\left(1+\frac{1}{\varDelta_{\mathrm{Lo}ij}}+\frac{1}{\varDelta_{Sij}}\right)-\frac{1}{2}\left(\frac{{M_2}^2{z_{\mathrm{Lo}}}^2}{w_{\mathrm{Lo}}^2k^2\varDelta_{oij}}+\frac{{M_2}^2{z_S}^2}{w_S^2k^2\varDelta_{Sij}}\right)\\
& -\frac{1}{8}\left(\frac{1}{w_{\mathrm{Lo}}^2\varDelta_{\mathrm{Lo}ij}}+\frac{1}{w_S^2\varDelta_{Sij}}\right)\\
c_{ij} = {} & k(T_{Sij}-T_{\mathrm{Lo}ij})
\end{aligned}
\tag{9.53}
$$

通过化简可得

$$P_{\mathrm{IF}ij}=\frac{2\pi^2R^2I_{\mathrm{Lo}ij}I_{Sij}}{\varDelta_{\mathrm{Lo}ij}\varDelta_{Sij}({a_{ij}}^2+{c_{ij}}^2-{b_{ij}}^2)},\quad i,j=x,y \tag{9.54}$$

本振光功率为

$$\begin{aligned}P_{\mathrm{Lo}ii}&=R\iint J_{\mathrm{Lo}ii}(\rho,\rho)\mathrm{d}^2\rho=R\int_0^{2\pi}\int_0^{+\infty}J_{\mathrm{Lo}ii}(\rho,\rho)\exp\left(-\frac{\rho^2}{W^2}\right)\rho\mathrm{d}\rho\mathrm{d}\varphi\\&=\frac{2R\pi I_{\mathrm{Lo}ii}W^2w_{\mathrm{Lo}}^2}{W^2+2w_{\mathrm{Lo}}^2\varDelta_{\mathrm{Lo}ii}},\quad i=x,y\end{aligned} \tag{9.55}$$

同样地，信号光功率为

$$\begin{aligned}P_{Sii}&=R\iint J_{Sii}(\rho,\rho)\mathrm{d}^2\rho=R\int_0^{2\pi}\int_0^{+\infty}J_{Sii}(\rho,\rho)\exp\left(-\frac{\rho^2}{W^2}\right)\rho\mathrm{d}\rho\mathrm{d}\varphi\\&=\frac{2R\pi I_{Sii}W^2w_S^2}{W^2+2w_S^2\varDelta_{Sii}},\quad i=x,y\end{aligned} \tag{9.56}$$

将式(9.55)和式(9.56)代入式(4.101)和式(4.102)后，即可得出其水平传输时部分相干 EGSM 检测系统灵敏度表达式。

9.5.2　偏振态对外差检测灵敏度的影响

为了使光束在大气信道中偏振特性不变[32,33]，信号光和本振光的光束空间长度分别取 $\delta_{oxy}=\delta_{oyx}=0.2\mathrm{mm}$、$\delta_{oxx}=\delta_{oyy}=0.2\mathrm{mm}$、$\delta_{Sxx}=\delta_{Syy}=0.4\mathrm{mm}$、$\delta_{Sxy}=\delta_{Syx}=0.4\mathrm{mm}$。首先给出全局变量仿真参数的数值大小，如无特殊说明，均取参数数值大小如表 9.3 所示。主要分析在给定误码率为 10^{-9} 时，信号光和本振光不同偏振态组合下的检测灵敏度值。

表 9.3　数值仿真时参数取值

参数名称	参数取值	参数名称	参数取值
波长 λ	1550nm	大气折射率结构常数 C_n^2	$5\times10^{-14}\mathrm{m}^{-2/3}$
信号光束腰半径 w_S	3mm	本振光束腰半径 w_{Lo}	3mm
检测器直径 D	2mm		
普朗克常量 h	$6.623\times10^{-34}\mathrm{J\cdot s}$	载波频率 v	$1.9\times10^{14}\mathrm{Hz}$
量子效率 η	0.8	检测器带宽 B	200MHz
传输距离 z_S	2000m		

根据式(4.91)，当 $I_{Sxx}=I_{Syy}=1$、$I_{oxx}=I_{oyy}=1$、$I_{Sxy}=I_{Syx}=1$ 以及不同的 $I_{oyx}=I_{oxy}$ 取值(0、0.5、1)，可以得到对应的偏振度 P 为 0、0.5、1，即此时信号光是完全偏振态，当 $I_{Sxx}=I_{Syy}=1$、$I_{oxx}=I_{oyy}=1$、$I_{Sxy}=I_{Syx}=0.5$，以及不同的 $I_{oyx}=I_{oxy}$ 取值(0、0.5、1)，可以得到对应的偏振度 P 为 0、0.5、1。此时，信号光为部分偏振态；当 $I_{Sxx}=I_{Syy}=1$、$I_{oxx}=I_{oyy}=1$、$I_{Sxy}=I_{Syx}=0$，以及不同的 $I_{oyx}=I_{oxy}$ 取值(0、0.5、1)，可以得到对应的偏振度 P 为 0、0.5、1。此时，信号光为非偏振态。

当信号光是完全偏振态和部分偏振态时，将其与不同偏振态的本振光进行混频后，系统的检测灵敏度随功率谱幂律指数的变化曲线分别如图 9.8(a)和图 9.8(b)所示。从图中可以看出，在湍流起伏均匀的水平链路中，系统的检测灵敏度随着功率谱幂律指数的增加先增大后逐渐趋于定值。无论信号光为完全偏振态还是部分偏振态，本振光在完全偏振态和非偏振态时，系统的检测灵敏度都分别达到最大值和最小值；而当本振光为部分偏振态时，系统的检测灵敏度介于最大值和最小值之间。同时，对比图 9.8(a)和图 9.8(b)可以发现，当本振光为完全偏振态、信号光为完全偏振态时，系统的检测灵敏度比信号光为部分偏振态时升高了 1.3dBm；当本振为部分偏振态、信号光为完全偏振态时，系统的检测灵敏度比信号光为部分偏振态时高出 1.4dBm。

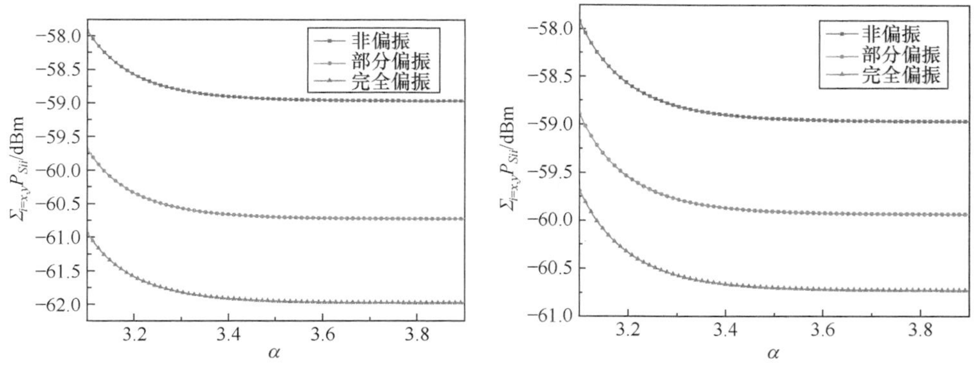

(a) 信号光为完全偏振态　(b) 信号光为部分偏振态

图 9.8　检测灵敏度随功率谱幂律的变化曲线图

图 9.9 为非偏振的 EGSM 信号光束在相干检测中，与不同偏振态的本振光相混频后系统的检测灵敏度变化情况。可以看出，非偏振的信号光对系统的检测灵敏度没有显著影响。这是由于对于非偏振态的信号光，不同偏振态之间的干涉效应在统计上会互相抵消，从而不会对系统的检测灵敏度产生显著影响。因此，在一般情况下，对于非偏振态的信号光，选择特定的本振光偏振态无法显著增强或减弱干涉效应，对系统的检测灵敏度也没有显著影响。

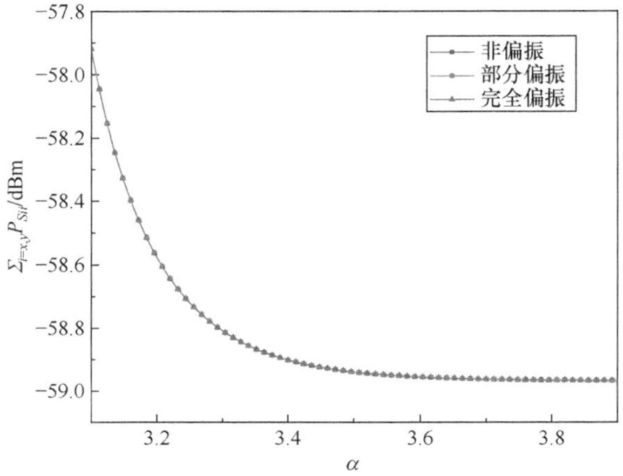

图 9.9　检测灵敏度随功率谱幂律指数的变化曲线

当信号光和本振光均为完全偏振态时，系统的检测灵敏度变化曲线如图 9.10 所示。图 9.10(a)为信号光束腰半径为 1mm 时，不同本振光束腰半径条件下系统检测灵敏度的变化情况。观察图可以发现，当本振光束腰半径越大时，系统的检测灵敏度越小，且当本振光和信号光束腰半径相等时，系统检测灵敏度最小。图 9.10(b)为不同湍流强度下，系统的检测灵敏度随检测器光敏面积直径变化曲线。由图中可以明显看出，在一定的大气折射率结构常数下，系统的检测灵敏度随着检测器直径的增加而减小，且大气折射率结构常数越大，这种现象越明显。这是由于受信号光空间相干性的限制，检测器尺寸越小，信号光和本振光的匹配度越高，较小的检测器尺寸系统的检测灵敏度越高。

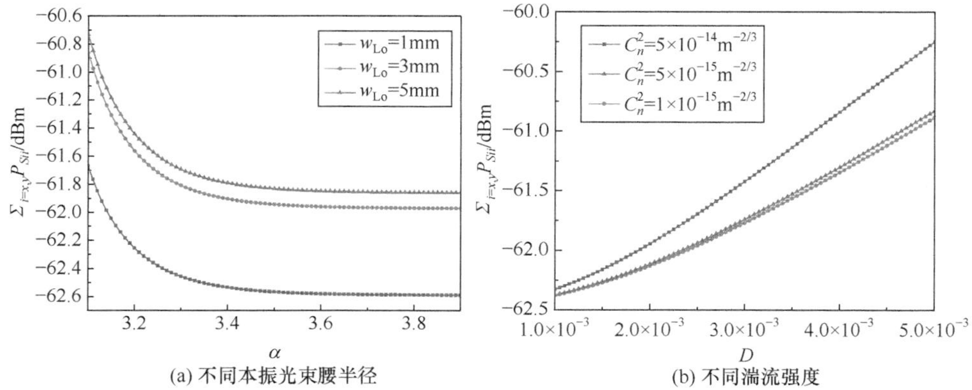

(a) 不同本振光束腰半径　　(b) 不同湍流强度

图 9.10　检测灵敏度在不同条件下的变化曲线

参 考 文 献

[1] Chernov L A. Wave Propagation in a Random Medium[M]. New York: McGraw-Hill, 1960.

[2] Tatarskii V I. Wave Propagation in a Turbulent Medium[M]. New York: McGraw-Hill,1961.

[3] Klyatskin V I, Kon A I. On the displacement of spatially-bounded light beams in a turbulent medium in the Markovian-random-process approximation[J]. Radiophysics and Quantum Electronics,1972,15(9): 1056-1061.

[4] Lutomirski R F, Yura H T. Wave structure function and mutual coherence function of an optical wave in a turbulent atmosphere[J]. Journal of the Optical Society of America, 1971, 61(4): 482-487.

[5] 吴振森. 随机介质中波传播饱和状态的强度相关和闪烁[J]. 电波科学学报, 1986, 1(1): 72-84.

[6] Hill R J. Theory of saturation of optical scintillation by strong turbulence Plane-wave variance and covariance and spherical-wave covariance[J]. Journal of the Optical Society of America, 1982, 72(2): 212-222.

[7] Hill R J, Clifford S F. Theory of saturation of optical scintillation by strong turbulence for arbitrary refractive-index spectra[J]. Journal of the Optical Society of America, 1981, 71(6): 675-686.

[8] Flatte S M, Gerber J S. Irradiance-variance behavior by numerical simulation for plane-wave and spherical-wave optical propagation through strong turbulence[J]. Journal of the Optical Society of America a Optics Image Science and Vision, 2000, 17(6): 1092-1097.

[9] Lahti J N, Nagel C M. Mixing partially coherent fields with Gaussian irradiance profiles optimization criteria [J]. Applied optics,1970,9(1): 115-123.

[10] Chiou W. Optical heterodyne detection of partially coherent radiation[C]. 23rd Annual Technical Symposium, San Diego, 1979: 165-186.

[11] Tanaka T, Taguchi M, Tanaka K. Heterodyne efficiency for a partially coherent optical signal[J]. Applied Optics, 1992, 31(25): 5391-5394.

[12] Ricklin J C, Davidson F M. Atmospheric turbulence effects on a partially coherent Gaussian beam: Implications for free-space laser communication[J]. Journal of the Optical Society of America, 2002, 19(9): 1794-1802.

[13] Ricklin J C, Davidson F M, Weyrauch T. Free-space laser communication using a partially coherent laser source[C]. Proceedings of SPIE -The International Society for Optical Engineering, Toulouse, 2002: 13-23.

[14] Salem M, Dogariu A. Optical heterodyne detection of random electromagnetic beams[J]. Journal of Modern Optics, 2004, 51(15): 2305-2313.

[15] Salem M, Rolland J P. Effects of coherence and polarization changes on the heterodyne detection of stochastic beams propagating in free space[J]. Optics Communications, 2008, 281(20): 5083-5091.

[16] Salem M, Rolland J P. Heterodyne efficiency of a detection system for partially coherent beams[J]. Journal of the Optical Society of America a Optics Image Science & Vision, 2010,

27(5): 1111-1119.

[17] 濮莉莉,周煜,孙剑锋,等.激光雷达部分相干外差检测接收特性研究[J].光学学报，2011, 31(12): 268-276.

[18] Ren Y X, Dang A H, Liu L, et al. Heterodyne efficiency of a coherent free-space optical communication model through atmospheric turbulence[J]. Applied Optics, 2012, 51(30): 7246-7254.

[19] Li C Q, Wang T F, Zhang H Y, et al. The performance of heterodyne detection system for partially coherent beams in turbulent atmosphere[J]. Optics Communications, 2015, 356: 620-627.

[20] Wang Y, Li C Q, Wang T F, et al. The effects of polarization changes of stochastic electromagnetic beams on heterodyne detection in turbulence [J]. Laser Physics Letters, 2016,13(11): 116006.

[21] 谭振坤. 无线光通信中外差检测性能影响因素及实验研究[D]. 西安：西安理工大学，2019.

[22] Xiao X F, Voelz D. Wave optics simulation approach for partial spatially coherent beams[J]. Optics Express，2006，14(16): 6986-6992.

[23] Ricklin J C, Davidson F M.Atmospheric turbulence effects on a partially coherent Gaussian beam: Implications for free-space laser communication[J].Journal of the Optical Society of America, 2002, 19(9): 1794-1802.

[24] 王莉.部分相干光的传输特性和光谱变化研究[D].成都：西南交通大学, 2007.

[25] 张晓欣，但有全，张彬.湍流大气中斜程传输部分相干光的光束扩展[J].光学学报，2012, 32(12): 8-14.

[26] Liu C, Chen S Q, Li X Y, et al. Performance evaluation of adaptive optics for atmospheric coherent laser communications[J].Optics Express, 2014, 22(13): 15554-15563.

[27] 王清正，胡渝，林崇杰. 光电检测技术[M].北京：电子工业出版社, 1993.

[28] Osche G R. Optical Detection Theory [M]. New York: Wiley, 2002.

[29] 李成强.激光外差检测系统性能光学影响因素研究[D].北京：中国科学院大学，2016.

[30] Tanaka K, Ohta N. Effects of tilt and offset of signal field on heterodyne efficiency[J]. Applied Optics, 1987, 26(4): 627-632.

[31] Gori F, Santarisiero M, Piquero G, et al. Partially polarized Gaussian Schell-model beams[J]. Journal of Optics A: Pure and Applied Optics, 2001, 3(1): 1-9.

[32] Zhai C, Tan L Y, Yu S Y, et al. Fiber coupling efficiency for a Gaussian-beam wave propagating through non-Kolmogorov turbulence[J]. Optics Express, 2015, 23(12): 15242-15255.

[33] Liu C, Chen S Q, Li X Y, et al. Performance evaluation of adaptive optics for atmospheric coherent laser communications[J]. Optics Express, 2014, 22(13): 15554-15563.